AF863527

T45

35710

NEUER SCHAUPLATZ DER KÜNSTE UND HANDWERKE

Sattler, Riemer und Täschner.

Bibliothek Technik und Handwerk im 19. Jahrhundert

BAND 2

Neuer Schauplatz

der

Künste und Handwerke.

Mit

Berücksichtigung der neuesten Erfindungen.

Herausgegeben

von

einer Gesellschaft von Künstlern, technischen Schriftstellern und Fachgenossen.

Mit vielen Abbildungen.

Vierundsechzigster Band.

Schlüter und Rausch, Handbuch für Sattler.

Elfte Auflage.

Weimar, 1897.

Bernhard Friedrich Voigt.

Vollständiges Handbuch

für

Sattler, Riemer und Täschner.

Enthaltend

eine ausführliche Beschreibung aller in diesen Fächern vorkommenden Arbeiten an Stallausrüstungs-Gegenständen, Longier- und Reitutensilien, Sätteln, Kutsch-, Schlitten- und Arbeitsgeschirren, des Ausschlagens und der Ausstattung der Wagen, Reise- und Jagdeffekten &c.

Unter Angabe genauer Maße nach Metern, sowie der renommiertesten Firmen zur Beschaffung der Materialien und fertiger Waren, nebst einer besonderen Abhandlung über Buchführung und Preisberechnung.

Herausgegeben

von

Karl Schlüter,
Sattlermeister in Halle a. d. S.

und

Wilhelm Rausch,
Sattlermeister und Wagenfabrikant in Halle a. d. S.

Elfte vermehrte und verbesserte Auflage.

Mit 32 Foliotafeln.

Weimar, 1897.
Bernhard Friedrich Voigt.

Als Vorlagen für die Reproduktion dieses Buches dienten die Originale der 11. Auflage von 1897 aus dem Bestand der Universitätsbibliothek Hannover (a 3726),

Formate: Textband 13,7 × 21,7 cm, Atlas 23 × 27 cm.

ISBN 3-88746-089-8

Bestell-Nr. 5513

Wieder herausgegeben im Jahre 1984, 1988 von der Edition »libri rari« im Verlag Th. Schäfer, Hannover

Herstellung: Th. Schäfer Druckerei GmbH, Hannover

Vorwort

zur elften Auflage.

Die neuen Auflagen vorliegenden Werkes machen sich immer noch in fast regelmäßigen Zeitabschnitten notwendig; ein Beweis dafür, daß dasselbe allen Ansprüchen genügt. Dadurch wird es auch den Autoren um so leichter, den aufgetauchten Neuerungen dieser kurzen Zeitabschnitte stets durch Hinzufügung derselben Rechnung zu tragen und haben wir bei Bearbeitung der neuen Auflage zu dem bewährten Alten manches Neue hinzugebracht.

Im theoretischen Teile brachten wir eine amerikanische Buchführungsmethode, die für ein kleineres Geschäft vorteilhaft und leichter sein dürfte. Zu den Werkzeugen fügten wir eine Pappschere, eine Doppelsteppstichmaschine, einen neuen Ledereinschneider, eine Stanzmaschine u. s. w. Einige neue aufgetauchte Materialien erwähnten wir.

Im praktischen Teile brachten wir unter den Stallgegenständen verschiedene neue Einrichtungen, um den Unarten der Pferde zu steuern, ferner neue Streichkappen, Hängvorrichtung und verschiedene Stalldecken amerikanischer Modelle, wie wir überhaupt den Neuerungen, die in unserer Branche die Weltausstellung in Chicago brachte, volle Berücksichtigung angedeihen ließen; verschiedene verbesserte Futtereimer, eine „Schönbecksche Schultrense" ꝛc. Bei den Reitgegenständen die verbesserte Spohrsche Ringkandare, den neuen Armeesattel, eine Reitgurt für das Damenpferd, den Gewichtssattel. Bei den Kutschgeschirren brachten wir das Trabergeschirr mit dem über den Kopf gehenden Aufsetzzügel, die Systeme von neu erfundenen Stellkumten, eine Leine für Pferde, die zum Durchgehen neigen, ein russisches Original-Geschirr. Unter den verschiedenen Gespannen den „Drei- und Fünferzug". Was die Abhandlung über Arbeitsgeschirre anlangt, so suchten wir dieselbe wesentlich zu verbessern und zu vermehren. Wir beschrieben die verschiedenen Verbesserungen an Arbeitskumten, die amerikanischen Arbeitskumte, Verbesserungen an den Ochsenjochen und fügten in einem ganz neuen Artikel die Zusammenstellung der verschiedenen Anspannungs- und Aufhaltmethoden an Arbeitsgeschirren bei. Bei den Maschinenriemen erwähnten wir einer Nadel zum Nähen mit Riemen.

Unter den Wagenarbeiten ergänzten wir durch direkte längere Beschreibung der Fußbödenausschläge eine Lücke, die man von seiten der Kollegenschaft gewünscht hatte; wir brachten ferner einen amerikanischen Ausschlag, einen offenen Wagenausschlag, einen Ausschlag für vielgebrauchtes Fuhrwerk, neuen Landauer- und Koupee-Ausschlag, vervollständigten auch auf Wunsch die Beschreibung der Sternenpolsterung und Spannung derselben auf Thüren und in Plafonds, ferner die Methode, ein Koupee-Verdeck im ganzen mit einer Haut Leder zu überziehen und verschiedene andere Sachen.

Die Reise- und Jagdeffekten ergänzten wir mehrseitig durch aufgetauchte neueste Muster.

Bei Bearbeitung des vorliegenden Werkes haben wir für freundliches Entgegenkommen und bereitwilligste Unterstützung von seiten des Herrn Kommissionsrates W. Berg und seines Kompagnons Herrn R. Schoch, Verleger der „deutschen Sattlerzeitung", Berlin NO., Kaiserstraße 41, Herrn H. V. Schütze in Hannover und Herrn Julius Reppenhagen in Leipzig unseren aufrichtigsten Dank zu sagen.

So empfehlen wir mit dem Bewußtsein, unser Möglichstes zur Vervollkommnung dieses Sammelwerkes gethan zu haben, diese neue Arbeit der freundlichen Aufnahme des Publikums. Möchte doch diese Arbeit zum Segen des Handwerks gethan sein.

Die Herausgeber

Halle a. d. S., im Herbst 1896. **K. Schlüter, W. Rausch.**

Inhaltsverzeichnis.

Theoretischer Teil.

Seite

Sechster Abschnitt.

Siebenter Abschnitt.

Achter Abschnitt.

Seite

Neunter Abschnitt.

Zehnter Abschnitt.

Elfter Abschnitt.

Zwölfter Abschnitt.

Dreizehnter Abschnitt.

Vierzehnter Abschnitt.

Fünfzehnter Abschnitt.

Sechzehnter Abschnitt.

Siebzehnter Abschnitt.

Theoretischer Teil.

Erster Abschnitt.

Wie alles im Leben dem steten Wechsel unterworfen ist, so haben auch die Gewerbegesetze in den verschiedenen Kulturstaaten mancherlei Aenderungen erfahren und für Deutschland ist keine so überaus lange Zeit darüber verflossen, daß die beiden Gewerke des Sattlers und Riemers streng voneinander geschieden waren, und die Gesetzgebung war der mannigfachen Streitigkeiten wegen, die zwischen diesen verwandten Geschäften über Anfertigung von Arbeiten vorkamen, gezwungen, strenge Vorschriften darüber zu machen, zu welchen Arbeiten das eine oder das andere Geschäft berechtigt war. Die jetzt in ganz Deutschland zu Recht bestehende Gewerbefreiheit hat zwar diesem Unwesen ein Ende gemacht, so daß jetzt jedermann Arbeiten liefern kann, welche er will, jedoch sind die Arbeiten des Sattlers und Riemers so mannigfaltig und untereinander so verschieden, daß es wohl fast für den einzelnen unmöglich erscheint, sich in allen Zweigen der Sattlerei gründlich auszubilden, um den Anforderungen der Neuzeit genügen zu können.

In Oesterreich ist in neuerer Zeit die Gewerbefreiheit wieder beiseite geschoben und die strengere Scheidung der einzelnen Gewerbe gesetzlich angeordnet worden. Ob zum Segen des Handwerks wollen wir an diesem Orte nicht weiter untersuchen, nur soviel können wir wohl behaupten, daß die Bestrebungen der deutschen Innungen wohl keineswegs dahin gingen, diese strenge Scheidung der einzelnen Gewerbe hervorzurufen, sondern nur hauptsächlich dahin, daß, wer ein Handwerk betrieb, auch den Nachweis der Befähigung bringen sollte, daß also sozusagen eine „modivierte Gewerbefreiheit" zum Gesetz erhoben würde. Es kann hier unser Zweck nicht sein, uns für die eine oder die andere Idee zu erwärmen, sondern wir müssen mit der Thatsache rechnen, daß die Gewerbefreiheit für Deutschland besteht und da, wie oben gesagt, die Arbeiten des Sattlers- und Riemergewerks so mannigfach sind, bricht sich die Teilung der Arbeit, wie solche schon lange Zeit in Frankreich, England, Belgien rc. besteht, immer mehr in den deutschen Städten Bahn und ist dies zur Hebung unserer deutschen Industrie gewiß von wesentlichem Vorteil, denn es ist einleuchtend, daß der Verfertiger nur eines Artikels diesen mit der Länge der Zeit schließlich zu einer größeren Vollkommenheit bringen muß, als derjenige, der diesen Artikel nur in einzelnen Fällen macht; ebenso wird der Spezialarbeiter bedeutend billigere Preise für seine Artikel herausrechnen können, als dies im Gegenteil der Fall ist. Wir sind schon bereits dahin gekommen und werden immer mehr dahin kommen, daß es nicht als Schande erscheint, Kumte, Kammkissen, Sättel, Taschen, Koffer rc. von Spezialisten zu beziehen, wir haben deshalb im vorliegenden Werke auch darauf Rücksicht genommen, für diese Spezialfächer lieferungsfähige Firmen anzugeben.

1. Vom Zeichnen.

In jedem Industriezweige bildet immer mehr und mehr das Zeichnen ein Haupterfordernis und sind in neuester Zeit von höchster Stelle Vorkehrungen getroffen, daß selbst in den Volksschulen dieser Lehrzweig besonders bevorzugt wird, weil man sehr richtig von der Voraussetzung ausgeht, daß durch langjährige Uebung im Zeichnen das Auge sich unwillkürlich an schöne Formen gewöhnt und häßliche verachten lernt. Gehört auch zum Zeichnen gewissermaßen ein angeborenes Talent, so läßt sich durch Mühe und Fleiß soviel als zum Handwerk nötig ist, schon erlernen. Da der Sattler meistens derjenige ist, der beim Wagenbau die Führungen der Arbeiten übernimmt, der meistens den Verkauf und Vertrieb der fertigen Wagen in den Händen hat, so ist er genötigt, wenn er in dieser Branche arbeitet, im Zeichnen schon etwas leisten zu können, denn dann muß er nicht allein den Käufern eine saubere, oftmals kolorierte Zeichnung von einem Wagen vorlegen können, die gewissermaßen bestechen soll, sondern er muß auch für die mitarbeitenden Handwerker zur Förderung der Arbeit konstruktive Vorlagen entwerfen. Es kann hier unsere Absicht nicht sein, näher in Details einzugehen und verweisen wir diejenigen, die über Wagenzeichnen besonders belehrt sein wollen, auf Rausch, Handbuch für Wagenfabrikanten (Weimar, B. F. Voigts Verlag).

Aber auch als Sattler in anderen Fächern wird er ganz ohne Uebung im Zeichnen oft auf Schwierigkeiten stoßen. Bei dem fast ausschließlich teueren Materiale, was der Sattler verbraucht, ist es notwendig, daß er zu allen einzelnen Teilen sich Modelle anfertigt, um vorteilhaft schneiden zu können, und je schönere, edlere Formen er durch Zeichnung in seine Modelle legt, desto vorteilhafter wird er seine Arbeiten in den Augen des Kunden darstellen, desto bessere Preise wird er zu seinem eigenen Besten erzielen.

2. Vom Berechnen.

Eine der edelsten und dabei vorteilhaftesten Künste des Handwerkers ist unbedingt das Rechnen; in allen Fällen läßt es seine segensreichen Spuren zurück, denn derjenige, der hohe Preise herauszurechnen versteht und stets Abnehmer für seine hochnotierten Waren hat, wird gewiß nicht schlecht fahren; aber auch derjenige, der niedere Preise herausrechnet, dabei solide Arbeiten liefert und sich bei Berechnung des reinen Nutzens nicht vergißt, wird seine teurere Konkurrenz aus dem Felde schlagen können. Auf alle Fälle ist ein Tappen im Dunkeln, ein Nachahmen der Preise anderer unbedingt zu verwerfen, denn entweder schädigt man seine Kunden oder sich selbst. Jedes Handwerk muß mit Recht kaufmännisch betrieben werden. Der Kaufmann fabriziert nicht selbst, er kauft seine Ware nach den billigsten Offerten, schlägt seine Prozente, die er billigerweise erzielen kann, darauf und weiß ganz genau, ohne viele Mühe, was er bei einem so und so großen Umsatze für reinen Nutzen erzielt. Ganz anders ist es mit dem Handwerker und speziell mit dem Sattler, der erst die verschiedensten Materialien kauft, seine Ware dann vermittelst eigener oder fremder Arbeitskraft herstellt und dann erst kaufmännisch verwertet, verkauft, oft auch monatelang auf Ziel abgibt. Sollte der weniger gezwungen sein zu rechnen? Gewiß nicht.

Hat man sich einmal in dieses notwendige Uebel hineingelebt und sich ein richtiges Kalkulationsbuch angelegt, so ist die Sache so leicht und doch so gewinnbringend.

Zu diesem Behufe lege man sich ein Buch an, welches je nach den Arbeiten, die man hauptsächlich macht, entweder Folio- oder Quartformat sein muß, denn ein Sattler, der Wagenausschläge hauptsächlich verfertigt, wird mehr einzelne Materialien verbrauchen, als ein Sattler, der Maschinenriemen macht. Weiter unten bringen wir solche Schemata. In die erste breite Rubrik bringe man den Namen des Gegenstandes, in die andere schmale Rubrik die Anzahl der Kilo, Quadratdezimeter, Stücke, Meter u. s. w., sodann was à Kilo, Quadratdezimeter, Stück, Meter u. s. w. kostet, dann in die hinterste Rubrik den Preis der Gegenstände. Auf diese Weise wird man nicht leicht etwas vergessen und leicht den Nutzen ausfindig machen können, den man bei der Arbeit erzielt, denn vergißt man etwas bei einer oberflächlichen Berechnung, so wird der vermeintliche Nutzen geringer und auf der anderen Seite läßt man leicht ein Geschäft fahren, was man des niederen Nutzens wegen nicht machen wollte. Man berechne alles nach den Einkaufspreisen und vergesse auch kleine Zuthaten als Zwirn, Wachs, Kleister ꝛc. nicht, auch reflektiere man bei größeren Arbeiten auf Verbrauch des Werkzeuges, der Nähmaschinen ꝛc.; man zähle sodann soviel Prozente zu den Auslagen hinzu, wie man als reeller Mann für sein Anlagekapital, Grundstück, Miete, Steuern ꝛc. berechnen muß. Dieser Prozentsatz ist leicht festzustellen, wenn man den wöchentlichen, monatlichen oder jährlichen Umsatz berücksichtigt. Auf diesen Umsatz, bei dem natürlicherweise der eigene Lebensunterhalt im Arbeitslohne berechnet sein muß, rechnet man die Zinsen seines Anlagekapitals, die Miete, die Steuern und Abgaben, die Geschäftsunkosten ꝛc. Man merke ebenfalls darauf, daß auch wohl Material bei der Arbeit verdorben wird, daß mancher Abfall wohl wieder verwendbar, aber nicht zu gleich hohem Preise gerechnet werden kann, daß z. B. das Kernleder einer Haut $1/3$ im Preise höher sein muß als Leder aus der Flanke. Alle diese Berücksichtigungen und das Nachdenken über diesen Gegenstand wird leicht jedermann dahin führen, zu seinem eigenen Besten korrekte Berechnungen aufzustellen.

a) Berechnung eines Wagenausschlags

mit Berücksichtigung darauf, daß der Wagen vom Stellmacher, Schmied und Schlosser fertig geliefert wurde und dem Sattler die Fertigstellung übertragen war.

Gegenstand	Anzahl der Stücke, Meter, □ Dezimeter, Kilo	à Stück, Meter, Kilo, □ Dezimeter		Total	
		M.	₰	M.	₰
Lackiertes Koppelleder					
" Verdeckleder					
" Kalbleder					
" Schafleder					
" Roßleder					
Geschmiertes Verdeckleder . . .					
" Kalbleder . . .					
" Schafleder . . .					
" Roßleder . . .					
Geschirrleder					
Buntes Schafleder					
Lohgares Roßleder					
Maroquin					
Tuch					
Wollener Koteline					
Seidener Koteline					
Plüsch					
Ledertuch					
Moquette					
Moleskin					
Fußsackfutter					
Merino					
Samt oder Tuch zum Ueberziehen der Fenster					
Borte					
Nahtschnure					
Quasten					
Knöpfe oder Abhefte					
Sprachrohr oder Pfeife für Kutscher					
Schleuderbänder					
Springfedern (6gängige) . . .					
" (7gängige) . . .					
" (8gängige) . . .					
" (9gängige) . . .					
Roßhaare					
Amerikanische Waldhaare . . .					
Wollener Teppich					
Wachsteppich (einfach)					
Wachsteppich (doppelt)					

Gegenstand	Anzahl der Stücke, Meter, □ Dezimeter, Kilo	à Stück, Meter, Kilo, □ Dezimeter		Total	
		M.	₰	M.	₰
Wachsbarchent					
Schwarze Leinwand					
Grobe Leinwand					
Zwilch					
Kattun					
Kokosdecke					
Füllung, diverses Polstermaterial .					
Gurte, Nägel, Faden, Garn . . .					
Silbernägel					
Pappe					
Peitschenscheiden					
Kleine Zuthaten					
Arbeitszeit					
Summa					
Zurechnung der Prozente					
Total=Summe					

Gürtler.					
Silberplattierte Leiste					
Neusilberne Leiste					
Schwarze Leiste					
Sturmstangenrosetten					
Griffe					
Glasrollen					
Thürzieher					
Knopfnägel					
Fußsackringe					
Lakaikrampen					
Tilburyhaken					
Erbsnägel					
Vorreiber					
Gegendrücker					
Achsenmutterbelege					
Gardinenstangen					
Rückwandfenster					
Ressorts					
Gabelbeschlag					
Laternen					
Summa					

Fig. 1.

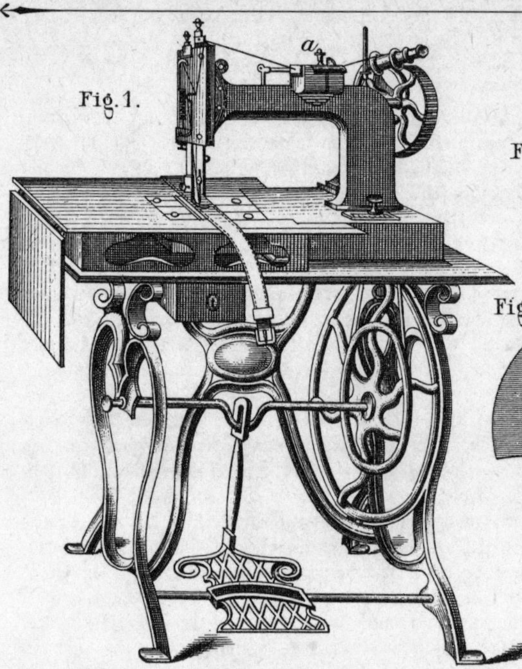

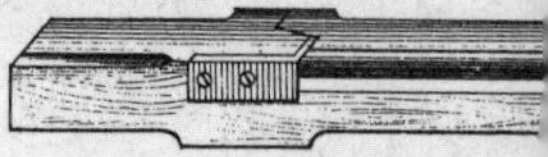

Fig. 6. Fig. 9. F.10. Fig. 18.

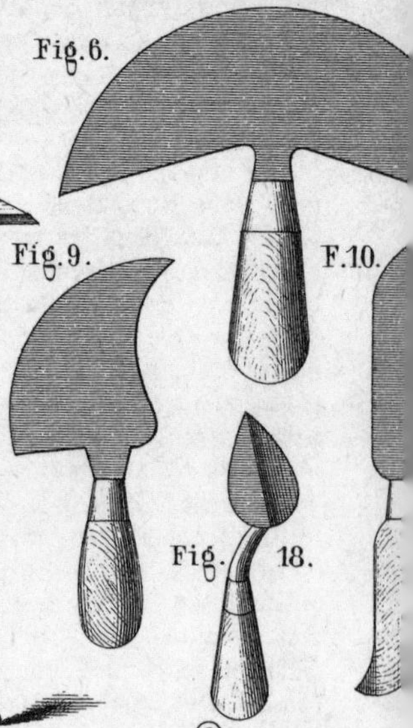

Fig. 21.

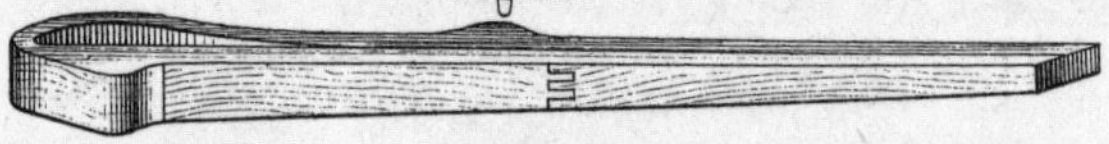

Fig. 26.

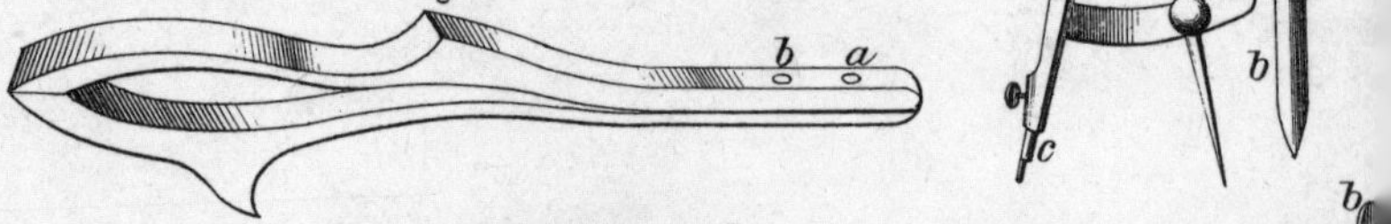

F. 22.

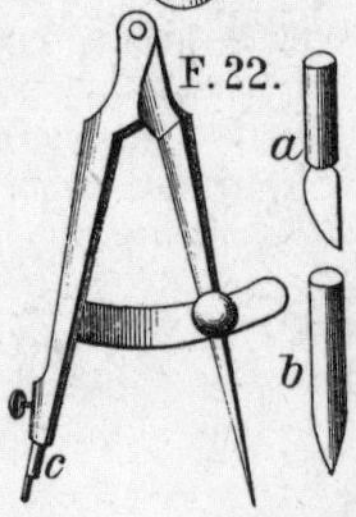

Fig. 35.

Fig. 29.

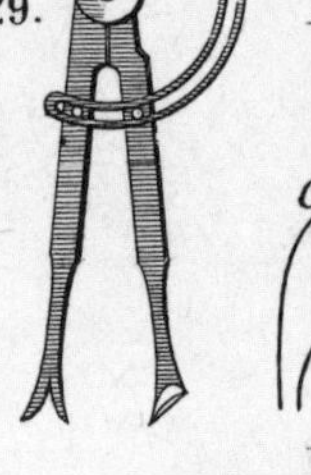

Fig. 36 b.

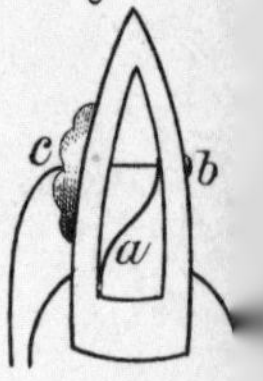

Fig. 36 a.

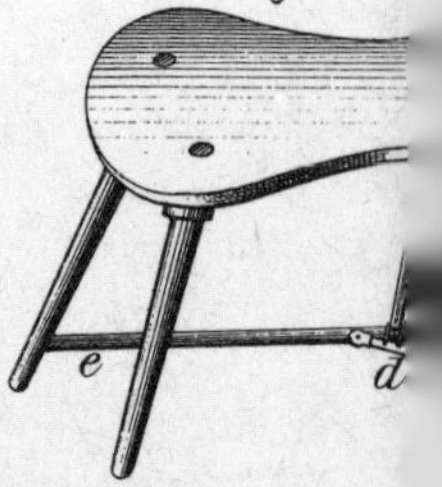

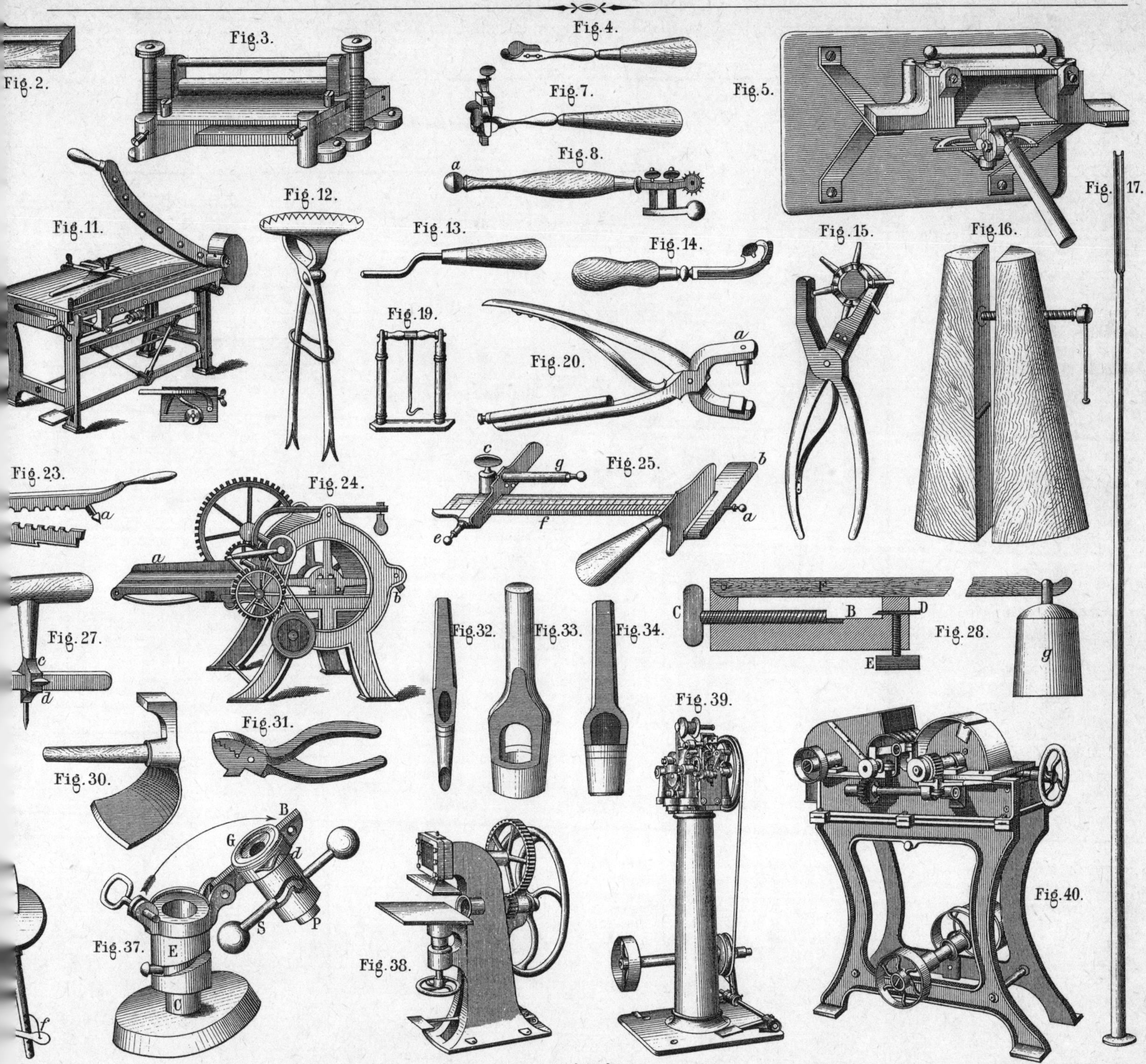
Fig. 2.
Fig. 3.
Fig. 4.
Fig. 7.
Fig. 5.
Fig. 8.
a
Fig. 17.
Fig. 11.
Fig. 12.
Fig. 13.
Fig. 14.
Fig. 15.
Fig. 16.
Fig. 19.
Fig. 20.
a
Fig. 23.
a
Fig. 24.
a
b
c
g
Fig. 25.
b
a
e
f
Fig. 27.
c
d
F
C
B
D
E
Fig. 28.
g
Fig. 32.
Fig. 33.
Fig. 34.
Fig. 39.
Fig. 30.
Fig. 31.
B
G
d
S
P
Fig. 37.
E
C
Fig. 38.
Fig. 40.
f

Gegenstand	Anzahl der Stücke, Meter, □ Dezimeter, Kilo	à Stück, Meter, Kilo, □ Dezimeter		Total	
		M.	₰	M.	₰
Lackierer.					
Angabe der Sorte des Wagens .					
Tischler.					
Jalousien, Koffer, Sitzkasten . .					
Glaser.					
Ordinäre oder Spiegelscheiben, mit oder ohne Fassette					
Fracht, Porto u. s. w. durch dieselben					
b) Berechnung eines Kutschgeschirres.					
Geschirrleder, schwarz					
Geschirrleder, braun					
Lackiertes Rindleder					
„ Kalbleder, schwarz . .					
„ „ bunt . . .					
„ Schafleder, schwarz . .					
„ „ bunt					
Braunes Rindleder					
„ Schafleder					
„ Roßleder					
Schwarzes Vachettleder					
„ Schafleder					
„ Roßvachette					
Plüsch					
Scheulederbleche					
Gepreßte Schlaufen					
Kammdeckeleisen					
Geschirrbeschlag, Neusilber, silberplattiert					
Geschirrbeschlag, Eisen, silberplattiert					
Geschirrbeschlag, Messing					
Geschirrbeschlag, Neusilber . . .					
Geschirrbeschlag, schwarz					
Kandaren und Trensengebisse . .					
Rehhaare					
Wolle					
Stroh					

Gegenstand	Anzahl der Stücke, Meter, □ Dezimeter, Kilo	à Stück Meter, Kilo, □ Dezimeter		Total	
		M.	₰	M.	₰
Bindfaden					
Seide					
Garn					
Kleine Zuthaten					
Arbeitslohn					
Summa					
Zurechnung der Prozente					
Total-Summe					
c) Berechnung eines englischen Sattels.					
Sattelbaum					
Gurte					
Drell					
Leinwand					
Flanell					
Schweinsleder					
Rindleder					
Schafleder					
Rehhaare					
Garn, Seide, Nägel					
Kleine Zuthaten					
Arbeitslohn					
Summa					
Zurechnung der Prozente					
Total-Summe					
d) Berechnung eines Reisekoffers.					
Pappe					
Rindleder					
Schafleder					
Kalbleder					
Roßleder					
Ledertuch					
Drilch zum Ueberziehen					
Drilch zum Auskleben					
Tapete (Papier)					

Gegenstand	Anzahl der Stücke, Meter, □ Dezimeter, Kilo	à Stück, Meter, Kilo, □ Dezimeter		Total	
		M.	₰	M.	₰
Schloß					
Nieten					
Buckeln					
Eiserne Rahmen					
Hölzerne Rahmen					
Fertige Koffer vom Tischler . . .					
Eisenblech					
Nägel					
Garn					
Kleine Zuthaten					
Arbeitslohn					
Summa					
Zurechnung der Prozente					
Total-Summe					

Wir hoffen uns so hinreichend verständlich gemacht zu haben. Die Anlage eines solchen Buches ist sehr leicht, indem man über beide Seiten hinweg liniiert. Man hat so Gelegenheit, viele Gegenstände zu berechnen, ohne allemal neu die Namen derselben übertragen zu müssen.

Zweiter Abschnitt.

Von der Buchhaltung.

Wer nicht bloßer Tagelöhner ist, sondern durch sein Geschäft gezwungen wird, teilweise Kredit zu nehmen und solchen zu geben, muß unbedingt ein gutes Buch führen, um in verhältnismäßig kurzer Zeit über den Stand seines Vermögens sich oder anderen Rechenschaft geben zu können. So notwendig und einleuchtend diese Thatsache ist, finden wir oft bei den Handwerkern gerade die Buchführung in einem kläglichen Zustande, was selbstverständlich die Betreffenden sehr in Schaden bringen kann. Es ist bei manchen Handwerkern immer noch der Gedanke vorherrschend, daß dies eine besondere Kunst sei, die schwer zu begreifen wäre und doch gehört dazu weiter nichts als Lesen, Schreiben und Rechnen und etwas Begriff, sich in die Sache hineinzudenken. Es kann hier unsere Aufgabe nicht sein, einen Kursus über Buchhaltung schreiben zu wollen, sondern wir können uns nur mit unseren Ratschlägen ziemlich allgemein halten, denn derjenige, der wirklich durchführen will, was wir im Anfang dieses Artikels als Zweck der Buchhaltung hinstellten, einen Ueberblick über sein Vermögen zu bekommen, wird manches so und manches so für zweckmäßiger und besser halten, wie überhaupt die Buchführungen in den Nebensachen in allen Kaufmannsgeschäften verschieden sind.

In einem Geschäfte, wie wir hier solches im Auge haben müssen, wo nicht ein Buchhalter gehalten werden kann, der mit korrekter und schöner Handschrift sofort seine Buchungen ins Reine bringt, können nicht alle Tage die Bücher vorgenommen werden, sondern man macht dies in regelmäßigen Zwischenräumen, vielleicht Sonntags oder dergleichen. Natürlich müssen die in die Zwischenzeit fallenden Geschäftsvorfälle notiert werden. Hat man ein Laden- oder überhaupt Verkaufsgeschäft, so halte man sich ein sogenanntes Schmierbuch, in welches man diese Notizen macht. Dazu ist nicht nötig, daß man dies allemal selbst sein muß, nein jedermann, der überhaupt in irgend einer Weise Vertretung im Geschäfte hat, als die Frau, der Lehrling oder Gehilfe rc. macht seine Notizen in dies Buch z. B.:

1896. 20. Juli. Einen Peitschenriemen für Kaufmann Hildebrandt	— Mark 20 Pfge.
Frau Justizrätin Hellfeld zahlte	24 „ 28 „
Bestellte zu morgen einen Mann zum Wagenschmieren	
Herrn Oberlehrer Schleier einen Handkoffer . . .	15 „ — „
Wirtschaftsgeld	18 „ — „
Röschel	300 „ — „
Tageseinnahme	84 „ 72 „

Auf die eine Notiz „Wirtschaftsgeld" machen wir besonders aufmerksam, daß solches genau gebucht werden muß und nicht willkürlich aus der Kasse genommen, denn erstens ist es notwendig, bei Gelegenheit, wenn ein Geschäft nicht vorwärts kommen wollte, seine Gläubiger überzeugen zu können, daß nicht eine Wirtschaft über die Kräfte hinaus den Ruin herbeigeführt hat; zweitens ersieht man aus den wöchentlichen oder monatlichen Ausgaben genau, wenn zu viel drauf geht und kann leicht seine Einschränkungen treffen, als wenn man ohne zu rechnen nur immer ausgibt.

Hat man außer dem Verkaufsgeschäfte noch eine Werkstatt, so muß auch dort ein Schmierbuch existieren, in welches die gemachten Reparaturen für die Kundschaft eingetragen werden, selbstverständlich sind dazu auch Schiefertafeln oder dergl. zu benutzen. Nehmen wir hierfür als Beispiel an

1896. 21. Juli. Für Kaufmann Hildebrandt ein Brustblattgeschirr repariert, eine neue Bauchgurtstrippe	1 Mark 20 Pfge.
Frau Justizrätin Hellfeld Verdeck am Wagen und Geschirre geschwärzt und geschmiert $^3/_4$ Tag.	

Nehmen wir nun an, diese Notizen sollten wir in unsere Bücher eintragen, so finden wir:

1. Für Herrn Kaufmann Hildebrandt einen Peitschenriemen 20 Pfge.; dessen Konto finden wir in unserem Debitorenbuche, das ist unser Schuldnerbuch, worin also alle diejenigen stehen, die uns etwas schuldig sind. Wir schlagen das Register, welches sich hinten nach dem Alphabete befindet, auf und suchen unter H den obigen Namen und finden, daß derselbe auf Folio 49 steht; dorthin tragen wir die Notiz ein und streichen dieselbe ein-

fach im Schmierbuche durch. Im Werkstattschmierbuche finden wir noch eine Notiz für denselben, auch diese wird dahin eingetragen. Das Konto ist ganz einfach eingerichtet wie untenstehendes Schema zeigt.

49. Herrn Kaufmann Hildebrandt hier.

1896			M.	₰
Juli	20	Einen Peitschenriemen	—	20
"	21	Ein Brustblattgeschirr gebessert, eine neue Bauchgurtstrippe	1	20

Gehen wir weiter, so finden wir 2. Frau Justizrätin Hellfeld 24 Mark 28 Pfge., das ist ein bezahlter Posten, den wir dem betreffenden Konto gutschreiben müssen. Wir finden das Konto auf Folio 52 wie untenstehendes Schema.

Uebertragen von Folio 38.

Frau Justizrätin Hellfeld, Passendorf bei Halle a/S. 52.

1896			M.	₰
		Transport	22	28
Juni	13	Einen Plaidriemen	2	—
		Summa	24	28
		l. Rech. v. 1/4. 1896		
		Erhalten C. B. Folio 72.		

Betrachten wir uns das Konto näher, so sehen wir oben „Uebertragen von Folio 38". Dort war also die Seite zu Ende; wir waren gezwungen eine andere Seite anzufangen; die erste freie Seite in unserem Debitorenbuche war Folio 52. Wir müssen nun auf drei Stellen das berichten, daß das Konto da weiter geht, einmal schreiben wir auf Seite 38 „Uebertragen nach Folio 52," Seite 52 schreiben wir „Uebertragen von Folio 38" und hinten ins Register setzen wir die Nummer 52 hinter den Namen.

Weiter sehen wir „Transport" 22 Mark 28 Pfge., d. h. wir transportierten diese Summe von der anderen Seite hier herüber, dorthin schreibt man Latus 22 Mark 28 Pfge. hierher Transport. Kaufmännisch korrekter ist „Saldo", „Saldo-Vortrag", doch sind diese Ausdrücke an sich gleichbeteutend.

Das Konto finden wir zusammengezogen und mit „Summa" vorgeschrieben, was wohl jedem verständlich ist. Daneben steht jedoch eine Notiz „l. Rech. v. 1/4. 1896, das heißt „laut Rechnung vom 1. April 1896". Also am 1. April sandten wir die Rechnung ab; wir wissen also genau, wenn wir uns diese kleine Notiz machen, daß wir weder die Rechnung vergaßen, noch den Kunden, durch zu oftes Uebersenden derselben, vielleicht beleidigen konnten.

Die untere Notiz „Erhalten C. B. Folio 72" ist also das Löschen des Kontos und zugleich der Hinweis „C. B. Folio 72", daß wir die Einnahme in unser Kassabuch, auf das wir weiter unten kommen werden, eintrugen.

In unserem Schmierbuche finden wir noch unter Frau Justizrätin Hellfeld eine Notiz „Bestellten zu morgen einen Mann zum Wagenschmieren". Die Bestellung ist nicht vergessen, konnte nicht vergessen werden, denn im Werkstattschmierbuche finden wir, daß der betreffende Mann seine Notiz machte „Verdeck am Wagen und Geschirre geschmiert" $^3/_4$ Tag.

Wir dürfen nicht verfehlen, nun weiter auf Folio 52 dasselbe einzutragen, den Preis können wir uns leicht nach Angabe unseres Gesellen nach der Arbeitszeit berechnen.

Wir finden weiter in unserem Schmierbuche „Herrn Oberlehrer Schleier einen Handkoffer". Nach vorstehenden Beispielen kann es uns nicht schwer werden, auf dem Konto des Betreffenden dies einzutragen oder sollte derselbe noch kein Konto haben, ihm solches zu eröffnen.

Der nächste Posten in unserem Schmierbuche ist „Wirtschaftsgeld 18 Mark". Das ist ein direkter Ausgabeposten, der gehört ins Kassabuch, welches nach untenstehendem Schema eingerichtet ist.

72. 1896. Einnahme. Monat Juli.

	Saldo-Vortrag	M.	₰	M. 1088	₰ 22
20	Deb. B. Fol. 52 Frau Justizrätin Hellfeld	24	28	24	28
20	Tageseinnahme . . .	84	72	84	72

1896. Ausgabe. Monat Juli. 72.

	Saldo-Vortrag	M.	₰	M. 930	₰ 40
20	Wirtschaftsgeld . . .	18	—	18	—
20	H. B. Fol. 25 Röschel	300	—	300	—
21	Für Garn	2	20	—	—
	" Wachs	1	75	—	—
	" Pech	—	75	—	—
	" einen Kehrbesen .	1	80	6	50

Die erste Seite bei einem solchen Buche ist deshalb nicht zu benutzen, weil Einnahme und Ausgabe sich gegenüber stehen müssen. Beide Seiten müssen eine Folionummer deshalb tragen, hier Folio 72. Der Kopf ist leicht verständlich; daß wir oben „Monat Juli" schreiben ist bei Nachsuchen eines Postens von Vorteil, weil es auffälliger ist. Der „Saldo-Vortrag" ist von Folio 71 herübergetragen, derselbe wird vom Anfang bis Ende des Geschäftsjahres durchgeführt, wodurch wir am Ende des Jahres, Monates oder der Woche sehen können, welchen Umsatz wir machen. Der erste Einnahmeposten ist gezeichnet. „Deb. B. Folio 52" sehen wir also das Konto dort nach, so finden wir hingewiesen auf „C. B. Folio 72", also die gegenseitige Quittung ist vorhanden. Ueber die Buchung der Tageseinnahme ist wohl weiter nichts hinzuzufügen.

Sehen wir uns die Ausgabeposten an, so sehen wir zuerst „Wirtschaftsgeld", das Geld, was wir der Frau zur Führung der Wirtschaft gaben, weil wir annehmen, daß die Frau eine ordentliche Wirtin ist, die den Mann nicht zwingt, jedes einzelne Bedürfnis der Wirtschaft ins Kassabuch zu bringen. Ist das natürlich der Fall, so müssen die einzelnen Buchungen so zusammengesetzt werden, wie wir dies weiter unten bei den kleinen Ausgaben des Geschäftes sehen, als „Garn, Wachs, Pech, Kehrbesen", deren Gesamtsummen in der zweiten Kolonne zusammengezogen sind, zu welchem Zwecke das Kassabuch mit doppelten Preiskolonnen versehen ist.

Weiter finden wir in der Ausgabe einen Posten gezeichnet mit „H. B. Folio 25", das heißt: „Haupt-Buch Folio 25". Wir haben hier mit einer Zahlung zu thun, die wir einem unserer Gläubiger machten, auf diese Weise kommen wir auf ein weiteres Buch zu sprechen, das ist das Buch, in welchem diejenigen stehen, denen wir etwas schuldig sind. Nennen wir es nun, wie hier „Hauptbuch", Kreditorenbuch, oder Gläubigerbuch, ist ganz gleich. Dasselbe ist nach folgendem Schema eingerichtet.

25.		Georg Christian					Röschel, Lederhandlung, Mainz.						25.
Soll.													Haben.
1896			M.	₰	M.	₰	1895			M.	₰	M.	₰
							Dez.	18	Fact. B. Fol. 33. An Waren . .	106	68	—	—
							1896						
Juli	20	C. B. Folio 72 per Kasse	300	—	300	—	Jan.	20	Fact. B. Fol. 36. An Waren . .	193	32	300	—

Auch in diesem Buche geht das eine Konto über beide Seiten hinweg und dieselben tragen eine Folionummer. Der Kopf ist selbstverständlich irgend eine Firma, von der wir Ware auf Kredit beziehen; auf der einen Seite steht „Soll", das heißt dasjenige, was wir noch sollen (Zahlen) um das gegenüberstehende Konto „Haben", das heißt das was wir schon haben (Empfangen) auszugleichen. Kaufmännisch werden diese Benennungen durch Kredit und Debet ausgedrückt, was dasselbe bedeutet; uns sei wohl erlaubt, soviel als möglich fremdländische Ausdrücke zu vermeiden.

Wir finden also rechts unter Haben, daß uns 1895 am 18. Dez. die Firma Georg Christian Röschel in Mainz Waren sandte im Preis von 106 Mark 68 Pfge. Was waren das für Waren? Um uns davon überzeugen zu können, steht nach dem Datum Fact. B. Folio 33, das heißt Fakturenbuch Seite 33, oder Rechnungsbuch, ein Buch, in welches alle Rechnungen, die wir von unseren Geschäftsfreunden bekommen, eingetragen und ins Hauptbuch übertragen werden. Weiter unten finden wir ebenfalls ein solches Schema für ein Rechnungsbuch. Was das für Waren gewesen sind, ist also hier nicht weiter anzugeben, deshalb nur die Notiz „An Waren". Im folgenden Jahre 1896 am 20. Januar erhielten wir wieder Waren, die auf Folio 36 des Fakturenbuches stehen, beide Posten zusammen betragen 300 Mark, die in der zweiten Preiskolonne eingeschrieben sind; wir zogen die Summen, die ja auch oft mehrere zusammen sind, in eine größere Summe zusammen, weil wir den Mann bezahlt haben. Deshalb ist in die Ausgabe unseres Kassabuches geschrieben H. B. Folio 25, Röschel 300 Mark und in unserem Hauptbuche auf Folio 25 steht wieder Juli 20., 1896, C. B. Folio 72 per Kassa an obenstehende Firma 300 Mark gezahlt, also beide Bücher haben sich wieder gegenseitig quittiert.

Das Fakturenbuch ist ein einfaches Buch mit fortlaufenden Seitennummern, vorn eine Monatrubrik und hinten eine einfache Mark- und Pfennigrubrik. Ein Kopf ist nicht nötig, weil man gezwungen ist, jede Rechnung mit der Ueberschrift zu versehen und auf eine Seite gewöhnlich mehrere Rechnungen gehen.

33.		Georg Chr. Röschel, Mainz.		
1895			M.	₰
Dezembr.	18	Sandten per Bahn Fracht 1 Mark 80 Pfge.		
		3 Häute prima Schmiervachetten à Stück 32 Mark	96	—
		1 Stück prima braunes Kalbfell	10	—
		Emballage	—	68
			106	68

H. B. Folio 25.

So fortlaufend werden nun die Fakturen oder Rechnungen eingetragen, bis man gezwungen ist, die andere Seite anzufangen. Bei Uebertragung in das Hauptbuch bemerken wir diese Uebertragung ebenfalls wie bei unserem Schema durch die Notiz H. B. Folio 25, also dahin trugen wir die Summe zu gunsten der Firma ein, während dort, wie schon oben erwähnt, wieder auf das Fakturenbuch bezogen wird. Das sind alle Bücher, die wir gebrauchen, und sind diese alle gehörig in Ordnung, so kann man damit schon ein ziemlich großes Geschäft führen, denn was haben wir weiter nötig zu wissen? Was kommt an Geld ein und für was gebe ich das eingekommene Geld aus? Das beweise ich durch das Kassabuch. Wer ist mir etwas schuldig? Wann bezahlte er mich? Wann forderte ich ihn auf zur Zahlung durch meine übersandte Rechnung? Das beweise ich durch das Debitorenbuch. Wem bin ich etwas schuldig? Wann bezahlte ich ihn? Das beweise ich durch das Hauptbuch. Durch das Fakturenbuch beweise ich ferner wie meine Schulden entstanden. Eins bleibt uns nur noch zu erwähnen übrig, daß es sehr nötig ist, alle Briefe, die man schreibt, sich zu kopieren, das heißt eine Abschrift zu behalten. Man kann dieses durch nochmaliges Abschreiben in ein besonderes Buch bewerkstelligen, oder sich eines Kopiebuches mit Presse bedienen. Bei vorkommenden geschäftlichen Streitigkeiten, Behauptungen von anderen, die wir widerlegen wollen, ist es sehr nötig, daß wir wissen, was wir an dem und dem Tage dem Kunden oder Geschäftsfreunde schrieben, anboten u. s. w.

Oft wird es einem Handwerker auch vorkommen, daß er in unserer wechselvollen Zeit einen Wechsel in Zahlung bekommt und er könnte in Zweifel sein, ob er ihn als Kasse (bares Geld) behandeln soll oder nicht. Wir enthalten uns hier all und jeder Abhandlung über Wechselrecht, Wert der Wechsel u. s. w., sondern wollen für unsere Buchführung, die wir hier empfahlen und näher beschrieben, den Wechselempfängern einfach raten, den empfangenen Wechsel als Kasse zu betrachten, also einfach den Wert desselben in die Einnahme zu setzen, natürlich bei dieser Gelegenheit denselben näher zu beschreiben, d. h. den Acceptanten, das Domizil, die einzelnen Giranten ꝛc. sofort mit anzugeben. Bei Ausgabe desselben muß man natürlich ebenfalls bemerken, daß die Summe in einem Wechsel enthalten war.

Kommt er als Ricambio (das heißt ungedeckt) zurück, muß er wieder dem Geber zur Last geschrieben und die Summe dafür verausgabt werden.

Gibt man selbst Wechsel aus, so kann man sich wohl eine Rechnung von dem Empfänger durch „Erhalten durch Accept." quittieren lassen, jedoch kann erst dann ein Ausgabeposten in der Kasse daraus werden, wenn wirklich derselbe eingelöst wird.

Jeder gute Wirt, sei er nun Kaufmann oder Handwerker, macht alljährlich an einem besonderen Tage eine Bilanz seines Vermögens, das heißt er stellt das, was er besitzt (Aktiva), dem was er schuldig ist (Passiva) gegenüber und ersieht an dem Fazit, was er herausrechnet, ob er mit seinem Geschäft vorwärts oder rückwärts kommt. Zu diesem Zwecke schließt er erst alle seine Bücher ab, zuerst die Kasse. Er zieht unten die Einnahme auf der einen Seite und auf der anderen Seite die Ausgabe zusammen und gewinnt so nach unserem angegebenen Schema den ganzen Umsatz des Jahres, das, was in der Kasse als Bestand bleibt, ist ein Vermögensobjekt und kommt in die Aktiva. Im Debitorenbuche werden alle Posten zusammengerechnet, und die Bemerkung darunter gesetzt, z. B. am 1. Mai 1896, also wissen wir genau, jeder einzelne Kunde war uns bis zum 1. Mai 1896 die und die Summe schuldig, das ist ebenfalls ein Vermögensobjekt und kommt in die Aktiva.

In die Aktiva kommen ferner: Ein Grundstück, wenn solches vorhanden, die Wirtschaft, die fertigen Waren, Verkaufsartikel im Laden, ob bezahlt, teilweise bezahlt oder nicht, die Rohmaterialien. Man rechne diese Sachen alle nach dem Einkaufspreise, oder so zu sagen was sie unter Brüdern wert sind. Zweifelhafte Forderungen nehme man gar nicht auf oder doch nur zu einem geringen Werte.

Die Passiva ergibt unser Hauptbuch, indem wir ebenfalls alle Konten abschließen, ebenfalls mit dem Vermerk „am 1. Mai 1896", denn in dem Hauptbuche muß ich auch finden, wenn ich eine Hypothek auf dem Grundstücke habe oder ein Darlehen von jemand geliehen u. s. w.

Zum Zwecke der Bilanz legt man sich ein besonderes Buch an, oder man macht jede Jahresinventur in ein besonderes Heft von mehreren Bogen Papier und bezeichnet diese mit „Inventur 1896" und so fort. Vergegenwärtigen wir uns durch einige Beispiele die Aufnahme der Aktiva.

Aktiva.

Grundstück. Netto-Annahme.

Laut Inventur von 1895 . . .	— Mark	— Pfge.
Für Instandhaltung desselben während der Zeit 95—96 . . .	— „	— „
Ab Verbrauchsprozente $1^1/_2$ % .	— „	— „
Netto-Annahme	— „	— „

Wirtschaft.

Betten, 7 Stück, inkl. Gestellen .	— Mark	— Pfge.
Wäsche	— „	— „
Schränke	— „	— „
Stühle	— „	— „
ꝛc. ꝛc.		

Fertige Waren.

Koffer, 30 Stück	— Mark	— Pfge.
Taschen, 24 Stück	— „	— „
Ein zweispänniges Geschirr . . .	— „	— „
Ein einspänniges Geschirr . . .	— „	— „
ꝛc. ꝛc.		

Unfertige Waren.

1/2 Dutzend angefangene Koffer .	— Mark	— Pfge.
2 Dutzend Rahmen	— „	— „
3 Stück Jagdtaschen	— „	— „
ꝛc. ꝛc.		

Rohmaterialien.

75 kg Roßhaare	— Mark	— Pfge.
83 kg Werg	— „	— „
3 Verdeckhäute	— „	— „
1/2 Dutzend Schaffelle	— „	— „
ꝛc. ꝛc.		

Debitoren.

D. B. Folio 1. Lehmann . . .	— Mark	— Pfge.
„ „ 3. Schulze . . .	— „	— „
„ „ 6. Freund . . .	— „	— „
„ „ 7. Hachtmann . .	— „	— „
ꝛc. ꝛc.		

Kasse.

Bestand der Kasse am 1. Mai 1896	— Mark	— Pfge.

Passiva.

H. B. Folio 1. Hypothek von Luntsch	— Mark	— Pfge.
„ „ 2. Kapital von Peter .	— „	— „
„ „ 3. Horch & Komp. .	— „	— „
„ „ 6. Nutsch & Sorge .	— „	— „
ꝛc. ꝛc.		

Bilanz.

Aktiva.			Passiva.		
Grundstück . .	— Mark	— Pfge.	Hypothek . .	— Mark	— Pfge.
Wirtschaft . .	— „	— „	Geliehene Kapitalien . .	— „	— „
Fertige Waren .	— „	— „	Geschäftskreditoren . . .	— „	— „
Unfertige Waren	— „	— „			
Rohmaterialien .	— „	— „			
Debitoren . .	— „	— „			
Kasse . . .	— „	— „			
Summa	— Mark	— Pfge.	Summa	— Mark	— Pfge.
	— „	— „	Gewonnener Ueberschuß	— „	— „
	— Mark	— Pfge.		— Mark	— Pfge.

Wie wir schon oben sagten, kann bei dieser einfachen Buchführung schon ein ziemlich umfangreiches Geschäft geführt werden; es wäre aber vielleicht wünschenswert, eine noch einfachere Art kennen zu lernen, die noch weniger

Bücher erfordert und doch nicht der vollständigen Uebersicht ermangelt, ja in mancher Hinsicht vielleicht noch mehr vorzuziehen wäre, da man auf diese Art im stande ist, den Einzelaufwänden im Geschäft und Wirtschaft noch mehr Aufmerksamkeit zu widmen und da und dort mehr Ersparnisse eintreten zu lassen. Wir bringen weiter unten die Einrichtung einer solchen Buchführung in einem Buche. Sie ist eine Erfindung der Amerikaner und heißt deswegen „Amerikanische Buchführung". Eingeführt ist dieselbe in vielen Geschäften und auch in den Krankenkassen-Verwaltungen, weil man auch da sofort eine Uebersicht hat, was im ganzen und dann auch zugleich im einzelnen an Aerzte, Apotheken, Kranke, Krankenanstalten, Verwaltung, sächliche Unkosten, Sterbegelder ꝛc. ausgegeben ist.

Da wir von unserm oben beschriebenen Systeme behaupteten, daß es sehr übersichtlich wäre, wollen wir nochmals die einzelnen Bücher durchgehen, um zu ersehen, wie dieselben bei dem amerikanischen Systeme ersetzt resp. erspart werden.

Wir sprachen zuerst von einem sogenannten „Schmierbuche", in dem alle Vorgänge im Geschäft gebucht werden. Das müssen wir natürlich auch bei der letzteren Einrichtung haben. Auch das „Debitorenbuch" oder Schuldnerbuch, in welches wir unsere Arbeiten und Lieferungen einschreiben, ist notwendig. Das dritte Buch, auf das wir kamen, war das „Kassabuch".

Dies Kassabuch finden wir nun in dem untenstehenden Schema zuerst mit „Kassa" bezeichnet, vorher die Rubrik „Tag", dann „Monat", dann „Einnahme", „Ausgabe" und daneben „Bestand". Wir können also jeden Tag bei Abschluß des Buches, wenn wir Einnahme und Ausgabe regeln, sofort den Bestand der Kasse finden und kontrollierend mit der wirklichen Kasse feststellen.

Wir kamen weiter bei Beschreibung unseres ersten Systems auf das „Hauptbuch", woraus wir ersehen, was wir den „Gläubigern" schuldig sind. Dies wird in dem neuen Systeme ersetzt durch die weiteren Rubriken unter „Warenbuch" und zwar „Einkauf" und „Verkauf und gelieferte Arbeiten". Jeder Einkauf, jede Sendung von Waren würde hier gebucht. Wird sie bezahlt, kommt die Summe auch noch in die Kasse in die Ausgabe. Wird sie nicht bezahlt, nur in den Einkauf, die gelieferte Rechnung braucht dann auch nicht eingetragen zu werden und wir können so auch weiter das „Fakturenbuch" ersparen, wohl aber müßten die einzelnen Rechnungen zusammen aufbewahrt werden, sowohl wenn sie unbezahlt, als auch wenn sie bezahlt sind. Die anderen in der amerikanischen Buchführung unten in dem Schema angegebenen Rubriken beziehen sich nun auf „Generalunkosten", Neuanschaffungen ꝛc. und sind zu dem Zwecke spezialisiert, um einmal sofort sagen zu können, ich habe bis jetzt so und so viel für Steuern, Wirtschaft, Löhne ꝛc. ausgegeben und andererseits jeden Tag, am Monatsschluß und vorzüglich am Jahresschluß kann ich eine Inventur an der Hand dieses Buches vornehmen. Sehen wir uns die Inventur des ersten Systems an, um zu untersuchen, wie wir dieselbe nach unserm amerikanischen Systeme feststellen können.

Wir finden zuerst „Grundstück". Eine Rubrik des Buches zeigt uns diese Benennung in der auch am 1. Januar 1896 das Grundstück vorgeschrieben wurde. Alle Ausgaben für das Grundstück während des Jahres müssen also in dieser Rubrik sich finden, diese zusammengezogen und 1½ Verbrauchsprozente abgezogen müssen den Netto-Wert desselben ergeben.

„Wirtschaft". Am 1. Januar 1896 ist der Wert derselben vorgetragen. Alle Neuanschaffungen, Reparaturen, die in der Wirtschaft und am Geschäftsinventar vorfielen, müssen sich, ob sie bezahlt sind oder nicht, in dieser Rubrik finden und das Facit unten, unter Abrechnung der Verbrauchsprozente, muß den Wert ersehen lassen.

Der Vergleich zwischen Einkauf und Verkauf mit dem Vortrag des Verdienstes vom vergangenen Jahre muß uns, wenn alle Buchungen richtig geschehen, ob sie bezahlt sind oder nicht, den Verdienst des Jahres angeben, derselbe kann nun in der höheren Kasse oder in dem höheren Bestand in Waren liegen. Den Bestand der Kasse konnten wir ja, wie wir in dem Schema sehen, jeden Tag feststellen. So haben wir also alle Faktoren, die wir zu einer Bilanz nötig haben.

Die anderen Rubriken, die an ihren Ueberschriften kenntlich sind, dienen nicht gerade zur Feststellung der Inventur, sondern zur besseren Uebersicht der Einzelausgaben, die uns z. B. die Wirtschaft, Steuern, Löhne, Frachten ꝛc. verursachen und können diese ja noch willkürlich vergrößert und erweitert werden, wenn man z. B. Beleuchtung, Heizung, Schulgelder, Aufwendungen für erwachsene Kinder oder etwas dergleichen speziell wissen will.

Betrachten wir zum besseren Verständnis uns zum Schluß noch die einzelnen Konten, die Uebertragungen geschahen also am 1. Januar 1896, da konnte natürlich nur der Bestand der Kasse in die Einnahme und in den Bestand, Verkauf und gelieferte Arbeiten und der Wert des Grundstücks, wenn solches vorhanden, übertragen werden. Am Schluß der Seite während des Geschäftsjahres müssen natürlich alle Konten übertragen werden, bis man am Ende des Jahres, wie oben gezeigt, seine Abrechnungen gemacht hat und die Ueberschüsse resp. Verluste überträgt.

Die erste Buchung am 1. Januar ist: Zinsen für Hypothek 120 Mark, diese kommen in die Ausgabe und in die Rubrik der „Pacht, Zinsen, Mieten". Die zweite Buchung an demselben Tage sind eingenommene Mieten 300 Mark, diese kommen in die Einnahme. Durch die Verrechnung dieser Einnahme und Ausgabe war der Bestand der Kasse am Abend des 1. Januar 430 Mark. Die dritte Buchung am 3. Januar war eine bezahlte Rechnung, wir verweisen sofort auf das Debitorenbuch, wo wir sie detailliert vorfinden, der Betrag 85 Mark 60 Pfennige kommt in die Einnahme. In Wirklichkeit betrug dieselbe nach dem Debitorenbuche 86 Mark 80 Pfennige, der Kunde kürzte uns aber 1 Mark 20 Pfennige und wir verzeichneten sofort diesen Verlust in der Rubrik „Verluste und Abzüge". Am Abend erhöhte sich der Bestand unserer Kasse um diesen Betrag. Die folgende Buchung ist weder eine Ausgabe noch eine Einnahme, sondern nur eine Warenlieferung, bei der wir angeben l. Rechn. 4/1. 96. und dieselbe in den Einkauf buchen. Wäre dieser Einkauf ganz oder zum Teil bezahlt, müßte natürlich auch diese Summe in die Ausgabe und würde den Bestand unserer Kasse verändern, so aber nicht. Die folgende Buchung ist eine Einnahme durch „Verkauf im Laden" 60 Mark, diese Summe muß in die Einnahme und in den „Verkauf und gelieferte Arbeiten" und ändert auch den Bestand der Kasse. Die andere Buchung „Eingeliefertes Geschirr", bei dem wir uns auch auf das Debitorenbuch beziehen, ist nicht bezahlt, ändert also die Kasse nicht, muß aber als gelieferte Arbeit unter dieser Rubrik eingetragen werden. Die folgende Buchung „Ein neuer Ofen" ist bezahlt, kommt also in die Ausgabe, ändert den Bestand der Kasse und wird auf das Haus-Konto oder „Grundstücks"-

Konto übertragen, weil es den Wert desselben erhöht. Das gleiche Verhältnis ist mit der Anschaffung der „Nähmaschine“, die unter „Neuanschaffungen“ gebucht wird. Die anderen Buchungen sind nach dem oben Gesagten leicht verständlich; erwähnen wir nur nochmal den Abzug, der uns bei Bezahlung der Rechnung gemacht wurde, daß derselbe unter „Verluste und Abzüge“ vermerkt wird und den letzten Posten „Prozeßkosten“, dafür finden wir eine Rubrik „Verschiedene Ausgaben“, wohin wir diejenigen Ausgaben setzen, die in andere Rubriken nach ihrer Art nicht passen wollen.

Wir ersahen also aus obiger Abhandlung, daß wir zur Inventur nur die Einnahme, Ausgabe und Bestand der Kasse, den Einkauf und Verkauf, das Grundstück und die Neuanschaffungen gebrauchen und daß wir die anderen spezialisierten Ausgaberubriken willkürlich vermehren und vermindern können. Diese Bücher werden in Kontorbuchhandlungen verkauft, können aber auch bei kleinern Geschäften selbst angelegt werden.

Fig. 1.

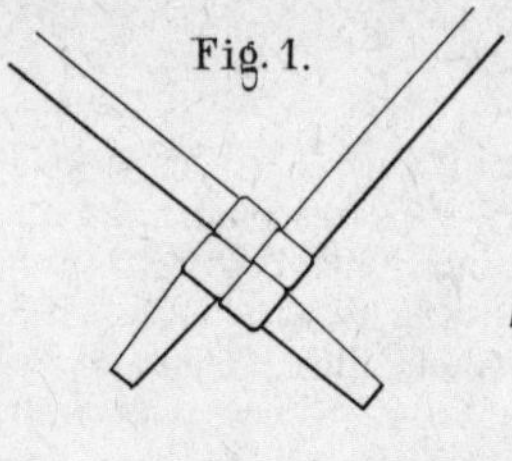

Fig. 2.

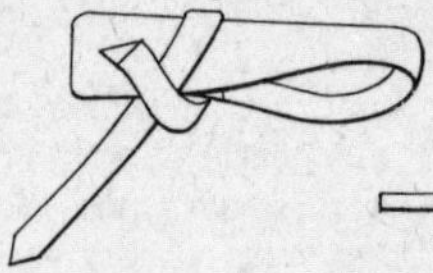

Fig. 3.

Fig. 4.

Fig. 14.

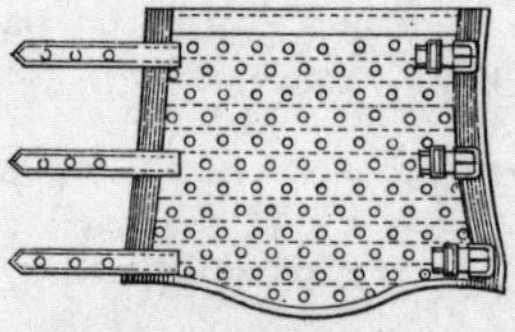

Fig. 18.

Fig. 20.

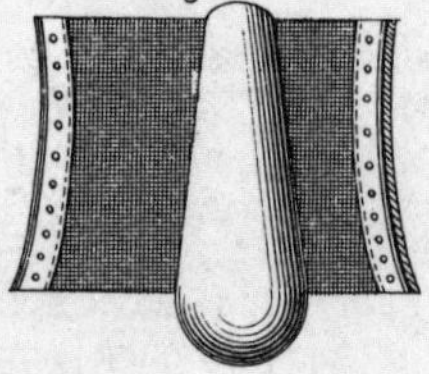

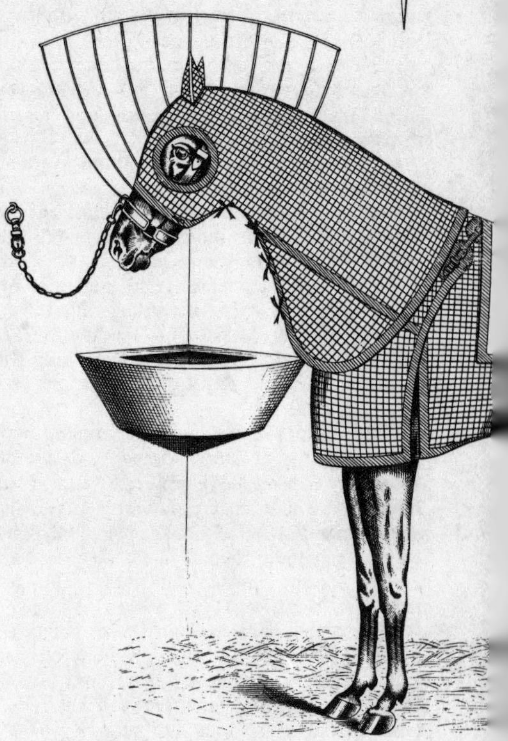

Fig. 22.

Fig. 23.

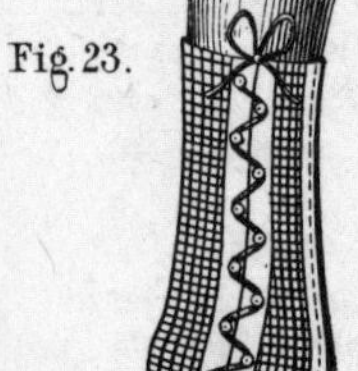

Fig. 24.

5.

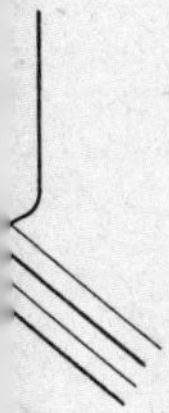

Fig. 6.

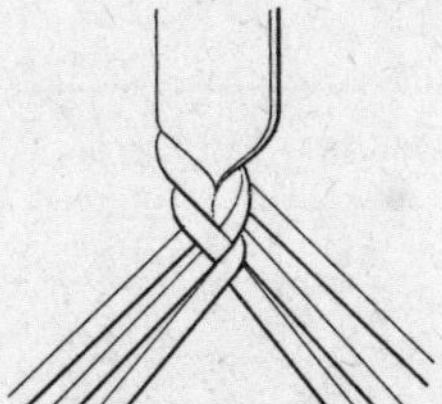

Fig. 7.

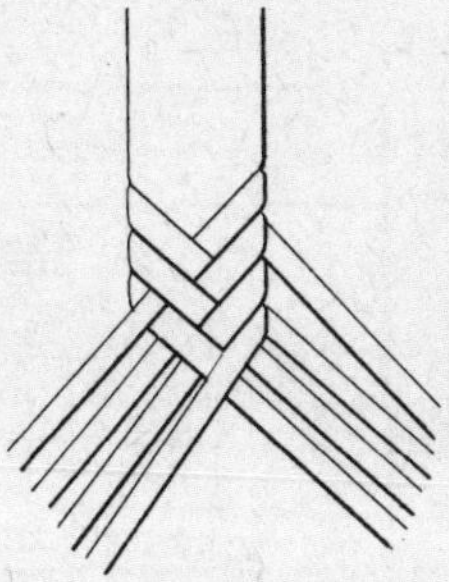

Fig. 8.

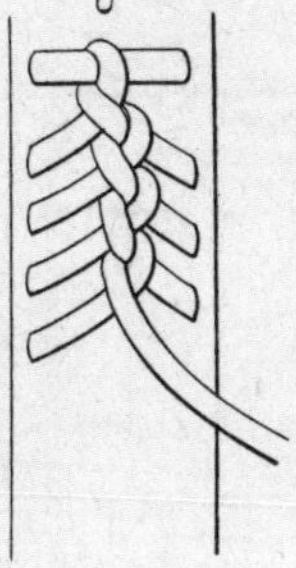

Fig. 9.

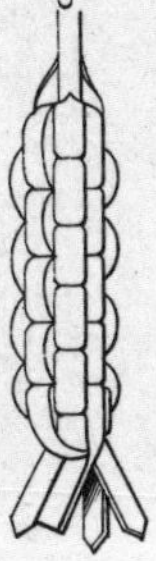

Fig. 10.

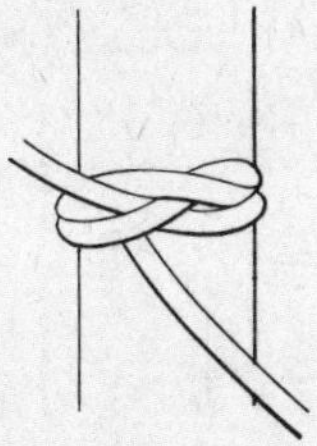

Fig. 11.

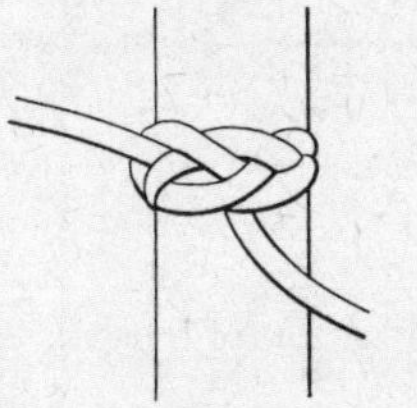

Fig. 12.

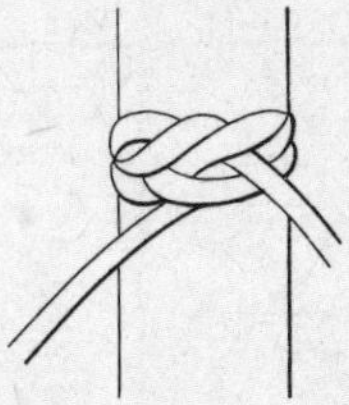

Fig. 13.

Fig. 17.

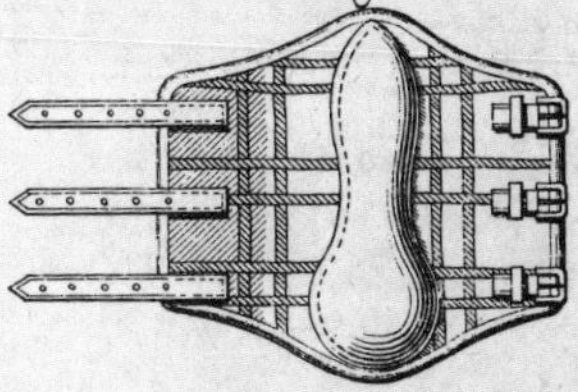

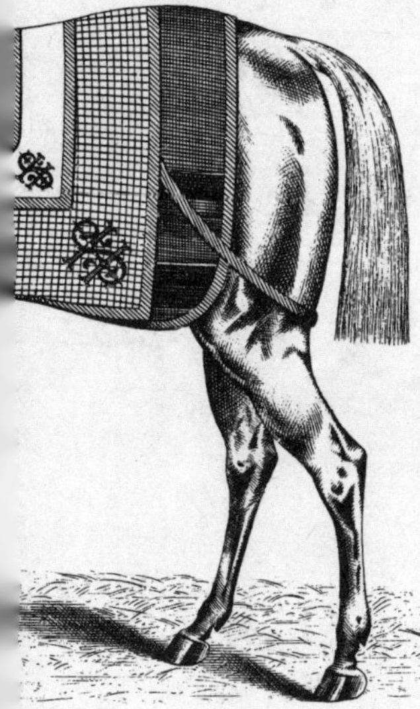

Fig. 16.

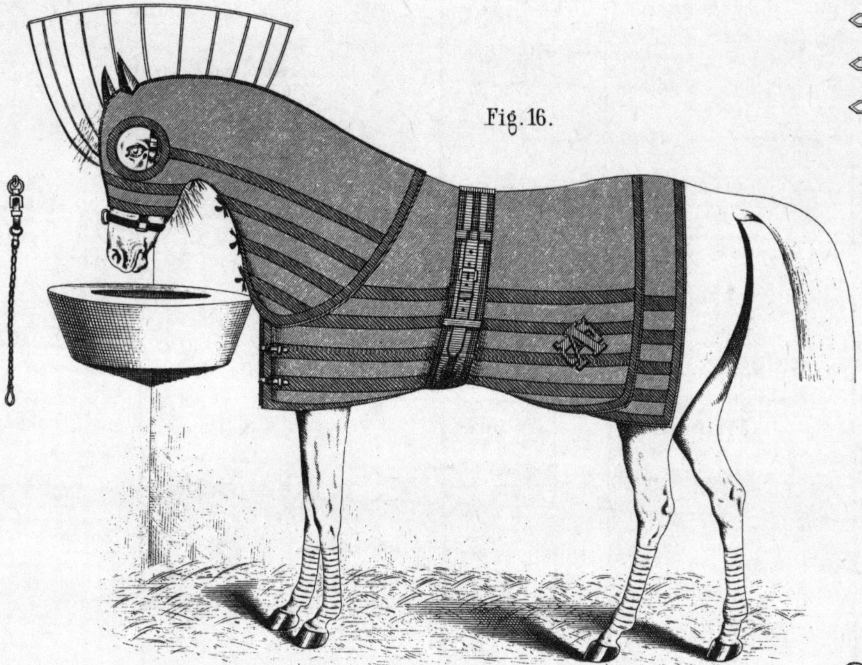

Fig. 19.

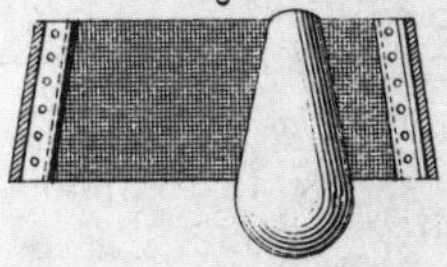

Fig. 21.

Fig. 29.

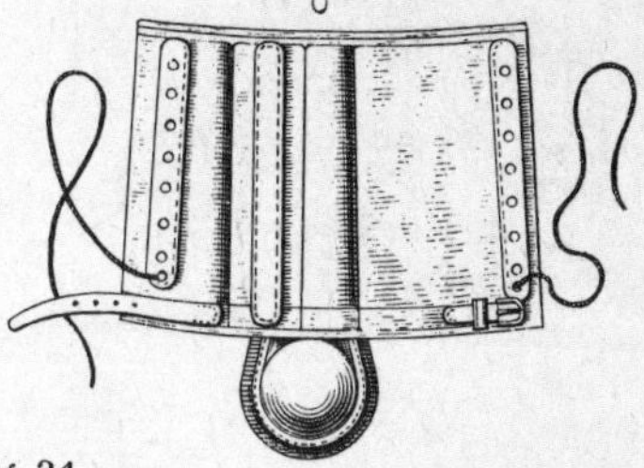

Fig. 27.

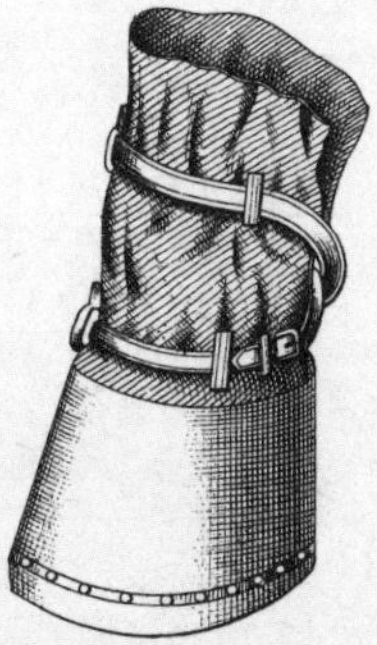

Fig. 28.

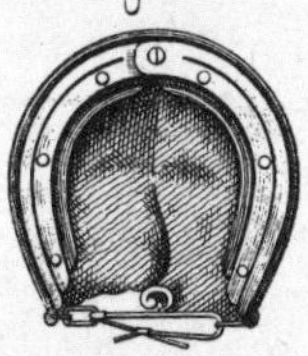

Fig. 25.

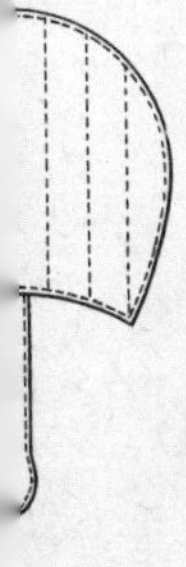

Fig. 26.

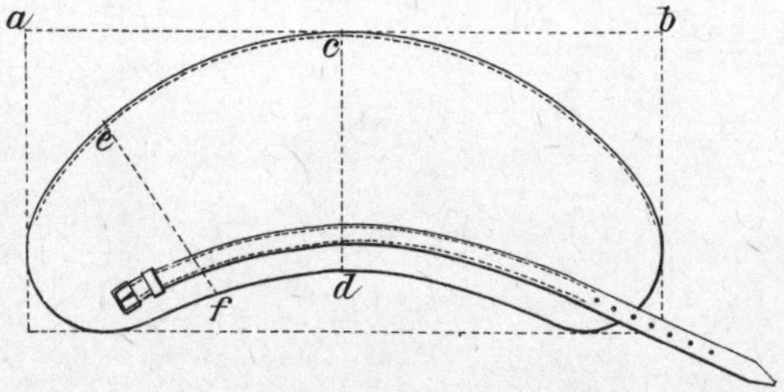

Fig. 31.

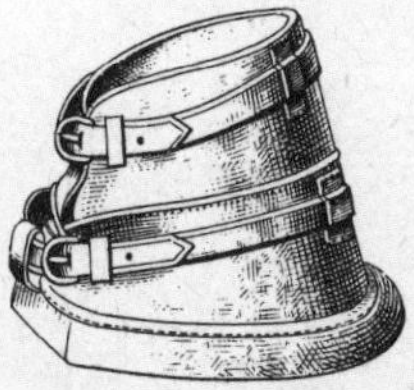

Fig. 30.

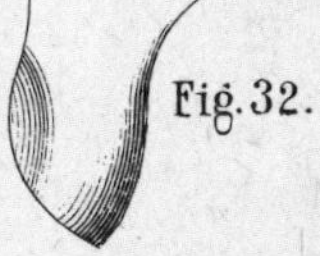

Fig. 32.

18 96.

Tag	Monat Januar	Kassa						Warenbuch			
		Einnahme		Ausgabe		Bestand		Einkauf		Verkauf und gelieferte Arbeiten	
		M.	Pf.	M.	Pf.	M.	Pf.	M.	Pf.	M.	Pf.
	Uebertragung:	250	—	—	—	250	—	—	—	768	50
1	Zinsen für Hypothek	—	—	120	—	—	—	—	—	—	—
1	Miete von Schurig 150 M. „ v. Fr. Böttcher 150 M.	300	—	—	—	430	—	—	—	—	—
3	Rechnung von Herrn Barth Deb. B. Folio 120	85	60	—	—	515	60	—	—	—	—
6	Gelieferte Waren von M. S. Finger l. Rechnung vom 4/1. 96	—	—	—	—	—	—	95	30	—	—
9	Ladenverkauf	60	—	—	—	575	60	—	—	60	—
9	Ein Geschirr an Herrn Sommer Deb. B. Fol. 96	—	—	—	—	—	—	—	—	90	—
15	Einen neuen Ofen	—	—	60	—	515	60	—	—	—	—
18	Eine Nähmaschine	—	—	150	—	365	60	—	—	—	—
20	Wirtschaftsgeld	—	—	50	—	315	60	—	—	—	—
24	Feuerversicherung	—	—	45	40	270	20	—	—	—	—
25	Rechnung von Herrn Kommerzienrat Neumann Deb. B. Fol. 86	240	—	—	—	510	20	—	—	—	—
28	Einkommen und Gebäudesteuer	—	—	30	—	480	20	—	—	—	—
29	Lohn für Schumann 45 M. „ „ Schramm 36 M.	— —	— —	81	—	399	20	—	—	—	—
30	Fracht nach Köln 1,50 M. „ von Barmen 3,20 M.	— —	— —	4	70	394	50	—	—	—	—
31	Prozeßkosten / Lehmann	—	—	15	60	378	90	—	—	—	—
		935	60	556	70	—	—	95	30	918	50

Tag	Monat Januar	Grundstück		Neuanschaffungen		Wirtschafts-Verbrauch		General-Geschäfts-Unkosten													
								Pacht, Mieten, Zinsen		Lebens-, Feuer-, Glas- rc. Versicherungen		Steuern und Abgaben		Löhne, Kranken- und Invaliden-Beiträge		Frachten, Portis		Verschiedene Ausgaben		Verluste und Abzüge	
		M.	Pf.	M.	Pf.	M.	Pf.	M.	Pf.	M.	Pf.	M.	Pf.	M.	Pf.	M.	Pf.	M.	Pf.	M.	Pf.
	Uebertragung:	18000	—	—	—	—	—	—	—	—	—	—	—	—	—	—	—	—	—	—	—
1	Zinsen für Hypothek	—	—	—	—	—	—	120	—	—	—	—	—	—	—	—	—	—	—	—	—
1	Miete von Schurig 150 M. „ v. Fr. Böttcher 150 M.	—	—	—	—	—	—	—	—	—	—	—	—	—	—	—	—	—	—	—	—
3	Rechnung von Herrn Barth Deb. B. Folio 120	—	—	—	—	—	—	—	—	—	—	—	—	—	—	—	—	—	—	1	20
6	Gelieferte Waren von M. S. Finger l. Rechnung vom 4/1. 96	—	—	—	—	—	—	—	—	—	—	—	—	—	—	—	—	—	—	—	—
9	Ladenverkauf	—	—	—	—	—	—	—	—	—	—	—	—	—	—	—	—	—	—	—	—
9	Ein Geschirr an Herrn Sommer Deb. B. Fol. 96	—	—	—	—	—	—	—	—	—	—	—	—	—	—	—	—	—	—	—	—
15	Einen neuen Ofen	60	—	—	—	—	—	—	—	—	—	—	—	—	—	—	—	—	—	—	—
18	Eine Nähmaschine	—	—	150	—	—	—	—	—	—	—	—	—	—	—	—	—	—	—	—	—
20	Wirtschaftsgeld	—	—	—	—	50	—	—	—	—	—	—	—	—	—	—	—	—	—	—	—
24	Feuerversicherung	—	—	—	—	—	—	—	—	45	40	—	—	—	—	—	—	—	—	—	—
25	Rechnung von Herrn Kommerzienrat Neumann Deb. B. Fol. 86	—	—	—	—	—	—	—	—	—	—	—	—	—	—	—	—	—	—	4	80
28	Einkommen und Gebäudesteuer	—	—	—	—	—	—	—	—	—	—	30	—	—	—	—	—	—	—	—	—
29	Lohn für Schumann 45 M. „ „ Schramm 36 M.	—	—	—	—	—	—	—	—	—	—	—	—	81	—	—	—	—	—	—	—
30	Fracht nach Köln 1,50 M. „ von Barmen 3,20 M.	—	—	—	—	—	—	—	—	—	—	—	—	—	—	4	70	—	—	—	—
31	Prozeßkosten / Lehmann	—	—	—	—	—	—	—	—	—	—	—	—	—	—	—	—	15	60	—	—
		18060	—	150	—	50	—	120	—	45	40	30	—	81	—	4	70	15	60	6	—

Praktischer Teil.

Erster Abschnitt.

Von der Werkstatt des Sattlers und Riemers.

Es liegt einfach wohl in der Natur der Sache selbst, daß ein Mensch, der längere Zeit sich in einem Lokale wohnlich einrichtet, alles Mögliche versucht, um sich den Aufenthalt darin so angenehm als möglich zu machen, so denken wir auch liegt es auf der Hand, daß ein Sattler, der gezwungen ist, die Hälfte seiner Lebenszeit mindestens in seiner Werkstatt zuzubringen, bei Anlegung derselben darauf sieht, dieselbe gesund, freundlich und praktisch herzustellen. Darüber allgemein zu befolgende Vorschriften hier aufzustellen, wäre wohl zu weit gegriffen, denn abgesehen von Dörfern, kleinen Städten und Flecken, in welchen der Platz noch nicht so teuer ist, könnte wohl auf gehörigen Raum, Licht und Luft das Augenmerk gerichtet werden, so ist dies jedoch in großen Städten, bei den kolossal teueren Mieten rein ein Ding der Unmöglichkeit, allen praktischen Vorschriften Rechnung zu tragen. Deshalb können wir auch unsere Ratschläge, um uns nicht der Lächerlichkeit auszusetzen, ganz allgemein und sehr kurz halten. Eine Sattlerwerkstatt, vorzüglich eine solche, in der viele Näharbeiten verfertigt werden, sei hell und freundlich mit möglichst hohen Fenstern versehen, zur Ableitung des üblen Geruches von Leder und dergleichen, zur Beseitigung des Staubes, durch das Füllungsmaterial verursacht, werde oftmals für frische Luft gesorgt. Wo viel Stroh, Werg und dergleichen verbraucht wird, sei man vorsichtig mit Licht und Feuer. Um angefangene oder fertige Arbeiten aus der Hand legen zu können, versehe man die Werkstatt mit möglichst vielen Regalen, oder wenn solches thunlich mit einem besondern Nebenraum, in der diese Gegenstände aufbewahrt werden können; dorthin bringe man auch das Rohmaterial sofort zurück, wenn man Arbeiten zugeschnitten hat. Wo hauptsächlich Wagenarbeit gemacht wird, müssen die Werktische breiter angelegt werden, als bei anderen Arbeiten, auch verlangt eine solche Werkstatt selbstverständlich den gehörigen Raum, wenigstens einen Wagen größter Sorte in sich aufnehmen zu können und muß deshalb mit einem Thore versehen sein. Die Werkzeuge bringe man an besonderen Werkbrettern an ihren Platz und lasse solche so wenig als möglich auf den Tischen liegen.

Zweiter Abschnitt.

Werkzeuge des Sattlers und Riemers.

Zur Herstellung eines sauberen Stücks Arbeit gehört vor allem eine geschickte Hand und gehörige Uebung, aber niemand wird bestreiten wollen, daß auch ein gutes Stück Werkzeug die Arbeit wesentlich erleichtert und sehr viel zu deren sauberen Ausführung beiträgt, deshalb geben wir den Arbeitgebern sowohl als Arbeitnehmern unseren wohlgemeinten Rat, auf gutes praktisches Werkzeug in jeder Hinsicht zu halten. Von altersher ist es bei den Sattlern und Riemern gebräuchlich, daß sich Gesell und Lehrling seine allgemein gebräuchlichen Werkzeuge selbst zu halten hat und unsere in so vielen Hinsichten reformsüchtige Zeit hat dies bis jetzt nicht verändert. Sind die Werkzeuge der jungen Leute auch manchmal in einem sehr primitiven Zustande und sieht der Meister auch jetzt nicht mehr so eisern danach hin, so verlangt er aber doch gewiß von einem jeden, den er als Näher beschäftigen will, daß er seine Ahlen im stande hat, weil an eine Ahle ein Näher gewöhnt sein muß, wenn er einen schönen Stich machen will; ebenso muß der Arbeiter an seinen Hammer gewöhnt sein. Diese Werkzeuge nun als Ahlen, Hammer, Beißzange, Nadeln soll unsere Aufmerksamkeit nicht weiter fesseln, wenden wir uns den Werkzeugen zu, die vielleicht nicht allgemein bekannt sein dürften und deren Anwendung doch wesentliche Vorteile bringen.

Wir bringen auf Taf. 1 eine Auswahl verschiedener Werkzeuge, die außer den Maschinen und großen Werkstücken fast sämtlich Abbildungen von Fabrikaten aus der Werkzeugfabrik von Melzer und Feller in Mehlis in Thüringen sind. Die Herren haben Vertretung in allen Orten Deutschlands und jede größere Eisenwarenhandlung führt die Artikel der Firma. Mit besonderem Vergnügen ergreifen wir die Gelegenheit, die überaus strebsame Firma zu empfehlen, der es gelungen ist, die alte französische Handlung Simoni Blanchard aus Deutschland fast gänzlich zu verdrängen und in den thüringischen Bergen einen Industriezweig zu eröffnen, der dem deutschen Fleiße alle Ehre macht. Die Herren haben für die Werkzeuge genau dieselben Nummern und ganz dieselben Modelle eingeführt, wie die Firma Blanchard in Paris, so daß die Artikel bei wesentlich billigeren Preisen weder äußerlich zu unterscheiden sind von jenen, noch in sonst einer Weise in Qualität oder Beschaffenheit von diesen abweichen. Die Herstellung der Schneidewerkzeuge, die die Pariser Firma in einer gewissen unerreichbaren Vollkommenheit lieferte, hat selbstverständlich der jungen Firma besondere Schwierigkeiten verursacht, aber manche pekuniäre Opfer und unermüdliche Ausdauer haben vermocht, daß die Messer die richtige Härte und den feinen Schnitt haben, wie wir uns in der Praxis davon überzeugten, so daß wir nicht allein aus Patriotismus, sondern aus voller Ueberzeugung die Firma Melzer und Feller in Mehlis in Thüringen empfehlen können. Betrachten wir zuvörderst die Schneidewerkzeuge, so bringen wir in erster Linie in

Fig. 25, Taf. 1, die Schneidemaschine; hauptsächlich zur Fabrikation von Geschirren und Maschinenriemen von wesentlichem Vorteil, da man vermittelst dieser Maschine gerade Längen mit der größten Egalität und Schnelligkeit von der Haut schneiden kann. Das Messer wird am Handgriffe geführt, das heißt vorwärts geschoben. Es ist mittels zwei Haken eingehakt und mit der Stellschraube a festgeschraubt. Die Schneide befindet sich bei b. Zwischen dem Messer und dem verstellbaren Support c, der wieder durch die Schraube e befestigt wird, läuft der abzuschneidende Riemen und zwar in der beliebigen Breite, in welcher der Support nach den auf den Schenkel f angegebenen Maßen gestellt wird. Die am Support angebrachte messingene Rolle g hindert das Hochgehen des Leders.

In Fig. 6 und 9, Taf. 1, finden wir zwei sogenannte Halbmondmesser in verschiedenen Façons, deren Gebrauch wohl verständlich ist. Das Handmesser Fig. 10 dient vorzüglich zum Ausschärfen des Leders. Ein weiteres Ausschärfmesser zeigt uns Fig. 18, Taf. 1, zum Ausschärfen von Satteltaschen vorzüglich benutzt. Ein anderes Schneidewerkzeug zeigt uns Fig. 27, Taf. 1, der Schneidezirkel zum Schneiden von Scheiben aus Sohlleder zu Patentachsen, Pumpenfabrikation rc. verwendbar. Das zweischneidige Messer a wird durch die Schraube b befestigt. Der Griff c, der unten eine feststehende Spitze hat, ist auf dem Schenkel, wie die Zeichnung zeigt, verstellbar und mit Schraube d zu befestigen. Wird nun der Griff mit der Hand gefaßt, die Spitze fest in das Leder eingestochen, so wird bei Umdrehung das Messer den anderen Schenkel eines Zirkels bilden und eine kreisrunde Linie beschreiben resp. ausschneiden.

Das Zerschneiden der Pappen hat bei der Kofferfabrikation stets sehr viel Mühe gemacht und oft auch schlimme Verwundungen an den Händen herbeigeführt. Wir machen deshalb auf ein praktisches Werkzeug aufmerksam, welches jetzt in keiner größeren Kofferfabrik fehlen dürfte. Es ist dies die Pappschere, Fig. 11, Taf. 1, die Einrichtung ist sehr einfach und aus der Zeichnung deutlich ersichtlich. Ein leichter Druck auf das breite Messer trennt die stärkste Pappe durch scharfen Schnitt. Herr Chr. Mausfeld, Leipzig-Reudnitz, liefert solche Hilfsmaschinen für Sattler und Kofferfabrikanten.

Zum Schwachschärfen oder Dünnermachen des Leders bedient man sich der sogenannten Lederhobel und zwar bei schwächeren Sorten, der mit der Hand zu führenden. Am vorteilhaftesten ist es, wenn man den Hobel in einen Schraubstock einspannen kann. Fig. 2, Taf. 1. Ein Lederhobel mit eisernem, aufschraubbarem Gestell, Fig. 3, Taf. 1. Hier liegt über dem Messer eine messingene Walze, die, je nach der Stärke des Leders, hoch oder niedrig gestellt werden kann. Auf dieselbe Art ist die Abschärfmaschine für Maschinenriemen eingerichtet. Durch die Form des Messers ist ebenfalls zu erreichen, daß man Lederhobel zum Bombieren der Stränge benutzen kann, also nur in der Mitte schwächer zu machen. Zum Abhobeln ganz starker Riemen dient der Lederhobel Fig. 5, Taf. 1 (Reichspatent Nr. 44050) von Julius Reppenhagen, Sattlerobermeister in Leipzig. Er selbst schreibt in seiner Empfehlung folgendes: Man befestige den Hobel zunächst an eine Wand ungefähr 1,10 m über dem Fußboden. Nachdem nun der Griff in der Pfeilrichtung nach unten geführt worden, ist die unterhalb des Messers liegende, auf der Zeichnung nicht sichtbare Walze vom Messer weggerückt und somit zwischen beiden eine Oeffnung geschaffen, in welche man das zu hobelnde Leder von hinten oder vorn bequem einlegen kann. Durch Führung des Griffes nach oben ist der Hobel wieder geschlossen und das Leder wird angezogen. Es sind also beim Arbeiten nur zwei Bewegungen, das Senken und Heben des Griffes notwendig. Die oberhalb des Messers liegende sichtbare Walze wird durch Federdruck selbstthätig nach unten gezogen und verhindert das Durchhobeln des Leders. Der an dem unter dem Hobel befindlichen Halbkreis ersichtliche Zeiger bewirkt das dicke oder dünne Hobeln. Je nachdem derselbe nach links gedreht wird, treten Messer und untere Walze weiter auseinander, wohingegen die Wendung des Zeigers nach rechts entgegengesetzt wirkt. Selbstredend muß beim Stellen am Zeiger der Hobel geöffnet, also der Griff nach unten geführt sein. Jede beliebige Stärke ist zu erzielen. Das Messer ist 5 cm breit und wird, je nachdem dasselbe abgeschliffen ist, vorgerückt, ist also vollständig zu verbrauchen. Der Hobel selbst ist stark, scheinbar zu stark gebaut, so daß mit der größten Gewalt daran gearbeitet werden kann. Der Preis desselben ist 32 Mark.

Erwähnen wir hier weiter einer Neuerung zum Schleifen des Leders, die freilich wohl nur in großen Etablissements angewendet werden kann, aber immer dazu gehört ein ganzes Bild darüber zu schaffen, was als Werkzeuge angewendet wird. Wir finden diese Schleifmaschine in Fig. 40, Taf. 1, dieselbe ist von Dransfield Bros. Das zu schleifende Leder wird auf die Trommel A gebracht, indem das eine Ende desselben in dem auf derselben vorgesehenen Schlitz eingeschoben und durch eine Klemme, eine Schraube u. s. w. in demselben gehalten wird. Die Lager der Trommel A sind auf einem Schlitten montiert, welcher vermittelst der Schraube F auf dem Gestell hin- und hergeschoben wird, so daß der Abstand zwischen Trommelumfang und demjenigen der Schmirgelscheibe B, welche im Gestell ihr Lager hat, eine größere oder kleinere wird, je nachdem es das zu schleifende Leder verlangt. Ist die Maschine in entsprechender Weise eingestellt, so wird die Trommel A langsam mit Hilfe des Handgriffs D in Umdrehung versetzt. Die mit Glas, Schmirgel u. s. w. bedeckte rasch rotierende Walze B schleift infolgedessen von der nach oben gekehrten unteren Seite das durch die Spannstange E glatt auf die Trommel A aufgedrückten Leders soviel, als wie durch Einstellung des Handrads F bestimmt ist, ab. Der Exhaustor C saugt die losgelösten Lederbestandteile an und schützt somit den Arbeiter vor entstehendem Staube. Die Stellschraube F ist mit einem Indikator ausgestattet, damit die Trommel A immer in dieselbe Lage zu der Walze B gebracht werden kann, wenn der Schleifprozeß unterbrochen oder Leder verschiedener Stärke nacheinander alle auf gleiche Stärke gebracht werden sollen. — Zum Abkanten der Riemen dient der Kantenzieher in verschiedenen Größen Fig. 13, Taf. 1. Zum Abschneiden der Stemmriemen ist ein sehr vorteilhaftes Werkzeug der Abebener Fig. 4, Taf. 1.

Um runde lederne Kofferhandgriffe, Aufsetzzügel rc. einzuschneiden, dient der Einschneider Fig. 7, Taf. 1. Aus der Zeichnung ist mit Leichtigkeit die Verstellbarkeit des Messers, überhaupt die Anwendung des Werkzeugs ersichtlich. Ein anderes Werkzeug zum Einschneiden veröffentlicht Herr A. Hartmann, Sattlermeister, dessen Wohnort nicht angegeben ist, in der „Deutschen Sattlerzeitung", Berlin NO., Kaiserstraße 41, Verlag von Berg & Schoch. Wir können diese Zeitung nicht warm genug empfehlen, da sie stets eine Fülle von lehrreichen Stoffen ihren Lesern bringt und werden gewiß noch öfter Gelegenheit in diesem Werke nehmen, um uns auf dieselbe zu beziehen.

Herr Hartmann schreibt selbst über den Einschneider, den wir in Fig. 28, Taf. 1, im Bilde bringen. Das Einschneiden der Kante zum Verdecken der Nähte bei runder Arbeit wird bis jetzt immer noch mit dem Handmesser ausgeführt. Diese Arbeit kann nur von geübten und geschickten Arbeitern ausgeführt werden und erfordert eine sichere Hand und ein gutes Auge. Trotzdem kommt es vor, daß die Hand mit dem Messer nach oben durchgeht, dies ist für jeden mit Akkuratesse Arbeitenden peinlich. Dagegen schützt man sich wohl, wenn vor dem Einschneiden die Kanten abgezogen werden, Hand und Auge werden dadurch unterstützt und gewinnen an Sicherheit. Wer einigermaßen geübt ist, benutzt zum Abziehen der Kanten das Handmesser und mit Recht, denn beim Blankmachen wird die Kante schöner. Zum Kantenabziehen für runde Arbeit ist aber der allgemein gebräuchliche Kantenzieher praktischer dadurch, daß die Kante eckiger wird, gewinnen Hand und Auge an Sicherheit. Trotzdem werden in den dunkleren Werkstätten der großen Städte die Augen angestrengt und wird aus diesem Grunde ein praktisches Werkzeug Beifall und Anerkennung finden.

Dasselbe besteht aus:

A Vorrichtung zum Befestigen auf Tisch oder Schraubstock.
B den Raum für die einzuschneidende Länge.
C der Schraube für die Breite des Riemens; diese ist $1/3$ bis $1/2$ in A gelagert, um gegen Verbiegen beim Ziehen des Riemens gesichert zu sein.
D dem Messer.
E der Schraube zum Feststellen.
F dem Hebel zum Festdrücken des Riemens. Das Gewicht G an dem Hebel F wird gehoben, die Längen am bestimmten Punkte in das Messer gedrückt, dann wird das Gewicht wieder niedergelassen und durch Ziehen wird das Einschneiden bewirkt.

Zur Verzierung der Riemen durch Reifel dienen die Reifelhölzer, die allgemein bekannt sein dürften. Ein solches Werkzeug in Eisen, zu jeder Breite verstellbar, welches auch zu besonderen Arbeiten nach Art der Schuhmacherbrenneisen erwärmt werden kann, finden wir in Fig. 14, Taf. 1.

Die Brickmaschine Fig. 8, Taf. 1, dient zur Verzierung lackierter Lederteile oder zum Vorbricken der Handnähte. Ihre Anwendung ist aus der Zeichnung leicht ersichtlich. In der abschraubbaren Kugel a am unteren Ende des Handgriffes werden die verschiedenen Arten Räder aufbewahrt.

Fig. 22, Taf. 1, zeigt uns einen Reißzirkel (amerikanischer Erfindung), der bei lackiertem Leder angewendet wird, wenn solches durch Nähte verziert werden soll. Wenn die Nähte bei lackiertem Leder nicht eingerissen werden, liegt die Naht oben auf, der Lack bricht öfters zwischen den Stichen aus und verursacht so ein schlechtes Ansehen. Der Zirkel, der in seinen Schenkeln durch eine Führung und vermittelst Stellschraube beliebig gestellt werden kann, hat an dem einen Schenkelende eine herumgebogene flache Schneide, diese reißt den Streifen Lack, in welchem die Naht liegen soll, heraus. Um den Schenkel bei Abnutzung neu ersetzen zu können oder einen breiteren hineinzusetzen, ist der Fuß des Zirkels durch Lösung von einer Stellschraube abnehmbar.

Dieser eingesetzte Fuß des Zirkels ist hier mit c gezeichnet, doch dient der Zirkel auch gleichzeitig noch zu mehreren Zwecken; wird beispielsweise der Fuß b hineingesetzt, so ist das Werkzeug ein gewöhnlicher Zirkel, mit gleichen Spitzen; wird hingegen der Fuß a hineingesetzt, der ein scharfes Messer bildet, so dient er zum Einschneiden von Nuten an runden Leinen, Aufsetzzügeln rc.

Einen anderen Reißzirkel, der nur dem einzigen Zwecke dienen soll und dessen einer Schenkel in einer Führung geht, sehen wir Fig. 29, Taf. 1.

Zum Placieren der Schnalle in die Schnallenkappe bedient man sich des Schnallenkappeneisens Fig. 34, Taf. 1. Zum Einschlagen der Löcher zum Dorn der Schnalle wendet man teils runde Locheisen oder auch ovale Fig. 32, Taf. 1, an.

Um leichte Strippen zu lochen, dient die sehr praktische Lochzange Fig. 20, Taf. 1. Die Handhabung der Zange ersehen wir an der Zeichnung. Die Locheisen verschiedener Größe sind bei a einzusetzen. Um das mehr oder weniger lästige Einsetzen der verschiedenen Locheisen in die Lochzange nicht nötig zu haben, empfiehlt sich die Revolverlochzange Fig. 15, Taf. 1. Auf einer drehbaren Scheibe sind die sechs verschiedenen Locheisen fest eingeschraubt, eine an der Seite befindliche Feder, die in einem auf der Scheibe befindlichen Einschnitt eingreift, hält das betreffende Locheisen auf der Stelle fest. Soll ein anderes Locheisen angewendet werden, schiebt man das Locheisen mit zwei Fingern nach vorn. Die schräg angefeilte Scheibe hebt die Feder bis zu der Stelle, wo wieder der andere Einschnitt kommt, in welchem die Feder einschnappt und so lassen sich sechs Umdrehungen ausführen und sechs verschiedene Locheisen anwenden. Auch diese Revolverzangen liefert Melzer und Feller in Mehlis als besondere Spezialität.

Zum Nähen der einzelnen Arbeiten mit der Hand dient in erster Linie das Roß Fig. 36a und b, Taf. 1, dasselbe ist in neuer Konstruktion mit Feder anstatt der früheren Schraube. In Fig. b sehen wir den Kopf des Rosses von der Seitenansicht. Die Feder a schiebt beide Teile auseinander, ein durchgehender 25 mm breiter Riemen bei b befestigt, bei c über eine Rolle gehend, ist an der Hauptansicht Fig. 36 bei d an einem Eisenstab befestigt, der an eine bewegliche Holzleiste e, der die beiden Füße verbindet, angeschraubt ist. Bei f sehen wir an dem einen Fuße zahnartige Einschnitte angebracht, in denen das Ende des Eisentrittes einschnappt und darüber zum Schutz einen kleinen Eisenbügel. Die Anwendung ist eine einfache, drückt man den Eisentritt aus den oberen Zähnen nach unten, wird der Riemen lose und die Kopffeder drückt die beiden Teile auseinander, das zu nähende Stück wird eingespannt und der Eisentritt mit dem Fuße wieder nach unten geschoben, wo er dann in den betreffenden Zahn einschnappt.

Fig. 26, Taf. 1, zeigt uns einen verbesserten Nähkloben, aus gutem zähem Eschenholz gearbeitet. Derselbe ist aus zwei egal langen Stücken Holz und federt nur durch die beiden Nieten a und b, die die beiden Stücken zusammenhalten und so ist man im stande, auch ein sehr langes Stück einzuspannen. Einen anderen für stärkere Gegenstände sehen wir Fig. 21, Taf. 1.

Einen wesentlichen Vorteil zur schöneren Herstellung und rascheren Förderung der Arbeiten bieten uns die Nähmaschinen. Zu leichteren Arbeiten in einfachem Geschirrleder und mehrfachen dünnen Ledersorten, zum Nähen von lackiertem Leder, sowie zur Anfertigung von Unterlegdecken genügen schon kleinere Maschinen verschiedener Systeme, die wohl in jeder größeren Stadt gekauft werden können.

Zur Ausführung von stärkeren Arbeiten als Ziehblätter, Stränge, Aufhalter ꝛc. sind die großen Sattler-Pechfaden-Maschinen von Rosenberg und Fränkel, Berlin, Sophienstraße 23, Fig. 1, Taf. 1, die mit Erfolg angewendet werden. Die Maschinen lassen sich durch Aushebung eines Rades auch zu leichtern Arbeiten verwenden. Der Behälter a, worin sich das flüssige Pech befindet, ist zu beseitigen und jedweder Faden aufzuziehen.

Es werden verschiedene Apparate zu den Maschinen geliefert, so z. B. zum Einstemmen, zum Nähen von bombierten Gegenständen, zum Nähen von runden Leinen ꝛc.

Diese Maschinen, nach „Singerschem Systeme“ gebaut, scheinen alle anderen zu Sattlerzwecken aus dem Felde geschlagen zu haben. Der einzige Mangel war immer noch das zu kleine Schiffchen, was den Unterfaden aufnehmen muß, weil zu starken Arbeiten auch dieser stark sein muß und insofern schon viel Raum erfordert; man erfand deshalb eine Vorrichtung, wodurch gleich eine ganze Rolle Faden unter der Maschine als Unterfaden angebracht werden konnte, aber Unzuträglichkeiten halber hat sich diese Neuerung noch nicht Bahn gebrochen, doch ist zu hoffen, daß der Erfindungsgeist des Menschen auch diese Schwierigkeiten überwinden wird. Außer Rosenberg und Fränkel in Berlin liefern solche Maschinen noch G. Schill, Berlin C., Sophienstraße 26; H. Koch & Komp., Nähmaschinenfabrik und Eisengießerei Bielefeld. Eine andere Maschine ist die Doppelsteppstichmaschine F für Sattlereien und Militäreffektenfabriken, Fig. 39, Taf. 1. Sie wird geliefert von Keats Maschinengesellschaft Frankfurt a/M. und von dieser folgendermaßen empfohlen: „Sie ist die einzige Maschine, welche die Eckennähte für Koffer, Patronentaschen, Bajonettscheiden ꝛc. und sonstige Militär-Ausrüstungsgegenstände in vollkommener Weise herstellt. Die Maschine zeichnet sich durch ihre einfache Konstruktion, leichte Handhabung und sicheren Gang aus und steht in zahlreichen Exemplaren bereits im Betriebe.

Zum Nähen solcher Gegenstände, wobei mehrere Teile gleichmäßig ausgespannt werden müssen, als: Kissen, Verdecke, Armlehnen bei Wagenarbeit, dient der Garnierhaken Fig. 19, Taf. 1, und werden solche gewöhnlich zu zweien angewendet.

Zum Anspannen und Festhalten dient die Lederzange Fig. 31, Taf. 1, durch die gezahnten Teile der Zange wird der Gegenstand besser gehalten. Der viereckige untere Teil dient zu gleicher Zeit als Hammer zum Heften.

Ein anderes Werkzeug zum Anspannen und Festhalten finden wir in Fig. 12, Taf. 1, die Gurtzange. Die Breite der Zangenbacken und die entgegengesetzte Zahnung derselben eignet sich vorzüglich zum Gurten; selbstverständlich kann man diese Gurtenzange auch bei schmäleren Gurten verwenden.

In Fig. 23, Taf. 1, finden wir noch ein sehr praktisches Stück Werkzeug zum Rundputzen runder Leinen ꝛc., da das Stück aus zwei Teilen besteht, die mittels eines Scharniers auseinander gehoben werden und nachdem der zu putzende Gegenstand hineingelegt ist, mittels der Krampe a wieder geschlossen werden können, so können die Zügel schon fix und fertig eingestochen sein. So ist dieses Werkzeug dem aus Holz gefertigten einfach mit Löchern versehenen vorzuziehen, da bei diesem die einzelnen Stücke nicht eingestochen sein dürfen.

Zur Bereitung des Füllmaterials dienen verschiedene einfache und kompliziertere Einrichtungen. Die einfachste ist der bekannte Aufkrollhaken. Der Haken dreht sich in einem festen eisernen Bügel, welcher an einen feststehenden Gegenstand angehängt wird. Das Ziehen an den festgedrehten Zöpfen des crain d'Afrique, Alpengras, Roßhaare ꝛc. bewirkt durch die Selbstdrehung des Hakens deren Auflösung. Eine andere Einrichtung ist der Haarkrämpler, zwei aufeinander passende, mit Griffen versehene Flächen, auf denen Häkchen eingenietet sind und durch welche die Reh- und Kälberhaare gezogen werden.

Eine kompliziertere Einrichtung, aber auch praktischer zu demselben Zwecke, sehen wir in Fig. 24, Taf. 1, eine Haarkrämpelmaschine aus der Fabrik von O. A. Müller, Berlin SO., Oranienstraße 35, dieselbe ist in sehr vielen Kumt- und Sattelmacher-Werkstätten in ganz Deutschland mit Erfolg angewendet. Auf die mit Leinen bespannte Fläche a werden die Haare gelegt, die Maschine mittels der Kurbel in Bewegung gesetzt und beim Punkte b fallen die Haare, die durch die Trommel gegangen sind, brauchbar heraus.

Eine andere Zupfmaschine, sogenannte Roßhaarzupfmaschine Fig. 35, Taf. 1, verkauft Herr Franz Oehler, Leipzig, Mendelssohnstraße 10, für den ungefähren Preis von 100 Mark netto kompl. unter Garantie.

Auf dieser Maschine kann jedes zum Polstern geeignete Material, neu oder alt, auf das sorgfältigste gezupft (gepflückt) werden. Durch sie ist, was durch alle bisherigen Maschinen nicht erreicht worden, die Aufgabe gelöst, daß das Material nicht zerrissen wird, sondern in leichten Flocken das Polstermaterial liefert.

Durch diese Maschine ist bei leichtem Gang die größte Leistungsfähigkeit erreicht, wodurch sie gleichfalls alle bisher zu diesem Zweck existierenden Maschinen übertrifft.

Die Maschine wird mit einer Hand gedreht, mit der anderen das Material zugeführt und kann jeder, selbst Frauen und Kinder mit Leichtigkeit circa 20 bis 25 kg in einer Stunde zupfen. Den größten Vorteil hauptsächlich an Gesundheit und Leben bietet die Maschine dadurch, daß alles alte Material entstaubt und brauchbar gemacht werden kann, ohne die Lunge des Arbeiters zu belästigen.

Da nun der Preis der Maschine ein so mäßiger, daß sie sich in jedem, nicht gar zu unbedeutenden Geschäft in kurzer Zeit bezahlt macht und dann außerordentliche Ersparnisse schafft, so ist sie für jeden Lieferanten von Polsterarbeiten ꝛc. von größter Wichtigkeit, wodurch deren Ankauf sich von selbst empfiehlt.

Fig. 17, Taf. 1, zeigt uns einen eisernen Füllstock mit verstählter Spitze, der zum Füllen von englischen und Arbeitskumten benutzt wird. Fig. 16, Taf. 1, finden wir noch den Kumtstock zum Auftreiben englischer Kumte. Die Handhabung desselben finden wir bei der Beschreibung des Kumtmachens ausführlich. Ein Werkzeug verdient noch Erwähnung: der Texel Fig. 30, Taf. 1. Früher ein sehr notwendiges Werkzeug zum Aushauen der Sattelbäume. Werden dieselben jetzt wohl meist fertig aus Spezialfabriken bezogen, so dient doch der Texel auch zum Bearbeiten der Kumthölzer an Arbeitsgeschirren.

Eine sehr vorteilhafte neue Erfindung ist die Handknopfmaschine Fig. 37 Taf. 1, die ermöglicht, daß man Abheftknöpfe zu Wagen- und Möbelarbeiten aus den Abfällen jedweden Ausschlags- resp. Ueberzugsstoffes machen kann, und wer das kennt, wie die Beschaffung der passenden Abheftstiche oder Knöpfe oft Umstände und Zeitverlust verursacht, wird diese Neuerung sehr begrüßen. Die kleine Maschine heißt „Fortschritt“ Pfennigs Patent und den Alleinverkauf für Deutschland besitzt Rauscher und Gerhardt Nachfolger in Barmen. Es gehören dazu drei Büchseneinsätze, zwei mit Wolle und Seide bezeichnete Deckeleinsätze, ein hölzerner Eindruckstift und ein Kasten zur Aufbewahrung; ferner noch ein Locheisen, um die Stoffstücken ausschlagen zu können, dieselben können aber auch nach einem beifolgenden Pappmodell geschnitten werden. Die Maschine zerfällt in drei Teile; 1. den Fuß mit dem darauf befindlichen Stift C; 2. die mittlere Büchse, worin der Stift C seine Führung hat. Diese mittlere Büchse hat einen Schlitz, welcher die Umdrehungen des Fußes und dadurch das Auf- und Niederbewegen des Stiftes ermöglicht. 3. Den Deckel mit den Griffen S, durch deren Drehungen im Schlitz der Deckelbolzen in dem Deckeleinsatz G auf- und niederbewegt wird. In dem Deckel befindet sich durch die Nadel D befestigt, ein Deckeleinsatz, deren zwei der Maschine beigefügt sind, und zwar einer mit „Wolle" bezeichnet, welcher zur Anfertigung von Knöpfen aus Wollstoff, Tuch, Leder und dicker Seide dient, während der mit „Seide" gezeichnete Deckeleinsatz zur Anfertigung von Knöpfen aus dünnem seidenen Stoff benutzt wird. Um die Knöpfe anzufertigen, schneide man aus dem betreffenden Stoff Läppchen in Größe der den Einlagen beigefügten Pappstückchen oder schlägt dieselben nach dem mitgelieferten Locheisen aus, stelle die Maschine mit weit zurückgebogenem Deckel auf den Tisch und drehe den Fuß soweit nach links herum, daß die Schraube T den tiefsten Standpunkt des Schlitzes einnimmt, wie die Abbildung zeigt. Nunmehr überzeuge man sich, ob der richtige Deckeleinsatz G in dem Deckel liegt und wähle auch den richtigen Büchseneinsatz, weil auch da verschiedene Formen von Knöpfen, flach oder gewölbt, gefertigt werden können, lege diesen Einsatz in die mittlere Büchse auf den Stift C, lege ein Läppchen mit der rechten Seite nach unten auf die mittlere Büchse, drücke dann vermittelst des hölzernen Eindruckstiftes eine dem Büchseneinsatz entsprechende Hülse mit dem Stoffläppchen ganz in die Büchse hinunter. Sollten noch Stofffäden oder Ecken aus der Oeffnung heraussehen, so kann man diese leicht mit dem Finger nachschieben.

Nunmehr nehme man die Maschine so vom Tisch auf, daß man den Fuß mit der linken Hand hält, lege das zu benutzende Hinterteil des Knopfes, je nach Wunsch mit Stoffbutze oder Metallöse in den Deckeleinsatz G, schließe die Maschine in der Richtung des Pfeilstriches, also so, daß das Unterteil der Maschine oben steht und schließe nun die Maschine vermittelst des Vorsteckers R. Es ist sehr zu beachten, daß die Maschine vom Augenblick des Einlegens des Knopfunterteils bis zur Vollendung des Knopfes immer in der Weise gehalten wird, daß das Unterteil der Maschine oben und die Verschlußklappe unten ist, da im anderen Falle das Knopfunterteil aus dem Deckeleinsatz G in den weiteren Cylinder der mittleren Büchse fallen würde, wodurch ein Mißlingen des Knopfes herbeigeführt würde.

Nun drehe man den Fuß der Maschine mit der linken Hand, während man den Deckel mit der rechten Hand hält, so weit herum, bis man Widerstand findet, dann wird der Deckelknebel S gelöst und gleichzeitig mit dem Fuß so weit gedreht, wie es geht, dann ist der Knopf fertig. Nun wird der Deckelknebel S wieder auf den höchsten Stand zurückgedreht, wodurch der Bolzen angespannt wird und die Schlitzschraube wieder auf den niedrigsten Stand kommt. Hierauf wird der Vorstecker herausgezogen, der Deckel zurückgeklappt und der fertige Knopf herausgenommen, wodurch die Maschine für die Anfertigung des nächsten Knopfes wieder fertig gestellt ist.

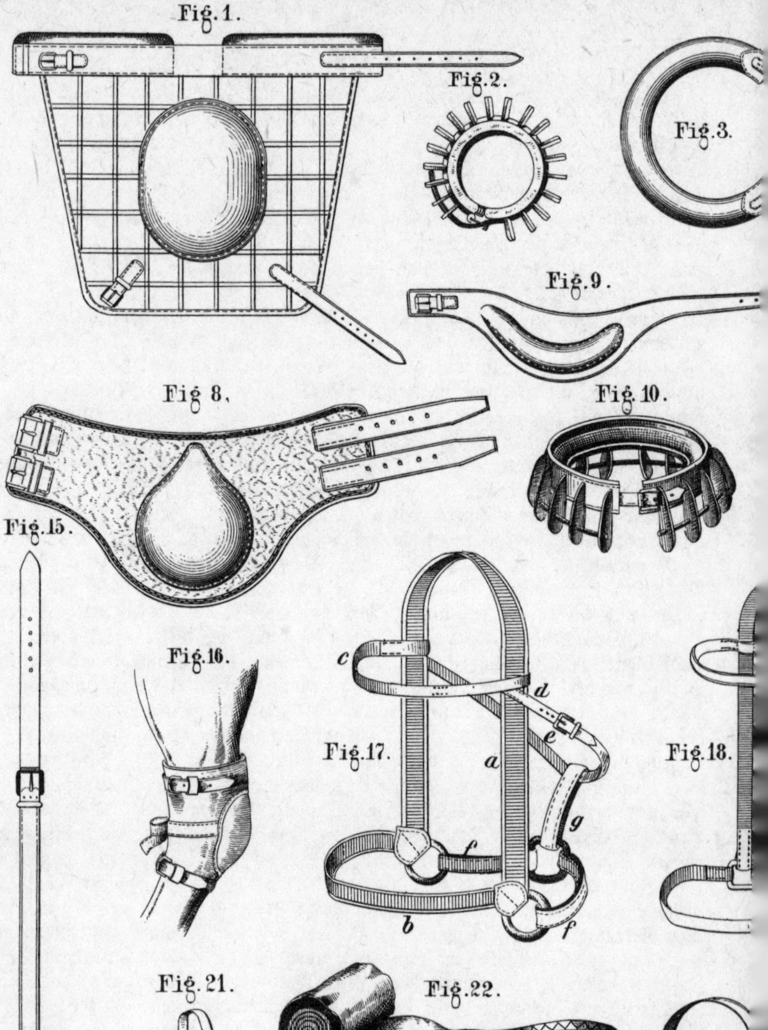

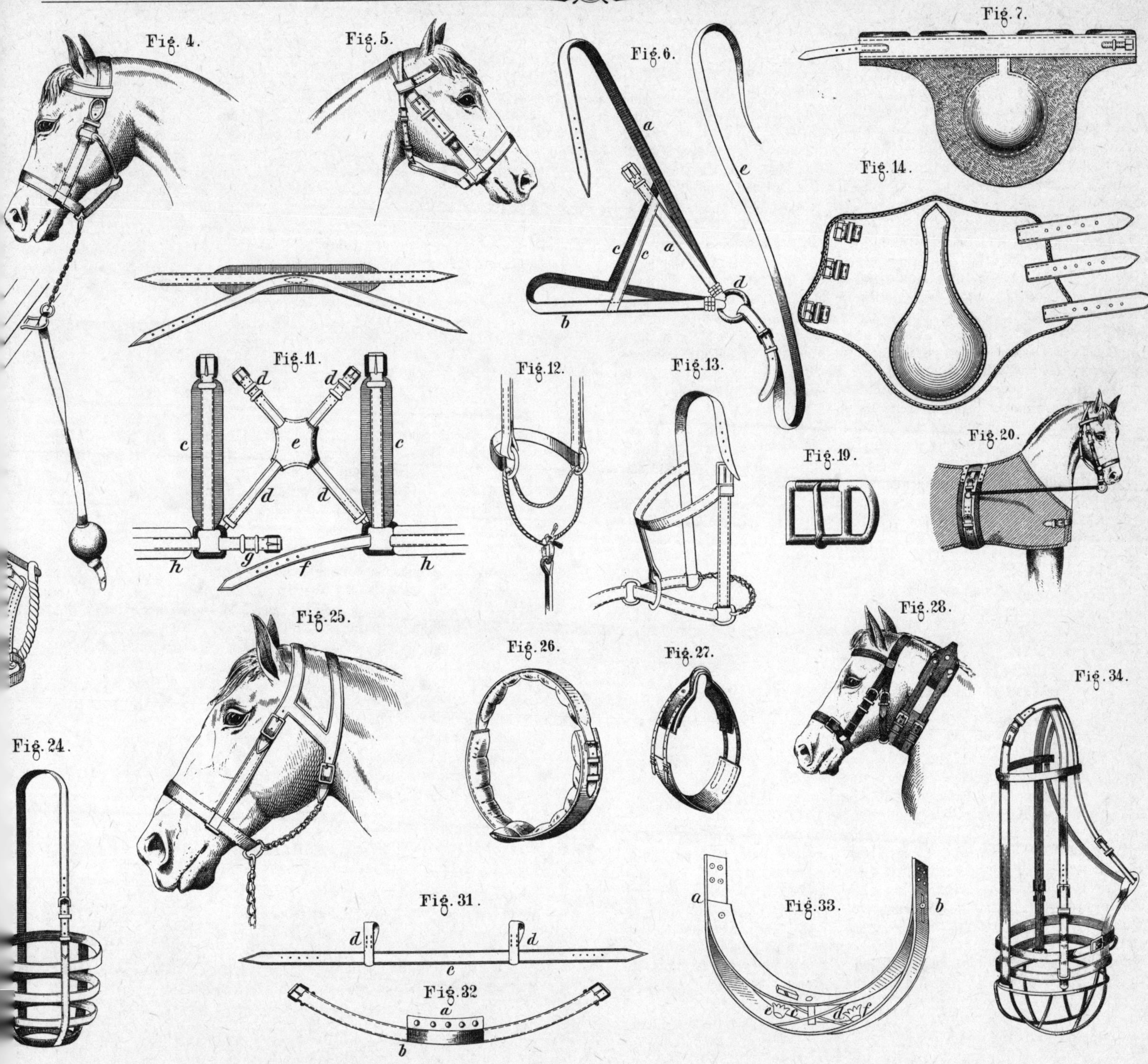
Fig. 4.
Fig. 5.
Fig. 6.
Fig. 7.
Fig. 14.
Fig. 11.
Fig. 12.
Fig. 13.
Fig. 19.
Fig. 20.
Fig. 25.
Fig. 26.
Fig. 27.
Fig. 28.
Fig. 34.
Fig. 24.
Fig. 31.
Fig. 32
Fig. 33.

Sowohl Deckel- wie Büchsenschlitz sind stets gut in Oel zu halten; sodann ist genau darauf zu achten, daß die Knopfteile nicht verwechselt werden. Im Anfang gehen die kleinen Maschinen manchmal für die Hand sehr schwer, was sich aber durch längeren Gebrauch gänzlich verliert. Das auf den Kopf stellen der Maschine, damit das Hinterteil des Knopfes nicht herausfällt und der Knopf mißglückt, ist vielleicht durch den Erfinder schon beseitigt, indem er das jetzige Oberteil nach unten verlegte, was ja im allgemeinen an der obigen Beschreibung nichts ändert. Die kleine Maschine kostet 20 Mark.

Bei der heutigen Massenherstellung so mancher Gegenstände, vorzüglich der Ausrüstungsartikel für Militär, müssen Tausende und abermals Tausende von Stücken in starkem Leder oder sonst schwer zu schneidendem Material nach einem Modell geschnitten werden. Die mühsame Arbeit und die beträchtlichen Arbeitslöhne, die dafür verausgabt werden, lassen es vielfach vorteilhaft erscheinen, wenn gleich die Sachen ausgestanzt werden. Es gehört dazu eine nach der Form des zu stanzenden Gegenstandes hergestellte stählerne Druckform, die nach unten messerscharf ist. Den Apparat zum Stanzen finden wir in Fig. 38, Taf. 1. Durch Umdrehung des großen Hebelrades wird die eingesetzte Stanze gegen den verstellbaren Tisch gedrückt. Es muß noch darauf aufmerksam gemacht werden, daß der Tisch oder vielmehr die Unterlage, worauf die Stanze immer mit ihrer Schärfe eindringt, von „Hirnholz" hergestellt sein muß, also gerade so, wie wir gewöhnlich unsere Lochklötze aus Holz haben. Sind die Gegenstände, die ausgestanzt werden, sehr groß, so sind diese Tische aus mehreren Stücken mit eisernen Klammern umschlossen hergestellt. Chr. Mausfeld in Leipzig-Reudnitz liefert solche Hilfsmaschinen für Sattler und Kofferfabrikanten.

Dritter Abschnitt.

Material des Sattlers und Riemers.

Es gibt wenige Geschäfte, die so mannigfaltiges Material gebrauchen als der Sattler und ist es daher vom großen Vorteil zur Beurteilung desselben die vorkommenden Mängel und Fehler genau zu kennen, um bei Einkäufen etwaigen Uebervorteilungen zu entgehen.

Es ist deshalb einleuchtend, daß selbst der angehende Sattler so zeitig als möglich seine Waren, die er verarbeitet, genau kennen muß und nötig ist es gerade nicht, daß das spätere Leben ihn erst durch vielseitige Erfahrungen und Uebervorteilungen so zu sagen gescheit macht. Die heutigen Innungsbestrebungen mit ihren Fachschulen 2c. sollten deshalb in erster Linie darauf sehen, daß der Lehrling im ersten Jahre in der Fachschule einen Lehrkursus über Materialien durchmachte, wie die Innung in Halle a/S. dieses schon mit Erfolg seit mehreren Jahren eingeführt hat. Da nun dergleichen Leitfäden beim Unterricht immer noch fehlen, wollen wir bei aller Kürze diesen Abschnitt so einrichten, daß er als Unterlage beim Unterricht in Fachschulen verwertet werden kann. Die weiteren Ergänzungen, kleine Geschäftsaufsätze, Briefe, Rechnungen, Berechnungen 2c. kann der Lehrer dann selbst vervollständigen. Auch für das zweite Jahr des Lehrlings ist an der Hand vorliegenden Werkes gewiß für den Fachschullehrer ein Leitfaden geschaffen, wenn er theoretisch alle Arbeiten, die überhaupt der Sattler macht mit ihren Benennungen, Einrichtungen und Zweck den jungen Leuten vorführt, denn alle Lehrlinge lernen doch nicht in den einzelnen Werkstellen alles kennen, ein Lehrling in einer Werkstatt, wo nur schwere Arbeit gemacht wird, wird nicht einmal die Namen der Sattelteile kennen lernen; ein Lehrling, der auf Wagen lernt, wird, wenn er ausgelernt hat, womöglich nicht wissen, was eine Halfter mit fünf Ringen ist u. s. w. und wir suchen oft das Gute in den Fachschulen in der Weite und wie immer liegt es so nahe.

Das hauptsächlichste Material des Sattlers ist das Leder, betrachten wir deshalb zuerst

A. Die verschiedenen Ledersorten.

Leder nennt man die, durch den Prozeß des Gerbens hergerichteten Tierhäute. Zum Gerben gebraucht man Gerbsäure enthaltende Pflanzenstoffe, als Eichenrinde, Fichtenrinde, Sumach, die Schoten mehrerer Akazienarten u. s. w. Bevor die Häute mit dem Gerbstoff der sogenannten „Lohe" in Verbindung gebracht werden, werden dieselben erst durch Kalk von den Haaren befreit. Man unterscheidet lohgares, weißgares, sämischgares und fettgares Leder.

1. Das schwarze lohgare Geschirrleder. Viele Ledersorten werden nach Quadratinhalt oder nach Stückzahl verkauft. Diese Sorte jedoch einzig nach Gewicht, was oft den Fabrikanten Veranlassung gibt, dem Leder zu viel Fett zu geben, wodurch dasselbe zum Ausschwitzen geneigt ist. Das Leder muß beim Anschnitt durch und durch gar sein, das heißt keine hornartigen Streifen haben, beim Biegen im Narben nicht brechen. Beim Ankauf sehe man darauf, daß die Flanken recht egal auslaufen und die Köpfe und Hälse nicht zu schwer sind. Es wird matt und mit Glanz geliefert und zwar 11 bis 13 kg schwere Häute zu Zäumen, 13 bis 17 kg schwere Häute für Zügel und Brustblätter und 15 bis 19 kg schwere, starke bis in den Hals egale Häute für Stränge. Das englische Geschirrleder wird oft dem deutschen Fabrikate vorgezogen, was jedoch in vielen Fällen auf Vorurteil beruht, da viele solide deutsche Firmen eine Ware liefern, die der englischen an Güte nicht nachsteht. Dieses Leder wird hauptsächlich zu Kutsch- und Arbeitsgeschirren und verschiedenen Riemenzeug am Wagen u. s. w. verwendet. Bezugsquellen sind: Geyer und Kölsch in Mainz; Aktienfabrik für Lederfabrikation in München; W. Unterhössel in Broich bei Mülheim a. d. Ruhr; Herm. Bergfried in Mühlheim a/Rhein.

2. Das braune lohgare Geschirrleder. Im allgemeinen gilt das oben von dem schwarzen Geschirrleder Gesagte. Man gebraucht derartig ungeschwärztes Leder hauptsächlich zu Ausrüstungsgegenständen der deutschen Armee. Oft wird dem Leder eine orangegelbe sehr schön aussehende Farbe gegeben, um es in diesem Zustande auch zu Privatgeschirren zu verbrauchen. Da diese zarte Farbe aber einer ganz besonderen Behandlung bedarf, so dürfte

diese Art Geschirre wohl allgemein nicht in Aufnahme kommen. Prima feine Leder müssen hell und egal in Farbe sein. Bezugsquellen sind: Geyer und Kölsch in Mainz; Aktiengesellschaft für Lederfabrikation in München; Otto Eichholz in Berlin C., Spandauerstr. 14/15, Kaiser Wilhelmstr. 7.

Eine Art braunes lohgares Leder ist das Maschinenriemenleder. Auf die Gerbung dieser schwersten Sorten Häute muß besondere Aufmerksamkeit gerichtet werden, da dasselbe zu diesem Zweck verwendet, sehr viel auszuhalten hat, weniger ist dies in Hinsicht des Ansehens der Fall. Belgische und englische Leder sind von geringerer Qualität als deutsche und deshalb trotz des Zolles billiger, aber wie gesagt in qualitativer Hinsicht nicht zu empfehlen. Geliefert wird diese Ware 1. trocken in ganzen Häuten, 2. trocken in Kernstücken, 3. eingebrannt in Kernstücken. Bezugsquellen: Geyer und Kölsch in Mainz; Carl Beringer in Stuttgart; G. Mann, Lederfabrik in Crossen a/O.; Rud. Satory, Gerber in Freiburg in Baden.

Unter diese beiden Hauptarten Leder gehören auch die untengenannten Sorten, obwohl durch die besonderen Benennungen, die sie führen, man annehmen könnte, es wären abweichende Fabrikate.

Das Steigriemenleder. Ein starkes kerniges Leder. Außer zu Steigriemen verbraucht man es zu den großen und kleinen Taschen der Sättel, zu letzterem Verbrauch wird der Narben durch Walzendruck dem Narben des Schweinsleders gleich gemacht. Es wird in hellbraun, London-color und orange verlangt und muß besonders stark, gleichmäßig und haltbar sein. Bezugsquellen sind: Geyer und Kölsch in Mainz; Aktien-Gesellschaft für Lederfabrikation in München; F. W. Fischer jr. in Dortmund.

Das Reitzeugleder (Zaumleder), leichte egal ausfallende schöne Häute. Das englische besonders berühmt und unübertroffen. Sehr lieferungsfähige Firma in diesen feinen Ledern ist H. V. Schütze, Hannover. Es werden zu diesen Ledern größtenteils die Häute des in den Provinzen Wiltshire und Somersethire gezüchteten Rindviehs benutzt. Das Klima dieser Landstriche und die nur durch wenige Monate im Jahre unterbrochene Weide im Freien begünstigen die normale Entwickelung und tragen wesentlich zur Ausbildung jenes gleichmäßig gedrungenen und kräftig elastischen Hautgewebes bei, ohne welches kein kerniges Leder erzeugt werden kann. Auch werden, was sehr viel mitspricht, die Häute im frischen Zustande verwendet. Außer zu Reitzeugen wird dieses Leder zu allerhand leichten Riemenzeug als Tragriemen zu Taschen, Plaids 2c. verwendet. Es wird in schwarz, orange, hellbraun und London-color verlangt und verbraucht. Bezugsquellen: Geyer und Kölsch in Mainz; Aktiengesellschaft für Lederfabrikation in München.

Das Leitseilleder in schwarz, orange, hellbraun und London-color sind besonders lange, egal starke Häute von bester Gerbung. Sie werden zu flachen und runden Leinen verwendet, was bei Bestellung möglichst anzugeben ist. Als Bezugsquellen sind auch die obengenannten Firmen zu empfehlen.

3. Das weißgare Rindleder (Alaunleder), aus meist schweren Häuten bereitet, zuerst gekalkt, um die Haare beseitigen zu können, dann mit Alaun gar gemacht, in kleinen Städten und auf den Dörfern meist von Riemern und Sattlern selbst bereitet, wird zu schweren Arbeitsgeschirren, Halftern u. dergl. benutzt, sehr viel weiß und braun, meist aber dunkelblau gefärbt, verarbeitet. Bezugsquellen: Geyer und Kölsch in Mainz; Albert Jüngel in Berlin.

Das Transparentleder wäre noch an dieser Stelle zu nennen. Es ist pergamentartig gegerbt und fast durchsichtig und steif, eignet sich deswegen sehr gut zu Nähriemen, weil durch dasselbe harte Spitzen, die sich leicht durch die Löcher stecken, erzielen lassen. Es wird naturell gefärbt und in starker und schwacher Ware geliefert. Die Sitze an den neuen Armeesätteln bildet ein Streifen solches Transparentleders. Als Spezialität verfertigt dies Leder Emil Feigenspan, Lederfabrik in Leipzig-Lindenau.

4. Das sämischgare Rindleder (Koppelleder) zu Koppeln für das Militär, zu Stallhalftern und zu technischen Zwecken benutzt. Die Leder müssen glatt und nicht lappig sein. In Schafledern und Wildledern wird es zu Putzledern benutzt. Bezugsquellen: Geyer und Kölsch in Mainz; Albert Jüngel in Berlin; C. A. Gude in Görlitz; Joh. Rübsamen jun. in Wetzlar; D. Römer, Lederhandlung in Pankow bei Berlin.

5. Das geschmierte Verdeckleder (Vachette), am vorteilhaftesten nach Quadratinhalt gekauft. Das Leder wird aus inländischem starken Rindleder gearbeitet und egal ausgefalzt, erhält meist einen gekrispelten Narben. Ist das Leder zu fett, schwitzt es das Fett leicht aus, hat es zu wenig, wird es leicht rot und brüchig. Es wird hauptsächlich zu Wagenverdecken, aber auch zu Regendecken für Pferde, Kumtleibern, Koffern u. dergl. verarbeitet. Die hauptsächlichste Fabrikation ist in der Gegend von Mülheim a. d. Ruhr. Gute Häute müssen groß und narbenfehlerfrei sein und einen tiefschwarzen Glanz haben. Sekundahäute haben Schnitte und Engerlinge. Bezugsquellen: Geyer und Kölsch in Mainz; Albert Jüngel in Berlin; H. Coupienne in Mülheim a. d. Ruhr; W. Unterhössel in Broich bei Mülheim a. d. Ruhr; Aug. Mecklenbeck in Mülheim a. d. Ruhr.

6. Das Juchtenleder ist echt nur in Rußland zu haben, kommt braun, meist aber rot gefärbt im Handel vor. Es ist mit kleinen Karos gemustert und leicht kenntlich an dem starken, jedoch nicht unangenehmen Geruche, welcher von dem angewendeten Fichtenöle herrührt. Es wird zu Militärarbeiten, Flintenriemen, Gewehrfutteralen u. dergl. verarbeitet. Bei Bestellung ist die Verwendung anzugeben. Bezugsquellen: Julius Boreck in St. Petersburg, Juchtenexportgeschäft; Rudolf Hübner in Petersburg; J. Schwalbach in Leipzig; Geyer und Kölsch in Mainz.

7. Das lackierte Rindleder (Koppelleder) wird zu Militärarbeiten und bei Wagenarbeit zu Kotflügeln, Schirmen, Bockkränzen u. s. w., bei Geschirrarbeiten zu Kammdeckeln, Scheuledern verwendet. Eine ganz besonders gute Sorte ist das doppelt lackierte, weil es der Witterung nicht zugänglich ist und sich infolgedessen nicht leicht wirft. Zu ordinären Arbeiten verwendet man sehr viel die sogenannten Fleischseiten oder Spaltstücke. Sie werden durch die Spaltmaschine von sehr starken Rindledern hergestellt und haben also keinen Narben. Man hat halbweiche und mittelstarke für Koppel- und Kotflügel, fest und steif für Bockkränze, leicht und fest für Kammdeckel, letztere werden auch auf beiden Seiten lackiert geliefert. Bei sämtlichen Ledern ist es erforderlich, im Winter dieselben vor dem Auspacken gut durchzuwärmen. Leider müssen wir immer noch gestehen, daß die englischen glattlackierten Häute und Fleischseiten dem deutschen Fabrikate vorzuziehen sind, in Hinsicht ihres tiefschwarzen schönen Lackes und der Textur des Leders

könnte man sagen, denn beim Biegen des deutschen Fabrikates, was bei Kotflügeln und Schirmen ja unvermeidlich ist, wird der Lack zusammengeschoben, während bei dem englischen Fabrikate die Fläche ganz glatt bleibt. Bezugsquellen: C. Th. Holden in Walsall, England; Vertreter S. van Dyk in Bunde, Ostfriesland; Geyer und Kölsch in Mainz; Bühler & Komp. in Köln a/R.; Julius Petri in Berlin; F. W. Gammersbach in Roisdorf bei Köln; G. Beck in Döbeln; C. Brüderlein in Pößneck, Sachsen-Meiningen; Karl Rehm in München.

8. Das lackierte Verdeckleder (lackierte Vachette). Primahäute sind feinnarbig und tief schwarz im Lack, dürfen nicht kleben und nicht brechen. Media- und Sekundahäute sind kleiner, und grobnarbiger und werden zu Verdeckhimmeln und Schoßledern verwendet. Die englischen Vachetten werden meist mit langen Narben angefertigt, doch macht man sie auch nach Art der deutschen mit feinkörnigem Narben. Diese Vachetten werden auch farbig chagriniert, langnarbig, zu Taschen und Möbeln durch Geyer und Kölsch in Mainz geliefert. Bezugsquellen sind die unter „lackiertes Rindleder" oben genannten Firmen.

9. Das Roßleder wird meist lohgar zu Arbeitskumten oder bei Wagenarbeit zum Ueberziehen der Decken an steifgedeckten Wagen verwendet. In etwas besserer Bereitung auch zu hellen Kumtleibern an Luxusgeschirren verbraucht. Geschwärzt und genärbt vertritt es die Stelle der Rindvachetten. Durch die vielfache Verwendung für Schuhleder ist es jedoch fast ebenso teuer geworden als Rindleder und empfiehlt es sich deswegen billigere Rindleder zu verwenden. Bezugsquelle: Gebrüder Güldenberg in Mühlheim a. d. Ruhr.

10. Das Kalbleder wird ebenso verschiedenartig bereitet als das Rindleder, lohgar schwarz wird es zu Kumtleibern, Kammkissen verwertet, hell zu mannigfachen Gegenständen, Taschen, Hutschachteln, vom Täschner gebraucht, braun geschmiert zu Schurzfellen ꝛc., sämischgar zu Bandagenzwecken, juchtenartig zu Koffern, schwarz lackiert zum Ueberziehen von Kumtbügeln, Rändern ꝛc., an feinen Geschirren, bunt lackiert, zu Stirnbändern, Unterlegdecken u. s. w. angewendet. Auch weißgar gibt es feine Peitschenriemen. Sehr schön naturell Kalbleder liefert C. G. Oswald in Mühlhausen i/Th. und C. C. Becke Sohn ebendaselbst; Geyer und Kölsch in Mainz; Beringer in Stuttgart.

11. Das Schafleder ist in seiner Art geringer als das Kalbleder und nicht so haltbar, wird aber ebenfalls so mannigfach bereitet als das Kalbleder und ersetzt dieses bei ordinären Arbeiten. Es wird auch noch bunt gefärbt und geglättet zu mannigfachen Zwecken verarbeitet. Matt gefärbt und chagriniert dient es auch als Ausschlag von Kutschwagen. Geyer und Kölsch in Mainz sind Spezialisten in letzterem Fache, ebenso Gebr. Danglowitz, Lederfabrik Halle a/S.

12. Das Schweinsleder wird sehr sauber hell zubereitet, hat durch seinen eigentümlichen Narben ein besonderes hübsches Ansehen und wird wegen seiner Haltbarkeit hauptsächlich zum Ueberziehen von Sätteln benutzt; es wird in orange, London-color oder hellbraun zu diesen Zwecken geliefert; Häute, die zwei Sättel geben, sind für den Konsumenten am vorteilhaftesten. Bezugsquellen: H. V. Schütze in Hannover; Geyer und Kölsch in Mainz.

13. Das Seehundleder nimmt man lohgar, hell zubereitet zu Sattelkötern, da es sehr schwach und dabei doch haltbar ist. Rauchgar ist es buttergar hergestellt und wird zu Tornistern, Taschen ꝛc. benutzt. H. V. Schütze in Hannover hält stets Vorrat in diesen Artikeln und ferner ist als Bezugsquelle die Sattlervereinigung in Hamburg zu empfehlen.

14. Das Ziegenleder kommt als sogenanntes Maroquin, Chagrin, oder Saffian in den verschiedensten Farben im Handel vor, ist sehr im Preise und wird zu Wagenausschlägen benutzt. Dieses ist dem aus Schafleder bereiteten vorzuziehen, da es besser Farbe hält; Geyer und Kölsch in Mainz fabrizieren diese Leder. Da das Leder immerhin eine teure Ware ist, so hat die Industrie sich alle mögliche Mühe genommen, Surrogate oder Ersatzmittel für Leder zu schaffen und kann dasselbe auch nie durch diese Mittel ganz verdrängt werden, so können dieselben doch helfen, daß das Leder nicht unerschwinglich teuer wird; als ein besonders wertvolles Ersatzmittel erwähnen wir

B. Das Ledertuch (imitiertes Leder),

auch amerikanisches Ledertuch genannt, welches volle Beachtung verdient, da es zu sehr vielen Arbeiten als Wagenausschlägen, Bockkissen, Koffern ꝛc. gebraucht wird und dem Schafleder und Kalbleder seit seinem Entstehen ein tüchtiger Konkurrent gewesen ist. Man unterscheidet nach seiner Qualität drei Sorten: Duck, Drell und Musselin. Es wird in den verschiedensten Farben, einfarbig und gemustert angefertigt. Beim Ankauf hat man darauf zu sehen, daß es beim Krispeln nicht bricht und nicht zu glatt und feuerglänzend ist. Die besten Sorten bleiben immer noch die echten amerikanischen, nach ihrem Erfinder „Croquet" genannt, freilich auch am höchsten im Preise; jedoch gibt es auch jetzt deutsche Firmen, die ganz gute brauchbare Ware liefern. Das glänzende Ledertuch ist durch das matte sogenannte „Dull" fast ganz verdrängt, weil dasselbe dem Leder am ähnlichsten sieht. Ledertuch wird von allen Seiten angeboten, Spezialisten in dem Fache sind: Poppe & Wirth, Seydelstraße, Berlin; Knauth & Komp. in Leipzig; C. F. Knoch in Leipzig. Unter dem Namen „Acella" wird jetzt eine Art Ledertuch auf den Markt gebracht, das den Ledersatz am besten erreichen soll. Das Gewebe ist eigentlich nicht ledertuchartig, sondern mehr wie Moleskin; aber der Narben ist wirklich täuschend, da er in allen Ledersorten nachgeahmt werden kann und weder bricht, noch abfärbt oder klebt. Ein Ersatzmittel für das Verdeckleder zu Wagenverdecken, Regendecken für Pferde ꝛc. ist

C. Das imprägnierte Segeltuch.

Ein leinenartiges starkes Hanfgewebe, welches in grau und schwarz geliefert wird und zwar in zwei Breiten, 66 cm und 82 cm. Dasselbe ist durch eine eigenartige Masse, mit welcher es durchdrängt ist, wasserdicht gemacht. Die kaiserliche Post wendet dasselbe jetzt sehr viel, nicht allein zu Decken, sondern auch zu Verdecken und Schürzen auf die leichten Landbriefträgerwagen an. Bezugsquelle: Louis Halffter in Königsberg i/Pr. Die Firma liefert auch zu alten Verdecks Imprägnationsmasse in schwarz und grau. Letztere ist jedoch sehr feuergefährlich. Ein großes Geschäft in dieser

Branche ist die Segeltuch-, Leinen- und Jute-Weberei, Imprägnierung und Näherei von Rommel, Weiß & Komp. in Mühlheim a/Rh. bei Köln, ferner auch A. Baswitz, Berlin O., Holzmarktstraße 4.

D. Ersatzmittel für Sohlenleder.

Die Amerikaner haben seit einigen Jahren eine Ware in starken Tafeln, ungefähr $1^1/_2$ m lang und 70 cm breit in den Handel gebracht, die entweder aus Leinen oder Holzstoff hergestellt sind, die nun freilich keineswegs alles Sohlenleder ersetzen können, aber hauptsächlich bei Scheiben zu Patentachsen sich besser bewährt haben als Sohlenleder, weshalb auch durch die Patentachsenfabriken jetzt meist solche Scheiben angewendet werden. Diese Tafeln liefert Dick und Kirschten in Offenbach a/M.

E. Tuch.

Tuch ist ein leinwandartiges rein wollenes Gewebe. Nachdem es vom Webstuhl kommt, wird es gewalkt, d. h. im Wasser so lange durchgearbeitet, bis es ein filzartiges Ansehen bekommt. Danach wird es glatt geschoren und Strich hineingekratzt. Man unterscheidet Tuche in der Wolle gefärbt oder im Stück gefärbt; erstere sind teurer und vorzuziehen. Man erkennt in der Wolle gefärbtes Tuch an der andersfarbigen Anschrote, und wenn der Schnitt egal ist und nicht in der Mitte heller, was bei denen im Stück gefärbten der Fall ist. Das Tuch wird meistens zu Wagenausschlägen verwandt und sind jetzt immer noch dunkle Tuche in Mode. Das Tuch muß kurz geschoren und kräftig sein. Man hat außer den leinwandartig gewebten auch geköperte Tuche. Die Tuche werden in Breiten von 130 bis 140 cm gearbeitet. Bezugsquellen: Steinle und Wille in Burg bei Magdeburg; Ludwig Eichmann in Grüneberg in Schlesien; H. Huisgen in Düsseldorf; Gebr. Weerth in Elberfeld; Kritzmann und Wienke in Elberfeld; S. Großmann & Komp. in Berlin C., Poststraße 23a.

F. Seidenstoffe.

Der Einschlag dieser sogenannten seidenen Koteline wird von starken Baumwollenfäden gebildet; der Ueberschlag ist nur von Seide in den verschiedensten Dessins und Farben. Das Neueste darin ist jetzt der chagrinierte Rips, dem Maroquinleder sehr ähnlich. Lyon in Frankreich mit seiner großartigen Seidenraupenzucht liefert die schönsten Fabrikate. In Deutschland sind es hauptsächlich W. Holthaus & Komp. in Elberfeld und Behr und Schubert in Frankenberg in Sachsen. Koupons liefern H. Huisgen in Düsseldorf, Gebr. Weerth in Elberfeld und die als Lieferanten von wollenen Kotelinen weiter unten genannten Firmen. Zu Vorhängen und Gardinen benutzt man dünnere Sorten, die auch in entsprechenden Breiten angefertigt werden. Letztere Stoffe sind meist nur bis 70 cm breit, während die Koteline nur in Tuchbreiten bis 140 cm geliefert werden.

G. Wollene Koteline.

Diese Stoffe sind ebenso gearbeitet als die Seidenkoteline, nur daß der Ueberschlag in Wolle ausgeführt ist; diese Stoffe werden in allen Farben und in den verschiedensten Dessins gearbeitet. Die hellfarbigen sind die echtesten, die kleingemusterten die beliebtesten und haltbarsten. Die Kotelins werden ebenfalls in Tuchbreiten bis 140 cm breit gearbeitet. Bezugsquellen: Kritzmann und Wienke in Elberfeld; H. Huisgen in Düsseldorf; A. Fuchs in Chemnitz.

H. Plüsche.

Die ordinäre Ware kommt unter dem Namen Velour anglais, die bessern Sorten unter dem Namen Velour d'Utrecht in allen möglichen Farben im Handel vor. Der Plüsch wird zu Bockkissen, Omnibus- und Schlittenausschlägen verwendet. Die Plüsche werden nur 60 bis 90 cm breit gearbeitet. Lieferungsfähige Firmen sind Muthmann & Sohn und C. M. Burchartz & Komp. in Elberfeld; Kritzmann und Wienke in Elberfeld; A. & W. Theile in Elberfeld.

Moquette-Stoff ist ebenso gearbeitet als Plüsch mit etwas gröberem Einschlag, wird geschoren und ungeschoren gefertigt und ist ein beliebter und sehr haltbarer Stoff zu offenen Wagen. In neuerer Zeit liefert man ganz und gar echte Ware in Moquette. Man nennt dieselbe „Naturfarben" in grauer Grundfarbe mit braunen verschiedenartigen Mustern. Die helle Grundfarbe ist nämlich die ungefärbte Wolle von weißen und die braune Farbe diejenige von dunklen Schafen. Ein Ausgehen und Farbelassen ist also gänzlich ausgeschlossen. Diese Stoffe liefert in Koupons in den verschiedensten Mustern H. Huisgen in Düsseldorf.

J. Ueberzugstoffe für Möbel.

Hierher gehören zuerst die wollenen Damaste, ein besonders rein wollenes Gewebe in doppelter Breite gearbeitet. Die halbwollenen Damaste mit Baumwolle vermischt kommen auch in schmaler Ware vor. Dasselbe gilt auch von den rein baumwollenen Damasten. Wollene Ripse sind wie Koteline gearbeitet, nur gewöhnlich in reiner Wolle. Eine große Menge weiterer Stoffe zu Ueberzügen von Möbeln, Anfertigung von Gardinen und Portieren hat die Mode gezeitigt, die man „Phantasiestoffe" bezeichnen möchte. Sie sind in allen möglichen Farben und Dessins und in allen möglichen Stoffen gearbeitet, am meisten jedoch aus Jute gefertigt. Jute ist ein überseeisches hanf- und flachsartiges Gewächs, dessen Fasern ebenso wie unser Flachs gewonnen und verarbeitet werden. Die Qualität ist jedoch geringer; die Jute ist härter und spröder und bricht leichter in den Nähten. Lieferanten von Juteplüschen sind: C. M. Burchartz & Komp. in Elberfeld; Gustav Weyerbusch in Elberfeld; Herm. Henow, Berlin SW., Friedrichstraße 220; Bernh. Freund in München, Maffelstraße 8; Franz Lehmann in Berlin, Schützenstraße 22.

K. Fußteppiche.

Wollene Teppiche in allen Farben und Mustern in verschiedenen Qualitäten vorkommend. Die Brüssels sind die besten, erkenntlich an den durchgehenden bunten Faden auf der Rückseite. Die sogenannten Tapistrys sind die billigsten. England und Belgien liefern sehr viele Teppiche nach dem Kontinent. In Deutschland ist die berühmteste Firma Alexander Schöller in Düren, die nur ganze Stücke verkaufen. Koupons liefern Kritzmann und Wienke in Elberfeld; Huisgen in Düsseldorf; Gebr. Weerth in Elberfeld und Gebr. Türk in Leipzig.

Die Wachsteppiche in einfacher und doppeltlackierter Ware liefern C. F. Knoch in Leipzig; Ernst Fischer in Chemnitz.

L. Leinen.

Der Sattler gebraucht die verschiedensten Leinen roh, gebleicht und farbig. Das Behäutleinen ist ein weitmaschiges Hanfgewebe und wird zum Behäuten von Koffern, Wagen und Sattelbäumen gebraucht. Die Rohleinen in den verschiedensten Qualitäten werden zu Wagen- und Möbelarbeiten gebraucht. Schwarze Leinen zu Kissenboden, Klappen, zu dunkeln Wagenausschlägen, blaue Leinen zu Kumtkissen. Zu Polsterarbeiten wird als Ersatz für die teurere deutsche Leinwand das englische Juteleinen verwendet. Als Polsterleinen unter den Ueberzug gebraucht man den Nessel, ein weiches leichtes baumwollenes Gewebe. Bezugsquellen: Casparius und Umlauf in Berlin; Bley und Senge in Neustadt bei Groß-Bodungen.

M. Drell.

Diese Stoffe werden in grau und blau gestreift zu Kumtleibern, in rot, sowie blau und rot gestreift zu Matratzen, in grün zu Fußsackfuttern verwendet; als Bezugsquellen gelten die obigen Firmen unter „Leinen".

N. Segeltuch.

Wie schon erwähnt, wird zu Wagenarbeiten meistens imprägniertes Segeltuch verwendet. Zu Koffern, Taschen ꝛc. gebraucht man jedoch gebleichtes, ungebleichtes, braunes und andersfarbiges Segeltuch. Lieferungsfähige Firmen sind: G. Berwald in Berlin und Levy & Komp. in Eschwege in Hessen.

O. Deckenstoffe.

Man unterscheidet: „Sommer- und Winterdecken". Die Sommerdecken werden aus einem drellartig gewebten Leinenstoff, der meist hell und farbig karriert hergestellt wird, gefertigt. Man nennt diesen Stoff „Kirsay". Die Winterdecken werden aus starken friesartigen wollenen Stoffen, der in allen Farben einfarbig und gestreift im Handel vorkommt, hergestellt. Bezugsquellen: H. V. Schütze in Hannover; A. Munnicke in Königslutter, Deckenfabrik.

P. Borden und Schnuren.

Diese Posamentierarbeiten dienen hauptsächlich zur Verzierung und Verschönerung der verschiedensten Sattlerarbeiten; nennen wir in erster Linie die Borden und Schnuren, die zu Wagenarbeiten benutzt werden. Sie sind mit einer leinenen oder baumwollenen Kette angelegt und mit Seide oder Wolle übersponnen. Die Sachen werden alle auf dem sogenannten „Jacquardstuhle", einem mechanischen Webstuhle, nach dem Erfinder „Jacquard" so genannt, gewebt. Die Muster sind oft ganz einfach, oft aber auch sehr kompliziert und überraschend verschiedenartig. Die Borden haben an der einen Seite eine sogenannte „Salkante" zum Umnähen. Die Schnuren werden auf dieselbe Art und Weise gefertigt und man unterscheidet nach ihrer Webweise „Kettschnuren und Nuppenschnuren" und nach ihrer Gebrauchsweise „Platt- oder Nagelschnuren" mit einer Salkante und Naht- oder Rundschnure mit zwei Salkanten.

Die Zügelborden sind schlauchartig gewebte Borden mit einem baumwollenen Einschlag und mit Wolle in allen Farben übersponnen, die gebräuchlichste zu Handleinen ist die braune lederfarbige.

Die Besatzborden breiter und schmäler sind aus Wolle gefertigt in den verschiedensten Farben, sie haben oft an beiden Seiten als Verzierung einen nahtartigen Streifen in weiß oder anderer abstechender Farbe, und werden hauptsächlich zum Besetzen von Pferdedecken benutzt. Nennen wir an dieser Stelle auch noch die Flintenriemen und Taschentragborden. Hierher gehören auch ferner die verschiedenen Posamentierarbeiten, die an Wagen und Möbeln zur Zierde angewendet werden, als Fensterquasten, Gardinenquasten, Möbelquasten, Schlittenbehänge, Möbelschnuren, Knöpfe zum Abheften mit Seide übersponnen und verweisen wir auf die jetzt in Mode gekommenen Abheftknöpfe, die vermittelst der Knopfmaschine, Fig. 31, Taf. 1, aus jedwedem Stoff gefertigt werden können. Bezugsquellen: Gebr. Weerth in Elberfeld; Henderkotts Söhne in Barmen; H. Huisgen in Düsseldorf; Fischer und Fuchs in Altenburg i/S.; Louis Schuster in Görlitz.

Q. Bindfaden, Hanfgarn, Seide (zum Nähen).

Bindfäden werden hauptsächlich zu Polsterarbeiten verwendet und man unterscheidet je nach ihrer Stärke die verschiedenen Aufnäh- und Abnähfäden, Schnürfaden und den Nahtstrick zum Einlegen in die Nahtschnure bei Wagenarbeiten. Die mit der Hand gearbeiteten sind denen mit der Maschine hergestellten vorzuziehen, jedoch gibt es von letzteren gute Sorten, die haltbar sind; dieselben sind in den Fabriken mit L gezeichnet, die ordinären mit D. Bindfaden werden auch in grau und auch blau gefärbt, zu gröberen Arbeiten als Nähfaden benutzt, zu feineren Arbeiten benutzt man das Hanfgarn, das ungedreht in Knäulen verkauft wird. Mehrere solche ungedrehte Fäden werden je nach Gebrauch zu einem Faden zusammengelegt, gewachst und mit einer Spitze versehen. Zu Lederarbeiten auf der Nähmaschine und auch zu Handarbeiten benutzt man das drei- und vierfache gedrehte Hanfgarn. Zu feineren Arbeiten benutzt man auch zu Maschinen- und Handnähten schwarze und farbige Seide, die sogenannte Drellseide, weil sie stark und gedrillt ist. Bezugsquellen für Bindfäden jedes größere Seilergeschäft; Carl Poggenhaus, Seilerwarenfabrik in Gütersloh. Für Maschinenbindfaden Heribert Brandstetter „zum Adler" Renchen in Baden.

Für Hanfgarne: A. und W. Schultze in Berlin NO., Dorotheenstraße 70. Für Seide: Limburg in Leipzig; H. Teucher jun. in Leipzig.

R. Polstermaterial.

Unter diesem nehmen die Roßhaare den ersten Platz ein. Dieselben werden gekocht, gefärbt, gesponnen, getrocknet und vor dem Zupfen wieder aufgedreht. Die besten Roßhaare sind die Schweifhaare, weil sie am stärksten und am längsten sind; nachdem die besten zu Streichbögen für Musikinstrumente, für Geflechte als Hüte u. dergl. ausgesucht sind, wird der Ueberbleibsel erst zu Polsterzwecken hergerichtet; immerhin haben diese Haare aber dennoch einen sehr hohen Preis. Die zweite Sorte sind die Mähnenhaare, die dritte Sorte die Fesselhaare. Die anderen darauf folgenden Sorten getraut sich der Fabrikant nicht mehr Roßhaare zu nennen, sondern er bezeichnet dieselben als „Krollhaare", weil diese mit verschiedenen anderen Haaren gemischt sind. Kuhschwänze geben noch ein längeres Material als Fesselhaare. Aber auch diese werden noch mit allen möglichen Surrogaten vermischt, so daß der Preis der Roßhaare resp. Krollhaare zwischen 6 Mark und 60 Pfennige pro $1/2$ kg schwankt. Als Ersatzmittel benutzt man Fiber, crain d'Afrique, amerikanische Waldhaare, alles überseeische Pflanzenstoffe, dem Roßhaar ähnlich gemacht. Die gefährlichste Mischung ist die mit Schweinshaaren, weil sie zu sehr die Motte anzieht. In zweiter Linie als Poltermaterial nennen wir Werg oder Heede, die Abfälle von Flachs und Hanf. Seegras, ein algenartiges Seegewächs, welches der Sturm vom Boden des Meeres losreißt und an den Strand wirft. Alpengras, ein langes Berggras, welches wie Roßhaare gesponnen, getrocknet und vor dem Zupfen wieder aufgedreht wird, welche alle zum Polstern benutzt werden; ferner Rehhaare, Rentierhaare und Schweinewolle, die zur Anfertigung von Sätteln, Kumten, Kammkissen u. dergl. benutzt werden. Bezugsquellen: D. London in Breslau; L. Fehrer in Kissingen.

S. Gurten.

Hierher gehören die besseren wollenen und leinenen Deckengurten und Sattelgurten, die Louis Schuster in Görlitz hauptsächlich gut liefert, aber auch die ordinären Möbelgurten in den verschiedenen Breiten und Qualitäten, die zum Aufsetzen der Federn bei Federpolstern dienen. Letztere liefert Ernst Laube, Seilerwarenfabrik in Schlotheim i/Th.; Thüringer Weber-Verein in Gotha.

T. Springfedern.

Diese Federn machte sich früher der Sattler selbst vermittelst einer Winde, aber die fortschreitende Industrie liefert auch diese Sachen jetzt billiger und besser, als man sie selbst machen kann. Den stärksten Federdraht nennt man Meme-Draht, den schwächeren Mittel-Meme, den schwächsten Fein-Meme. Die Federn werden 6 bis 10gängig angefertigt. Lieferanten sind: Müller und Schröder in Altena in Westfalen. Die Firma liefert ebenfalls Blaustifte und Gurtnägel, ebenso Jülicher Eisen- und Drahtwerk Beeck & Felder, Jülich (Rheinland).

U. Pappen

zu Koffern, Hutschachteln ꝛc. angewendet, liefern in allen Stärken und Qualitäten Kefersteinsche Papierhandlung in Halle a/S.; F. Felkel in Groß-salza bei Schönebeck.

Lederpappen sind mit Lederfasern, die von Lederabfällen auf chemischem Wege gewonnen und durch Maschinen zerkleinert werden, vermischt und gewinnen dadurch eine größere Biegsamkeit und Festigkeit. Wenzel und Junghans in Rittersgrün bei Schwarzenberg in Sachsen fabrizieren diese Pappen.

V. Beschläge.

Hierher gehören in erster Linie die Geschirrbeschläge in Schwarz, Neusilber, Neusilber-versilbert, Messing, Messing-vergoldet, Tombak ꝛc., ebenso Wagenbeschläge in gleichen Metallen bei Schmöle & Komp. in Menden bei Iserlohn; Schmöles Söhne in Iserlohn; Aurand und Sudhaus ebendaselbst; Fr. Bruchhaus in Düsseldorf; Knorre und Romberg in Berlin; Stimming & Beuzlaff in Berlin SW., Ritterstraße 67, Hoflieferanten; J. Duderstadt in Eßlingen; H. A. Köhlers Söhne in Altenburg; E. Flüshöh in Barmen zu beziehen. Ferner nennen wir hier Trensengebisse und Kandaren, Koffer- und Taschenbeschläge, Bügel, Nieten, Buckeln ꝛc. zu den verschiedensten Sattlerarbeiten angewendet, welche ebenfalls bei obengenannten Firmen zu beziehen sind. Besonders als Spezialist empfehlen wir in diesen letzteren Artikeln Aurand und Sudhaus in Iserlohn, sowie deren Zweiggeschäft in Berlin.

Vierter Abschnitt.

Allgemeine Arbeiten des Sattlers.

A. Von den Nähten und Knoten.

Das Nähen ist eine der wichtigsten Arbeiten des Sattlers und Riemers und auch das erste, welches dieser zu erlernen hat. Es muß hierauf großer Fleiß und andauernde Uebung verwendet werden, denn von einer akkuraten Naht hängt meist das gute Ansehen der Arbeit ab. Seitdem es Nähmaschinen gibt, welche so gut konstruiert sind, daß man fast alle Sattlerarbeiten darauf zu nähen im stande ist, ist die Handarbeit freilich sehr verdrängt, welches auch niemand beklagen wird, es bleibt aber das Erlernen des Nähens mit der Hand immerhin eine Notwendigkeit.

Bei Stoffen und schwachem Leder bedient man sich, wie viele Handwerker, welche nähen, außer dem Faden der Nähnadel und des Nähringes. Bei starkem Leder wird die Ahle und Nadeln, deren Spitzen stumpf sind, sogenannte Sattler- oder Riemernadeln gebraucht; außerdem um das Leder festzuhalten, der Nähkloben, Fig. 21 und 26, Taf. 1, oder das Roß, Fig. 36 a u. b derselben Tafel; der erstere zu leichter, das letztere zu schwerer Arbeit.

Die Fäden, welche zum Nähen verwendet werden, sind: der vom Seiler verfertigte Bindfaden, der Faden von Hanfgarn und der doppelt oder dreifach zusammengesponnene Seidenfaden. Der Bindfaden wird zum Nähen der Arbeitsgeschirre oder anderer gewöhnlichen Arbeit benutzt, Garn und Seidenfaden für alle feineren Arbeiten genommen.

Auf welche Weise diese Fäden zubereitet werden, ist wohl nicht nötig zu beschreiben, da es das erste ist, was der Lehrling zu machen hat.

Zu erwähnen sei nur noch, daß man die Garnfäden zu feinerer Arbeit gut mit Wachs, zu gewöhnlicheren, hauptsächlich Geschirrarbeiten, Bindfäden und Garnfäden mit Pech bestreicht. Dieses geschieht erstens, damit der Faden beim Nähen nicht rauh wird und zweitens, was hauptsächlich der Zweck des Pechens ist, daß derselbe der Feuchtigkeit und somit der Fäulnis besser widersteht.

Das Pech bereitet man sich aus gewöhnlichem Schwarzpech, zu welchem man ein wenig russischen Talg (Unschlitt) und, wenn es zu feinerer Arbeit gebraucht werden soll, einen Teil gelbes Wachs zugibt. Es wird alles in einem Topf über dem Feuer geschmolzen, alsdann in ein Gefäß mit kaltem Wasser gegossen, tüchtig gezogen und dann Kugeln daraus geformt, mit welchen man die Fäden bestreicht. Kälte und Wärme geben den Maßstab zum Zusatze des Talges, man kann bei strenger Kälte wohl doppelt soviel nehmen als bei großer Wärme.

Außer den Fäden werden auch schmale Riemen zum Nähen verwendet. Diese sind gewöhnlich von weißgarem schwachen Rindleder, oft pergamentartig gegerbt, oder Kalbleder und an einem Ende lang zugespitzt, welche Spitze die Stelle der Nadel vertritt. Mit diesen Riemen nähet man Gegenstände, deren Nähte besonders haltbar sein müssen, z. B. Maschinenriemen und Seitenblätter zu ganz schweren Arbeitsgeschirren ꝛc. Zu Verzierungen der mit Leder überzogenen Peitschen macht man auch teilweise Nähte mit Riemen von Zirmleder.

Die mannigfachen Arbeiten des Sattlers und Riemers erfordern zu ihrer Verbindung auch verschiedene Arten von Nähten, diese sind:

1. Die Naht mit Vorderstichen oder halben Stichen. Dieses ist die einfachste Naht, die es gibt; sie wird mit einer Nadel in Stoff und Leder, auch viel mit Riemen gemacht.

2. Die Naht mit Rückstichen. Diese wird ebenfalls mit einer Nadel gemacht in Stoff und Leder. Der Stich hat oben das Ansehen der Naht mit zwei Nadeln und unten bildet der Faden eine Kettel. Die Engländer wenden diese Naht zu allen möglichen Arbeiten an, zu Koffern, Reitzeugen ꝛc. und setzen die Ahle gerade entgegengesetzt, als bei uns für gewöhnlich der Fall ist, so daß der Stich von unten nach oben zurück, oder von oben nach unten vorwärts fällt.

3. Die Naht mit Kettelstichen. Sie wird meist mit Riemen auf starke Seitenblätter gemacht, ist unten eine Naht mit Vorderstichen und oben bildet der Stich eine Kettel.

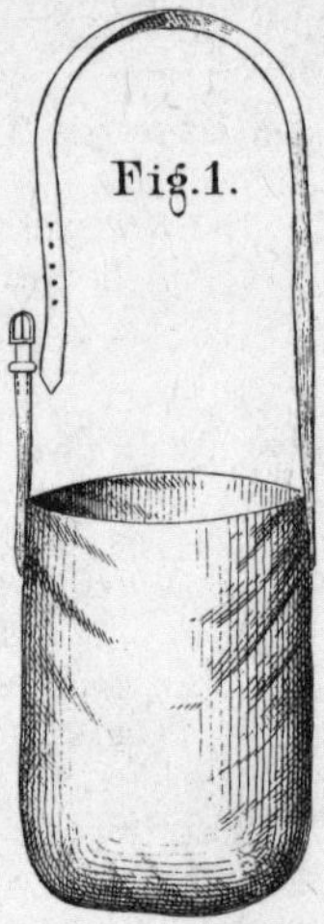
Fig. 1.

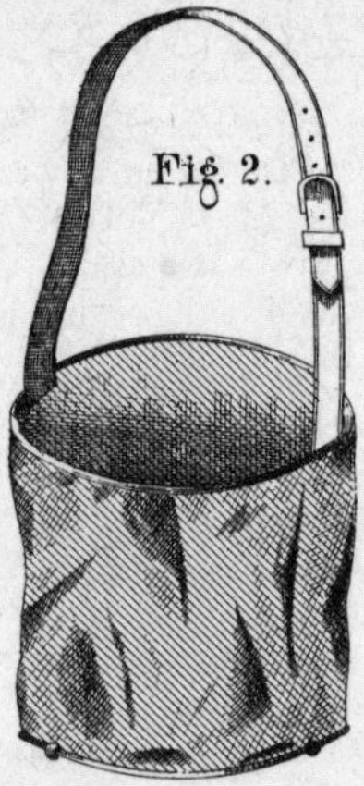
Fig. 2.

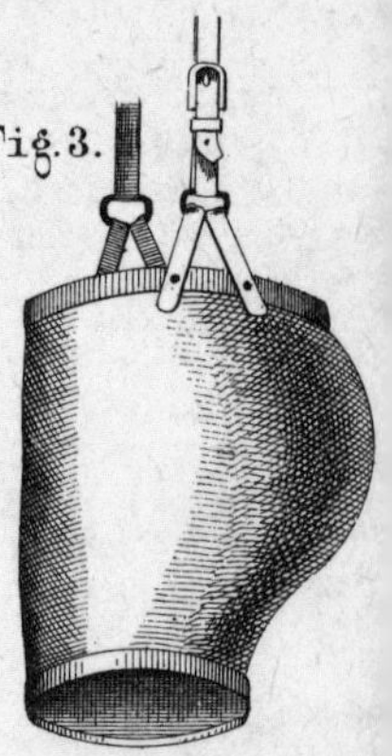
Fig. 3.

Fig. 8.

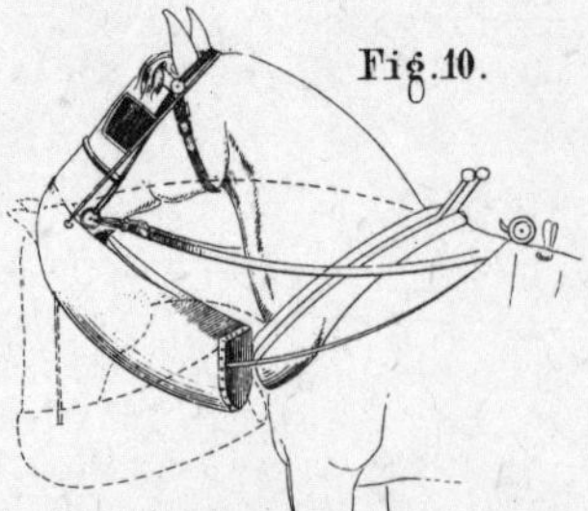
Fig. 10.

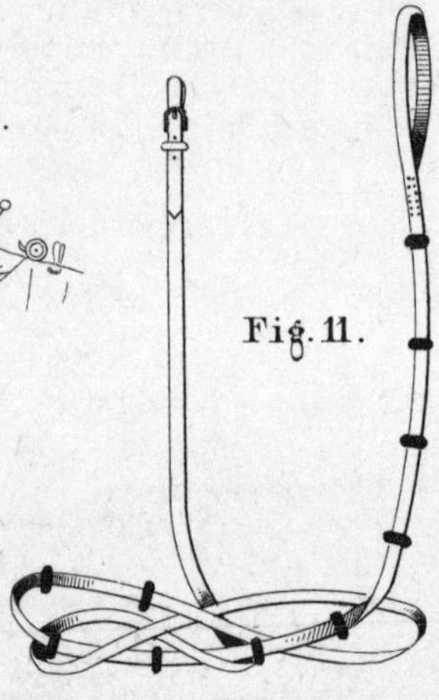
Fig. 11.

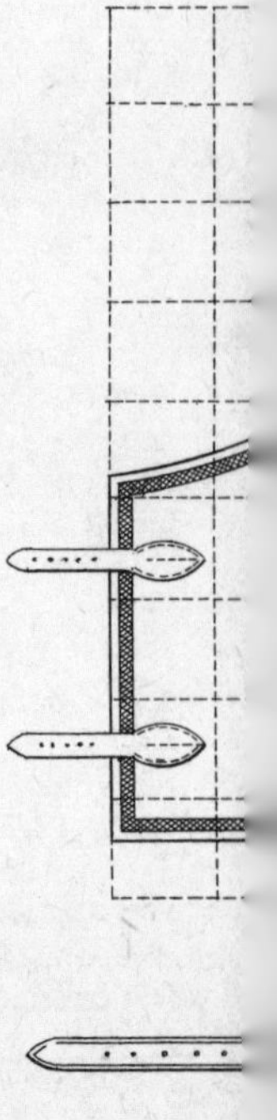

Fig. 4.

Fig. 5.

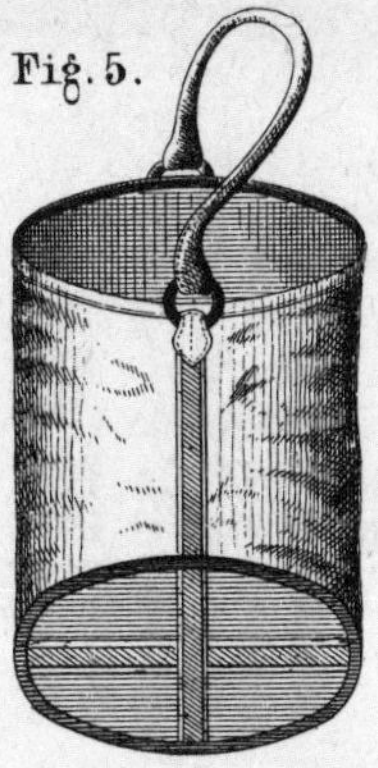

Fig. 6.

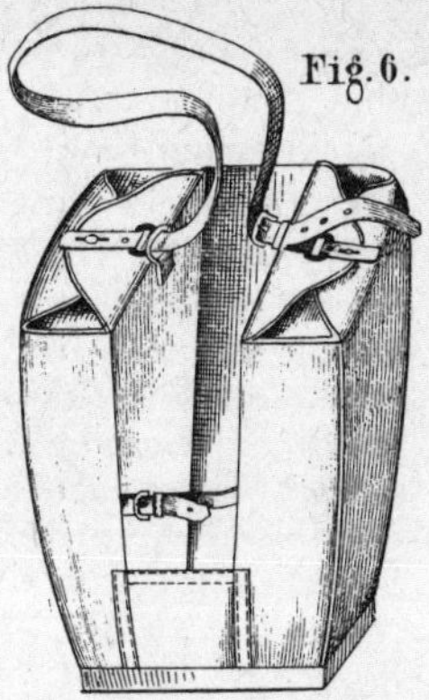

Fig. 7.

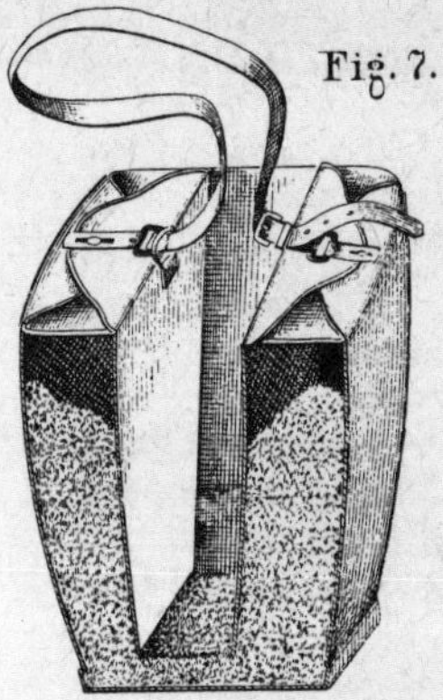

Fig. 9.

Fig. 12.

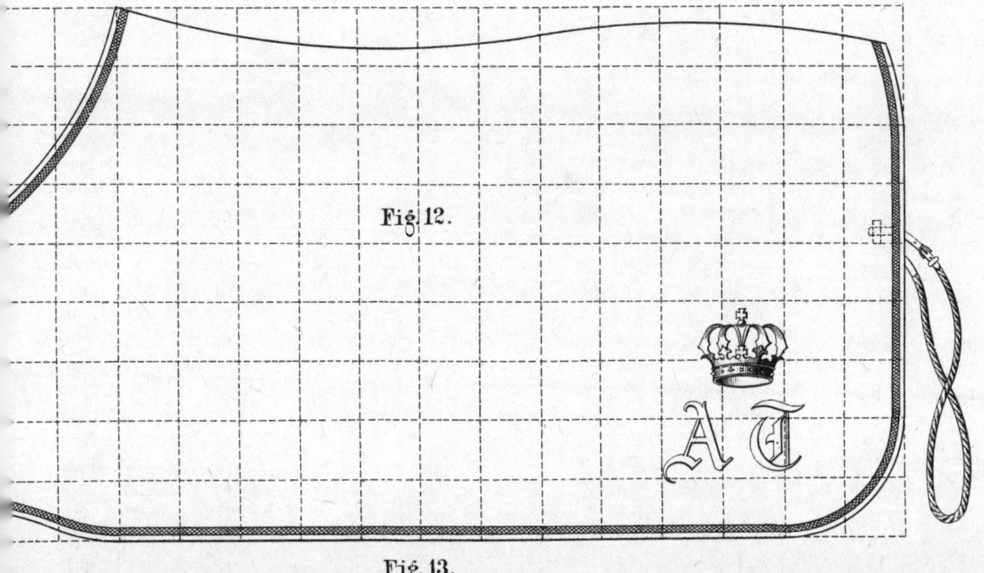

Fig. 13.

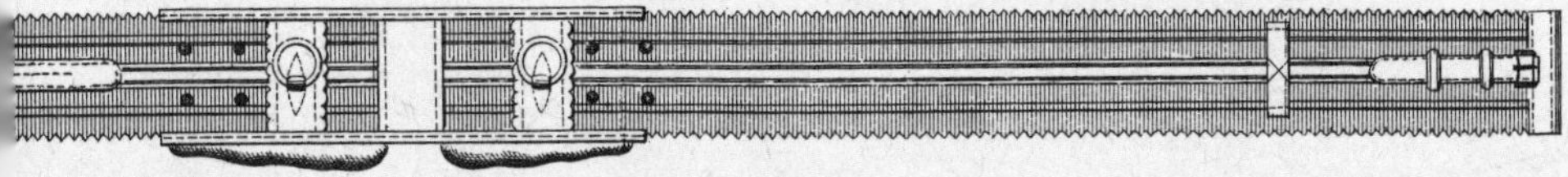

Fig. 14.

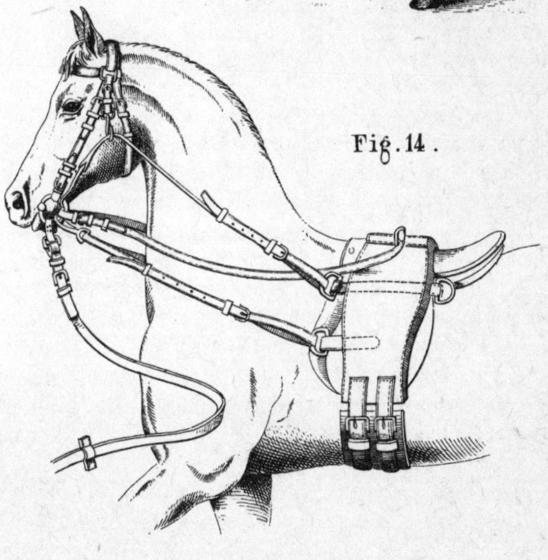

4. Die überwendliche Naht wird meistens mit der Nähnadel gemacht, wenn man die Kanten zweier Leder- oder Stoffstücken verbinden will, z. B. beim Annähen der Sattelserge an den Vorstoß des Sattelkissens.

5. Die Schwertnaht oder Kreuznaht wird gemacht, um die Kanten eines oder zweier Lederstücken zusammenzustoßen, z. B. das Lackleder an der unteren Seite der Stirnbänder, oder beim Ueberziehen der Handgriffe an gewöhnlichen Fahrpeitschen. Hierher gehört auch die Stoßnaht. 2 Stücken Leder so zusammenzufügen, daß man von oben keinen Stich sieht, zu welchem Zwecke man nur durch das halbe Leder und gewöhnlich hin und zurück durch dieselben Löcher sticht, so daß die Fäden unten ein Kreuz bilden.

6. Die Naht mit zwei Nadeln, auch Steppnaht genannt, ist die bei den meisten Arbeiten angewendete. Der Stich hat oben und unten ein ziemlich gleiches Ansehen, ebenso wie die Naht der Nähmaschinen für Sattler aussieht. Eine nähere Beschreibung dieser Naht wäre wohl, weil zu bekannt und nur durch Uebung zu erlernen, an dieser Stelle nicht nutzbringend.

Außer den Nähten macht der Sattler auch verschiedene Knoten mit Riemen. Die am häufigsten vorkommenden sind: Der Kreuzknoten, Fig. 1, Taf. 2, auch häufig der viereckige Knoten genannt, wird benutzt um zwei schmale Riemen oder auch oftmals Zügelenden zu verbinden.

Man legt die beiden Enden der Riemen doppelt zusammen, schiebt die sich bildenden Oesen eine in die andere, legt dann das Ende der inneren Oese über die andere hinweg und steckt das Ende der äußeren in die noch offenstehende innere Oese hindurch.

Der Schleif- oder Haftknoten, Fig. 2, Taf. 2, wird meist beim Abheften der Arbeitskumte gemacht; die Zeichnung zeigt deutlich das Verfahren.

B. Das Zuschneiden.

Das Zuschneiden der Arbeit wird von dem Meister, in großen Werkstätten von dem Werkführer gemacht. Ueberlegung, Berechnung und Akkuratesse ist Hauptererfordernis dabei. Man kann sich leicht großen Nachteil zufügen, wenn man sich verschneidet, oder z. B. eine Haut Leder nicht richtig genug ausnutzt. Beim Zuschneiden der Geschirre ist es notwendig, daß das Kernleder zu allen den Teilen genommen wird, welche am meisten zu halten haben, auch ist darauf Rücksicht zu nehmen, daß das Bauchleder seine richtige Verwendung findet. Bei Arbeiten, welche nicht wie gerade Riemen nebeneinander weggeschnitten werden, sondern wobei man sich eines Modelles bedient, wie beim Zuschneiden von ledernen Taschen, schneidet man am vorteilhaftesten, wenn man so wenig als möglich Zwischenräume läßt.

Beim Zuschneiden in Leder bedient man sich zu geraden Riemen der Schneidmaschine, Fig. 25, Taf. 1, oder der Halbmondmesser, Fig. 6 und 9, Taf. 1. Beim Schneiden einfacher Gegenstände des Messers Fig. 10, Taf. 1. Beim Zuschneiden der Kofferpappen wird sehr viel die „Pappscheere", Fig. 11, Taf. 1, gebraucht.

Bei Beschreibung der einzelnen Arbeiten werden wir öfter auf das Zuschneiden derselben hinweisen müssen und wollen wir uns vorläufig mit vorstehendem begnügen.

C. Das Aufputzen und Reifeln.

Um dem Riemenzeug oder auch anderen feinen Arbeiten ein recht sauberes Ansehen zu geben, werden die Kanten desselben aufgeputzt. Bei naturfarbenem oder dem jetzt so beliebten orangegelb gefärbten Leder nimmt man in Wasser aufgelöstes Gummi arabikum dazu. Man trägt diese Auflösung mittels eines kleinen Schwammes an der Kante auf und putzt diese, wenn die Auflösung ein wenig angezogen, mit einem leinenen Tuch so lange nach, bis die Kante trocken und blank ist. Eine schöne braunrote Kante wird erzielt, wenn man Spiritusvitriol nimmt, zu welchem man 3 Teile gewöhnlichen Spiritus gibt und gepulverten Blutstein und Gummi arabikum dazu thut. Dieses wird gut untereinander geschüttelt und wie vorher beschrieben, damit verfahren.

Bei schwarzem Leder wird, wenn die Kanten mit Eisenschwärze geputzt sind, in Tinte aufgelöstes Gummi arabikum genommen. Viele Sattler bestreichen die Kanten mit Mehlkleister und putzen damit auf, ersteres Verfahren ist jedoch vorzuziehen.

Bei einfachen Riemen nimmt man die scharfen Kanten auf der Narben- und Fleischseite, damit diese nicht scheuern, mit dem Kantenzieher, Fig. 13, Taf. 1, ab. Bei doppelten oder stärkeren Lederriemen, wie bei Strängen, Aufhaltern u. a. m. werden die Kanten nach unten mit scharfem Glas rund zugeputzt.

Nachdem die Kanten geputzt sind, werden die Riemen mit dem Reifelholz oder dem Reifeleisen, Fig. 14, Taf. 1, gereifelt. Das heißt, es werden auf der Narbenseite an den Kanten der Länge nach Streifen gezogen, die so tief eingedrückt werden, daß sie nicht wieder vergehen. Diese tragen sehr viel zum guten Ansehen der Riemen bei. Bei lackiertem Leder wird an Stelle des Reifeleisens das Rädeleisen benutzt.

D. Das Flechten und Knopfstechen.

In diesem Fache des Sattlers und Riemers werden oft überraschend künstliche Fabrikate geliefert, die meist als Spezialarbeiten gelten können, dennoch kommen im Täschnerfache oft verwandte Arbeiten vor, die es wünschenswert machen, einigermaßen darin unterrichtet zu sein; auf der andern Seite wird es heute niemandem einfallen, seinen Bedarf an Fahr- und Reitpeitschen selbst zu flechten, da, abgesehen von den billigen Bezugsquellen, eine ungeheure Uebung in den Arbeiten erforderlich wäre, es nur annäherend der Konkurrenz gleich zu machen, dennoch wollen wir, um möglichst allseitig zu verfahren, weiter unten eine Beschreibung über Peitschenflechten folgen lassen. Geflochtene Gegenstände, die egale Stärke haben, werden aus gleich breit geschnittenen Riemen, die oben zusammenhängen, gefertigt und je nach der Stärke des Geflechtes müssen die Riemen $^1/_2$ bis $^2/_3$ mal länger sein, da sich soviel einflechtet.

Um einen feinen Peitschenschlag zu flechten, schneidet man 8 Riemen nebeneinander aus dem Leder, die sich nach der Spitze zu in 6 und zuletzt in 4 verlaufen und dann in einer Spitze endigen. Die Riemen werden nun angefeuchtet und ein wenig mit Fett eingerieben, um die nachfolgende Operation zu erleichtern. Der Arbeiter steckt sich die Riemen mit einer Ahle durch die Spitze des Schlags an den Werktisch fest, faßt einen der Riemen mit dem Zeigefinger und Daumen der linken Hand, den Zeigefinger unter den Daumen auf den Riemen legend, die übrigen Finger umschließen leicht den Riemen, so daß derselbe Raum behält, leicht durch die Hand zu gleiten, was durch die vorhergegangene Einreibung mit Fett sehr erleichtert worden ist. Die vier Finger der rechten Hand umschließen die Klinge eines feingeschliffenen Messers, deren unterer Teil zuvor mit einem Leinwandstreifen eingewickelt ist. Der Daumen liegt auf der breiten Fläche der Klinge ungefähr 0,020 m von der Spitze des Messers. Alsdann legt man den Daumen der rechten Hand an den der linken, so daß der Daumen der linken zum Stützpunkt für den Daumen der rechten Hand wird, bringt die Fleischseite des Riemens an die etwas seitwärts nach unten gehaltene Schärfe des Messers und zieht, so rückwärts gehend, die Fleischseite des Riemens schräg bis zur Kante des Narben ab. Dieses Verfahren heißt das Abkanten. Jetzt schiftet man die Spitze aus, dreht sie zusammen und legt sie nach hinten, so daß sie ein kleines Oehr bildet, dazu bestimmt, die Schmitze später aufzunehmen. Nun beginnt das Flechten, die ersten Touren werden aus freier Hand gemacht; ist man so weit gekommen, daß das Oehr eingeflochten ist, so wird die Peitsche durch das Oehr so lange festgesteckt, bis sie so lang geworden, sie in das Roß einzuspannen oder eine Schnur zu umschlingen und daran fest zu stecken. Die allmählich zugehende Stärke der Peitsche wird erzielt, durch das erst 4fache, dann 6fache und zuletzt 8fache Flechten und durch Einlegen von Riemen. Ist der Schlag fertig, so werden die Enden mit Faden zusammengebunden, ein Oehr daran genäht und ein Knopf darum gestochen. Wenn es ein Bogenschlag auf eine Kutschpeitsche ist, so wird ungefähr 0,350 m lang vom starken Ende an ein Stück zugespitztes Fischbein eingeflochten.

1. Das vierfache Flechten.

Fig. 5, Taf. 2.

Der Arbeiter legt von den 4 Riemen die beiden oberen kreuzweis übereinander; zeigt der das Kreuz bildende oben liegende Riemen nach links, so drückt der Arbeiter den rechts unten liegenden Riemen nach links und legt ihn von unten herum über den oben liegenden nach links zeigenden Riemen nach rechts, alsdann den noch übrigen vierten Riemen unten herum zwischen den beiden nach rechts zeigenden Riemen hindurch nach links und fährt in dieser Weise fort, den einen Riemen nach rechts, den anderen nach links zu überflechten, bis zur Beendigung des Schlags. Die Daumen und Zeigefinger beider Hände halten die Riemen, die Daumen liegen stets oben, die Zeigefinger besorgen das Hinüber- und Herüberdrücken der Riemen. Bei jeder Tour werden die Riemen aufwärts angezogen, um die Festigkeit des Geflechts zu erzielen. Das letztere gilt bei allen Arten zu flechten.

2. Das sechsfache Flechten.

Fig. 6, Taf. 2.

Der Arbeiter schlägt die zwei ersten oberen Riemen von links und die zwei ersten obern von rechts kreuzweis übereinander, so daß die Narbenseite nach oben zu liegen kommt. Alsdann den unten links liegenden dritten Riemen über die zwei nach links zeigenden Riemen nach rechts, dann den unten rechts liegenden Riemen zwischen den zweiten und dritten nach rechts zeigenden Riemen hindurch nach links, den rechts liegenden oberen Riemen unten herum über die zwei unteren nach links zeigenden Riemen, und fährt in dieser Weise fort bis zur Beendigung des Schlags. Sämtliche lange Schläge des Geflechts kommen so nach links, sämtliche kurze rechts zu liegen, weil der Arbeiter von rechts nach links stets über zwei, von links nach rechts über einen Riemen geflochten hat. Man kann auch umgekehrt von links nach rechts über zwei und von rechts nach links über einen Riemen flechten, muß aber die einmal angefangene Ordnung bis zum Ende streng beibehalten.

3. Das achtfache Flechten.

Fig. 7, Taf. 2.

Der Arbeiter schlägt die drei oberen Riemen von rechts, und die drei oberen von links kreuzweis übereinander, so daß die drei von rechts nach links gelegten Riemen zu oberst liegen, alsdann den unten links liegenden Riemen über die drei nach links zeigenden Riemen nach rechts, dann den unten rechts liegenden Riemen zwischen den zwei oberen und zwei unteren nach rechts zeigenden Riemen hindurch nach rechts. Der Arbeiter fährt nun fort nach links und rechts stets über zwei Riemen zu flechten bis zur Beendigung des Schlags. Die zwei oberen von den auf jeder Seite liegenden vier Riemen müssen bei jeder Tour aufwärts gleichmäßig angezogen werden, nicht allein der Festigkeit des Geflechts wegen, sondern auch um für die herüber und hinüber durchgehenden den nötigen Raum zu schaffen.

4. Der Schweinrücken.

Fig. 8, Taf. 2.

Dieses Geflecht wird mit einem Riemen gemacht. Man schneidet sich diesen Riemen je nach der Länge des Geflechtes zu und macht an ein Ende eine Spitze, in das andere einen kleinen Einschnitt. Will man nun irgend einen schmalen oder runden Gegenstand auf einer flachen Lederfläche feststechen, so macht man zuerst mit einer Ahle zwei gegenüberliegende Löcher. In das linke Loch wird der Riemen bis an das Ende und zwar von unten, und dann in das rechte wieder von oben eingezogen. Nun geht der Riemen durch den kleinen Einschnitt, damit das Ende befestigt ist, sodann in ein wieder in kurzer Entfernung vom ersten gestochenes Loch links nach oben, über den ersten Schlag und unter diesen hindurch, so daß die Spitze nach links zu liegen kommt, dann in ein wieder rechts gestochenes Loch und so fort bis zum Ende. Soll ein Riemen mit Schweinrücken bekettelt werden, wie z. B. die Zugöse an einem russischen Kumt, so geht der Riemen, mit welchem man den Schweinrücken macht, um den Einlageriemen hinten herum und oben wird die vorherbeschriebene Kettel gemacht.

5. Der Lederknopf.

Fig. 4, Taf. 2.

Dieses ist ein keilförmig zugeschnittener Riemen, welcher an dem breiten Ende mehrere Male zusammengelegt wird und dann die Spitze durch ein mit einer Riemenahle in der Mitte des zusammengelegten Riemens gestochenes Loch hindurchgezogen wird.

6. Der Kirschknopf.

Fig. 3, Taf. 2.

Man schneidet zwei Riemen von ungefähr 0,130 m Länge und je nachdem er groß werden soll, von 0,003 bis 0,005 m Breite, spitzt sie an beiden Enden zu und bricht sie in der Mitte zusammen, daß die Fleischseiten aufeinander zu liegen kommen, schiebt das eine Teil des einen Riemens durch den anderen und bildet den viereckigen Knoten. Die linke Seite zeigt ein einfaches Kreuz. Ueber dieses Kreuz werden die Riemen nochmals zu einem viereckigen Knoten vereinigt, wodurch nun ein doppelter viereckiger Knoten entstanden ist. Nun wird der Knopf herumgedreht, daß man den zuerst gestochenen Knoten vor Augen hat, und man sticht nun jeden der vier Riemen durch die an den vier Ecken liegenden Schlingen des viereckigen Knotens, wodurch derselbe eine runde Form bekommt. Die Befestigung des Knopfes geschieht dadurch, daß man ein Loch in das Taschenteil oder dergleichen schlägt, die Riemen hindurchsteckt und einen viereckigen Knoten dahinter macht.

7. Der dreistichige Knopf.

Fig. 10, Taf. 2.

Er wird aus nur einem schmalen Riemen gefertigt. Der Riemen wird dreimal bogenförmig um den zu überstechenden Gegenstand gelegt und zwar so, daß, nachdem durch das dreimalige Umlegen des Riemens drei Schlingen gebildet worden sind, das lange Teil des Riemens unter den kurz hervorstehenden Anfang zu liegen kommt. Durch die erste Schlinge wird der Riemen nach aufwärts gestochen, durch die zweite niederwärts und durch die dritte wieder aufwärts. Anfang und Ende des Riemens liegen nun, der Anfang nach unten, das Ende nach oben zeigend, hart nebeneinander. Der Rest des Riemens wird abgeschnitten und der Knopf ist hiermit beendet.

8. Der fünfstichige Knopf.

Fig. 11, Taf. 2.

Derselbe ist eine Fortsetzung des vorigen. Man verfolgt den Riemen, über welchen der lange zum Stechen bestimmte Riemen zuletzt herausgekommen ist, und sticht den langen Riemen in der ersten Schlinge nach unten, in der zweiten immer denselben Riemen verfolgend, nach oben, in der dritten wieder nach oben. Anfang und Ende liegen nun abermals, das eine nach oben, das andere nach unten zeigend, hart nebeneinander. Jede Schlinge zeigt zwei nebeneinander liegende Riemen. Hiermit ist der Knopf beendet. Sind die beiden, Anfang und Ende, nicht in der angegebenen Lage, so ist der Knopf falsch und muß wieder von vorn angefangen werden.

9. Der siebenstichige Knopf.

Fig. 12, Taf. 2.

Derselbe ist eine abermalige Fortsetzung des drei- und fünfstichigen. Man verfolgt den Riemen, unter welchem der zum Stechen bestimmte Riemen zuletzt hervorkam, so daß man nun zwischen den beiden in jeder Schlinge oder Bogen nebeneinander liegenden Riemen in der ersten Schlinge aufwärts, in der zweiten niederwärts und in der dritten wieder aufwärts sticht, an derselben Stelle, wo der Anfang des Riemens hervorsieht. Trifft Anfang und Ende nicht zusammen, so ist der Knopf nicht richtig gestochen.

10. Der neunstichige Knopf.

Fig. 13, Taf. 2.

Den neunstichigen Knopf zu beschreiben ist deshalb unmöglich, weil bei Anfertigung desselben die Schläge verdeckt liegen, und erst mit der Ahle hervorgehoben werden müssen. Nur soviel sei gesagt, daß derselbe ebenso angelegt wird, wie der dreistichige, alsdann nochmals drei Bogen darüber gelegt und die verdeckt liegenden Schläge hervorgehoben werden müssen.

11. Die Weintraube.

Fig. 9, Taf. 2.

Man gebraucht sie gewöhnlich zum Verzieren der Zugriemen, an Gewehrfutteralen und Jagdtaschen, auch als Halsquasten für russische Fahrzäume und ihre Anfertigung ist trotz ihres künstlichen Ansehens sehr leicht. Man schneidet vier Riemen und klebt zwei und zwei Riemen so aufeinander, daß die Narbenseiten nach außen zu liegen kommen. Die Zugriemen an Taschen werden hart an ihrem Ende mit einer starken Ahle durchstochen, das eine Mal von der breiten Seite, das andere Mal von der schmalen, und die Riemen bis zu ihrer Mitte durchgezogen, so daß sie ein Kreuz bilden. Man legt nun den Riemen wie bei der Anfertigung des Kirschknopfes in einen viereckigen Knoten zusammen und führt denselben Knoten, immer über den anderen stechend, bis zur gewünschten Länge fort. Am Ende sticht man die Riemen kreuzweis einen durch den anderen.

Fünfter Abschnitt.

Vom Stalle und den Stallgegenständen.

A. Vom Stalle.

Es kann hier nicht unsere Absicht sein, eine bis in das kleinste gehende Beschreibung des Stalles folgen zu lassen, doch ist wohl unbestritten, daß ein Sattler auch ungefähr wissen soll, wie ein guter Stall eingerichtet sein muß, um dem Pferde, dessen Ausstattung er in und außer dem Stalle anfertigt, einen zweckmäßigen und gesunden Aufenthaltsort zu gewähren.

Ein Stall stehe möglichst auf trockenem Boden nach Morgen oder Mittag, um der Sonne ihre Einwirkung zu gestatten. Die Mauern dürfen nicht zu schwach sein, um dem Wechsel der Witterung zu widerstehen. Die Decke muß möglichst gemauert, d. h. gewölbt sein, damit der Dunst nicht nach den oberen Räumen durchziehen kann, denn wenn diese zur Aufbewahrung von Geschirren gebraucht werden, so ist gerade der Pferdedunst für dieselben ein großartiges Zerstörungsmittel.

Größere Ställe sind für 2 Reihen Pferde eingerichtet, in der Mitte mit einem breiten Gange; kleinere nur mit einer Reihe, jedoch auch letzterer nicht unter 6 m breit und 5 m hoch, mit einem Gange von ungefähr $2^1/_2$ m breit hinter den Ständen der Pferde.

Der Fußboden des Stalles muß möglichst horizontal und mit harten Steinen gepflastert oder mit Asphalt ausgegossen sein. (Im Berliner Marstall ist der breite Mittelgang mit Holz gepflastert.) Die Stände müssen geräumig sein, so daß sich ein Pferd bequem legen und ausstrecken kann; es genügen dazu 2 m Breite und 3,50 m Länge. Der Fußboden der Stände ist entweder nach hinten etwas gesenkt, was aber nicht mehr als 3 cm betragen darf, oder der horizontale Fußboden ist mit strahlenförmig in die Steine gehauenen Rinnen versehen, wodurch der Harn nach hinten in die unter dem Fußboden angebrachten Schleusen abläuft. Da durch Schleusen oder Kanäle aber leicht Zugluft entstehen könnte, ist es noch besser, wenn hinter jedem Stande ein mit einem eisernen Gitter verdeckter Harnbehälter angebracht ist, der natürlich nicht überlaufen darf und öfters rein ausgewaschen werden muß. Die Stallthore müssen mindestens 2,50 m hoch und 1,50 m breit sein; man bringt außer diesen noch doppelte Lattenthore oder eiserne bis zur halben Höhe an, um die anderen bei gutem Wetter öffnen zu können und frische Luft einzulassen. An den Thüren müssen alle hervorstehenden Gegenstände vermieden werden, so müssen die Klinken in dem Thürholz angebracht sein mit nach innen gebogenen Enden, damit sich ein Pferd nicht daran stoßen oder mit dem Geschirr hängen bleiben kann. Die Fenster des Stalles müssen möglichst groß sein, denn dunkele Ställe, in denen ein zu greller Gegensatz zum Tageslichte existiert, machen leicht scheue Pferde und verursachen Augenkrankheiten. Ebenso wie viel Licht, ist auch viel Luft im Stalle nötig. Bei Fenstern, die über den Ständen der Pferde angebracht sind, also nur verhältnismäßig klein sein können, müssen sich dieselben vermittelst Zugschnuren ganz öffnen lassen und zwar so, daß die frisch einströmende Luft erst nach oben geht und nicht zuerst auf den Rücken des Pferdes fällt; über jedem Stande kann auch ein Ausdünstungsloch nach oben angebracht werden. Ferner ist eine zweckmäßige Methode, wenn eine hölzerne Röhre über alle Stände, über den Raufen der Länge nach angebracht wird, die an den beiden Endpunkten nach außen münden und der Länge nach in Zwischenräumen von 16 cm mit lauter 2 cm großen Löchern versehen ist.

Die Standsäulen sind aus Holz, Eisen oder Stein und gehen entweder bis zur Decke oder sind kürzer und oben mit einer Verzierung versehen, auswendig haben sie einen Haken zum Aufhängen der Geschirrteile, inwendig an beiden Seiten einen Ring, an dem ein Riemen oder Kette und dergl. unten mit einem Karabinerhaken versehen, angebracht ist, um die angeschirrten Pferde, die dann in den Ständen umgedreht werden, daran zu befestigen.

Die Standwände müssen von starken, harten, gehobelten Brettern sein, ungefähr 1,25 m hoch. Die auf ihnen ruhenden Standbäume müssen wegen des Benagens mit Eisen beschlagen werden. Sehr vorteilhaft ist ein eisernes Gitter auf denselben angebracht, was von vorn nach der Mitte zu sich verläuft. Die Stände, durch feste Standwände eingeschlossen, müssen bequem groß sein. Stände, die mit hängenden Bäumen nur abgeteilt sind, können etwas kleiner sein. Feste Standbäume sind zu verwerfen, da beim Liegen das Pferd leicht unter einen solchen kommen, und beim Aufstehen sich das Rückgrat arg beschädigen könnte. Die Raufen sind am zweckmäßigsten und schönsten von abgerundeten Eisenstäben korbartig gefertigt, 0,75 m breit, 0,70 m hoch und die Stäbe 0,06 m auseinander gelegt, damit so das Heu nicht durchfallen kann.

Die Krippe ist von Stein oder Eisen 0,40 m unter der Raufe angebracht. Quer über das Innere der Krippe lasse man zwei Eisenstäbe so anlegen, daß das Pferd wohl mit der Schnauze bequem hinein kann, aber behindert ist, das Futter hinauszuwerfen. Den Wandteil zwischen Krippe und Raufe lasse man wegen des Benagens mit unbekalkten Steinen oder Fließen belegen. Ueber besonders praktische Anhalfterung der Pferde sprechen wir weiter unten.

B. Von den Stallgegenständen.

Zu diesen Gegenständen gehören nicht allein solche, die direkt vom Sattler angefertigt werden, als Halftern, Decken u. s. w., sondern auch andere, deren Besorgung und Beschaffung er jedoch in den meisten Fällen übernimmt. Dahin gehören hauptsächlich die Putzwerkzeuge, als Striegel, Kardätsche, Haarbürste, Haarkamm, Wasserbürste, Schwamm, Sämischleder, Hufräumer, Wedel- oder Roßschweif, Schweißstriegel u. s. w. und nennen wir als vorzüglich lieferungsfähige Firma aller Stallausrüstungen: H. V. Schütze in Hannover.

In Fig. 15 u. 16, Taf. 2, sehen wir zwei Pferde mit eleganter Stallausrüstung. Fig. 15 hat Halfter und eine Decke, bei welcher das Bruststück besonders ist. Fig. 16 hat Halfter und eine Decke, bei welcher Rumpf und Bruststück aus einem Teil ist, nebst Kopfstück. Ferner an allen vier Beinen Beinbinden.

Betrachten wir nun insbesondere die einzelnen Gegenstände und zwar zuerst:

a) Die Stallhalftern.

Diese haben den Zweck, das Pferd im Stalle anlegen zu können. Da mit diesem Hauptzwecke oft noch viele Nebenzwecke verbunden sind, so gibt es verschiedene Arten von Halftern, die in der Art der Anfertigung und Anwendung des Materials voneinander abweichen.

Wir werden uns bemühen, bei allen Gegenständen so genau als möglich die Maße anzugeben und sind solche auf mittelgroße Pferde ohne allen Umbuck berechnet, nur von Schnalle zu Schnalle oder Ring zur Schnalle 2c.

Nennen wir:

1. Die Kreuzhalfter.

Fig. 6, Taf. 3.

Meist für Arbeitspferde angewendet und größtenteils aus weißgarem Leder gefertigt.

Das Kopfstück a a ist lang	1,140 m
Der Nasenriemen b	0,760—0,780 m
Die Backenstücke c c	0,250 m
Die Breite dieser Teile	0,030—0,035 m
Das Kopfstück und der Nasenriemen werden in den Ring d mit Riemen eingestochen. Die Backenstücke auf dem Nasenriemen vom Ring aus gemessen in einer Entfernung von aufgenäht.	0,218 m
Das Schnallenteil des Kopfstückes ist vom Ring aus gemessen lang . .	0,280 m
und werden die Backenstücke von da an auf dieses, sowie auf das Strippenteil in einer Entfernung von . aufgenäht.	0,180 m
Der Halfterzügel e ist lang . . .	1,580 m
Die Strippe daran	0,240 m

Er wird in den Ring der Halfter eingeschnallt und an einem Ringe, welcher sich an der Krippe oder Raufe befindet, festgebunden.

Eine praktische Einrichtung für Anhalfterung der Pferde ist der Halfterzügel, Fig. 4, Taf. 3, an dessen Ende sich eine Holzkugel befindet. Dieser Zügel wird nicht an dem Ring an der Krippe angebunden, sondern geht durch diesen hindurch, so daß die Kugel nach unten hängt. Noch besser ist es, wenn von unterhalb der Krippe bis an den Fußboden ein Brettverschlag angebracht ist, in welchem sich ein Einschnitt befindet, wodurch der Halfterzügel gezogen wird. Auf diese Weise wird das so lästige Hängen und Hauen über den Halfterzügel gänzlich beseitigt.

Die Länge dieses Zügels ist	1,100 m
Die Strippe daran lang	0,240 m

2. Die Halfter mit Kehlriemen.

Fig. 4 und Schnalle Fig. 19, Taf. 3.

Wird auch die „Halfter mit fünf Ringen" genannt, von hellem oder schwarzem Blankleder, von weißgarem oder auch sämischgarem Rindleder gemacht. Letzteres nimmt man, wenn die Halfter stets schön weiß aussehen soll. Ist die Halfter durch den Gebrauch schmutzig geworden, bestreicht man sie zu diesem Zweck mittels eines Schwammes mit in Wasser aufgelöstem Thon.

Die Kopfstückstrippe ist lang . . .	0,570 m
Das Schnallenstück	0,075 m
Das Backenstück	0,200 m
Der Nasenriemen	0,380 m
Die Kinnstößel	0,180 m
Die Breite dieser Teile	0,032—0,035 m
Der Kehlriemenstößel ist lang . . .	0,150 m
Die Kehlriemenstrippe ist lang . . .	0,180 m
Das Kehlriemenschnallenteil	0,380 m
hier ist an der Zeichnung ein runder Kehlriemen angebracht, der lang ist	0,360 m
Die Breite dieser Teile	0,020 m

Es wird die Halfter auch mit Stirnband gemacht und dieses ist im Lichten, d. h. von dem Kopfstück an bis wieder zu demselben lang 0,320 m. Unter den Nasenriemen kann man auch eine Lederunterlage nähen, die etwas breiter ist als das Oberteil. In der Mitte wird ein halbrunder Ring eingenäht, welcher die Halfterkette oder den Halfterzügel aufnimmt. An den Halftern Fig. 15 und 16, Taf. 2, kann man diese Einrichtung sehen.

Es wird das Pferd gewöhnlich beim Putzen, oder wenn es sich nicht legen soll, in diesen Ring eingehalftert und hochgebunden.

Die in Fig. 19, Taf. 3, beigezeichnete Schnalle wird bei dieser Halfter auch oftmals an Stelle der oberen runden Backenstückringe angewendet. Das Kopfstück ist

dann aus einem Stück und lang . .	0,700 m
die Backenstücke sind dann	0,200 m

In die Oese der Schnallen werden Kehlriemenstrippe und Schnallenteil eingenäht.

3. Die Gurthalfter.

Fig. 17, Taf. 3.

Backenstücke und Kopfstück, welche bei dieser Halfter aus einem Stück geschnitten werden, sowie der Nasenriemen sind von Gurt. Die beste Gurt ist die doppelte sogenannte Schlauchgurt von Hanf, auch nimmt man starke einfache Hanfgurt und Manillahanfgurt.

Kopfstück und Backenstücke a sind lang	0,900—1000 m
Nasenband b	0,350 m
Stirnband c im Lichten	0,320 m
Die Breite des Stirnbandes . . .	0,023 m

Kehlriemenstrippe d	0,260	m
Kehlriemenschnallenstück e	0,450	m
Kinnstößel f f	0,160	m
Kehlriemenstößel g	0,150	m
Die Kehlriementeile werden von unten an in einer Entfernung von . . .	0,300	m
auf die Gurte genäht.		

An Stelle der Kinnstößel nimmt man auch oftmals zwei Ketten, an welchen die drei Ringe befestigt sind.

4. Die französische Stallhalfter.

Fig. 11, Taf. 3.

Es gibt Pferde, die es verstehen, sich auf eine fast unglaublich geschickte Weise ihrer Halfter zu entledigen. Wer schon Gelegenheit gehabt hat, dieses in Ställen zu beobachten, vielleicht als Kavallerist, der wird sehr gut wissen, wie schlau es von den Tieren gemacht wird. Ist die Halfterkette nicht doppelt im Ring befestigt, so spielen sie, die Kette ins Maul nehmend, so lange damit, bis der Knebel durch den Ring geht und sie sich auf diese Art befreien können. Ist die Kopfstückstrippe nicht unter die Schlaufe gesteckt, so machen es kluge Pferde, welche daneben stehen, möglich, die Strippe aus der Schnalle zu lösen und ihre Nachbarn dadurch zu befreien. In den meisten Fällen stecken sie den Kopf unter die Krippe und arbeiten so lange an der Halfter herum, bis sich das Kopfstück über die Ohren geschoben hat, und dann ist es für sie ein leichtes, die Halfter los zu werden.

Die Kreuzriemen mit der viereckigen Lederschlaufe, welche bei der französischen Stallhalfter anstatt des sonst einfachen Kehlriemens um den Hals gehen, verhindern das Abstreifen der Halfter gänzlich. Sie wird von hellem oder schwarzem Blankleder gemacht und Kopfstück und Backenstücke gewöhnlich mit Gurt unterlegt. Der Nasenriemen hat eine Lederunterlage, die auch von Gurt sein kann.

Am Kopfstück a ist die Gurte lang . . .	0,320	m
Der doppelierte Lederbesatz, welcher an beiden Seiten die Kopfstückstrippen bildet . . .	0,650	m
Das Kehlriemenstrippenteil b b	0,700	m
Die Backenstücke c c Gurte und Lederbesatz .	0,230	m
Die Kehlriemenschnallenteile d d, welche über das Kreuz gehen	0,390	m
Der doppelierte Lederschieber e darauf lang und breit	0,080	m
Die Kinnstrippe f	0,300	m
Das Kinnschnallenstück g	0,080	m
Der Nasenriemen h h	0,360	m
Wenn ein Stirnband dazu kommt, so ist dieses im Lichten lang	0,320	m

An Stelle der Kinnstrippe und Kinnschnallenstück kann man auch Kinnstößel machen.

Dieselbe Unart mancher Pferde berührt auch Herr **Berthold Schönbeck**, Stallmeister Sr. Durchlaucht des reg. Fürsten von Schwarzburg-Sondershausen, in seiner Abhandlung über Hilfs- und Zwangmittel zur Pflege, Behandlung, Dressur und Redressur von Pferden, sowie Schutz- und Sicherheitsvorrichtungen zur Verhütung von Unfall und Schaden, in einem längeren Artikel der „Deutschen Sattler-Zeitung" von **Berg & Schoch**, Berlin NO., Kaiserstraße 41, deren Halten und Lektüre wir unseren Kollegen angelegentlichst empfehlen. Er empfiehlt eine Halfter mit einem zweiten Kehlriemen, der vom Kopfstück aus bis in die dünnste Stelle des Halses in gerader Linie läuft, also da, wo die Backenknochen aufhören. Dieser Riemen macht das Abstreifen schon fast zur Unmöglichkeit. Weiter empfiehlt er eine Halfter, Fig. 25, Taf. 3, nach dem Erfinder **A. von Rueff**sche Halfter genannt. und sagt dazu: „Hengste besitzen eine ganz besondere Geschicklichkeit und Kraft darin, sich von der Halfter zu befreien und es sollten Besitzer von solchen Tieren sich dieser scheinbaren Geringfügigkeit nicht gleichgültig gegenüber verhalten. Die französische Regierung hat durch die Folgen einer abgestreiften Halfter im Beschäler-Depot zu Bois de Bologne einen Hengst verloren, der frei kommend von einem anderen geschlagen wurde. Dieser Hengst hatte 70000 Frcs. gekostet".

Bei der Halfter Fig. 25, Taf. 3, hat man auf das Stirnband verzichtet, um sie möglichst weit nach hinten legen zu können. In dieser Lage kommt sie aber ziemlich hinter das Genickstück zu liegen und muß dieses deshalb durch 3 besondere Verbindungs-Lederstreifen mit dem Kehlriemen versehen werden. Wenn diese Halfter noch einen Kehlriemen erhält, der mit dem Nasenriemen der Halfter durch ein Stück Leder oder Kettchen verbunden ist, so ist ein Abstreifen ganz unmöglich.

5. Zaumhalfter mit durchgezogenen Kehlriemen.

Fig. 5, Taf. 3.

Kopfstück lang	0,680	m
Stirnband	0,320	m
Nasenriemen	0,350	m
Kinnstößel	0,160	m
Kehlriemenstößel	0,150	m
Kehlriemen	1,100	m

6. Die Unterleg- oder Marschhalfter.

Fig. 18, Taf. 3.

Diese Halfter wird viel von Reitern benutzt, die gezwungen sind, auf kurze Zeit das Pferd öfter anzulegen, auch beim Militär ist es die vorschriftsmäßige Marschhalfter. Die Reittrense wird vor die Halfter gelegt und mittels der auf dem Kopfstück befindlichen Lederstrippe mit Knopf festgeknöpft.

Rechtes Backenstück mit Kopfstück lang . .	0,780	m
Linkes Backenstück mit Schnalle	0,240	m
Nasenriemen	0,360	m
Kinn- und Kehlriemenstößel jeder lang . .	0,140	m
Stirnband im Lichten lang	0,320	m
Kehlriemen	1,050	m

Letzteres kann weggelassen werden, wenn die Reittrense ein solches hat.

Der Anbindezügel, welcher auf der Zeichnung zusammengerollt ist, wie es beim Reiten gebräuchlich und deswegen überaus praktisch ist, lang 1,750 m.

Da beim Militär die Schnalle des Hauptstücks, der Paradehalfter und der Kehlriemen derselben peinlichst in einer Linie liegen mußten, was oft nur schwer zu erzielen war, fällt neuerdings die Backenstückschnalle weg und die Halfter wird auf der Mitte des Kopfes zusammengeschnallt.

7. Die Halfter und die Halsriemen für Krippensetzer.

Fig. 26, 27, 28, 31, 32, 33 und 34, Taf. 3.

Krippensetzer oder Krippenbeißer sind Pferde, welche die Angewohnheit haben auf die Krippe zu beißen, dabei den Kopf an den Hals zu drücken und einen häßlichen Laut auszustoßen, welches man Köken nennt. Derartige Pferde bleiben gewöhnlich mager, weil sie dabei viel Futter verwüsten und das genossene Futter nicht verdauen, sondern wieder ausbrechen. Die unten beschriebenen Einrichtungen sollen das Pferd daran verhindern.

Die Halfter für Krippensetzer Fig. 34, Taf. 3, wird auch Patentmaulkorb genannt und liefert denselben H. V. Schütze in Hannover. Die Einrichtung der Halfter ist nichts Besonderes und aus der Zeichnung leicht ersichtlich, der Maulkorb hingegen mit seinen großen Ringen und seiner vollen Oeffnung unten, läßt das Pferd wohl fressen, aber verhindert, daß es in die Krippe beißen kann.

Der Kehlriemen Fig. 31 und 32, Taf. 3, sind einfachere Einrichtungen für derartige Pferde. Man läßt eine kleine Messingplatte machen, welche 0,090 m lang, 0,022 m breit und etwas gebogen ist. Auf diese Platte sind 4 Stück Stifte von 0,023 m Länge genietet, deren Spitzen stumpf sind. Auf diese Stifte werden kleine Spiralfedern gesteckt und eine Messingplatte, in welcher 4 Löcher sind, durch welche die Stifte durchstechen können, bedeckt das Ganze. Diese Teile werden mit Leder bezogen, der Boden von weichem Leder gemacht und das ganze Kästchen auf den Halsriemen genäht.

Der Halsriemen b ist lang	0,370 m
Das Kopfstück c	0,600 m

Die Schlaufen d d nehmen das Kopfstück der Halfter auf und richtet sich deren Weite nach letzterem. Man schnallt den Riemen straff um den Hals und sobald das Pferd aufsetzen will, wird ihm das Stechen der Stifte ein Hindernis bereiten.

Fig. 33. Eine Einrichtung von Franz Jos. Böhm in Wien, 1. Bezirk, Strobelgasse 1. Handlung aller Artikel für Sattlerei und Wagenbau. Zwei Eisenplatten 0,022 m breit liegen übereinander; die eine ist an den Kehlriemen durch die angezeichneten Löcher befestigt, die andere schiebt sich bei a und b in einer Nute. Fängt das Pferd an zu drücken, werden die beiden Federn c und d zusammengedrückt, so daß sich die drei zackigen Spitzen e und f durch die Löcher der oberen Platte durchschieben und dem Pferde einen stechenden Schmerz verursachen, was es zwingen soll seine Untugend zu lassen. Eine weitere empfehlenswerte Firma für diese Einrichtung ist Adolf Thomas in Dresden, Oberseergasse 8.

Fig. 26. Krippenbeißerhalsriemen von Leder mit lederbezogenem Löffel a, welcher beim Aufsetzen auf die Kehle drückt.

Fig. 2.

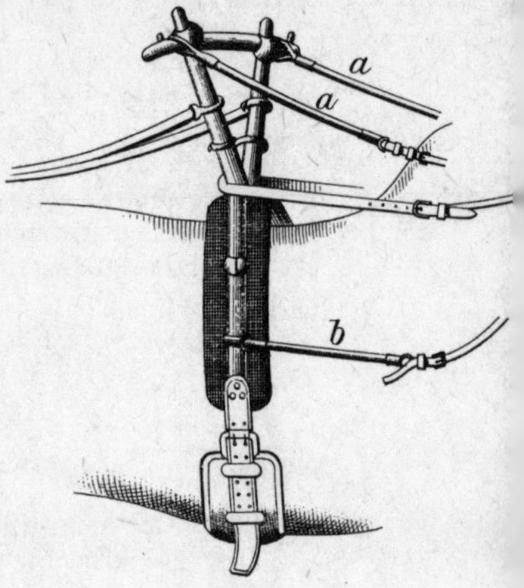

Fig. 1.

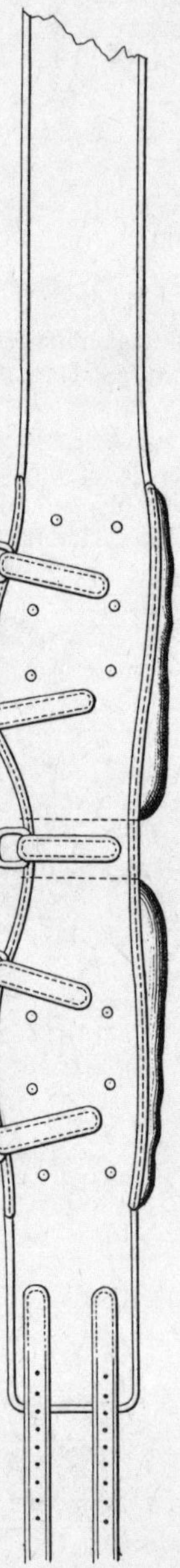

Fig. 8.

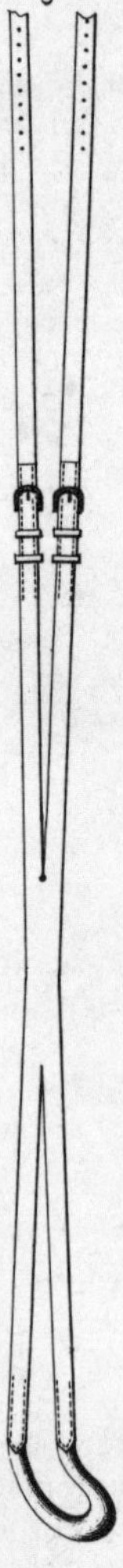

Fig. 9.

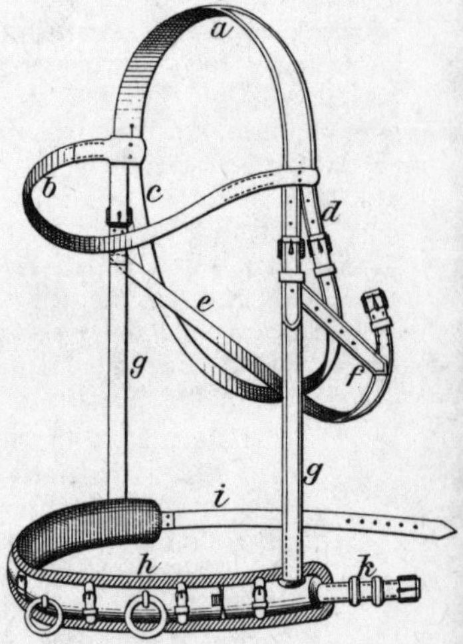

Fig. 13.

Fig. 14.

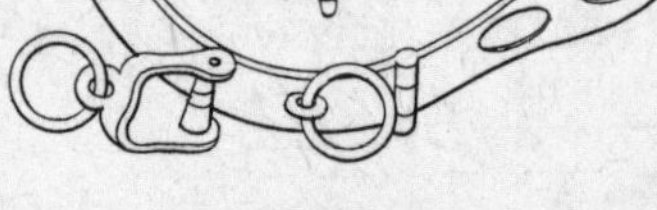

Fig. 3.

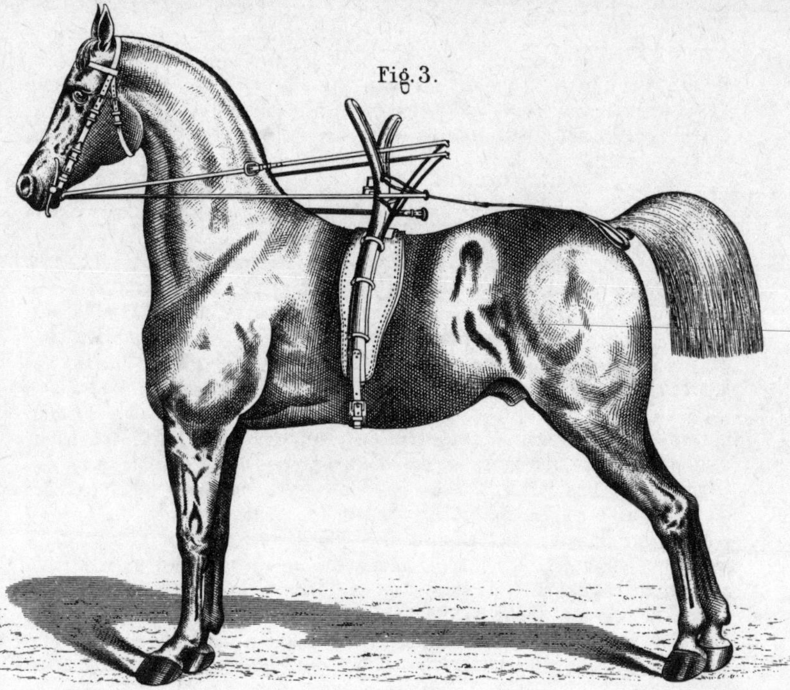

Fig. 4.

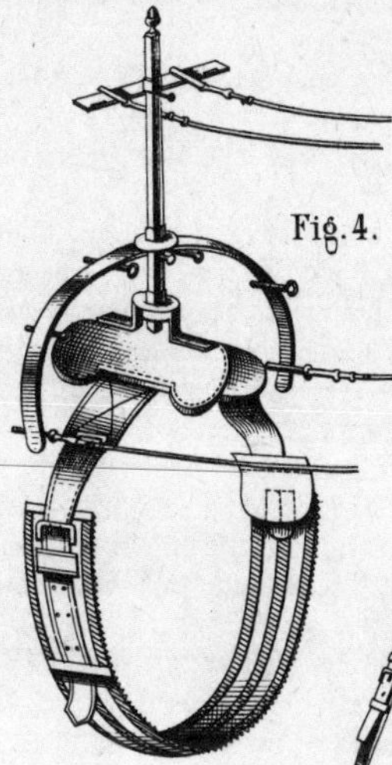

Fig. 5.

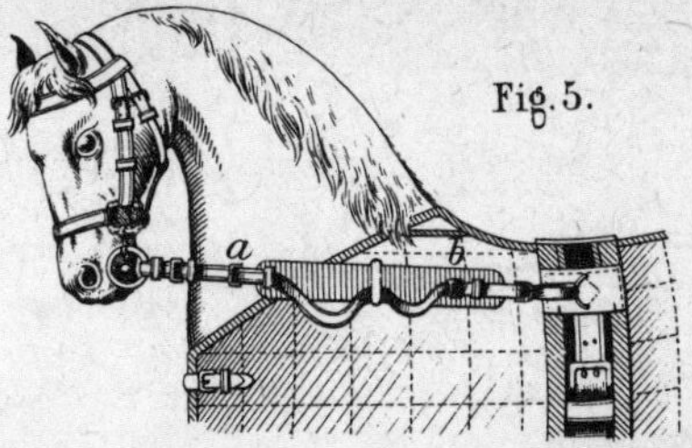

Fig. 6.

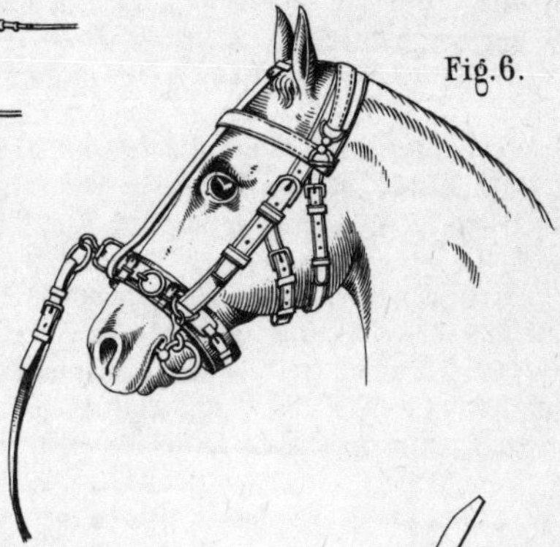

Fig. 7.

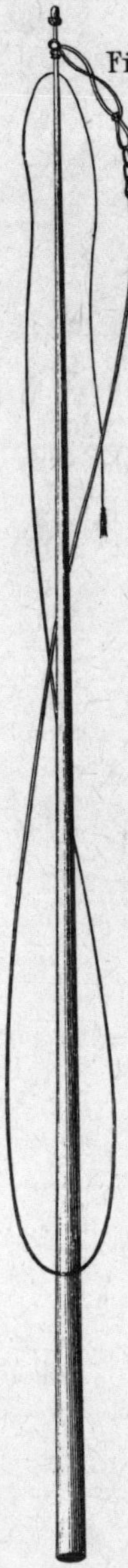

Fig. 10.

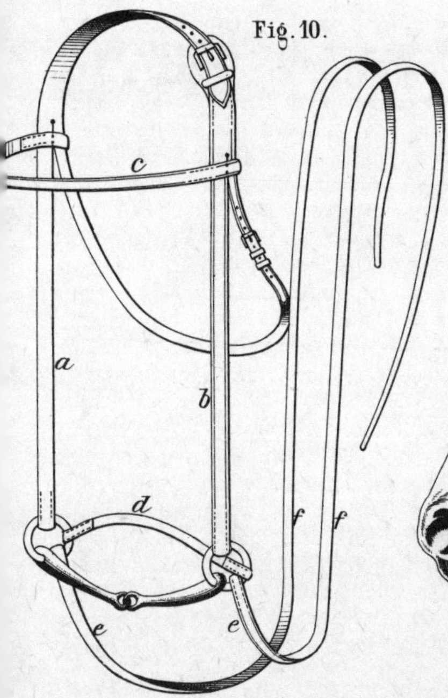

Fig. 11.

Fig. 12.

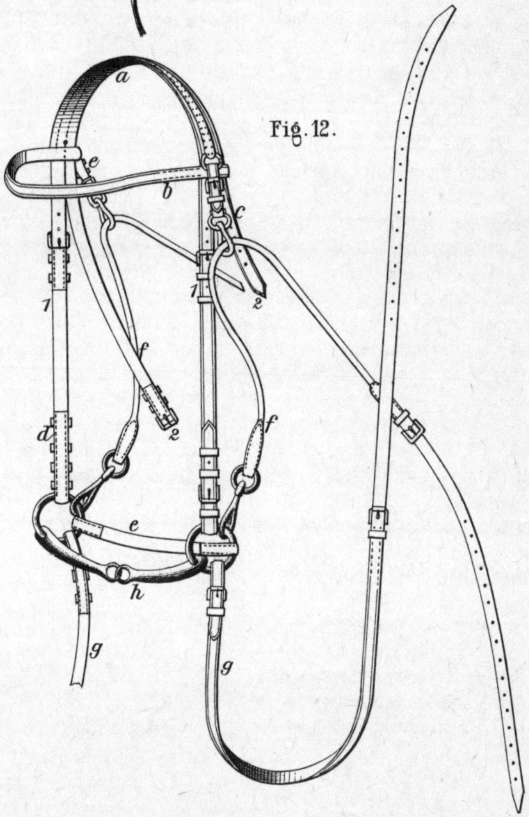

Fig. 27. Englischer Krippenbeißerhalsriemen von Hartgummi und gepolstert.

Fig. 28. Derselbe in Anwendung. H. V. Schütze in Hannover hält stets Lager von diesen Neuerungen.

Eine andere Unart einzelner Pferde ist das „Kettenlehnen", eine üble Angewohnheit. Meistens thun es Pferde, welche mit Dummkoller behaftet sind, oder dazu disponieren. Wie leblos oder träumend hängen sie in der Halfter und beschädigen sich selbstverständlich, wenn etwas an der Aufhalfterung reißt und sie hinstürzen. Herr Prof. Dr. Zürn, Leipzig, empfiehlt gegen diesen Uebelstand die Halfter Fig. 12, Taf. 3. In die Ringe werden schlingförmige Stricke eingezogen. In der Strickschleife ist die Halfterkette oder der Anbinderiemen eingefügt. Wenn das Pferd sich dann in die Halfterkette legt, drückt der Strick gegen den Unterkiefer und es treten Schmerzempfindungen ein, durch welche sich das Pferd nach und nach die Unart abgewöhnt.

Eine andere von demselben Herrn empfohlene Halfter ist Fig. 13, Taf. 3. Anstatt des Nasenriemens hat die Halfter eine dünne verzinnte Kette. Wie die Zeichnung zeigt, gehen die Kinnstößel durch einen Ring des Kehlriemenstößels, in welchem Ring und Anbindezügel hängen. Beim Lehnen in die Halfterkette wird das Tier einen lebhaften Schmerz auf dem Nasenrücken empfinden, deshalb ist es zu empfehlen, dünne Lederstreifen unter die Nasenkette zu legen. Wir verdanken diese Neuerung einer Abhandlung der deutschen Sattlerzeitung von Berg & Schoch, Berlin NO., Kaiserstraße 41.

b) Die Stall- und Bahndecken.

Die Stalldecken haben den Zweck, das Pferd im Stall zu erwärmen und die Bahndecken sollen dasselbe vor Verschlag und Erkältung schützen, wenn es vom Reiten erhitzt ist und nach dem Stall geführt wird. Auch bei Eisenbahn- und Fußtransport legt man dem Pferde diese Decke auf.

Sie werden von verschiedenem Stoff gefertigt. Für Sommerdecken nimmt man gemusterten leinen und halbleinen Deckenstoff, auch Wollserge. Für Winterdecken einfarbigen und gemusterten Kirsey. Gefüttert werden die Decken gewöhnlich mit grauer Leinwand. Die Kanten und Nähte werden mit Borten besetzt und verziert. Wie an der Decke in Fig. 15, Taf. 2, zu sehen ist, werden auch auf elegante Decken kleine Ueberlegdecken von anderem Stoff in Satteldeckenform genäht, welche einen wesentlichen Schmuck bilden. Die hinteren Ecken zieren oftmals Kronen und Namenszüge.

Unsere Muster in Fig. 12, Taf. 4 und Fig. 4, 5 und 6, Taf. 6, sind genau $^1/_{10}$ der natürlichen Größe gezeichnet, so daß man leicht ein Modell danach schneiden kann.

Wie bei Angabe aller Maße ist auch hier auf mittelgroße Pferde gerechnet. Eine gewöhnliche Pferdedecke ohne Brust und Kopfstück, aus einem Stück Zeug geschnitten, hat eine Länge von 1,500 m und eine Breite von 1,700 m.

Fabrik und großes Lager fertiger Pferdedecken in allen Stoffen und Mustern haben H. V. Schütze in Hannover, Wieprecht in Berlin und Firmen für Stoffe siehe „Material".

Manche Pferde haben die Unart beim Transport oder im Stalle in die Decken zu beißen und dieselben so zu zerreißen. Eine Einrichtung von H. V. Schütze in Hannover ist Fig. 20, Taf. 3, der Deckenreißerstock. Wie die Zeichnung zeigt, ist derselbe hinten und vorn mit einem Schnallgürtel versehen und wird in den Ring der Halfter und in den Ring der Deckgurt eingeschnallt.

In Fig. 8 und 9, Taf. 4, finden wir zwei amerikanische Pferdedecken, welche sich bei uns schon eingebürgert haben, denn vorzüglich die erstere wird viel bei Pferdebahnpferden im Freien angewendet. Man muß im allgemeinen annehmen, daß eine Decke vorzüglich das Rückgrat des Tieres und den Bauch desselben vor Kälte schützen soll. Das erstere um vor rheumatischen Schmerzen, den letzteren um vor Kolik zu schützen. Immerhin sucht man bei edlen Tieren, auch anderen Teilen des Körpers Schutz zu geben, den ganzen Kopf, Hals und die vorderen Beinmuskeln. Nur am Hinterteil des Pferdes blieb sich die Decke ganz gleich; sie reichte dort bis zur halben Hüfte und eine Schnur oder Riemen ging um das Hinterteil des Pferdes, um einigermaßen das Flattern der Decke zu verhüten. Eine sogenannte Deckengurt hinter dem Widerriß des Pferdes festgeschnallt, war die ganze Befestigung auf dem Körper. Man nahm an, dies an dem Hinterkörper des Tieres thun zu müssen, da dasselbe doch stallen müßte und dabei den Schweif hebt, immerhin war nicht abzuleugnen, daß gerade durch die mangelhafte Bedeckung an dieser Stelle der Bauch und die hinteren Beinmuskeln nicht geschützt waren. Die Decke nun, Fig. 9, Taf. 4, soll diesen Mängeln abhelfen, sie soll den Bauch vollständig und auch die Hintermuskeln schützen. Sie stammt aus dem Sattlergeschäft von Burlington in Chicago und wird die „Burlington Blanket" genannt. Wir verdanken diese Neuerungen der verehrten Redaktion der deutschen Sattlerzeitung von Berg & Schoch, Berlin NO., Kaiserstraße 41, die damals die Kosten nicht scheute und ihren Mitarbeiter Herrn Schoch mit einem Zeichner nach der Ausstellung nach Chicago sandte.

Die Eigentümlichkeiten der Decke bestehen zuerst in den langen Zipfeln, die über den ganzen Schenkel des Pferdes gehen; dieselben werden aus der geraden Decke dadurch erzielt, daß man hinten die Decke ganz über das Hinterteil bis an die Spitze der Schweifrübe gehen läßt und oben dieselbe etwas ausschneidet, so daß sie sich um das Hinterteil fest anlegt, dadurch fallen die Zipfel über die Schenkel wie die Zeichnung zeigt. Beim Stallen des Pferdes nun ist dasselbe im stande, mit der Rübe den hinteren Teil der Decke hochzuheben und die nach vorn fallenden Zipfel ziehen sich dadurch nach hinten und geben also so viel nach. Durch das Niederlassen des Schweifes fällt die Decke wieder in ihre vorige Lage. Wir sehen deswegen, daß der wagerecht lederne Beleg, der auf die Decke genäht ist und vorn an der Brust in Schnalle und Strippe endet, nur hinten bis an den Schenkel geht, würde er rundum gehen, würde er das Hochheben und Zusammenschieben der Decke beim Stallen erschweren. Eine andere Eigentümlichkeit der Decke sind die Befestigungen derselben auf zwei Stellen um den Pferdekörper, einmal dicht am Widerriß und dann kurz vor den Hinterschenkeln. Es dienen dazu gleich zwei senkrecht aufgenähte Lederbelege, die an der Sattelseite festgeschnallt werden. Die dritte Eigentümlichkeit ist der kammdeckelartige Lederbelag auf dem Widerriß, den wir zwar auch an Stalldecken anwenden, aber gewöhnlich nur bei solchen mit Hals- und Kopfstücken, um an der Stelle eine Strippe aufzunähen. Wir sehen, daß die Amerikaner trotz allem Realismus, der ihnen immer nachgesagt wird, doch sehr auf das Wohlbefinden ihrer Pferde bedacht sind.

Eine andere amerikanische Decke ist Fig. 8, Taf. 4; diese Decke geht auch noch über den Hals des Pferdes und bietet so, wenn dasselbe an „Druse“ leidet, die beste Krankendecke. Man spricht so gern von „Pferdenaturen“ und will damit die starke Widerstandsfähigkeit gegen Unbilden der Witterung und gegen Krankheit bezeichnen, die dem Pferde eigen sind. Aber man bedenke, daß auch unser Pferd ein Produkt unserer Kultur ist, gerade wie wir selbst. Und wenn dasselbe in der Wildnis vielleicht alle diese Hilfsmittel nicht nötig hat, so ist wohl anzunehmen, daß es bei „Druse“ vom Fieber geschüttelt, sich unter einer solchen Decke wohler befindet, als unter einer gewöhnlichen, die nur teilweise den fiebernden Körper bedeckt. Die Form der Decke ist an der Vorlage genau ersichtlich und kann man zur Probe von einem Stück alten Leinen sich leicht ein Modell machen. Die Decke ist hinten bis unter die Schweifrübe zusammengenäht, so daß das Pferd noch im stande ist, beim Stallen mit derselben die Decke zu heben, die beim Senken des Schweifes wieder in die vorige Lage zurückfällt.

Eine andere Decke, die auch als Teil einer ganzen angesehen werden kann, finden wir unter Fig. 4, Taf. 7, als „Halswärmer für Pferde“. Die Einrichtung kann ja zum Ausführen der Pferde oder im Stall bei kaltem Wetter angewendet werden, aber vorzüglich dient sie als Wärmer bei Pferden, wenn sie auf Druse stehen, da sie die ganzen Atmungsorgane fest umschließt und erwärmt. Gewöhnlich werden die Kopfstücke nur aus zwei Teilen gearbeitet und mit einigen Schnallenstücken vorn zusammengeschnallt. An diesen wird jedoch an das innere Teil noch ein Teil genäht, welches genau die Form des unteren Halses hat und die Naht mit einer Borde eingefaßt und mit Knopflöchern versehen. Ein für jedes Pferd passendes Modell zu liefern ist hier nicht gut möglich, sondern man wird immer diese Decke besonders anpassen müssen, vorzüglich wenn noch gewünscht wird, daß unter der Decke noch eine besondere Drusenbandage, wie solche gewöhnlich gebräuchlich sind, Platz haben soll.

c) Die Deckgurt.

Fig. 13, Taf. 4.

Mit der Deckgurt wird die Decke um den Leib des Pferdes befestigt. Auch diese wird oftmals recht elegant gearbeitet.

Die Länge der Gurt ist	1,700 m
Die Strippe daran	0,500 m
Die Schnallenkappe	0,180 m
Das Kissen ist vom Ende der Gurt, an welchem sich die Strippe befindet, entfernt .	0,200 m
Die Länge des Kissens beträgt	0,480 m
Die Kammer ist breit	0,050 m

Auf der Mitte des Kissens befinden sich zwei Ringe, in welche der Trensenzügel gebunden wird, wenn man ein Pferd zur Hand nimmt. Das heißt, wenn ein Pferd geritten wird und der Reiter das andere mit der rechten Hand am linken Zügel hat und neben sich gehen läßt. Der rechte Trensenzügel wird dann in den rechten Ring der Deckgurt gebunden. Man macht auch breite elegante Gurten mit zwei Strippen und Schnallenkappen. Der Lederbesatz und die Strippen werden von hellem Blankleder genommen. Das Kissen wird von Schaf- oder Kalbleder, auch oftmals von Tuch gemacht. Wenn man das Kissen zugeschnitten hat, so wird es untergelegt und die Kammer durchgenäht, alsdann an die Kanten der Gurt angeheftet, eingestemmt, ausgefüllt, unten zugenäht und dann abgeheftet. Die Abheftstiche werden durch die Gurt gemacht und oben auf die Gurt kleine runde Lederscheiben gelegt, die mit dem Stich befestigt werden. Oftmals wird auch das Kissen besonders gearbeitet, und an den Enden eine Lederschlaufe angenäht, durch welche die Gurt gezogen wird. Alsdann heftet man das Kissen mit einigen Stichen an die Gurt fest. Dieses wird deshalb gemacht, daß man das Kissen leicht abnehmen kann, wenn ein Ring losgegangen ist.

Bei gewöhnlichen Deckgurten läßt man Kissen und Ringe fehlen.

d) Die Beinbinde.

Fig. 22, Taf. 3,

wird von Flanell oder anderem weichen Stoff gemacht und dem Pferde unterhalb des Knies bis an die Fessel um die Beine gewickelt, damit diese beim Stehen nicht anschwellen. Ihre Länge beträgt 1,500 bis 1,800 m, die Breite 0,150 m. An einem Ende befinden sich zwei Bänder zum Festbinden. Herr H. V. Schütze in Hannover offeriert solche ohne Saumnaht nur gewirkt.

e) Der Ständerzügel.

Fig. 15, Taf. 3.

Im Stall befindet sich am Standbaume ein Ring, in welchem der Ständerzügel eingeschnallt ist. Der Karabinerhaken wird in das Gebiß des Pferdes eingehakt, wenn dasselbe gesattelt oder angeschirrt verkehrt im Stalle stehen soll. Die Länge des Zügels vom Karabinerhaken bis zur Schnalle beträgt 0,700 m, die Strippe hat eine Länge von 0,650 m.

f) Die Streichkappe.

Fig. 19 und 32, Taf. 2 und Fig. 7, 8 und 14, Taf. 3.

Bei Pferden, welche sich beim Gehen den Knöchel über dem Fesselgelenk wund schlagen, legt man die Streichkappe an. Unsere Zeichnung Fig. 7, Taf. 3, zeigt eine derartige Kappe von Filz, auf welche in der Mitte eine runde, oval gepreßte Lederscheibe genäht ist, die einen Durchmesser von 0,080 m hat. Oben ist ein Streifen Leder von 0,020 m Breite aufgenäht, auf welchem sich die Strippe und Schnallenkappe befindet. Dieser Streifen ist lang 0,300 m, die Strippe darauf 0,120 m, die Schnallenkappe 0,050 m. Auf der inneren Seite ist dieser Riemen mit Sämischleder gefüttert und mit Haaren ausgefüllt, jedoch ist dieses Polster mehrmals unterbrochen, damit sich die Kappe besser um das Bein legt.

Fig. 32, Taf. 2, ist eine einfache Streichkappe von starkem Leder über einen Block gewalkt. Fig. 19, Taf. 2, ist eine Streichkappe von Gummigewebe an der Seite mit Schnürösen. Fig. 8 und 14, Taf. 3, sind Zeichnungen von Herrn W. Statthalter, Sattlermeister in Bonn, durch die deutsche Sattlerzeitung veröffentlicht. Fig. 8 ist eine Streichkappe für die Hinterbeine, etwas mehr geschweifter und daher passender geschnitten als Fig. 7 und hat dieselbe zwei Strippen und zwei Schnallen. Fig. 14 ist für die Vorderbeine, obwohl eben bei den Vorderbeinen seltener Verwundungen vorkommen, so müssen aber oft auch diese geschützt werden. Da sich Pferde auch öfter über den Knöcheln noch verwunden, ist hier eine, der breitesten gewählt mit drei Schnallen und drei Strippen. Diese Kappen werden meistens aus Kirsey gefertigt, doch wendet man auch chagriniertes Ziegenleder mit Sämischleder gefüttert an.

g) Die Streichwulsten,

Fig. 2, 3, 9 und 10, Taf. 3,

haben denselben Zweck wie die Streichkappen. Fig. 3 ist eine mit Haaren oder Kleie ausgefüllte runde Lederwulst, die an beiden Seiten zur Aufnahme der Strippe und Schnallenkappe schwach ausläuft. Ihre ganze Länge beträgt 0,280 bis 0,300 m. Die Strippe ist lang 0,120 m.

Streichwulsten und Streichringe macht man auch von Gummi. Letztere werden ausgedehnt und über den Huf des Pferdes hinweggezogen.

Eine Neuheit von H. V. Schütze in Hannover ist der Patentstreichring Fig. 2. Derselbe besteht aus einem mit Filz gefütterten Lederriemen, auf dem sich steife, runde Lederscheiben befinden, und wird oberhalb der zu schützenden Stelle locker umgeschnallt, so daß letztere frei bleibt.

Vorteile: Blutstockungen, wie sie durch manche andere Streichvorrichtungen hervorgerufen werden, können bei diesem Streichringe nie vorkommen, da derselbe nur lose umgeschnallt wird und sich zwar dreht, aber doch verhindert, daß die zu schützende Stelle getroffen wird, wenn das Pferd mit dem Hufe dagegenschlägt.

Die weiche Filzfütterung hat den Zweck, das Wegscheuern der Haare an der Stelle zu verhindern, an welcher der Patentstreichring liegt.

Fig. 9, Taf. 3, ist eine Hufwulst für Pferde, die den Fehler haben, sich im Gange die Krone des Hufes zu verletzen. Die Unterlage ist von Rindleder geschweift nach der Zeichnung geschnitten 0,280 bis 0,300 m lang. Die darauf befindliche gebogene Wulst ist aus Gummi und an den Kanten mit langen Stichen aufgenäht. D. Gessert in Berlin, Buckowerstraße Nr. 14, liefert diese Wulsten schön und preiswert.

Fig. 10, Taf. 3, ist ein verbesserter Universalstreichring von August Baumbach in Braunschweig. Er besteht aus einem sorgfältig gepolsterten Lederriemen, welcher oberhalb der verletzten Stelle am Pferdebein locker umgeschnallt wird. An demselben sind in gleichmäßigen Abständen Kernlederscheiben angebracht, welche nach abwärts gerichtete Form haben, so daß dieselben für das verletzte Fesselgelenk eine schützende Wand bilden, dieses also von dem Nebenhufe in keinem Falle, mag der Stoß von unten, von der Seite oder von oben kommen, getroffen werden kann. Da der Streifring auf allen Seiten gleichmäßig hergestellt ist, kann er sich verschieben wie er will und bietet doch immer denselben Schutz; deshalb kann er auch sehr locker umgeschnallt werden und stört so nicht die Zirkulation des Blutes.

h) Die Kniekappe, Sprunggelenkkappe, Rennstrumpf, Galoppgamasche und Patentsehnenschoner.

Fig. 14, 17, 18, 20, 22, 23 und 29, Taf. 2, Fig. 1 und 16, Taf. 3.

Die Kniekappe Fig. 1, Taf. 3, wird auch Transportkappe genannt, weil sie beim Transport der Pferde in Eisenbahnwagen, oder wenn Pferde in Ställen ohne Streu stehen müssen, benutzt wird. Wie schon der Name sagt, wird sie um das Knie geschnallt, damit sich die Pferde beim Legen nicht beschädigen.

Es wird ein Stück Kirsey oder Wollfries in der Form geschnitten wie die Zeichnung zeigt und zwar oben 0,240 m lang, unten 0,160 m, hoch 0,240 m. Das von starkem Leder oval gepreßte Knieleder ist 0,140 m lang und 0,110 m breit. Der oben angenähte Lederstreifen ist 0,280 m lang und 0,030 m breit. An beiden Seiten ist der Lederbesatz mit Sämischleder gefüttert und gepolstert. Der vom Polster freibleibende Raum beträgt 0,050 m. Die Strippen sind lang 0,180 m.

Fig. 16, Taf. 3. Die Sprunggelenkkappe ist im wesentlichen dasselbe, nur daß sie nicht wie erstere das Knie, sondern das Sprunggelenk schützen soll.

Fig. 22, Taf. 2, ist ein Patentsehnenschoner und offeriert denselben Herr H. V. Schütze in Hannover, und empfiehlt diesen folgendermaßen.

Beste Pferdegamasche, jeder anderen Galoppierbandage unbedingt vorzuziehen, da dieselbe vermöge ihrer sinnreichen Polsterung, welche durch Patent vor Nachahmung geschützt ist, Sehnenentzündungen und Ueberdehnung der Gelenkbänder wirksamst verhindert. Während alle bis jetzt bekannten Hilfsmittel dieser Art einfach nur eine feste Umschnürung der Knochen zuwege bringen, die in den Scheiden tiefer liegenden Sehnen aber nur sehr unvollkommen unterstützen, sind bei den neuen Patentsehnenschonern die Polsterungen so angebracht, daß die Sehnenscheiden durch dieselben ausgefüllt werden, gerade hierdurch wird die erwünschte Unterstützung schwacher, kranker oder verletzter Sehnen herbeigeführt. — Bei großen und anhaltenden Anstrengungen (Märschen, Jagden, Rennen, Galoppieren) sind die Patentsehnenschoner unentbehrlich.

Diese Gamaschen sind mit praktischen Schnürhaken versehen, daher leichter anzulegen und zu entfernen, als jede andere Art. Dieselben sind so anzulegen, daß der Lederstreifen, welcher von oben nach unten läuft, hinten, die Schnalle aber unten zu sitzen kommt.

Fig. 14, Taf. 2, Rennstrumpf aus Kirsey zum Anschnallen. Fig. 18, Taf. 2, aus Gummistoff zum Anschnüren.

Fig. 17, Taf. 2, Galoppgamasche von Kirsey zum Anschnallen. Fig. 20 und 23 von Gummigewebe zum Anschnüren. Fig. 29 ist ein Sehnenschoner mit Streichkappe.

i) Der Schneeschuh.

Fig. 24, 25, 26 und 31, Taf. 2.

Er verhindert das Zusammenballen des Schnees in den Hufen der Pferde und das Ausgleiten derselben. Von starkem Filz gemacht, wird dieser Schuh auch bei hufkranken Pferden angewendet.

Fig. 24 zeigt den zusammengeschnallten Schuh. Fig. 25 ist die Sohle und Fig. 26 das Oberteil. Die Sohle, die nach dem Hufe des Pferdes geschnitten wird, wird von starkem doppelten oder dreifachen Filz gemacht und oben und unten mit Leder benäht. An ihrem hinteren Teile wird eine Lederschlaufe von 0,120 m Länge mit eingenäht, durch welche der Gürtel geht.

Das Oberteil, auf welches der Gürtel genäht wird, ist von Leder und wird an seiner größten Rundung auf die Sohle genäht. Es ist von a bis b lang 0,430 m, von c bis d 0,165 m, von e bis f 0,135 m. Der Gürtel 0,520 m lang. An Stelle des aufgenähten Gürtels können auch Einschnitte in das Oberteil gemacht und der Gürtel zum Schnüren eingezogen werden. Fig. 31 ist derselbe Schuh, nur höher mit zwei Schnallgürteln und mit besonders starker Filzsohle.

k) Der Verbandschuh und das Nothufeisen.

Fig. 27, 28 und 30, Taf. 2.

Beide Gegenstände sind praktische Spezialitäten von H. V. Schütze in Hannover. Fig. 27 wird gearbeitet wie der vorher beschriebene Schneeschuh, oben hat er eine Verlängerung von weichem Leder, welches der rundumgehende Schnallriemen um das Bein festhält. Es ist erklärlich, daß Verbände zum Kühlen des Beines oder des Hufes auf diese Weise sich nicht leicht verschieben oder gar abfallen können. Obige Firma offeriert und hält stets Lager von verschiedensten medizinischen Einrichtungen und Apparaten, an denen oftmals außer Kleinigkeiten sehr wenig Sattlerarbeiten sind, also hier nicht beschrieben werden können, oft aber vom Sattler verlangt werden, weshalb wir nicht verfehlen wollen, die Firma angelegentlichst zu empfehlen.

Fig. 28 und 30, Taf. 2, Nothufeisen bei hufkranken Pferden oder auch bei edlen Tieren auf dem Transporte angewendet, wenn sie nicht beschlagen sind. Fig. 28 untere Ansicht. Auf ein starkes Stück Sohlenleder wird ein Eisen aufgenietet. An dieses starke Stück Leder wird schwächeres Leder nach der Form des Hufes angenäht und dieses mit einem Schnallriemen um die Fessel befestigt. Seitenansicht Fig. 27.

l) Das Schweifleder,

Fig. 21, Taf. 3,

wird bei Pferden angewendet, welche die Gewohnheit haben, sich im Stall an der Wand oder dem Standbaum am Schweif zu scheuern.

Es ist ein einfaches Stück weiches Leder von 0,200 m Länge und Breite, auf welches 3 bis 4 Strippen und Schnallenkappen genäht werden, dasselbe um den Schweif des Pferdes schnallen zu können. Die daran befindliche Strippe ist 0,950 m lang und wird in eine Schnalle, welche auf der Deckgurt angenäht wird, eingeschnallt.

m) Der Tränkeimer.

Fig. 2 und 5, Taf. 4.

Auf Märschen, im Manöver, im Felde, oder beim Pferdetransport wird der Tränkeimer viel benutzt und ist, da er sich leicht verpacken läßt, ein praktischer Gegenstand und Ersatz für einen Holz- oder Metalleimer.

Er wird von starkem Segeltuch gemacht. Zunächst werden von spanischem Rohr zwei Reifen gebogen und ihre Enden zusammen befestigt. Diese Reifen haben einen Durchmesser von 0,240 m und werden mit Segeltuch benäht, und zwar so, daß eine Kante von 0,007 m rund herum stehen bleibt. Alsdann schneidet man sich nach dem Umfang der Reifen und in einer Höhe von 0,250 m das Segeltuch, sogleich auch den Boden. Das Hauptteil wird mit einer Kappnaht zusammengenäht, auch teilweise über diese Naht und an der entgegengesetzten Seite eine schmale Borte aufgenäht. Nun wird mit starkem Faden und kleiner Ahle der Boden und das Hauptteil an einem dieser Reifen fest angenäht; zugleich, wie unsere Abbildung zeigt, über Kreuz eine Borte mit eingenäht. Alsdann näht man den oberen Reifen an und setzt die Ringkappen darauf, in welche Ringe der rund genähte Tragriemen eingenäht wird. Will man den Tränkeimer zu gleicher Zeit als Freßbeutel benutzen, so macht man einen Riemen von 0,700 m und ein Schnallenstück von 0,300 m Länge daran. Fig. 2, Taf. 4.

n) Der Freßbeutel.

Fig. 1, 3, 6, 7 und 10, Taf. 4.

Fig. 1 ist ein einfach zusammengenähter Beutel von grauer Leinwand oder Drell, an welchem sich ein Riemen von 0,700 m und ein Schnallenstück von 0,300 m Länge befindet.

Fig. 3, Taf. 4. J. Ritchies verbesserter Futtereimer, ein amerikanisches Patent, soll hauptsächlich den Verlust des Futters verhindern, wenn das Pferd den Kopf aufwirft, um das Futter zu erlangen. Der Futtereimer ist aus imprägniertem Segeltuch gearbeitet, der obere Rand oval und dem Pferdekopf angepaßt. Der untere Boden ist aus Leder und mit kleinen Löchern durchschlagen, so daß die Luft ventilieren kann.

Fig. 6 und 7 veröffentlichte die „Deutsche Sattlerzeitung" von Berg & Schoch, Berlin NO., und nennt ihn einen praktischen und humanen Freßsack für Pferde. Er gestattet dem Pferde seine Nahrung bequem zu sich zu nehmen und was die Hauptsache ist, frei zu atmen, während sie es thun. Dieser Sack besitzt 3 Längsabteilungen, von denen die rechte und linke mit Futter gefüllt sind, während die mittlere das Maul des Pferdes beherbergt. Während dem Fressen können die seitlichen Behälter gefüllt werden. Fig. 6 zeigt uns die Gesamtansicht, Fig. 7 einen Längendurchschnitt. Die beiden seitlichen Abteilungen lassen gerade soviel Futter in die Mitte hinein, daß das Pferd bequem fressen kann, ohne die Nasenlöcher zu berühren. Hierdurch erreicht man, daß das Atmen des Tieres nicht belästigt wird, wenn ihm nach längerem Laufen Futter gegeben wird, außerdem kann auch kein Körnchen aus dem Beutel herausfallen.

Fig. 10 huldigt demselben Prinzip. Der Futtersack ist aus Segeltuch gearbeitet, das man in cylindrischer Form zusammennäht. Das hintere Ende bildet ein halbkreisförmiges Stück Holz. Von oben ist ein Schlitz am Futtersack angebracht für Maul und Nase des Pferdes. Der Hauptteil des Futterbeutels kann aus einem Stück Stoff genäht werden und da, wo der Schlitz ist, wird die Naht offen gelassen. Mittels einer Schnur am Halsteil hinten wird der Sack am Sattel oder Aufsetzhaken beim Geschirr befestigt, auch an jeder Seite des vorderen Endes ist eine Schnur, die über dem Kopf befestigt werden kann. Die Lage des Futtersackes, wenn das Pferd den Kopf herabeugt, zeigt die Figur in punktierten Linien. Der Sack muß so lang sein, daß, wenn der Kopf vorgestreckt wird, doch ersterer nicht zu stramm angezogen wird.

o) Der Maulkorb,

Fig. 23 und 24, Taf. 3,

wird bissigen Pferden angelegt. Man hat solche aus Draht oder wohl auch massiv aus Messingblech, an welchen der Sattler natürlich nur die Riemen anzunähen hat. Unsere Figuren sind von H. V. Schütze in Hannover und zwar Fig. 24 aus starken Lederringen bestehend. Fig. 23 aus massivem Leder über den Block gearbeitet und mit ausgeschnittenen Luftlöchern versehen. Außer dem Kopfstück bringt man wohl auch Kehlriemen an.

Das Schnallenstück ist 0,210 m lang, das rechte Backenstück mit Kopfstück und Strippen 0,880 m, der Kehlriemen 0,520 m lang.

p) Beinfesseln.

Fig. 29 und 30, Taf. 3.

Fig. 29. Ebenfalls eine Spezialität von H. V. Schütze in Hannover. Die Einrichtung ist aus der Zeichnung leicht ersichtlich. Die kurze Kette, welche beide Beingürtel verbindet, läßt das Pferd nur kurz und langsam schreiten und dient hauptsächlich bei Pferden, die sich frei auf der Weide bewegen, auch dienen sie im Stall für Schläger, besonders aber ist Fig. 30 eine ingeniöse Einrichtung für Schläger, die durch die schwere Kugel am Schlagen verhindert, sich schließlich die Unart abgewöhnen.

Die Beinfesseln dienen auch noch dazu, einer anderen Unart mancher Pferde zu steuern, nämlich dem sogenannten „Leineweben". Es gibt Pferde, die aus Angewohnheit oder langer Weile die Vorderbeine im Stande weit auseinander spreizen und das Gewicht des Körpers einmal auf das rechte, einmal auf das linke Vorderbein werfen und dadurch natürlich die Vorderhand wesentlich abnützen.

Die Beinfesseln, welche den Tieren das Spreizen der Beine verhindern, nehmen den Tieren die Möglichkeit zu weben.

q) Die Hängegurte.

Fig. 4, Taf. 4.

Es kommen Krankheiten bei Pferden vor, z. B. bei gewissen Knochenbrüchen, wo diese Patienten lange stehen müssen und später nur Schrittarbeiten thun können, oder bei Hufkrankheiten ꝛc., wo solche Pferde nicht liegen können. Um ihnen nun diesen qualvollen Zustand zu erleichtern, benutzt man die Hängegurt, die keineswegs dazu dienen soll, die Pferde vollständig in die Schwebe zu hängen, sondern nur dazu, den kranken Beinen die Aufgabe zu erleichtern, den Körper stets zu tragen und dem Pferde Gelegenheit zu geben, vielleicht das eine oder das andere Bein einmal ganz außer Thätigkeit zu setzen und aufzuheben. Die Einrichtung ist aus der Zeichnung leicht ersichtlich und fügen wir nur die Maße der einzelnen Teile noch an.

Fig. 1.

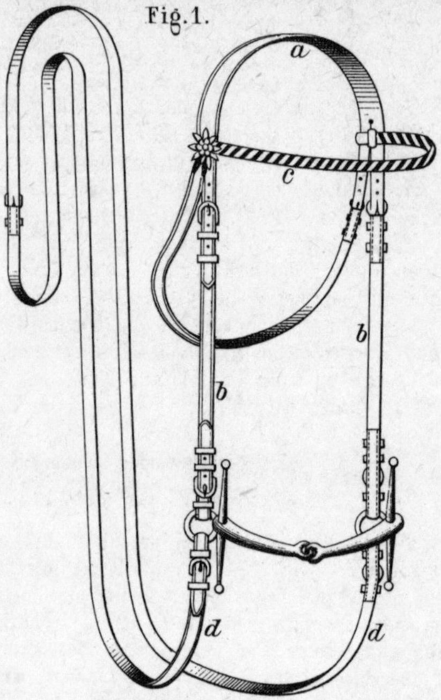

Fig. 4.

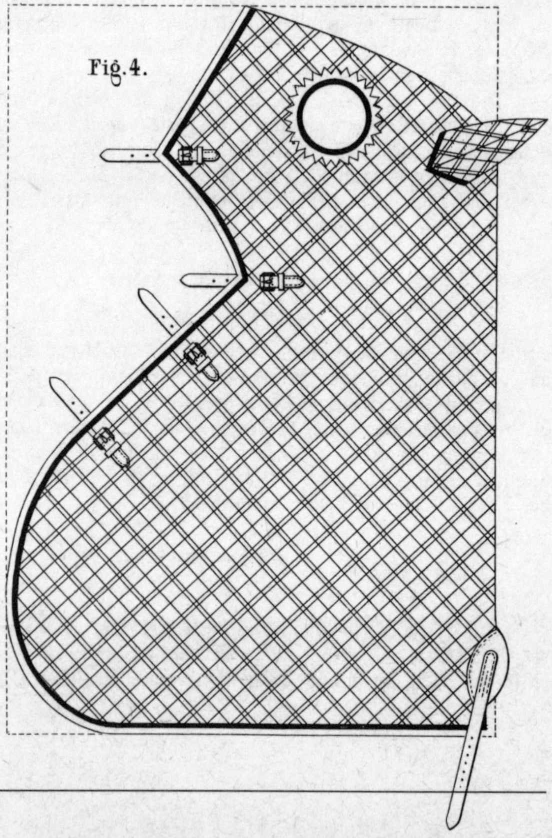

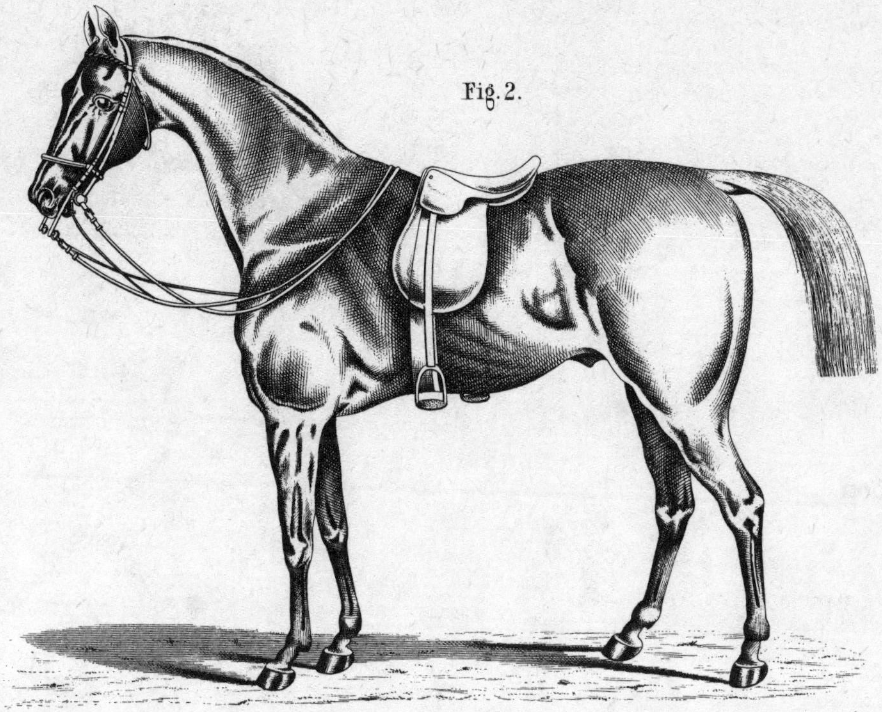

Fig. 2.

Fig. 3.

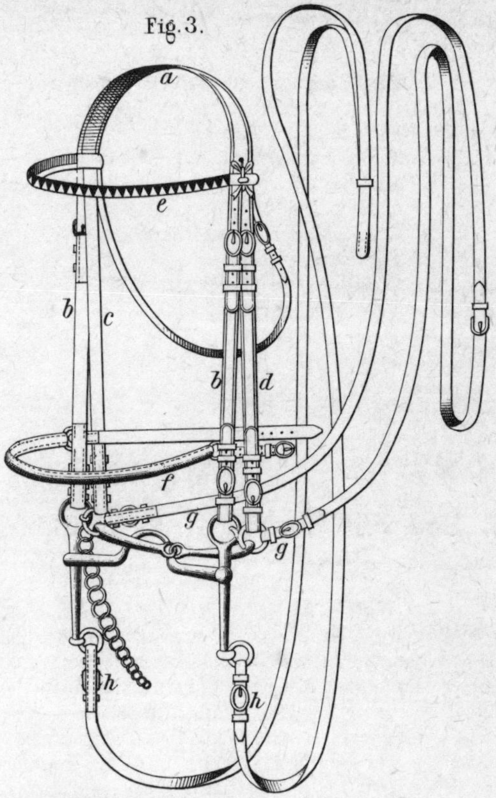

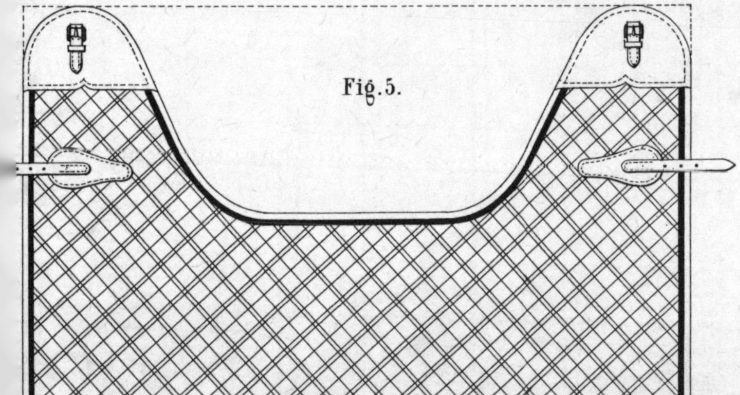

Fig. 5.

Fig. 6.

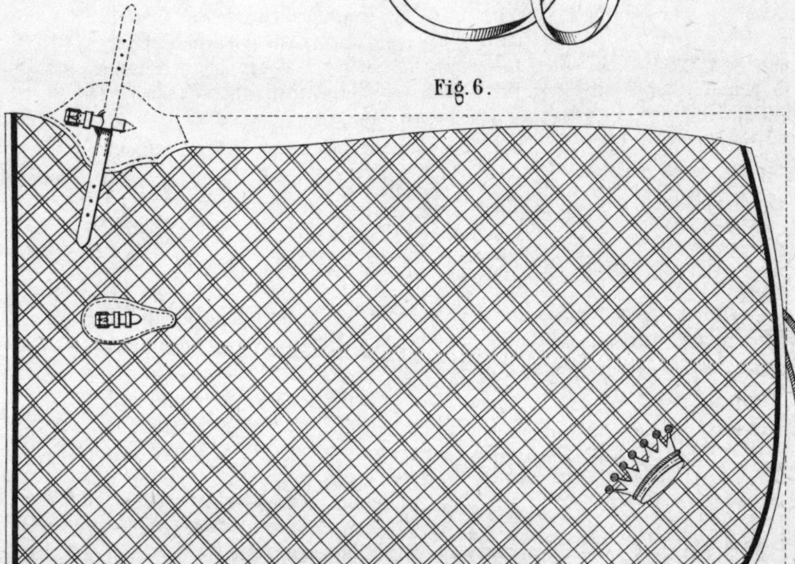

Die Traggurt aus starken Segelleinen mit starken Seitengurten ist lang	2,025 m
breit	0,600 m
Die 4 Strippen daran sind lang	0,670 m
Die Vordergurt aus starkem Filz mit Lederbesatz hergestellt ist lang	0,900 m
Der Halsriemen ebenso gearbeitet	0,900 m
Die Strippen daran	0,400 m
Die Hintergurt (Umgang) lang	0,950 m
Der Schweberiemen lang	1,300 m

Sechster Abschnitt.

Von den Longier- und Reitschulgegenständen.

Jungen Pferden, welche zugeritten werden sollen, werden die ersten Anleitungen zu diesem Zwecke in der Reitbahn gegeben. Man nennt diese ersten Uebungen „Longieren" und benutzt dazu verschiedene Gegenstände. Das Schulen der Pferde erfordert seitens des Stallmeisters nicht nur eine genaue Kenntnis der natürlichen Bauart des Pferdes und die möglichen Abweichungen in derselben, sondern auch die Eigentümlichkeiten im Charakter der Tiere und so ist es erklärlich, daß oft bei diesen Longiergegenständen von dem einen Stallmeister das angewendet wird, was der andere verwirft, so daß sich der Sattler nur streng nach den Vorschriften eines Stallmeisters bei Anfertigung dieser Gegenstände richten kann.

Ohne nun auf diese Ideenabweichungen näher einzugehen, betrachten wir die gebräuchlichsten Gegenstände dieser Art und zwar:

1. Die Longiertrense.

Fig. 12, Taf. 5.

Dieselbe wird benutzt, um das junge Pferd an die richtige Kopfstellung und an die Zügel zu gewöhnen. (Maße ohne Umbuck berechnet.)

Das Kopfstück a mit Kehlriemen ist lang von 1—1 . .	0,640 m
von 2—2	1,000 m
gespalten	0,210 m
breit	0,037 m
das Stirnband b im Lichten	0,320 m
Die Ohrbügelgürtel cc	0,300 m
Die Backenstücke dd	0,220 m
Diese werden in das Trensengebiß h eingenäht, ebenso das Kinnstück e. Letzteres lang	0,145 m

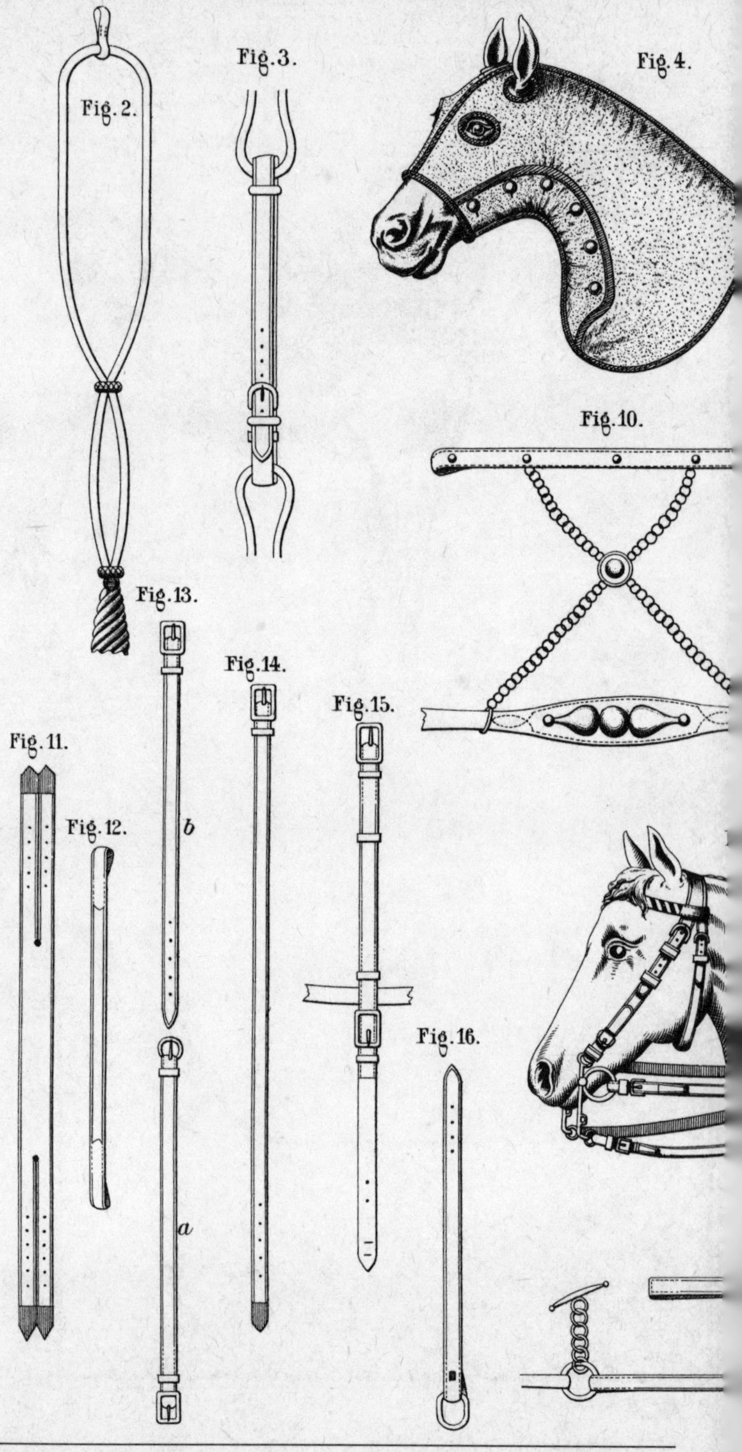

Fig. 1.

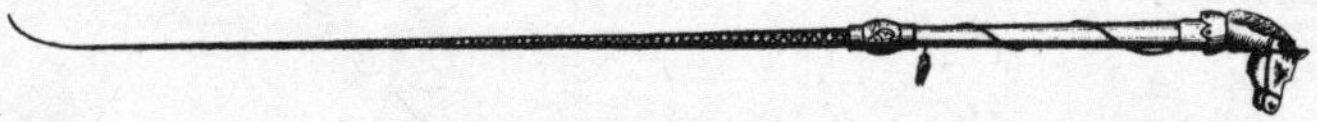

Fig. 5.

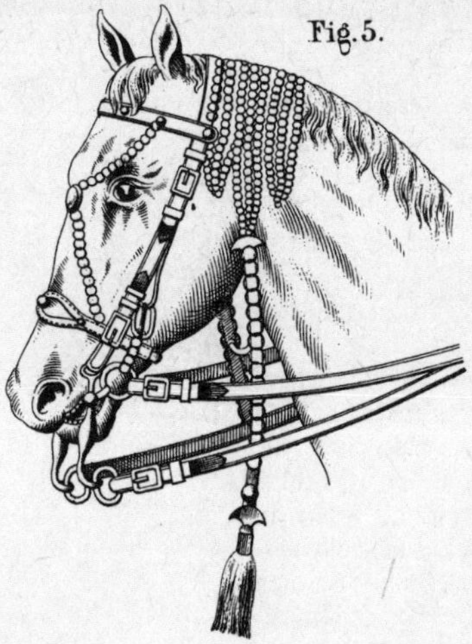

Fig. 6.

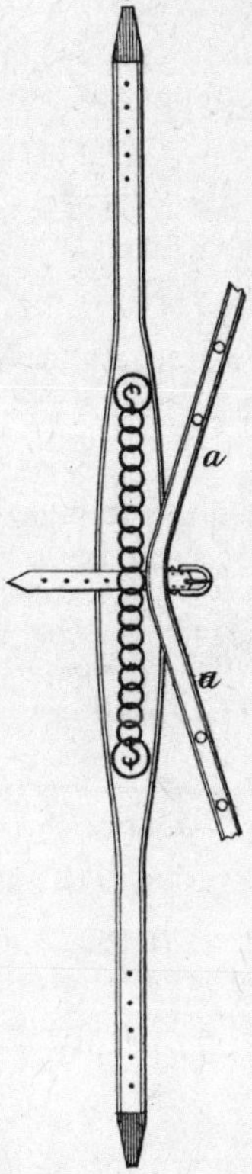

Fig. 7.

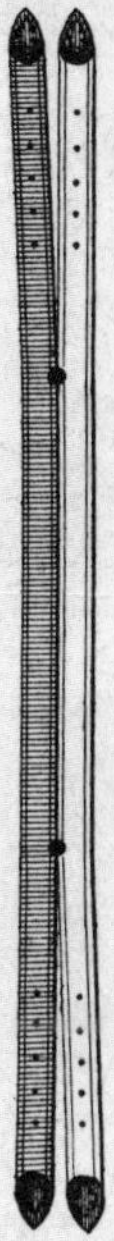

Fig. 8.

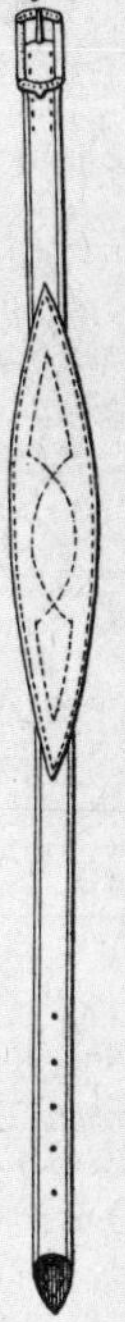

Fig. 9.

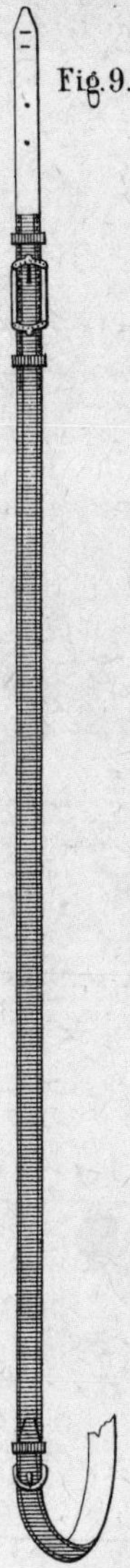

Fig. 21.

Fig. 22.

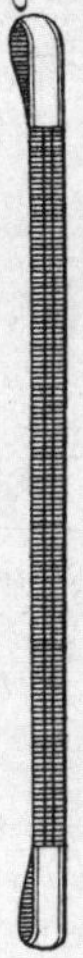

Fig. 18.

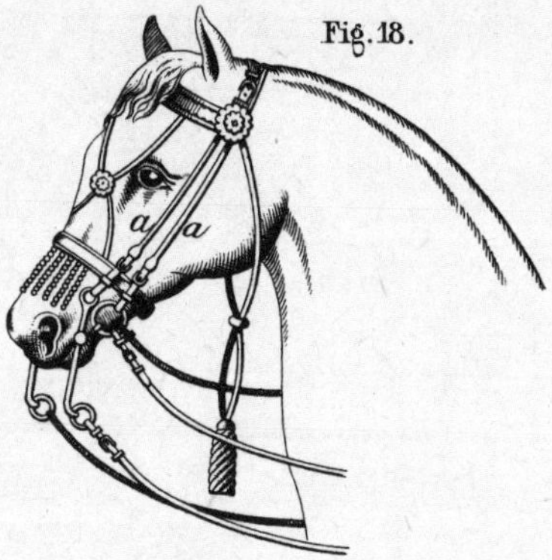

Fig. 19.

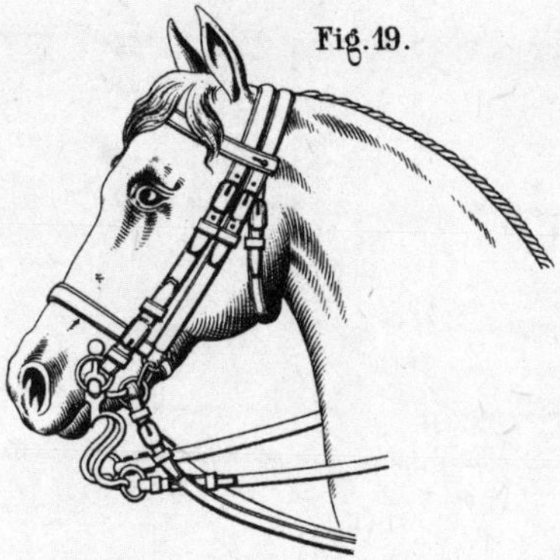

Fig. 20.

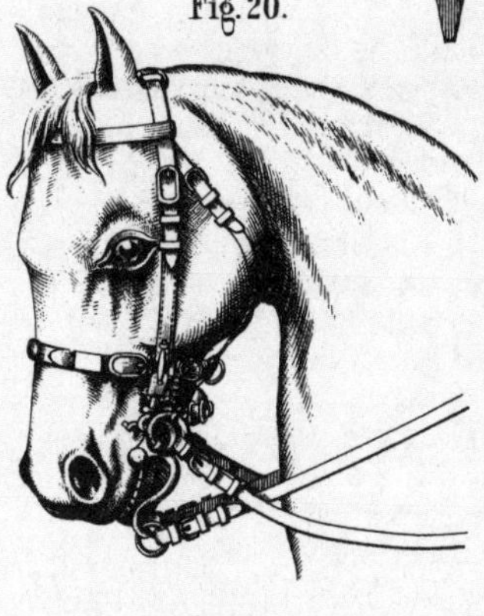

Fig. 23.

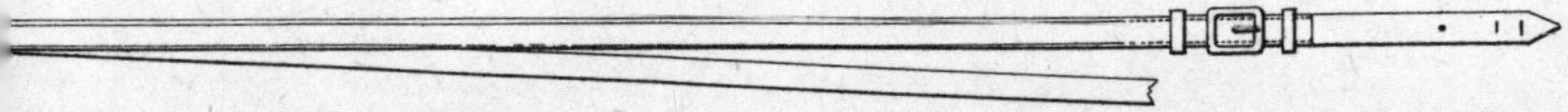

Fig. 24.

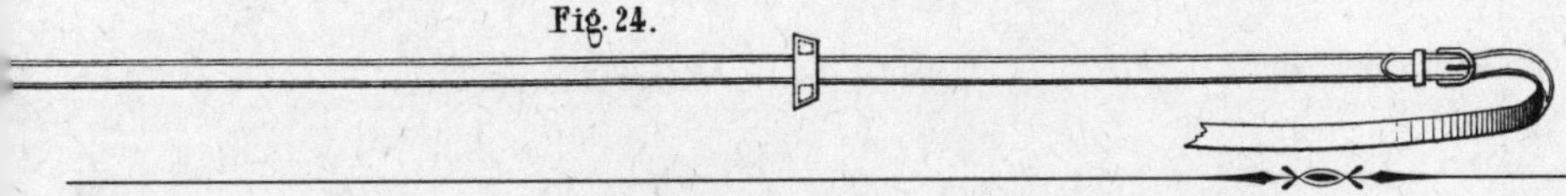

Fig. 25.

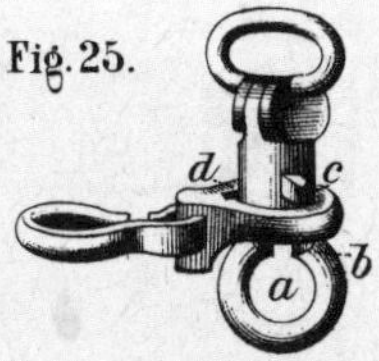

Fig. 26.

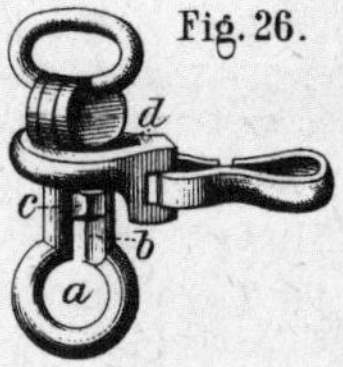

Die Auffatzzügel ff haben an einem Ende Karabinerhaken, an dem anderen Schnalle und Strippe. Das rundgenähte Teil ist lang . . . . 0,500 m
Die Strippe . . . . 1,600 m
Die Stellzügel gg sind von Schnalle zu Schnalle lang . 0,500 m
Die langen Strippen . . . . 1,280 m
Die kleinen Strippen, welche in das Trensengebiß geschnallt werden . . . . 0,240 m
Die langen Strippen der Zügel sind mit vielen Löchern versehen, welche der Leichtigkeit des egalen Schnallens wegen numeriert sind. In das Kinnstück wird die Longe (Longierleine) Fig. 11, Taf. 4, eingeschnallt. Diese Leine ist aus Leder oder starker Gurte gefertigt, an dem einen Ende befindet sich Schnalle und Strippe, an dem anderen eine Oese zum Anfassen, außerdem von dieser Oese aus nach vorn zu sind in egalen Zwischenräumen 16 bis 18 Knöpfe aufgestochen in ungefähren Zwischenräumen von . . . . 0,350 m
Länge der Leine . . . . 8,000—9,000 m

2. Die Schultrense.

Fig. 11, Taf. 5.

Wir entnehmen diese Zeichnung und Beschreibung der „Deutschen Sattlerzeitung" von Berg & Schoch in Berlin, Kaiserstraße 41, veröffentlicht durch Herrn R. Schönbeck, Major a. D., dessen genialem Zeichentalent und praktischer Kenntnis wir viele Neuerungen und Anregungen als Sattler verdanken müssen.

Er schreibt: Die Schul- auch wohl Dressurtrense genannt, repräsentiert insofern kein vorgeschriebenes Modell, als sich verschiedene Reitmeister zu ihren jeweiligen Zwecken auch verschiedener Modelle bezw. Gebisse bedienen, was außerdem durch die verschiedenartige Form des Maules, des Kopfansatzes, des Halses u. s. w. des zu arbeitenden Pferdes bedingt wird. Dasjenige Modell, welches am meisten Verbreitung gefunden hat und auch meinen Erfahrungen für Dressurzwecke als das praktischste erscheint, habe ich in der Zeichnung wiedergegeben. Es ist ein einfaches Trensenkopfgestell, an welchem sich ein ziemlich starkes Trensengebiß (aus Stahlrohr) mit großen Zügelringen befindet, in welche zwei Zügel eingeschnallt sind. Die Wirkungen dieses Mundstücks auf das Pferdemaul ist klarer und präziser, als wenn man sich der Doppeltrense bediente, auch vor der Knebeltrense vorzuziehen. Die doppelten Zügel ermöglichen eine festere Handhabung und größere Sicherheit, im Fall einmal ein Zügel platzen sollte.

Um auf den Oberkiefer des Pferdes zu wirken, bedient man sich statt des, an der Trense schwer anzubringenden Nasenriemens, des sogenannten „Seidlerschen Reithalfters". Derselbe besteht, wie aus der Zeichnung ersichtlich ist, aus einem verschnallbaren Backenstück, einem Nasenstück und einem Kinnstück, welche in einem Ringe vereinigt sind. Das Kinnstück wird so angelegt, daß es sich, ähnlich dem Kinnstück, außerhalb der Trense befindet. Es darf nicht so fest zugeschnallt werden, daß es drückt bezw. das Maul vollständig schließt. Das Backenstück wird unterhalb des Genickstücks der Trense

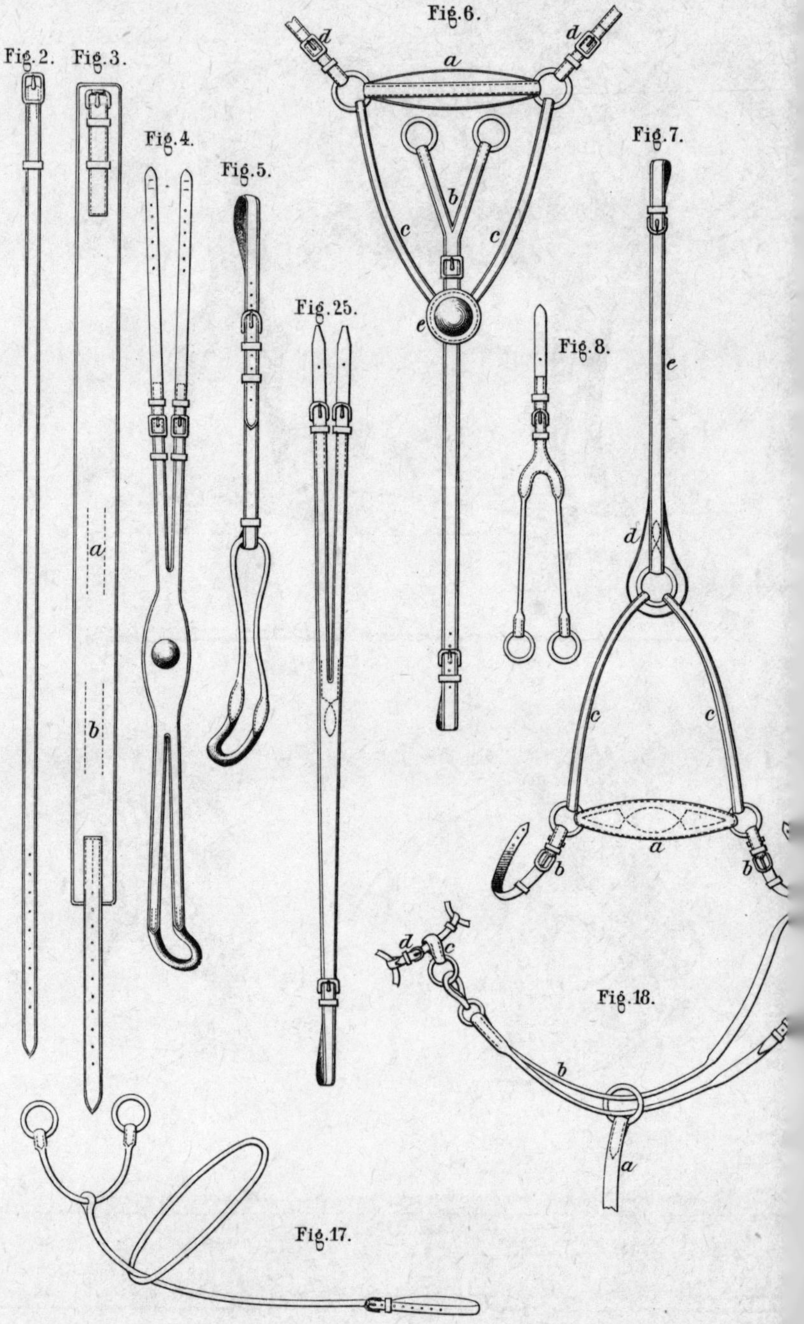

Fig. 1.

Fig. 9.

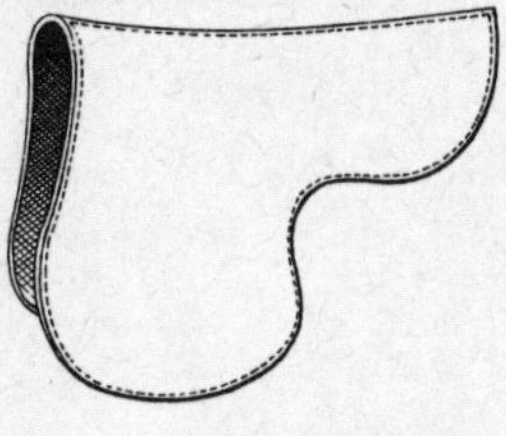

Fig. 10.

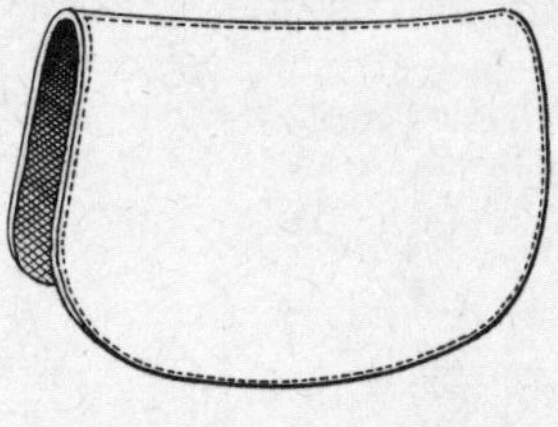

Fig. 11.

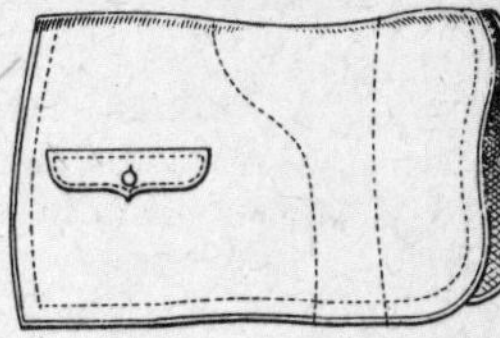

Fig. 12.

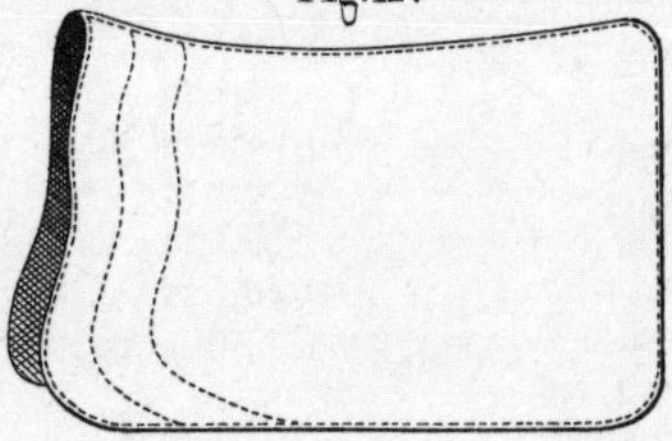

Fig. 13.

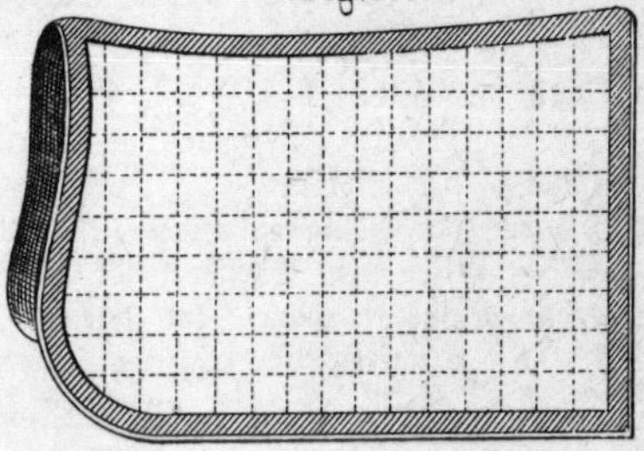

Fig. 14.

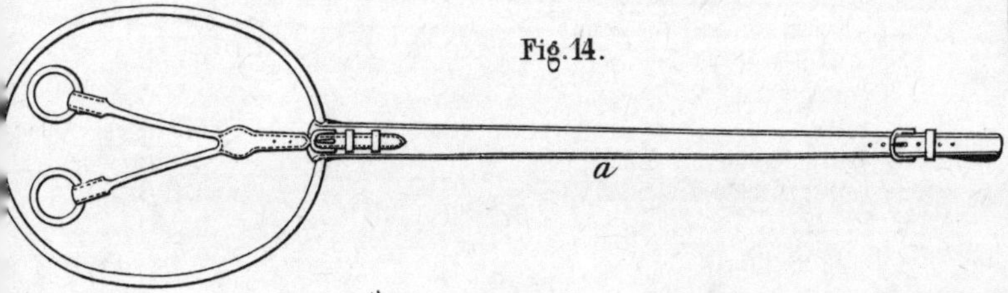

Fig. 15.

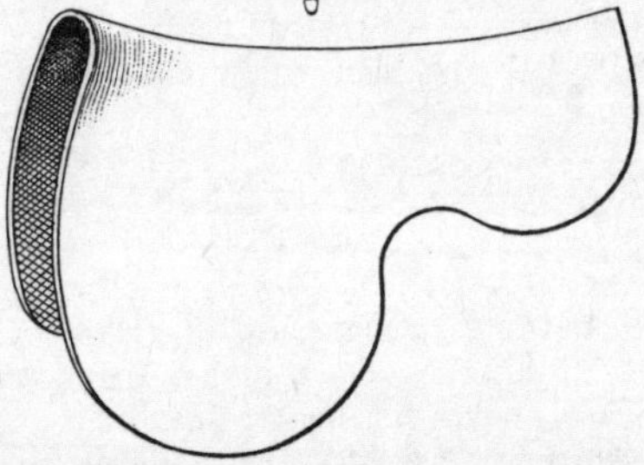

Fig. 16.

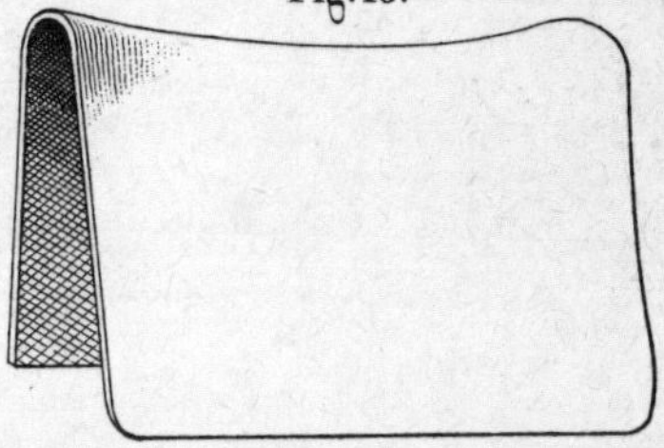

Fig. 20.

Fig. 19.

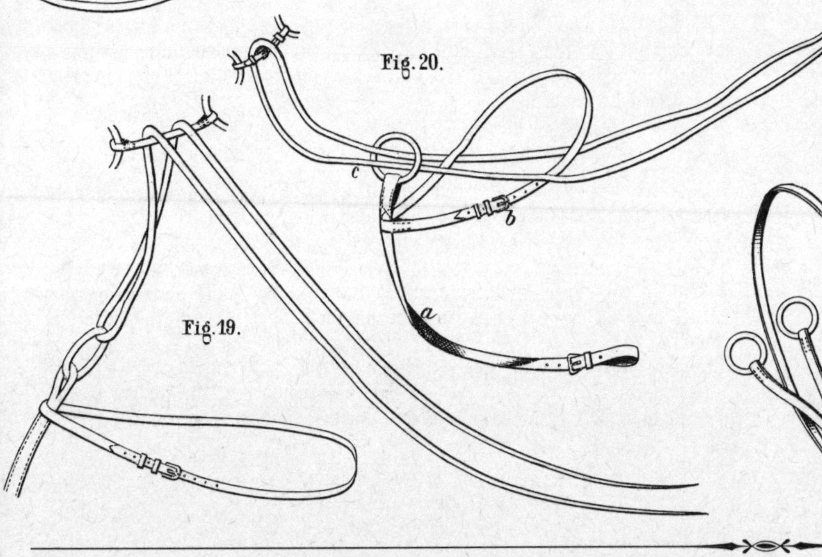

Fig. 21.

Fig. 22.

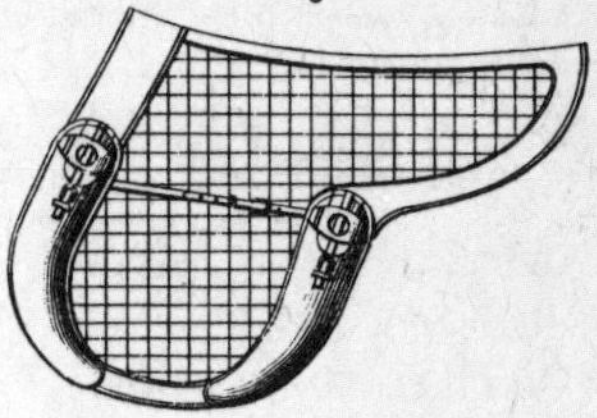

Fig. 23.

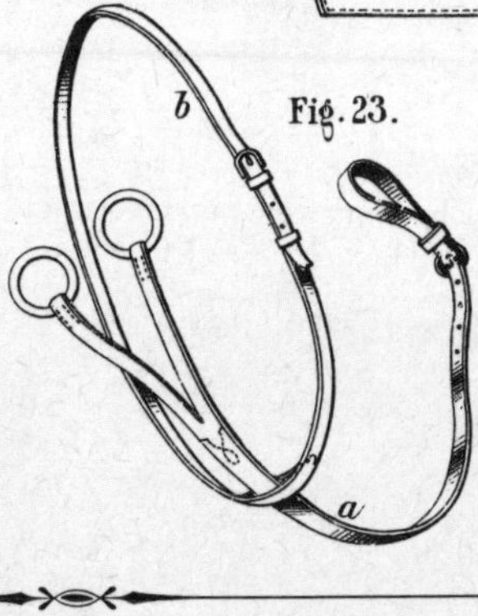

Fig. 24.

durch die Schlaufen des Stirnriemens durchgezogen und bringt man die Schnalle etwas tiefer an, damit dieselbe nicht direkt unter das Backenstück der Trense zu liegen kommt und dann eventuell drückt.

3. Die Longiergurte.

Fig. 1, Taf. 5.

Dieselbe wird von breiter Gurte, oftmals auch von Leder gefertigt.

Länge der Gurte	1,750—1,950 m
An den Enden breit	0,110 m
An der breiten Stelle in der Mitte der Kissen .	0,180 m
Länge der Strippen	0,550 m
Länge der Schnallenkappen	0,150 m
Das Kissen vom Strippenende entfernt	0,260 m
Die Ringe, in welche der Aufsetz- und Stellzügel der Longiertrense eingeschnallt werden, sind von der Mitte aus in einer Entfernung aufgenäht von	0,120 m

Die oben beschriebenen drei Gegenstände finden wir in der Praxis angewendet bei Fig. 14, Taf. 4, dem sogenannten „Seidlerschen Laufzeug". Die Longiergurt ist hier über den Sattel gelegt und man ersieht aus der Zeichnung die genaue Anwendung der Zügel.

4. Der spanische Reiter.

Fig. 2, 3, 4 und 8, Taf. 5.

Der spanische Reiter hat denselben Zweck als die Longiergurt, ist natürlich teurer, wohl aber auch praktischer als die letztere. Fig. 2 ist von Hartgummi nach Blackwells Patent. Die Oesen, welche sich an der Kissenstelle und an den Armen befinden, sind zur Aufnahme der Stellzügel bestimmt. Der Aufsetzzügel läuft hinten um die Arme. An jedem Arme befindet sich nach hinten zu eine Oese zur Einschnallung des Schwanzriemens. aa und b sind runde Gummizügel, an den Enden mit Messingkapseln beschlagen, die an dem einen Ende Ringe, an dem anderen Ende Karabinerhaken haben, letztere zum Einhaken in die Oesen bestimmt. Die Gummizügel sollen verhüten, daß das Pferd hartmäulig wird, wenn es an den Zügeln steht, wie es überhaupt ein Haupterfordernis des Reitens ist, eine leichte Hand zu haben.

Die beiden Strippen cc sind mit 2 Reihen Löchern versehen und sind lang	0,460 m
breit	0,065 m
Die dazu gehörige Gurt ist lang	0,550 m
breit	0,120 m
Dieselbe hat den Strippen entsprechend 2 Schnallenkappen mit Schnallen zu 2 Dornen. Fig. 8 ist der Schwanzriemen zu diesem spanischen Reiter. Die Länge bis zu den Schnallen beträgt	0,600 m
An der Schweifmetze gespalten	0,280 m
An den Schnallen gespalten	0,200 m
Die Strippen lang	0,750 m

Fig. 3, Taf. 5.

Spanischer Reiter von poliertem Holz und mit Unterlegkissen nach französischem Modell gearbeitet. Statt der Gummizügel sind hier nach hinten stehende Stahlbügel angebracht, die das Federn des Gummi ersetzen sollen. Der Schwanzriemen hat nur eine Strippe zum Zurückschnallen und deshalb ist am spanischen Reiter nur eine Oese angebracht, durch welche die Strippe gezogen wird.

Fig. 4, Taf. 5.

Spanischer Reiter von Eisen. Modell des Königl. Preuß. Militär-Reit-Instituts.

5. Die Longierpeitsche.

Fig. 7, Taf. 5.

Dieselbe ist länger als eine gewöhnliche Kutschpeitsche, oftmals auch nicht Bogenpeitsche, sondern mit Oese zur Aufnahme des längeren Schlages versehen.

6. Der Kappzaum.

Fig. 6, 9, 13 und 14, Taf. 5.

Wird meist für Deckhengste gebraucht, oft auch beim Longieren benutzt. An Fig. 9 ist das Kopfstück a mit dem Kehlriemen cd verbunden und ist vorn an den Strippen, wo dieselben in die Backenstücke eingeschnallt werden lang	0,680 m
hinten mit dem Kehlriemen	1,050 m
gespalten	0,210 m
Das Stirnband b im Lichten	0,320 m
Das zweite Kehlriemenschnallenteil e	0,400 m
Die Strippe f	0,240 m
Die Backenstücke gg	0,220 m

Das Nasenband h ist aus Eisen und verzinnt, hat an beiden Seiten ein Scharnier und in der Mitte 3 Ringe zur Aufnahme der Longe; an beiden Enden befinden sich Löcher, in welche die Backenstücke und das Kinnstück eingenäht werden.

Die Kinnstückstrippe i ist lang . . .	0,320 m
Das Schnallenstück k	0,095 m

Unter das Nasenband wird ein flach gepolstertes Kissen von Sämischleder gemacht, welches mit mehreren schmalen Schnallgürteln, welche über das eiserne Nasenband gehen, befestigt wird.

Denselben Zaum sehen wir in Fig. 6 mit Stirnriemen und Ohrbügelstücken. Dieser Kappzaum wird nur zum Longieren benutzt, wobei man die Longe, wie Zeichnung zeigt, in den mittleren Ring des Nasenbandes einschnallt. Fig. 13 und 14, zwei verschiedene Nasenbänder, zeigen uns Einrichtungen mit besonderer scharfer Wirkung.

Fig. 5, Taf. 5, zeigt uns einen Abkauzügel mit Kautschukeinschaltung zum sogenannten „Einbrechen" junger Pferde auf der Longe oder im Stalle zeitweise angewendet. Dem Pferde wird ein starkes Trensengebiß eingelegt, in welches der Zügel geschnallt wird. Der Spielraum, welchen man dem Pferde durch die Kautschukfeder gewähren will, ist durch den Schnallriemen regulierbar. Auch diese Einrichtung ist von H. V. Schütze in Hannover zu beziehen.

Siebenter Abschnitt.

Von den Reitgegenständen außer Sätteln.

Diese lassen sich einteilen in Gegenstände, die 1. zur Ausstattung eines Herrenreitpferdes gehören, Fig. 2, Taf. 6, 2. die zur Ausstattung eines Damenreitpferdes gehören, Fig. 1, Taf. 7, und 3. die zur Ausstattung eines Kavalleriepferdes, Fig. 1, Taf. 8, gehören. Diese letzteren Gegenstände werden alle nach Proben, die jeder einzelne Truppenteil für sich besitzt, gearbeitet und bei Ausgabe von Militärarbeiten dienen dieselben als Muster und es wird mit peinlicher Strenge von den Kommissionen, die die Arbeiten abnehmen, darauf gesehen, daß die abgelieferten Gegenstände nach diesen Proben gearbeitet sind; es wäre also wohl überflüssig, alle Militärreitgegenstände hier einer näheren Beschreibung zu unterziehen und wir wollen unter die letztere Gattung nur die Zäumungen und das Riemenzeug der Offizierpferde näher beleuchten, da wir von der Ansicht ausgehen, daß diese Arbeiten, da sie jeder einzelne Offizier sich selbst zu beschaffen hat, oft bei Sattlern bestellt werden können, die nicht immer mit Militärarbeiten zu thun haben. Um eine möglichst klare Uebersicht der einzelnen Gegenstände zu geben, betrachten wir zuerst die verschiedenen Zäume und zwar:

1. Die Wassertrense.

Fig. 10, Taf. 5.

Es ist dies die einfachste Zäumung für ein Reitpferd und kommt dieser Name wohl einfach daher, weil diese Trensen beim Militär sowohl als im Privatleben meistens benutzt werden, wenn die Pferde zur Schwemme oder zur Tränke geführt werden.

Backenstück und Kopfstück a vom Ende der Strippe bis zur Trense (ohne Umbuck) lang	0,700 m
Das Kehlriemenschnallenteil von Schnalle bis zum Spaltpunkt, lang	0,530 m
Backenstück b von Schnalle bis zur Trense (ohne Umbuck) lang	0,500 m
Die Kehlriemenstrippe daran bis zum Spaltpunkte lang .	0,210 m
Das Stirnband c im Lichten	0,320 m
Das Kinnstück d, welches in die Trense eingenäht wird, lang	0,145 m
Zügel ff lang	1,600 m

Letztere ebenfalls in die Trense genäht.

2. Die Reittrense.

Fig. 1, Taf. 6.

Das Kopfstück a mit Kehlriemen ist von einem Ende bis zum anderen der Backenstückstrippen lang	0,630 m
Das Kehlriemenschnallenteil daran bis zum Spaltpunkt .	0,580 m
Die Kehlriemenstrippe	0,200 m
Die Backenstücke b b lang	0,225 m
Die Strippen daran	0,210 m
Stirnband c im Lichten	0,320 m
Trensenzügel d d zur Hälfte lang	1,300 m
Zügelstrippen lang	0,210 m

Die Zügel werden in der Mitte zusammengeschnallt.

Das Trensengebiß ist eine sogenannte Knebeltrense und werden oftmals da, wo die Backenstückstrippen untergenäht werden, neben den Schlaufen kleine Lederösen mit eingenäht, in welche der Knebel gesteckt wird.

3. Der Doppelzaum (Kandarenzaum).

Fig. 3, Taf. 6.

Das Kopfstück a mit Kehlriemen ist von einem Ende bis zum anderen der Backenstückstrippen lang	0,630 m
Das Kehlriemenschnallenteil daran bis zum Spaltpunkt .	0,580 m
Die Kehlriemenstrippe	0,200 m
Die Backenstücke b b lang	0,225 m
Die Strippen daran	0,210 m
Das Stirnband e im Lichten	0,320 m
Unterlegtrensenbackenstück und Kopfstück c sind aus einem Teil, dieselben laufen unter dem Hauptkopfstück durch die beiden Stirnbandösen und sind lang	0,785 m
Backenstück d zur Unterlegtrense	0,225 m
Backenstückstrippen	0,210 m
Der Nasenriemen f ist an der Zeichnung aus 3 Teilen. Das Vorderteil ist doppelt, bombiert und genäht und ist lang	0,350 m
An den Enden befinden sich bezogene runde Ringe, in welchen Schnallen- und Strippenteile eingenäht werden. Das Strippenteil ist lang	0,300 m
Das Schnallenstück	0,080 m
Zwischen den beiden Schlaufen der Backenstücke ist eine Oeffnung, durch welche der Nasenriemen geht, diese Oeffnung wird auch oftmals unter den Schlaufen dicht über den Schnallen gelassen. Der Nasenriemen kann auch aus einem Teil gemacht werden und ist dann lang .	0,730 m
Noch kann auch der Nasenriemen ganz fehlen.	
Stirnbänder werden häufig von buntlackiertem Leder auf die mannigfachste Art verziert; auf die Oesen werden kleine Rosetten oder Schleifen gezogen, wie unsere Zeichnungen andeuten. Die Kandarenzügel hh sind lang bis zum Keil	1,400 m

Auf dieselben wird ein Schieber gestochen oder aus kernigem Leder ein Doppelschieber gemacht.

Die Trensenzügel g g werden in der Mitte zusammengeschnallt und sind jeder lang . . . . 1,200 m

Die Zügelstrippen sind lang . . . . 0,210 m

4. Der Pelham-Zaum.

Fig. 17, Taf. 7.

Er unterscheidet sich von Fig. 4 durch das Pelham-Gebiß, das zur Aufnahme zweier Zügel dient, die oberen Zügel wirken wie beim Trensengebiß, die unteren hingegen annähernd wie bei der Kandare.

5. Der rundgenähte oder geflochtene Reitzaum (für Damenpferd).

Fig. 2, 3 und 18, Taf. 7.

Das Kopfstück Fig. 3 ist ein Riemen mit Schnalle und 2 Schiebern und nimmt die Trensen- und Kandarenbackenstücke auf. Es ist lang . . . . 0,660 m

Die Trensen- und Kandarenbackenstücke a a sind aus einem Stück rund genäht oder auch geflochten und sind lang . 0,620 m

Die Strippen daran . . . . 0,210 m

Das Stirnband ist im Lichten lang . . . . 0,320 m

Auf die Oesen, durch welche die Backenstücke gehen, werden Rosetten gezogen. Der Nasenriemen, welcher in der Mitte ebenfalls geflochtene Verzierungen hat, ist doppeliert und lang . . . . 0,730 m

Der fliegende Kehlriemen Fig. 2 hat eine Oese, durch welche das Kopfstück gezogen wird und ist lang . . . . . 1,250 m

Derselbe ist unten mit Lederquaste und Schieber versehen.

Der Kandarenzügel ist vorn rund genäht oder geflochten; nach hinten flach. Jedes runde Teil ist lang . . . 0,700 m

und flach bis zum Keil . . . . 0,540 m

Der Trensenzügel ist zum Zusammenschnallen und ebenfalls vorn rund und nach hinten flach. Jedes einzelne Teil ist rund, lang . . . . 0,650 m

flach bis zur Schnalle . . . . 0,550 m

Zügelstrippen . . . . 0,210 m

6. Dienstzaum für Husarenoffiziere.

Fig. 5, 6 und 10, Taf. 7.

Das Kopfstück Fig. 6 lang . . . . 0,680 m

Dasselbe ist an der breitesten Stelle breit . . . . . 0,036 m

und ist mit metallener Hiebkette versehen.

Der fliegende Kehlriemen a a ist aus einem Stück und lang 1,110 m

Das Stirnband ist mit 5 Buckeln verziert, doppeliert und im Lichten lang . . . . 0,320 m

Kandarenbackenstücke von Schnalle zu Schnalle lang . . 0,220 m

Strippe daran . . . . 0,210 m

In den Backenstücken bleibt über der unteren Schnalle eine Oeffnung für den Nasenriemen. Die Trensenbackenstücke werden oben in die Kandarenbackenstücke geschnallt und haben unten einen halbrunden (ovalen) Ring, in welchen die Trense eingeknebelt wird. Gleich über dem Ringe befindet sich eine kleine Lederöse, in welche die eine Spitze des Knebels gesteckt wird. Dasselbe ist lang vom Ring bis zur Spitze . . . . 0,250 m

Der Nasenriemen (Fig. 10, Taf. 7) ist in der Mitte breiter und mit einer metallenen Verzierung versehen, die durch angebrachte Scharniere sich biegt. Der Nasenriemen ist lang . . . . 0,730 m

Zwischen Stirnband und Nasenriemen sind die Kreuzketten, welche auch aus Leder, dreifach geflochten gemacht werden. Die Kreuzbuckel ist auf Leder befestigt, durch welches die Ketten kreuzweis gehen. Eine jede Kreuzkette ist lang 0,350 m

In der Mitte des Kopfstückes ist ein kleiner Gürtel aufgenäht, welcher Hiebkette und Kehlriemen umfaßt. Der Kandarenzügel ist lang . . . . 1,400 m

Der linke Zügel muß kürzer sein . . . . 0,030 m

weil der rechte, wenn ihn der Reiter in der Hand hat, durch den Finger verkürzt wird.

Der Trensenzügel, auf welchem sich oftmals ein Martingalschieber befindet, ist zur Hälfte lang . . . . . . 1,200 m

Die Zügelstrippen . . . . 0,210 m

Der Beschlag ist je nach Vorschrift bei den Regimentern weiß oder gelb. Die Schnallen viereckige Doppelschnallen, die Strippen vorn mit Metallspitzen besetzt.

Einige Husarenregimenter haben Zäume und Vorderzeuge mit kleinen Muscheln, sogenannten Schlangenköpfen besetzt. Fig. 5, Taf. 7, zeigt uns einen fliegenden Kehlriemen mit Paradepanzerdecke. Die einzelnen Silberketten sind auf sämisches Rindleder genäht und das Ganze ist an das Kopfstück mit 3 kleinen Lederösen befestigt. An dem unteren Halbmonde des Kehlriemens hängt ein weißer Büffelschweif.

7. Dienstzaum für Infanterie- und Kavallerieoffiziere, außer Husaren.

Fig. 11 bis 16, 23 und 24, Taf. 7.

Kopfstück (Fig. 11) lang . . . . 0,680 m

Gespalten . . . . 0,210 m

Stirnband (Fig. 12) im Lichten . . . . 0,320 m

Trensenbackenstück (Fig. 16) lang . . . . 0,250 m

Kandarenbackenstück (Fig. 15) von Schnalle zu Schnalle lang . . . . 0,220 m

Strippe daran lang . . . . 0,210 m

Nasenriemen (Fig. 14) lang . . . . 0,730 m

Letzterer wird nur noch in Ausnahmefällen benutzt; im allgemeinen ist er nicht mehr vorschriftsmäßig.

Kehlriemen (Fig. 13 a) Schnallenteil	0,250	m
Strippenteil (b)	0,300	m
Trensenzügel (Fig. 24) wird in die Trense eingenäht und ist zur Hälfte lang	1,200	m
Der Kandarenzügel (Fig. 23) ist zur Hälfte lang . . .	1,400	m
Der linke Zügel muß kürzer sein	0,030	m

8. Paradezaum für Generalpferde.

Fig. 7, 8, 9 und 22, Taf. 7.

Dieser Zaum hat verzierte ziselierte Schnallen und Spitzen und ist teils aus lackiertem Koppelleder, teils aus echter Goldtresse, die auf Leder genäht wird, gefertigt.

Das Kopfstück (Fig. 7) ist aus lackiertem Koppelleder geschnitten und der Teil für das Trensenbackenstück ist mit Goldtresse besetzt; lang ist dasselbe	0,680	m
gespalten	0,210	m
Stirnband (Fig. 22) ebenfalls mit Goldtresse besetzt, die Oesen von lackiertem Leder; lang ist dasselbe im Lichten	0,320	m
Kandarenbackenstück von Lackleder gefertigt; lang von Schnalle zu Schnalle	0,220	m
Strippe daran	0,200	m
Trensenbackenstück von Goldtresse, auf starkes Schafleder genäht; lang von Schnalle zu Schnalle	0,250	m
Strippe daran	0,200	m
Kehlriemen aus lackiertem Leder, geht durch die Stirnbandösen und unter dem Kopfstücke durch, aus einem Teil und ist lang	1,000	m
Nasenriemen (Fig. 8) ist aus lackiertem Rindleder und lang	0,730	m
Er hat in der Mitte ein Beleg von einer Länge von	0,320	m
und ist verziert genäht.		
Kandarenzügel aus lackiertem Koppelleder, ist lang zur Hälfte	1,400	m
der linke Zügel ist kürzer	0,030	m
Die Trensenzügel (Fig. 9) sind von Goldtresse auf starkes Schafleder genäht und zur Hälfte lang	1,200	m
Strippe dazu	0,210	m

9. Schoenbeck-Kandaren-Zaum.

Fig. 19, Taf. 7.

Diese, von Herrn Major Schoenbeck konstruierte und laut kriegsministerieller Verfügung bei der Armee gestattete Kandare stellt eine leichte, durchaus schmerzfreie Zäumung dar und ist hauptsächlich für solche Reiter von wesentlichem Nutzen, die, mit nicht sicherem Sitz ausgerüstet, für denselben einen gewissen Stützpunkt in den Zügeln suchen müssen, was bei dieser Zäumung das Pferd nicht belästigt. Die Kettenzäumung wird stets eine gewisse Tortur für das Pferd sein, vorzüglich in einer schweren und unsichern Faust und daher kommen die verschiedenen Unarten des Pferdes unter dem Reiter. Das Pferd sucht sich dem ewigen Drucke zu entziehen, es kriecht hinter die Zügel, faßt nach der Stange, nimmt die Zunge über das Gebiß, schlägt mit dem Kopf und wird der Schmerz immer heftiger, so geht das Pferd durch, wird störrig und wird so verdorben, daß es selbst von guten Reitern nicht mehr korrigiert werden kann und daher wertlos ist.

Die Vorteile dieser Konstruktion sind, daß die Kinnkette durch einen verschnallbaren Lederriemen, welcher durch zwei, an der Spitze des Oberbaums befindliche Metallösen in annähernd rechtwinkeliger Stellung zu der Stange erhalten wird. Hierdurch wird 1. eine reinere Hebelwirkung auf den Unterkiefer erzielt, 2. der Hauptstützpunkt des Hebels von der schwächsten Stelle, der Kinnkettengrube, auf eine kräftigere Knochenlage verlegt, die ihm mehr Halt bietet, 3. die quetschende Wirkung der Kandare aufgehoben, da nur die faktische Hebelwirkung in Kraft tritt, 4. ein Klemmen der Lefzenwinkel und Durchscheuern unter dem Riemen, wie solches oft bei der Kinnkette in der Grube vorkam, vermieden, 5. ein Steigen der Kinnkette, 6. ein Durchfallen der Kandare unmöglich gemacht, 7. die sogenannte falsche Wirkung der Kinnkette auf die Grube fortgeschafft, 8. endlich kann die Kandare, einmal richtig verpaßt, kaum falsch aufgelegt werden, da weder beim Ab- noch Aufzäumen der Kinnriemen gelöst zu werden braucht, was auch das schnellste Aufzäumen ermöglicht.

Bei rechtzeitiger Anwendung der Schoenbeck-Kandare wird das Pferd willig und bequem werden, weil die immerwährende Schmerzerzeugung fortfällt und selbst Pferde, die gar nicht an das Gebiß heranzubekommen waren, gehen gleich vertrauensvoll an die Kandare heran und das stets ersehnte Abkauen, was zur Weichmäuligkeit des Pferdes soviel beiträgt, wird erzielt. Die dreiteilige Unterlegtrense erfüllt ebenfalls den Zweck, sich dem Maule und dem Mundstücke bequem anzupassen, so daß jedes Kneifen und Drücken an und im Maule des Pferdes vermieden wird. Unter der Rubrik „Von den Trensen und Kandaren“ werden wir noch besonders der Schoenbeck-Kandare Erwähnung thun.

Was den Zaum anlangt, so führt das Pferd auf dem Kopfe eine elegante Reithalfter mit Stirn-, Nasen- und Kinnriemen. Der Nasenriemen ist nicht aus einem Stück, sondern, wie die Zeichnung zeigt, in Ringe, hinten verschnallbar, eingenäht. Der Kehlriemen ist unter dem Genickstück durchlaufend, um den Platz für das Kandaren-Kopfstück zu gewinnen. Der Stirnriemen kann vermittelst eines angesetzten Endes von beiden Seiten aufgeknöpft werden und dieses Ende schließt das Genickstück des Kandarentragriemens ein. Wenn man demnach den Stirnriemen aufknöpft, so kann man dem Pferde die Kandare mit ihrem Tragriemen abnehmen, während die Halfter auf dem Kopfe bleiben kann. Da jedoch der Kinnriemen der Kandare unterhalb der Trensenringe liegt, so ist es notwendig, vorher die Trense, welche vermittelst Karabiner- oder Federhaken (beim Militärzeug Knebelkettchen) in den Halfterringen befestigt ist, aus diesen auszuhaken. Man nimmt dann die Trense aus dem Maul und kann nun auch die Kandare, ohne eine weitere

Schnalle zu lösen, vom Kopf abstreifen. Das Aufzäumen geschieht wieder so, daß man zuerst die Kandare auflegt, dann die Trense ins Maul gibt.

Für Touren-Reiten oder für Reiter, welche ihr Pferd unterwegs einstallen, füttern oder tränken wollen, hat dies den großen Vorteil, daß sie nicht eine besondere Stallhalfter mitzuführen brauchen.

Die Kandaren mit geraden oder S-Stangen sind mit Kinnriemen nur vom Hofsporer Ed. Schulze in Potsdam zu beziehen. Sie werden unter Angabe der gewünschten Maulbreite in dem Stangenverhältnis von 2 : 3 — für ganz weichmäulige Pferde — oder 3 : 5 — für die Allgemeinheit passend — geliefert.

Rechtes Backenstück mit Kopfstück der Unterleghalfter	0,778 m
Linkes Backenstück mit Schnalle	0,240 m
Nasenriemen	0,360 m
Kinn- und Kehlriemenstößel jeder lang . .	0,140 m
Kopfstück des Kandarenzaumes (Hauptgestells)	0,650 m
Backenstücke	0,330 m
Backenstückstrippen	0,260 m
Stirnband	0,400 m

10. Die Ringkandare. Patent Spohr.

Fig. 20, 21, 25 und 26, Taf. 7.

Diese dem Herrn Oberst-Leutnant z. D. Spohr patentierte Kandare verfolgt dieselben Zwecke als die vorher beschriebene Schoenbeck-Kandare und zwar 1. Beseitigung der Kinnkette und ihrer schädlichen Konsequenzen, 2. Vervollkommnung der Trensenwirkung, namentlich durch Begrenzung ihrer Bewegung nach oben und seitwärts, 3. schnelle Verbindung resp. Lösung der Gebisse mit resp. aus der auf dem Pferdekopf befindlichen Halfter, 4. Vereinfachung des Zaumzeuges überhaupt.

Die Firma Theodor Schmöle Söhne Nachfolger in Iserlohn, Metallwarenfabrik, liefern ausschließlich die wesentlich noch verbesserten Metallteile und sagen darüber:

Die Konstruktion der „Ringkandare" beruht auf den bekannten von Oberst-Leutnant Spohr (siehe die Zäumung bei Reit- und Kutschpferden, Hannover bei Schmorl und von Seefeld 1888) aufgestellten, in der Richtigkeit unbestrittenen Prinzipien.

Die in die Ringträger eingehängte Kandare spielt in denselben mit außerordentlicher Beweglichkeit, ist leicht aus- und einzuhängen und doch gegen freiwilliges Ausschalten während des Reitens absolut gesichert.

Ihre Bezeichnung führt sie von den bei ihr vorkommenden 10 Ringen (außer den 4 Zügelringen noch 2 Halbmondringe der Oberbäume, 2 Tragringe a a in Fig. 25 und 26, Taf. 7 und 2 Schließringe der Ringträger). Die Kandare wird in L- und S-Form geliefert. Die Oberbäume enden in halbkreisförmigen, oben mit einer Nase versehenen Haken und haben an ihrer Rückseite je einen Halbmondring, durch welche das Gebiß der Unterlegtrense hindurchgezogen wird. Letztere ist so lang, daß sie 4 bis 5 cm Spielung zwischen den Halbmondringen besitzt, wodurch ihre Wirkung eine sehr fließende wird. Dieselbe ist infolge der Weite der Halbmondringe von der des Kan-

Fig. 1.

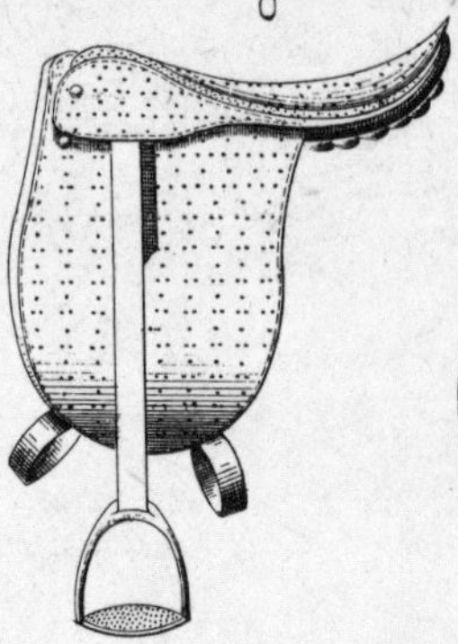

Fig. 2.

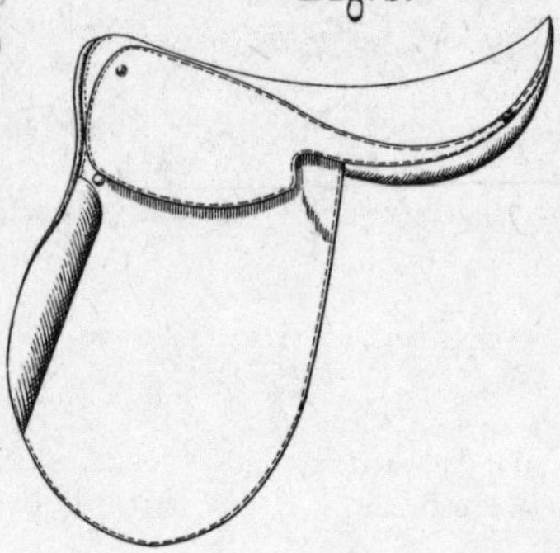

F

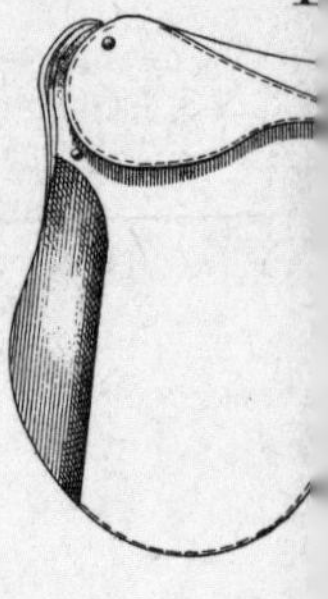

Fig. 9.

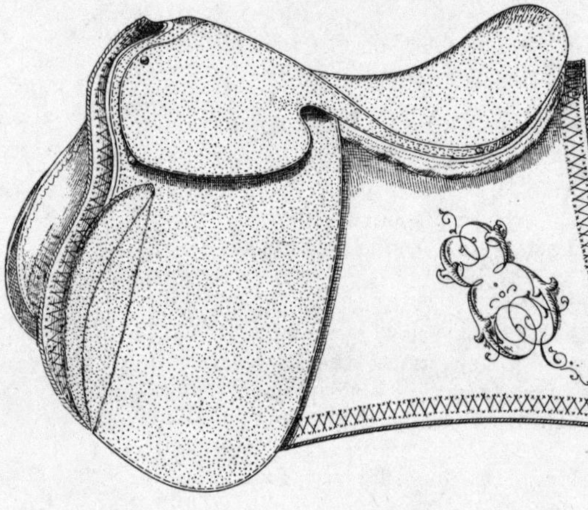

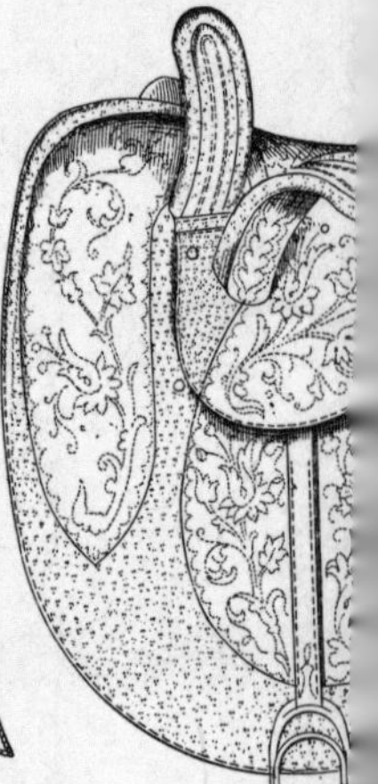

Fig. 14.

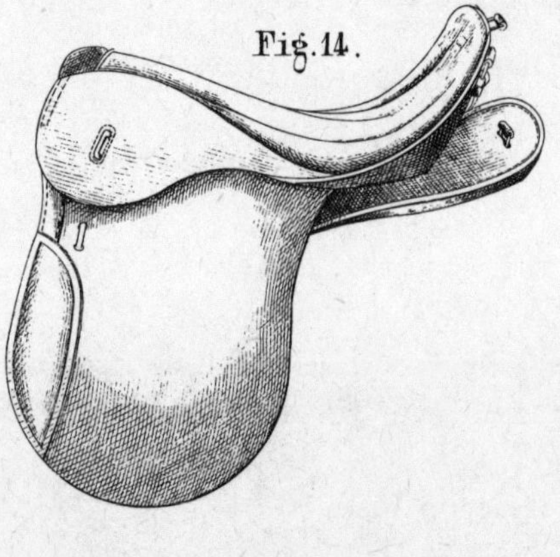

Fig. 15.

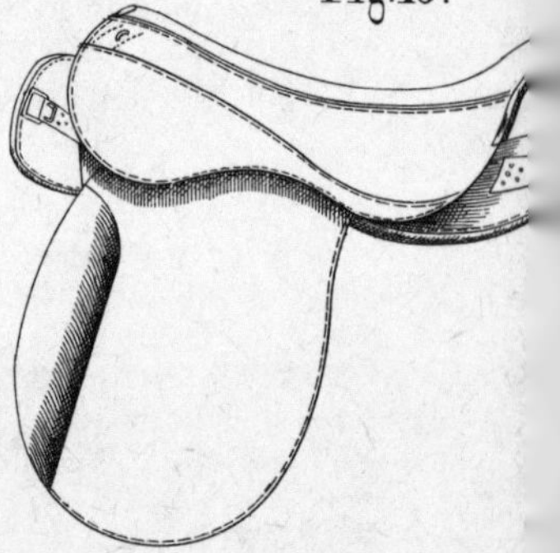

Fig. 4.

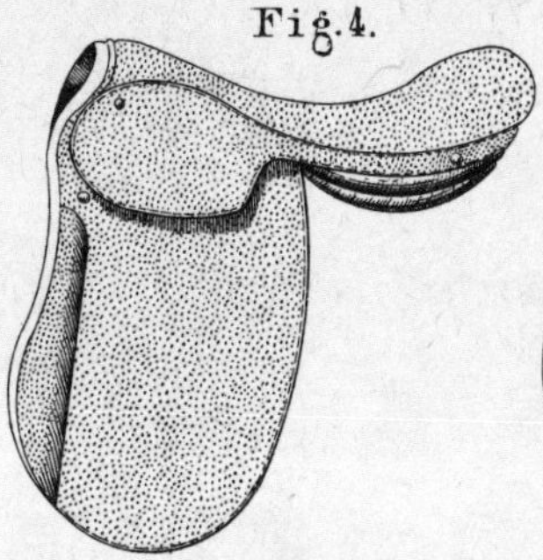

Fig. 5.

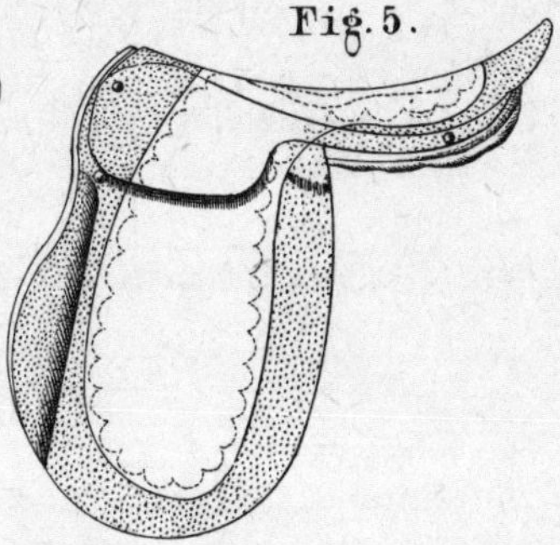

Fig. 6.

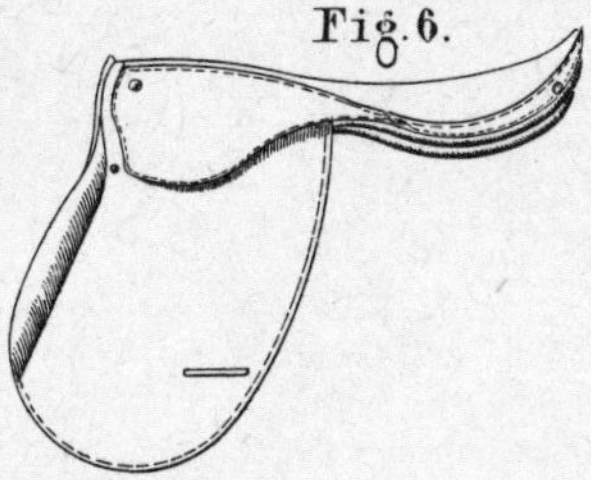

Fig. 7.

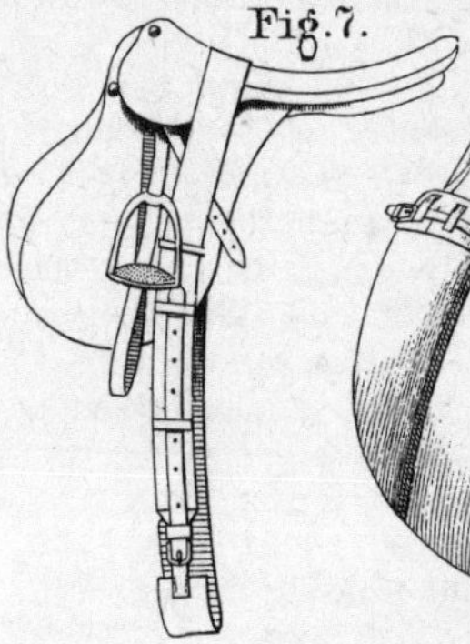

Fig. 8.

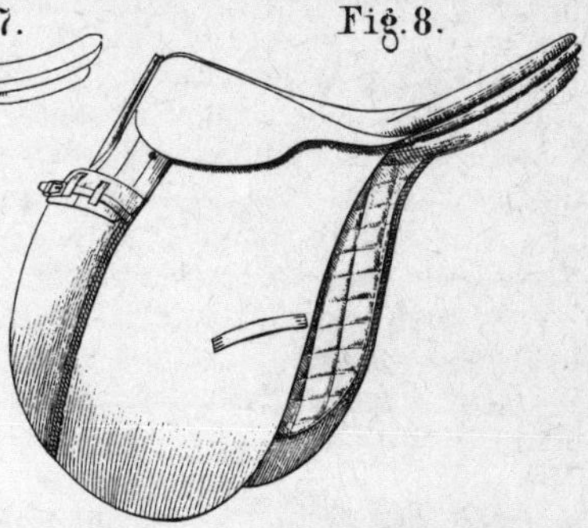

Fig. 11.

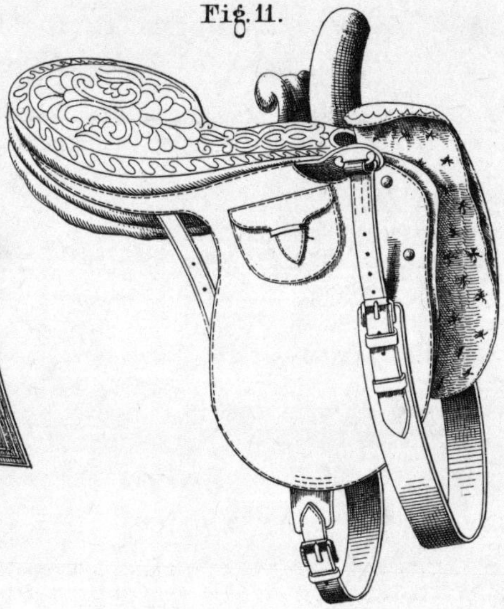

Fig. 12.

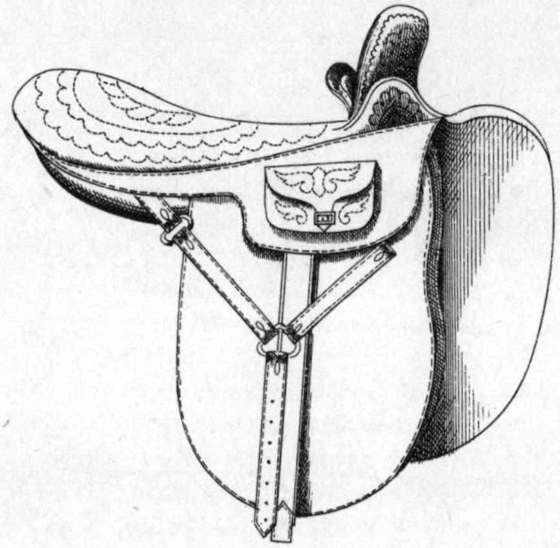

Fig. 13.

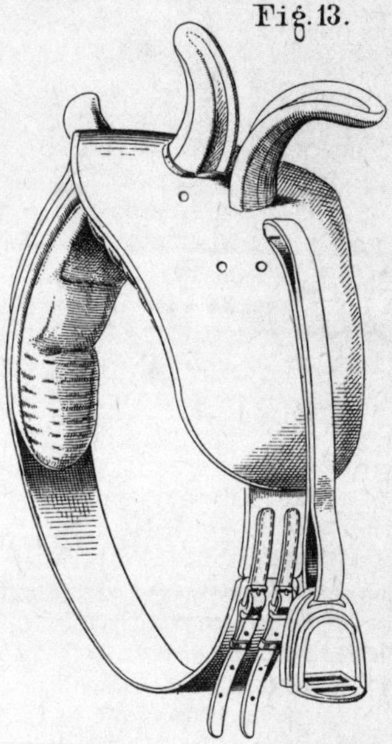

Fig. 16.

Fig. 17.

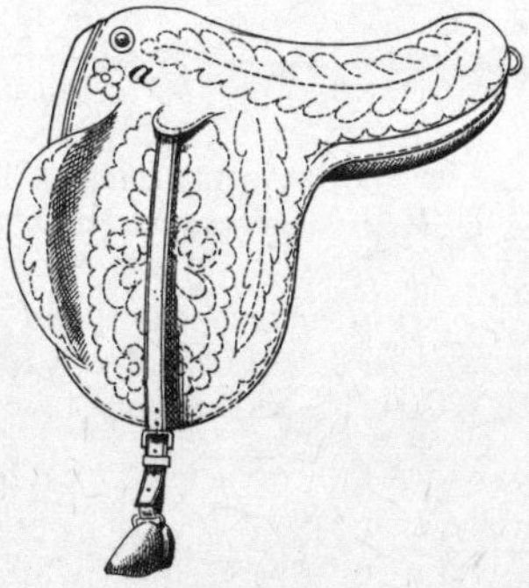

Fig. 18.

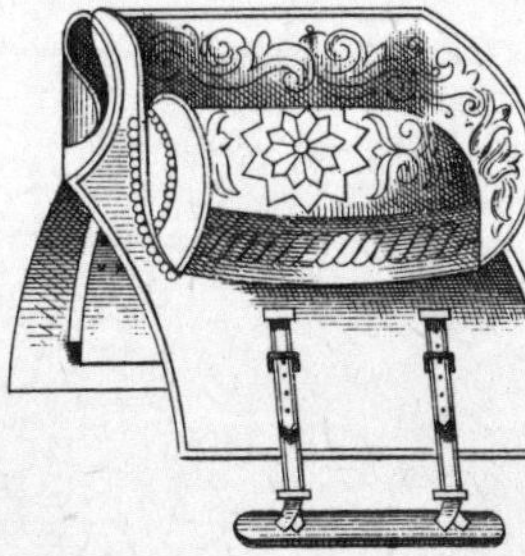

Fig. 19.

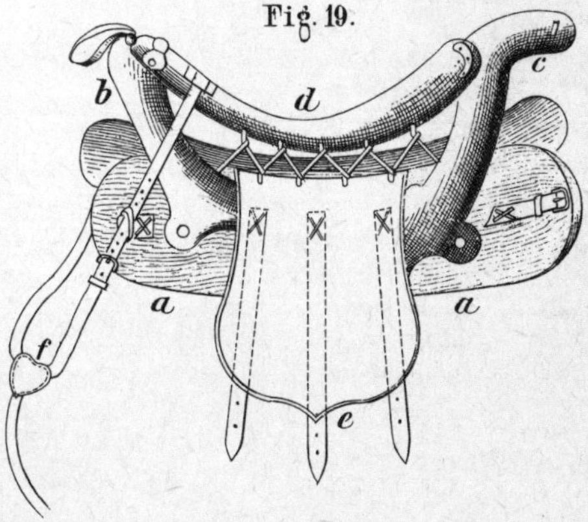

darengebisses ganz unabhängig. Die Ringträger aus Prinzmetall, einer besonders zähen und harten Komposition aus Nickel, Kupfer, Zink und Eisen (nicht oxidierend), bestehen aus der Oese, welche zur Verbindung mit den Backenstücken des Hauptgestells dient, Fig. 25 und 26, Taf. 7, den Tragring a, welcher in seinem kegelförmigen Halse einen Schlitz b besitzt, durch welchen die Nase des Kandarenhakens ein- und austreten kann; auf dem Halse bewegt sich in wagerechter Richtung drehbar der Schließring mit Kinnkettenhaken. Dieser Schließring verschließt, wenn er sich unterhalb der vorn am oberen Ende des Schlitzes sitzenden Warze c befindet, den Schlitz (Fig. 25), läßt ihn aber offen, wenn er oberhalb der Warze hinaufgeschoben wird (Fig. 26).

Um über diese Warze hinübergleiten zu können, besitzt der Schließring dicht vor seiner Oese für den Kinnkettenhaken eine Auskehlung d. In die Kinnkettenhaken wird nun der Kinnriemen, Spohrscher Konstruktion, eingehängt. Dieser Kinnriemen, Fig. 21, Taf. 7, begünstigt die Genickbiegung (Beizäumung), weil sein aufrichtender Gegendruck vom Pferde weit weniger empfunden wird als der der Kinnkette, daher der Gebißdruck vorzugsweise zur Wirkung gelangt. Der Kinnriemen eignet sich daher zunächst für alle Pferde, welche zuerst auf Kandare gesetzt werden und noch nicht auf solche geritten wurden; sodann ganz besonders für solche, welche von Natur den Hals hoch (Hirschhälse, Sterngucker) oder annähernd normal tragen, sich aber der Genickbiegung durch Aufwärtsstrecken der Nase oder Zuhochtragen des Kopfes zu entziehen suchen. Sind die Hinterkieferknochen des Tieres scharf, ist das Tier empfindlich, so ist der Kinnriemen um so mehr angezeigt. Auch wird man mit dem Kinnriemen alle noch von der Trensendressur verbliebenen Schwierigkeiten in Genick und Ganaschen leichter beseitigen können als mit der Kinnkette.

Der Spohrsche Kinnriemen besteht aus einem Doppelzugriemen mit Halbschnalle an der linken Seite, welcher durch 2 metallene Kinnriemenösen durchgezogen wird, vermittelst deren er einfach in die Kinnkettenhaken eingehängt werden kann, wie eine Kinnkette. Er braucht also nur ein für allemal passend zusammengeschnallt zu werden und hat dann vor der Kinnkette noch den Vorrang, daß er nicht ausgedreht zu werden braucht und nicht verdreht eingehängt wird. Damit er nicht auseinander klafft, oder sich verschiebt, ist er mit einer durch 2 Druckfalzknöpfchen geschlossenen, 8 cm langen Schlaufe aus weichem Blankleder umhüllt. Diese weißen oder gelben Metallknöpfchen gestatten ein schnelles Oeffnen und Schließen dieser Schlaufe bei Verlängerung oder Verkürzung des Riemens.

Aus der Zeichnung Fig. 20 ist deutlich ersichtlich, auf welche Weise der Halfterzaum gearbeitet ist und er in die Kandare geschnallt wird.

Selbstverständlich kann diese Ringkandare für jede andere Zäumung angewendet werden. Bei Aushakung der Kandare ist es natürlich notwendig, um dem Pferde nicht etwa unnötigen Schmerz zu bereiten, daß der Kinnriemen und auch der Kehlriemen gelöst wird.

Rechtes Backenstück mit Kopfstück lang . .	0,800 m
Linkes Backenstück	0,220 m
Stirnriemen im Lichten	0,330 m
Kehlriemen (durchgehend)	1,000 m
Nasenriemen	0,460 m
Kinnstück, Strippenteil	0,230 m
Kinnstück, Schnallenteil	0,300 m
Kehlriemenstößel	0,160 m

11. Schwanzriemen für Militärreitzeug.

Fig. 4, Taf. 8.

Vom Bausch bis zur Schnalle lang . . .	0,500 m
Auf beiden Seiten gespalten	0,190 m
Die Strippen zum Zurückschnallen lang . .	0,450 m

In der Mitte des Hauptteils befindet sich eine metallene Buckel. Der Schwanzriemen wird nur noch in Ausnahmefällen bei der Armee benutzt.

12. Militär-Obergurt.

Fig. 3, Taf. 8.

Dieselbe wird über die Ueberlegdecke um den Sattel geschnallt; sie ist von Leder oder von Gurt gefertigt und hat im letzteren Falle die Farbe der Ueberlegdecke.

Sie ist lang	1,650—1,800 m
Die Strippe ist lang	0,475 m
Schnallenkappe mit 2 Schlaufen lang	0,180 m

Unter die Gurt werden 2 Streifen Leder (Durchziehschlaufen) genäht, durch welche der Umlaufriemen gezogen wird.

Die erste dieser Oesen ist vom Strippenende der Gurt entfernt	0,350 m
Die andere von der ersten Schlaufe entfernt	0,600 m

13. Militär-Umlaufriemen.

Fig. 2, Taf. 8.

Dieser Riemen geht über der Ueberlegdecke um Sattel und Gepäck herum, damit die Decke gut anliegt und ist lang	2,000 m

14. Englischer Schwanzriemen für Reitzeug.

Fig. 5, Taf. 8.

Das hintere Teil des Schwanzriemens, an welches die Schweifmetze genäht wird, ist aus einem Teil und rund genäht, die ganze Länge dieses Teiles beträgt . . .	0,650 m
Das breite Schnallenteil wird auch aus einem Stück geschnitten und ist lang	0,750 m

Wie die Abbildung zeigt, wird das breite Teil doppelt, vorn in die Schwanzriemenöse des Sattels und hinten um das runde Teil geschnallt und ist deshalb hinter der Schnalle mit 2 Schlaufen und außerdem noch mit einem Schieber versehen.

15. Offizier-Vorderzeug mit Martingale.

Fig. 6, Taf. 8.

Halsriemen a ist mit Unterlage versehen und lang . . .	0,280 m
Gürtel d d werden durch die Vorderzeugösen des Sattels gezogen und sind lang	0,550 m
Die Bruſtriemen c c werden oben in die Ringe eingenäht und unten ebenfalls in die doppelte Lederscheibe e, auf welcher die metallene Buckel aufgesetzt ist und sind lang	0,580 m
Auf das untere Teil der Scheibe wird ebenfalls das Schnallenteil des Martingales genäht. In die Oeffnung, die zwischen den beiden Scheiben an der Stelle bleibt, wird die Strippe eingesteckt. Der Martingale b ist im ganzen lang	0,350 m
gespalten	0,200 m
Die ganze Länge des Sprungriemens f bis zur Schnalle beträgt	0,960 m

16. Englisches Vorderzeug.

Fig. 7 und 8, Taf. 8.

Der Halsriemen a ist doppeliert und bombiert, lang . .	0,260 m
Gürtel b b	0,550 m
Brustriemen c c	0,580 m
Sprungriemen e, vom Ring bis zur Schnalle lang . . .	0,960 m

Unter dem Ringe ist eine Lederunterlage d untergenäht.

Zu diesem Vorderzeuge werden mit Leder bezogene Ringe angewendet.

Der Martingale Fig. 8 kann in den Brustring des Vorderzeuges eingeschnallt werden.

17. Jagdvorderzeug,

wenn solches so benannt wird, entspricht vollständig dem vorherbeschriebenen englischen Vorderzeug, Fig. 7, Taf. 8, nur mit dem Unterschiede, daß dasselbe statt von Leder von weißer Handleinengurt angefertigt wird, daß die Strippen und Schnallenkappen aus sämischgarem Rindleder geschnitten und statt der überzogenen Ringe solche von Elfenbein angewendet werden.

18. Der Martingale.

Fig. 23, Taf. 8.

Sprungriemen a lang	1,300 m
gespalten	0,300 m
Halsriemen b, ganze Länge	1,300 m
Die Schlaufe, durch welche der Sprungriemen gezogen wird, ist von der Schnalle entfernt	0,350 m

19. Sprungriemen mit Martingale zum Einschnallen.

Fig. 14, Taf. 8.

Der Sprungriemen a ist breit gelassen und ist lang	0,950 m
Halsriemen b ist aus einem Stück und rund genäht, er geht durch eine Oese, die am Sprungriemen umgenäht wird und ist lang	1,200 m
Martingale c ist im ganzen lang	0,350 m
gespalten	0,200 m
Er wird vom Spaltpunkte aus rund genäht, bis ungefähr vom Ring entfernt . . .	0,040 m

20. Sprungriemen mit Martingale, rundgenäht oder geflochten.

Fig. 17, Taf. 8.

Der rundgenähte Halsriemen ist lang . . .	1,260 m
Der Sprungriemen rundgenäht	0,800 m
Das flache Teil zum Selbstschnallen . . .	0,450 m
Rundgenähtes Martingaleteil	0,450 m

21. Einfacher Martingale, in das Trensengebiß zu schnallen.

Fig. 35, Taf. 8.

Ganze Länge von Schnalle zu Schnalle . .	1,500 m
Die vorderen Strippen, welche in die Trensenringe geschnallt werden, sind lang . . .	0,240 m

22. Seidlers Sprungzügel.

Fig. 20, Taf. 8.

Sprungriemen a lang	0,960 m
Halsriemen b lang	1,400 m
Die Schlaufe, durch welche der Sprungriemen geht, ist von der Schnalle entfernt . .	0,350 m
Der lange Zügel c, dessen beide Enden spitz auslaufen, wird durch den Kinngürtel d gezogen, geht durch den Ring des Sprungzügels und wird mit seinen beiden Enden an den Oesen des Sattels befestigt. Er ist lang	3,000 m
Der Kinngürtel mit 2 Schlaufen und einem Schieber versehen ist lang	0,460 m

23. Sprungzügel.

Fig. 18, Taf. 8.

Sprungriemen a ist lang	0,960 m

Der Zügel b ist Halsriemen und Zügel zugleich, hat am Ende einen Karabinerhaken, der in einem am Kinnstücke angebrachten Ringe eingehakt wird.

Die Ringschlaufe c, ist zur Hälfte lang . .	0,050 m
Diese wird auf den Kinngürtel d gezogen, derselbe ist lang	0,460 m
und ist mit 2 Schlaufen und einem Schieber versehen.	
Der Karabinerhaken sitzt in einem breitgehaltenen Teile des Zügels, dieses Teil ist lang	0,100 m
Von da an ist der Zügel rund genäht und zwar lang	0,580 m
An dem einen Teile ist dann das Strippenteil breit gelassen, von der Rundung lang	1,150 m
An dem anderen Teile das Schnallenstück breit gelassen, lang	0,210 m

24. Der Rollzügel,

Fig. 19, Taf. 8,

unterscheidet sich von dem vorherbeschriebenen Seidlerschen Zügel dadurch, daß der Ring nicht wie bei letzterem flach vor der Brust des Pferdes liegt, sondern auf hoher Kante. Das Einnähen wird dadurch bewirkt, daß man den Sprungzügel teilt und die beiden Enden kreuzweis durch den Ring legt und hinten flach mit dem Vorderteil durchnäht. Die Längenmaße sind genau dieselben.

25. Militär-Sprungriemen,

Fig. 19, Taf. 9,

oder Vorderzeug genannt. Bei diesem sind Halsriemenstrippe und Schnallenteil, sowie Sprungriemen in einen Ring eingenäht, welcher mit einem herzförmigen Leder von beiden Seiten verdeckt ist.

Halsriemenstrippe ist lang	1,000 m
Schnallenteil	0,450 m
Sprungriemen, lang	0,950 m

Achter Abschnitt.

Von den Sätteln.

Das Sattelmachen ist eine der schönsten Künste des Sattlers und erfordert dasselbe Geschick und Akkuratesse, infolgedessen Uebung und Geschmack und ist hauptsächlich bei diesem Artikel, wie schon öfter erwähnt, notwendig, daß der Verfertiger, wenn er etwas Ausgezeichnetes liefern will, sich nur auf solche Arbeiten ausschließlich befleißigt. Als Kommentar führen wir dazu nur an, wie sich ein sonst tüchtiger Sattlergesell einer deutschen Kleinstadt wundern würde, wenn er in der Regentstreet in London, in einen Sattelmacherladen hineinsähe und hinter den blendendweißen Tischen die Herren in tadelloser weißer Wäsche, in schneeweißer Schürze, mit den aristokratisch weißen Händen an den Sätteln arbeiten sähe, die dann freilich aus diesen Händen hervorgehen, als hätten überhaupt solche nie daran gearbeitet. Wir führen hier London als Beispiel an, weil es der hauptsächlichste Platz des Sattelbaues ist, dasselbe hatten wir ja auch öfter Gelegenheit in Deutschland zu beobachten.

Der jetzt in ganz Deutschland, wir können wohl sagen, in ganz Europa am meisten verbreitete und benutzte Sattel ist der „englische". Ihm zur Seite steht der „ungarische Sattel", der zwar in seiner Bauart gänzlich von dem ersteren abweicht, aber für Kavallerie, vermöge seiner Konstruktion, der praktischste ist, weshalb er zu diesem Zwecke auch in ganz Europa Verbreitung gefunden hat. Außer einem festen Sitze für den Reiter, gewährt er leichte Anbringung des Gepäcks, ohne daß letzteres den Reiter noch das Pferd beläftigt.

Nur in sehr seltenen Fällen werden andere Arten Sättel verlangt und angefertigt; es sei denn, daß sie einem besonderen Zwecke dienen sollen, als z. B. „Sprungsättel" für Kunstreiter oder „der Pachtersattel", Fig. 18, Taf. 9, für Esel und Maultiere, welcher von Pachterfrauen in der Normandie benutzt wird oder in Gebirgsgegenden von trägen Bergsteigern. Ein ebensolcher Quersattel ist unser jetzt gebräuchlicher englischer „Damensattel". Im Jahre 1380 fingen die Damen an auf Quersätteln zu reiten. Anna v. Luxemburg, Gemahlin Richard II., führte diese in England ein, weil sie diese Art zu reiten für anständiger hielt. Selbst in Reitschulen werden die englischen Sättel vorzugsweise angewendet und in sehr seltenen Fällen benutzt man da noch den sogenannten „deutschen Schulsattel". Es kann hier unsere Absicht nicht sein, von alten, aus der Mode gedrängten Sätteln zu sprechen und beachten wir deshalb die nur heute angewendeten und gebräuchlichen.

1. Der englische Herrensattel.

Wie schon erwähnt sind seine Vorzüge: praktische Bauart und leichtes Ansehen auf dem Pferde. Er wird je nach Wunsch und Bedarf, leichter oder schwerer, mit flacherem oder geschweifterem Sitz, auch mit verschiedenen Beinfuttern und Wulsten gemacht, woher auch die verschiedenen Benennungen herrühren: als Rennsättel, Fig. 7, Taf. 9, Steeple-chase-Sättel, Fig. 6, Taf. 9, Promenadensättel und Jagdsättel, Fig. 2, Taf. 9, die sich im wesentlichen alle gleich sind. Unsere Abbildungen, Fig. 1 bis 7 und 9, Taf. 9, zeigen uns englische Herrensättel verschiedener Art, welche zum Teil Modelle von H. V. Schütze in Hannover sind, welcher auch in diesem Artikel großes Lager hält. Uns bekannte, sehr tüchtige Sattelmacher sind: Guirmand, Hartmann, Steinmetz, J. C. Schönberger, C. Peters in Berlin, A. Weiß & Sohn in Braunschweig, Gebrüder Döring und C. Köpke in Leipzig, J. M. Meyer in München, L. Müller in Stuttgart und W. Statthalter in Bonn. Zeichnungen von dem letzteren Herrn sind Fig. 9 und 10, Taf. 9. Julius Erb, k. k. Hofsattler in Berlin. Zeichnung von demselben ist der Gewichtsattel, Fig. 8, Taf. 9.

Gehen wir nun zur Beschreibung der Anfertigung dieses Sattels über.

a) Von den Sattelbäumen.

Der Baum ist die Grundlage oder das Gerüst des Sattels. Man unterscheidet: 1. Holzbäume, Fig. 17, Taf. 10, Seitenansicht, Fig. 16 untere Ansicht, meistens aus Rotbuchenholz gefertigt und 2. Federbäume, Fig. 25, Taf. 10, welche aus Stahlschienen und Leder gearbeitet werden.

Noch vor 25 bis 30 Jahren war es fast allgemein gebräuchlich, daß der Sattelmacher auch den Baum von Holz selbst anfertigte. Es wurde dies in damaliger Zeit als Meisterstück von einem Sattelmacher verlangt. In unserer Jetztzeit jedoch, wo die entsprechende billige Herstellung der Ware eine große Rolle spielt, wo die Teilung der Arbeit sich immer mehr und mehr eingebürgert hat, ist auch dieser Bau der Sattelbäume Spezialarbeit einzelner Sattler oder Holzarbeiter geworden und wir müssen eingestehen, daß im Grunde diese Arbeiten auch für eine Sattlerwerkstatt nicht paßten. Die Bäume kommen jetzt fix und fertig behäutet, beschlagen und grundiert im Handel vor und wäre es an dieser Stelle wohl nicht angebracht, ein Wort über Sattelbäumemachen zu verlieren, erwähnen wir nur die technischen Benennungen der einzelnen Teile desselben, Fig. 17, Taf. 10, a der Kopf, b die Orte, c die Stege, d der Aefter, e die Sturzöse zur Aufnahme der Steigbügelriemen.

Sehr zu empfehlen sind die sauber und gut gearbeiteten Bäume von G. Kröck in Prenzlau, Um.

Anders verhält es sich mit dem Federbaum, Fig, 25, Taf. 10, welchen stets der Sattler selbst machen muß. Zu diesem Zwecke hat man einen Holzblock nötig, welcher genau so ausgearbeitet sein muß, wie es die Lage und Form des Sattelbaumes verlangt. Ebenso wie die Bäume von Holz größer oder kleiner, enger oder weiter, mit höherem oder niederem Aefter angefertigt werden, so ist es auch mit dem Federbaum der Fall. Fig. 1 und 2, Taf. 10, sind Ledermodelle zu einem Federbaum, dieselben sind $^1/_{10}$ natürlicher Größe gezeichnet. Man schneidet von Fig. 1 vier Teile, von Fig. 2 zwei Teile aus starkem Wasch- oder Brandsohlenleder. Zunächst weicht man 2 der großen Teile ein und walkt und heftet diese so über den Block, daß das Leder hinten zusammenstößt und vorn am Kopf etwas übereinander geschärft wird. In der Mitte, auf der Sitzstelle bleibt dann eine Oeffnung. Nun werden die beiden noch übrigen Teile in derselben Weise über die ersten hinweggeheftet. Ist das Leder getrocknet, so wird es akkurat in der Form, welche der Baum haben soll, beschnitten, am Aefter zusammengestoßen, abgenommen und an den Kanten zusammengenäht, wie ebenfalls unsere Abbildung zeigt. Der Aefter wird genau in der Form, welche er bekommen soll, ausgeschnitten und die Leder an den äußeren Kanten zusammengenäht. Zwischen diese beiden Teile nietet man eine starke Eisenschiene, welche genau nach der Stellung des Aefters gerichtet sein muß und an beiden Seiten noch ungefähr 0,070 m vorsteht, um mit der Stahlschiene, welche der Länge nach durch die Stege geht, verbunden werden zu können. Die punktierten Linien auf der Abbildung zeigen genau die Lage der Schienen an. Der Aefter wird nun fest an das Hauptteil angenäht. Der Kopf und die Orte werden ebenfalls mit Eisenschienen gut beschlagen, wie auch die Abbildung angibt. An die Stegschiene wird die bewegliche Sturzöse angenietet. Nun wird der Baum auf den Stegen noch mehrmals durchgenäht und auf die Oeffnungen starkes aber weiches Sämischleder genäht.

Diese Bäume haben vor den hölzernen den Vorzug, daß sie sich, vermöge ihrer Elastizität, dem Rücken des Pferdes besser anschmiegen und weniger Druckflecke verursachen.

Eine lieferungsfähige Firma in diesen Federsätteln ist Milzareck, Sattlermeister in Halle a/S. Fertige Beschläge für diese Bäume liefert sehr schön A. Thomas, Dresden, Oberseergasse 8.

b) Vom Begurten des Baumes.

Zur Herstellung des Sitzes an einem hölzernen Sattelbaume muß derselbe zuerst begurtet werden. Zu diesem Zwecke sucht man zunächst die Mitte des Aefters und des Kopfes, legt, je nachdem der Sitz flach oder oval sein soll, die zwei Längengurten enger oder weiter, gerader oder schräger am Aefter an und heftet sie mit Nägeln fest. Dann lasse man die Gurt auf den Stegen aufliegen bis nach dem Kopfe, breche sie da in der Mitte zusammen und mache von der Mitte des Kopfes aus, rechts und links einen Punkt, der die Breite der Gurt anzeigt. Am Kopfe muß die Gurt 0,020 m überstehen. Dann nagelt man die Gurt am Aefter mit kleinen Nägeln, sowie sie geheftet ist, fest. Jetzt zeichnet man die Quergurten an und zwar so, daß die erste, die Strippengurt, gleich hinter die Sturzösen zu liegen kommt. Es werden gewöhnlich 1 oder 2 Quergurten gespannt. Nun schneidet man den Drell, welcher über den Sitz hinter den beiden Quergurten gespannt wird, zu, nagelt diesen links auf dem Stege fest und heftet ihn rechts so an, daß die Längengurt, wenn sie angespannt wird, ungefähr 0,008 m über den Steg zu liegen kommt. Dann wird die Quergurt rechts angenagelt und links geheftet und nun die Längengurten straff angezogen und auf dem Kopfe festgenagelt, so daß die linke Gurt über der rechten liegt. Man bedient sich dazu der Gurtzange, Fig. 31, Taf. 1, danach wird der Drell angezogen und festgenagelt, dann die Quergurt und zuletzt die Strippengurt, an welcher an beiden Seiten 0,190 m überstehen muß. Diese überstehenden Teile werden doppelt zusammengelegt und das Ende derselben auf die untere Seite der Stege genagelt; später werden dann auf dieses doppelte Gurtenstück die Strippen aufgenäht. Das noch frei gebliebene Teil von der Strippengurt bis zum Kopf wird ebenfalls mit Drell bespannt. Beim Anziehen des Drells und der Gurte muß genau darauf geachtet werden, daß ein recht egal geschweifter Zug durch den ganzen Sattelsitz geht. Zuletzt wird der Drell und die Gurten zusammengenäht, die überstehende Gurt am Kopf ausgefranst, die Enden der Quergurt abgeschärft und alles, was noch lose ist, an den Baum festgeleimt.

c) Vom Matratzieren des Baumes.

Rechts und links vom Aefter, bis dahin, wo die Stege schmal werden, nagelt man 2 kleine Wulsten von Flanell oder weichem Leder, welche fest mit Haaren ausgefüllt sind und nach vorn spitz auslaufen, so an, daß dieselben 0,010 m breit mit der Kante der Stege parallel laufen. Ist dies geschehen, so begibt man sich an das sogenannte Ausfilzen, d. h. es werden in die Hohlungen neben die Wulsten fest Haare eingelegt und diese mit Filz bedeckt, der mit einigen Stichen befestigt wird. Viele Sattelmacher unterlassen das Ausfilzen und ziehen es vor, an dieser Stelle die Wolle mit einem Füllstock fest einzufüllen. Um den Umriß des Sitzes zu bestimmen, heftet man die kleinen Taschen mit 2 Nägeln am Kopf und in der Mitte der Wulsten am Baume fest und zeichnet mit Bleistift die obere Kante der kleinen Taschen an; danach entfernt man letztere wieder; nun heftet man die Leinwand oder den Flanell, der zum Matratzieren verwendet werden soll, in der Mitte des Aefters an und legt die Wolle oder Rehhaare, wie es die Wölbung des Sitzes verlangt, auf, legt die Leinwand oder den Flanell darüber und heftet denselben vorn und an den Seiten an, ebenso in der Mitte der Wulsten und von da an bis zum Aefter. Nun wird die Leinwand am Aefter nochmals losgemacht, zurückgeschlagen, etwa fehlende Füllung nachgelegt und die Leinwand wieder festgeheftet; auf dieselbe Weise verfährt man an den Seiten, wo entweder fehlende Füllung bis zu den gemachten Bleistiftstrichen nachgelegt oder weggenommen wird. An dem Kopfende wird ebenso verfahren und nun die Leinwand vom Kopf bis zu den Wulsten festgenagelt, neben diesen durch das Holz festgenäht und am Aefter wieder angenagelt.

Fig. 10, Taf. 10, zeigt uns einen matratzierten Sattelbaum, an welchem auch die Strippen befestigt sind, welche aber erst angenäht werden, wenn der Ledersitz und die kleinen Taschen übergespannt sind.

d) Vom Ueberziehen des Sitzes und Anbringung der Taschen.

Der soweit vollendete Sattel wird nun auf den Sattelbock gelegt, einem mit 4 Beinen versehenen hölzernen Block, der genau nach dem Rücken des Pferdes gearbeitet ist. Die kleinen Taschen werden nun nochmals an den matratzierten Baum angehalten und angeschnitten und an die Stellen, wo später die versilberten Nägel hingeschlagen werden, angeheftet. An der oberen Kante entlang zeichnet man nun die Form der Tasche mit Bleistift an und nachdem man die Tasche entfernt hat, bezeichnet man mit Bleistift ebenfalls die Stellen, wo die Nägel gesessen haben. Soweit man nun vom Kopf bis zu den Stegen nähen kann, näht man 0,010 m von dem Bleistiftstrich entfernt durch Leinwand und Gurt hindurch. Nun wird der Sitz, der gut angefeuchtet ist, übergespannt, bei welcher Arbeit man ebenso verfährt, wie beim Matratzieren. In den meisten Fällen nimmt man Schweinsleder zum Ueberzug, oft aber auch Wildleder. Bei einfachen Sätteln werden die großen und kleinen Taschen von starkem Rindleder gemacht, welches dem Schweinsleder ähnlich gepreßt ist, bei feineren Sätteln wird jedoch etwas schwächeres Rindleder genommen und dieses mit Schweinsleder überzogen. Im ersteren Falle werden nun die kleinen Taschen zum Einködern ausgeschärft, wozu man das Ausschärfmesser, Fig. 18, Taf. 1, benutzt, die Kanten werden dann aufgeputzt und der Köder angereiht. Im anderen Falle werden die kleinen Taschen auf der Fleischseite mit Schweinsleder beklebt, beschnitten, an den Kanten gesteppt, ungefähr 0,009 m von der oberen Kante ebenfalls gesteppt, dann aufgeputzt, zum Ködern ausgeschärft und der Köder angereiht; zu welchem Zwecke das Oberleder 0,006 m über das Unterleder vorsteht. Das Anreihen des Köders muß mit recht gleichmäßigen Stichen geschehen, weil beim Einködern des Sitzes in dieselben Stiche wieder gestochen wird. Zum Köder verwendet man ganz schwaches Kalb- oder Hundeleder, noch besser ist Seehundleder, zu haben bei H. V. Schütze in Hannover und Albert Jüngel in Berlin und Gayer und Kölsch in Mainz. Sind die kleinen Taschen soweit vorgerichtet, so heftet man diese wiederum an dem Sattel an, um danach den Sitz zu schneiden. Man geht mit einer stumpfen Ahle genau an der oberen Kante der kleinen Taschen entlang, der dadurch entstandene Strich bezeichnet nun, wie der Sitz ausgeschnitten wird, zu gleicher Zeit macht man sich auf den Köder und auf den Sitz einige Punkte, die anzeigen sollen, wo Tasche und Sitz zusammenzuliegen kommen. Die kleinen Taschen werden nun abgenommen und die Anzugleder mit krummer Ahle und Nadel durchs halbe Leder mit Nebenstichen angenäht. Zu Anzugleder nimmt man gewöhnlich mit Drell aufgestrichenes Schafleder. Auch die Orte an dem Baume werden mit Schafleder beklebt. Nachdem nun der Sitz eingeködert ist, wird er überspannt und festgenagelt. Oftmals näht man bei feineren Sätteln Verzierungen auf den Sattelsitz, welche entweder einfach durchgenäht werden oder man legt Leinwand unter, schneidet diese dann an verschiedenen Stellen ein wenig auf und füllt leichte Wolle hinein; dadurch erscheinen die Arabesken etwas erhaben. Dieselben Verzierungen können natürlich auch auf den kleinen und großen Taschen gemacht werden.

Sind Sitz und kleine Taschen übergespannt, so werden die Strippen auf die Strippengurten genäht. Diese sind von starkem Leder und 0,360 m lang, die Breite richtet sich nach den Schnallen der Sattelgurten. Die dritte Strippe ist gewöhnlich nur als Notstrippe da, im Fall eine der beiden anderen reißen sollte. Diese wird auf ein Stück Gurt genäht und auf den Steg genagelt. Unter den Strippen liegen die Strippentaschen, welche an die Gurt genäht werden und das Scheuern der Schnallen auf dem Kissen verhüten sollen.

Sind die großen Taschen von einfachem starken Rindleder und kommen keine Beinfutter darauf, so werden diese, wenn sie nach dem Modell ausgeschnitten sind, an den Kanten geputzt und oben angeschnitten, d. h. es werden verschiedene Einschnitte gemacht, um die Taschen am Baume zu befestigen. Der erste und zweite Einschnitt wird dicht vor und hinter der Sturzöse gemacht, damit ein Teil an dem Orte, das andere unter der Sturzöse liegen kann, der dritte Einschnitt wird hinter der Strippengurt gemacht und kommt das Teil zwischen den zweiten und dritten Einschnitt, welches etwas ausgeschärft und abgerundet wird, auf die Strippengurt zu liegen. Das noch übrige Teil wird auf die Stege genagelt. Vorn am Kopf werden die beiden Taschen mit der sogenannten „Zubuße“ verbunden, diese ist bei gewöhnlichen Sätteln ein einfacher Riemen von Satteltaschenleder, 0,025 m breit. Bei besseren Sätteln wird das Riemchen gespalten, d. h. der Narben wird fast bis auf die vordere Kante des Leders abgetrennt und ein keilförmig abgeschärftes Riemchen eingeschoben und dahinter der Narben mit Vorderstichen aufgenäht und die Zubuße in das Kopfende eingenagelt. Bei Sätteln, deren Taschen mit Schweinsleder bezogen sind, wird auch die Zubuße mit diesem bezogen.

Fast alle besseren Sättel erhalten auf den großen Taschen sogenannte „Beinfutter", das sind Wulsten, an welche der Schenkel das Reiters sich anlehnt und deren Form sich nach der Tasche richtet. Unsere Abbildungen zeigen verschiedene Formen derselben. Zur Anbringung von solchen Beinfuttern zeichnet man zuerst die Form auf die Tasche auf und schneidet den Flanell zu, näht denselben mit Vorderstichen auf und zwar so, daß die kleinen Stiche auf das Leder, die großen Stiche auf den Flanell zu liegen kommen. Eine kleine gelassene Oeffnung dient zur Einfüllung der Wolle, bei welcher Arbeit man die Taschen auf einen, nach der Satteltasche geformten, ovalen Block spannt, damit die Beinfutter nach der gebogenen Form der Tasche ausgefüllt werden. Recht saubere Beinfutter erzielt man, wenn man Leinwand über Holzblöcke, die die genaue Form derselben haben, überspannt und die Leinwand mit Mehlkleister bestreicht, nachdem derselbe getrocknet, die so die Form haltende Leinwand abspannt, auf die Tasche aufnäht und ausfüllt.

Ein ganz flaches kleines Polster macht man auch an der entgegengesetzten Seite der Tasche, wo diese an die kleine Tasche stößt.

Sind die Wulsten und Polster angebracht, werden die Taschen auf den Taschenblock gespannt und mittels Kleister mit Schweins- oder Wildleder bezogen. Nachdem sie getrocknet sind, werden sie genäht, abgeputzt, mit der Zubuße verbunden und in den Baum genagelt und schließlich die versilberten Nägel eingeschlagen.

In Fig. 3 bis 6, Taf. 10, finden wir Modellzeichnungen von Satteltaschen und Sitz, dieselben sind genau in $^1/_{10}$ der natürlichen Größe gehalten.

e) Vom Sattelkissen.

Der Boden des Kissens wird von starkem braunen Schafleder, welches mit Leinen oder Drell aufgestrichen ist, geschnitten. Man heftet das Leder je eine Hälfte in dem Baume und an den Taschen mit kleinen Nägeln fest und zeichnet mit einer stumpfen Ahle die Umrisse des Sattels und der Ortspitzen an und nimmt das Leder wieder ab. Nach den vorgezeichneten Linien schneidet man das Kissen zu und zwar so, daß hinten am Aefter circa 0,025 m überstehen, damit das Kissen, wenn es ausgefüllt ist, nicht zu kurz wird. Jetzt näht man ein Stück Schweinsleder auf die vorgezeichneten Ortspitzen, welche Ortschuhe genannt werden, weil sie später die Spitzen der Orte aufnehmen, dann zeichnet man die Heftstiche an. Fig. 12, Taf. 10, zeigt uns die Abzeichnung. Wo die Linien der Karos zusammentreffen, kommt ein Abheftstich zu liegen. Dieselbe Abbildung zeigt uns auch den Ausschnitt der Kammer, ferner den Ortschuh und den keilförmigen Einschnitt, wodurch das Kissen ausgefüllt wird. Alsdann werden die beiden Lederteile in der Mitte mit einigen überwendlichen Stichen zusammengenäht. Nach diesem Leder wird nun die Sattelserge (Flanell) zugeschnitten. Rundum wird eine Nahtbreite zugegeben, außer diesem jedoch am Aefter ungefähr 0,030 m, sowie an der Stelle der Beinfutter 0,025 m mehr zugegeben. Die beiden geschnittenen Teile werden in der Mitte zusammengenäht. Nun wird der Vorstoß mit 2 Nadeln auf den Kissenboden verkehrt angenäht. Derselbe besteht aus einem Streifen Leder wie der Sattel überzogen ist und ist auf den schmalsten Stellen ungefähr 0,011 m breit, jedoch, wie auch die Abbildung zeigt, an dem Aefter und vom Ende der Kammer bis zum Ende der Beinfutter zu- und abnehmend doppelt so breit geschnitten. Hierauf wird die Serge mit engen überwendlichen Stichen verkehrt an den Vorstoß genäht; damit dies recht akkurat bewerkstelligt werden kann, ist es vorteilhaft, wenn man beim Zuschneiden sich Zeichen mit Bleistift auf die Serge und den Kissenboden macht, wo beide zusammentreffen sollen. Das Kissen wird nun umgewendet, die Kammer abgenäht und leicht mit feingekratzten Rehhaaren oder Wolle ausgefüllt, an der Kante rund herum abgenäht und dann nach den vorgezeichneten Karos abgeheftet. Was von dem Abheften frei bleibt, füllt man fest aus und heftet es ebenfalls mit einigen Stichen durch. Nun wird das Kissen eingenagelt und zwar zuerst mit 5 Nägeln am Kopf, so breit die Kammer ist, dann hinten in der Mitte am Aefter und zuletzt rechts und links je ein Nagel auf der Sitzstelle eingeschlagen. Unter die Nagelköpfe wird ein Bäuschchen Watte gelegt, was verhüten soll, daß der Nagel drückt, worauf man hauptsächlich sein Augenmerk richten muß.

f) Vom Riemenzeug zum Herrensattel.

1. Einfache Sattelgurt.

Fig. 33, Taf. 10.

Die Sattelgurten sind von starker wollener, baumwollener oder leinener Gurt, auch von Hanfschnuren gefertigt. Die Schnallen haben Rollen und in der Mitte einen Steg und sind, wie die Abbildungen zeigen, mit Lederkappen auf die Gurt aufgesetzt.

Länge derselben . . . . 1,000—1,150 m

2. Schnurengurt,

Fig. 34, Taf. 10,

besteht aus 10—14 Schnuren.

Länge derselben . . . . 1,000—1,150 m

3. Doppelgurt.

Fig. 28, Taf. 10.

Sie besteht aus einer breiten und einer schmalen Gurt, letztere ist kürzer und wird mittels zweier Schlaufen auf der breiten Gurt gehalten, die breite Gurt hat 2 Schnallen und ist breit . . . . 0,140 m

Länge . . . . 1,000—1,150 m

Die schmale Gurt hat nur eine Schnalle und ist kürzer als die breite . . . . 0,100 m

Erwähnen wir hier einer sehr praktischen Einrichtung, der Fehrmannschen elastischen Sattelgurtschnalle", Fig. 30, Taf. 10. Sie bewirken eine stete, feste und richtige Sattelung des Pferdes und somit größere Sicherheit für den Reiter; größere Haltbarkeit der Gurt und Bequemlichkeit für das Pferd. Die Schnalle kann ohne jedwede Veränderung in die Sattelgurt eingefügt werden. Beim Anziehen des Gurtes ziehen sich die Federn der Schnallen 4 bis 6 cm auseinander und gehen dann, je nach dem Schwinden des Pferdekörpers, wieder zusammen, so daß das Pferd stets fest gegurtet ist, aber bei jedem Tritt oder Sprung freie Respiration hat. Jede einzelne Feder ist auf $7^{1}/_{2}$ kg Druck geprüft, somit läßt die Schnalle eine Gurtungsfähigkeit von 60 kg zu und gewährt mithin vollkommene Sicherheit für den Reiter. Fig. 31, Taf. 10, zeigt uns die Anwendung am Sattel. Zu beziehen durch H. V. Schütze in Hannover.

4. Die australische Sattelgurt.

Fig. 18, Taf. 10.

Die einzelnen Schnüre dieser Gurt sind von sehr egalem fettgaren Leder geflochten und werden durch die Löcher des Verbindungsleders gezogen und so zusammengehalten. Da die einzelnen Schnüre nicht so eng zusammenliegen, als bei den anderen Schnurengurten, drücken sie sich leichter in das Pferd ein und verhindern so das Rutschen des Sattels. Die Gurt ist von H. V. Schütze in Hannover zu beziehen und wird jetzt allgemein gekauft.

Die Länge ist dieselbe als bei der Schnurengurt Fig. 34, Taf. 10.

5. Die Uebergurt für Rennsättel,

Fig. 29, Taf. 10,

ist eine breite wollene Gurt mit Schnalle, Strippe und Schlaufen und wird zur größeren sicheren Befestigung des Rennsattels über denselben geschnallt.

Länge der Gurt . . . . 1,500 m
Die Strippe ist lang . . . . . . 0,450 m

6. Der Steigbügelriemen für Herrensattel.

Fig. 15, Taf. 10.

Er muß von gutem Kernleder gefertigt sein, da beim schnellen Reiten das Leben des Reiters auf dem Spiele steht, wenn der Riemen reißt. Die Fleischseite wird nach außen genommen, um das Brechen zu verhüten. Die Schnalle ist eine verzinnte oder stählerne Rollschnalle, welche in der Mitte einen Steg mit dem Dorn hat; eine Schlaufe wird nicht hinter die Schnalle genäht, da beim Einschnallen die Strippe durch die Oese zwischen Steg und Riemen gesteckt wird. Ueber die Löcher werden mit Nummereisen Zahlen geschlagen, um leichter sehen zu können, in welches Loch geschnallt ist, wenn man auf der zweiten Seite schnallen will oder wenn mehrere Reiter den Sattel benutzen, jeder gleich weiß, nach welcher Nummer er die Riemen für sich schnallt.

Die Formen der Steigbügel sind ja hinreichend bekannt, so daß wir wohl darauf verzichten konnten, Zeichnungen davon zu bringen. Eine Neuerung verdient hier jedoch Erwähnung. Es ist der sogenannte Sturzbügel, Fig. 38, Taf. 10. Stürzt der Reiter und bleibt der Fuß im Bügel hängen, hebt sich durch die Last die Feder im unteren Teile des Bügels und der rechte Schenkel öffnet sich und läßt den Fuß frei heraus.

Länge des Riemens . . . . 1,400—1,500 m

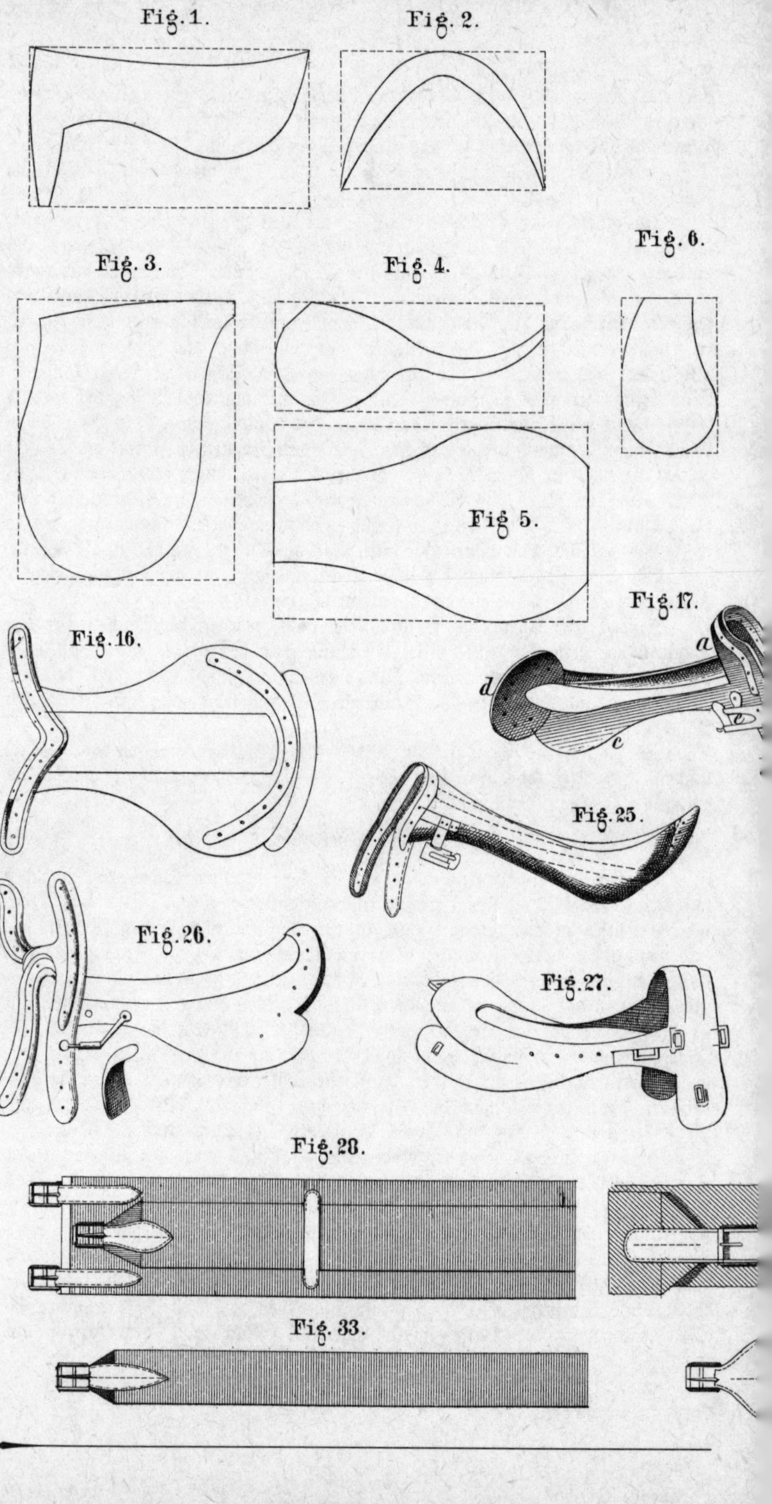

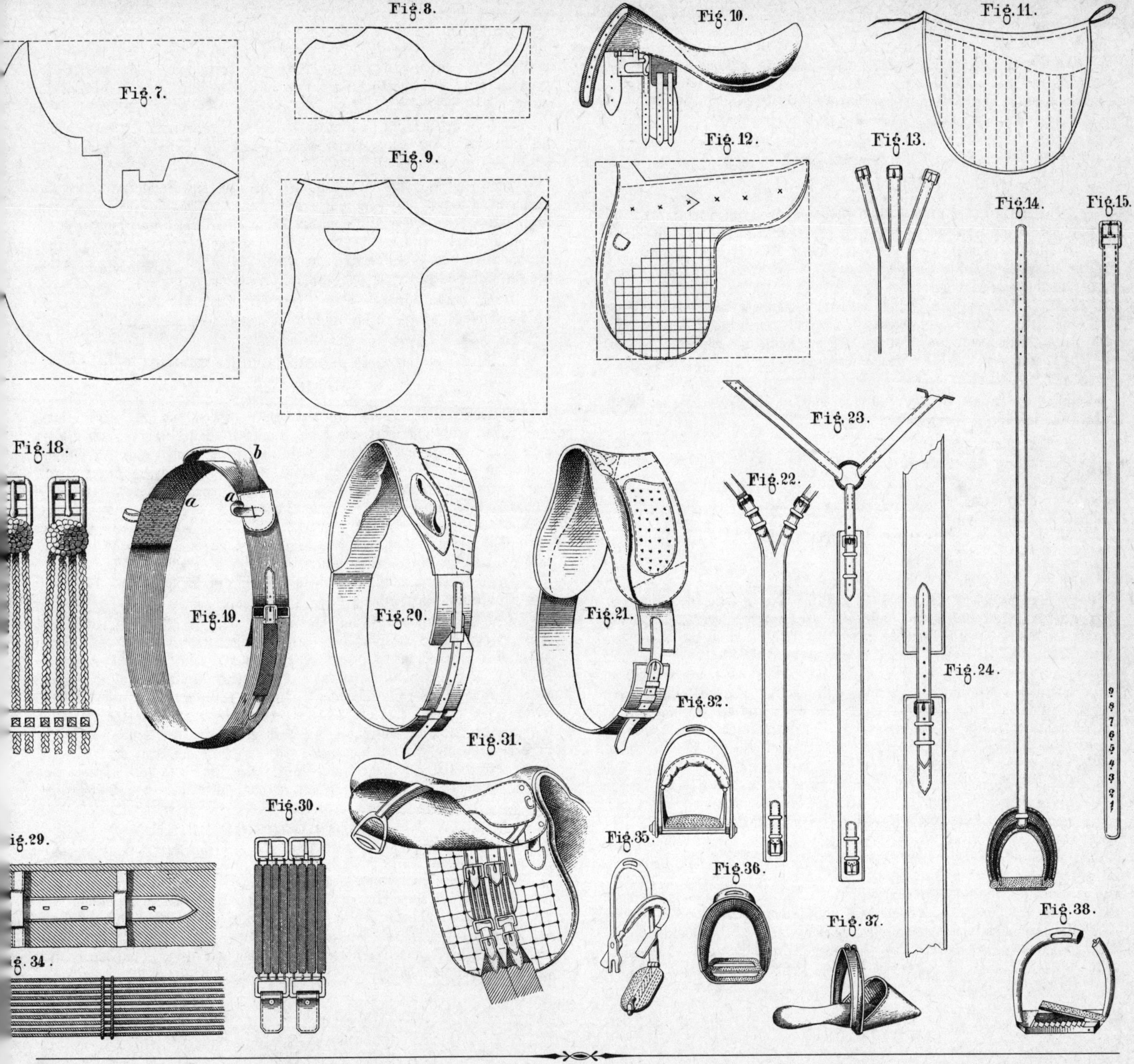
Fig. 7.
Fig. 8.
Fig. 9.
Fig. 10.
Fig. 11.
Fig. 12.
Fig. 13.
Fig. 14.
Fig. 15.
Fig. 18.
a
a
b
Fig. 19.
Fig. 20.
Fig. 21.
Fig. 22.
Fig. 23.
Fig. 24.
9
8
7
6
5
4
3
2
1
Fig. 32.
Fig. 31.
Fig. 30.
ig. 29.
ig. 34.
Fig. 35.
Fig. 36.
Fig. 37.
Fig. 38.

Ein Sturzbügel für Damensättel zeigt uns Fig. 32 und 35, Taf. 10. Fig. 32 geschlossen und 35 offen. Letzterer Zustand wird durch den starken Druck nach unten durch die stürzende Reiterin bewirkt und ist aus der Zeichnung ersichtlich.

g) Der ungarische Sattel.

Fig. 19, Taf. 9.

Der Bau dieses Sattels weicht vollständig von allen übrigen Arten ab und scheint sich sozusagen als Erstlingsidee, einen Sitz für den Reiter auf das Pferd zu schaffen, erhalten zu haben. Der Bau ist einfach und bequem, leicht und dabei dauerhaft, außerdem ist noch ein Hauptvorzug, daß er nicht leicht windschief wird und das Pferd drückt.

Diesen Vorzügen steht freilich der Fehler entgegen, daß er dem Pferde nicht zur Zierde gereicht, im Gegenteil ihm ein kamelartiges Ansehen gibt, was freilich beim englischen Sattel nicht der Fall ist. Auch hat er nicht die feste Lage auf dem Pferde als der englische Sattel, da ihm die bis über die Rippen des Pferdes reichenden Orte fehlen.

Unsere Zeichnung ist der jetzt für die deutsche Reiterei angewandte ungarische Sattel. Seine einzelnen Teile sind:

a a Sattelblatt oder Steg,
b das Vorder- oder Kopfteil,
c das Hinter- oder Aefterteil mit Zwiesel,
d der Sitzriemen,
e das Schweißblatt,
f ist das Vorderzeug, dessen Beschreibung und Maße wir schon auf Seite 84 unter Nr. 25 brachten.

In Fig. 13, Taf. 10, finden wir die Sattelgurt.

In Fig. 11, Taf. 10, das Sitzkissen. Die Sattelblätter sind von Holz gefertigt, auf diesen sind vorn und hinten Lederkappen, sogenannte „Fröschel“ mit Ring und Schnalle, welche mit Riemen durch die Löcher der Sattelblätter befestigt sind. Der Ring am vorderen Fröschel dient zur Aufnahme des Vorderzeuges, welches zugleich durch eine, auf dem Sitzriemen aufgenähte Schlaufe geht, und ebenso zur Befestigung der Packtaschen. Der Doppelring am hinteren Fröschel dient zum Anhängen der Eisentasche und der Fouragierleine auf der rechten Seite. Auf der linken Seite zum Anhängen des Feldkessels und außerdem zum Durchziehen der Mantelriemen, dessen dritter Riemen durch das Loch des Zwiesels gezogen wird. Die Schnallen für das Hinterzeug befinden sich ebenfalls in diesen Fröscheln.

Das Vorder- und Hinterteil ist von Eisen, halbrund ausgearbeitet und mit Nieten auf die Sattelblätter befestigt. Am Vorderteil befindet sich am Kopf eine Oese mit einem Riemen, welcher 0,350 m lang ist und der zur Aufnahme der Packtaschen, sowie des Umlaufriemens dient. Der Sitzriemen ist von starkem braunen Rindleder 0,140 m breit und mittels Schrauben und Eisenblättchen auf Vorder- und Hinterteil befestigt. Die Schnürriemen, welche durch die Löcher der Sattelblätter und des Sitzriemens gehen, halten denselben straff nach unten und nehmen zugleich die Schweißblätter mit auf. Unter dem Schweißblatt befinden sich drei Strippen für die Sattelgurt, welche 0,360 m lang sind und mit Riemen auf die Sattelblätter befestigt werden, durch welche zu diesem Zwecke Löcher gebohrt sind. Vor den Strippen befinden sich zwei schräge Einschnitte, durch welche der Bügelriemen gezogen wird.

Die Sattelgurt Fig. 13, Taf. 10, ist von Leder und für drei Schnallen gespalten. Die ganze Länge von Schnalle zu Schnalle beträgt 1,000 bis 1,150 m, gespalten 0,200 m.

Das Sitzkissen Fig. 11, Taf. 10, ist oben aus Kalbleder, unten aus Leinwand gefertigt und wird außer dem Teile, welches auf dem Sitzriemen liegt, mit Haaren ausgefüllt, an der Kante eingestemmt und durchnäht wie die Figur zeigt. Hinten ist eine Lederöse, welche über den Zwiesel gesteckt wird. Vorn zwei Binderiemchen zum Anbinden in die kleine Oese, in welche der Riemen für Packtasche und Umlaufriemen genäht ist.

Unter den ungarischen Sattel wird an Stelle des Kissens die Pferdedecke (Woylach) gelegt, welche achtfach zusammengeschlagen wird.

h) Der vorschriftsmäßige Felddienstsattel für Kavallerie-Offiziere.

Fig. 15, Taf. 9.

Dieser Sattel ist eine Bastardart vom englischen und ungarischen Sattel. Das Kissen wird gearbeitet wie beim englischen Sattel und auf die Sattelblätter oder Stege mit starkem Lederschuh befestigt, auf welche die Fröschel aufgenäht sind. Beim Garnisondienst benutzen die Offiziere diesen Sattel wohl selten. Gewöhnlich wird dazu an einem englischen Sattel ein Löffel (Zwiesel) von Eisen mit Filz und Schweinsleder bekleidet und mit einer neusilbernen Schiene eingefaßt, angeschraubt. Fig. 16, Taf. 9, zeigt uns einen solchen Sattel, an den zu gleicher Zeit Adjutantentaschen und Packtaschen angebracht sind. Eine neuere Erfindung ist der Patentkissensattel von Friedr. Sperling, Hofsattlermeister in Neisse in Schlesien und fügen wir hier seine eigene Beschreibung bei:

Der Patentkissensattel unterscheidet sich von der Pritsche durch seine Konstruktion darin, daß er kein hartes, leicht zerbrechliches, nicht immer passendes Holzgestell hat. Den Ersatz für das Holzgestell bildet hier kerniges Rindleder und ein, zu der nötigen Formbildung konstruiertes Polster. Durch dieses biegsame, überaus dauerhafte, immer passende Gestell ist die Einwirkung des Reiters eine viel leichtere, dem Pferde viel empfänglichere und dadurch für beide, besonders bei der Dressur weniger ermüdend. Außerdem ist der Sitz und Schluß bequemer, wie der jedes anderen Sattels. Der Sattel eignet sich für Jagd- und Wettrennen, wie auch als Dienst- und Promenadensattel. Die äußere Form ist ganz gleich der englischen Pritsche.

i) Der Armeesattel.

Fig. 14, Taf. 9 und Fig. 27, Taf. 10.

Wir gebrauchen den Ausdruck nicht, der „neue Armeesattel“, weil derselbe jetzt allseitig eingeführt ist und nur die alten Bestände verbraucht werden sollen, um ihn ausschließlich anzuwenden. Schon seit mehreren Jahren hat er in den Fachkreisen Kritiken hervorgerufen, die uns jetzt nicht mehr an diesem Platze interessieren können, da wir wie gesagt, mit vollendeten Thatsachen zu thun haben.

Wie wir aus der Zeichnung Fig. 27, Taf. 10, ersehen, ist der Sattel kein Bocksattel, sondern eine Komposition aus Bock und englischer Pritsche, indem nur hinten Trachten sind, vorn aber die Kammer des englischen Sattels.

Wie wir aus der Zeichnung Fig. 14, Taf. 9, ersehen, ist der Sattel mit Polsterung versehen, die abgenommen werden kann; das Mittelteil, welches mit Riemen an den Baum befestigt wird, ist von Transparent- oder Pergamentleder. Der Sattelsitz ist sehr tief. Die Satteltaschen haben Kniebauschen. Statt des Zwiesels ist zur Befestigung des Futtersacks eine bewegliche Metallöse vorhanden. Am Vorderteil des Sattels befindet sich eine Oese, durch welche die Packtaschenriemen gehen. Die Kissen sind mit gezupfter Wolle gefüllt und aus Segeltuch gefertigt.

k) Der Gewichtsattel.

Fig. 8, Taf. 9.

Dem Centralblatt für Wagenbau, Sattlerei &c., Berlin, entnehmen wir die Zeichnung von dem k. k. Hofsattler Herrn Julius Erb, Berlin, dessen Einrichtung von ihm erdacht und meisterlich ausgeführt ist. Beim Rennsport ist es oft nötig, das Gewicht des Sattels zu erhöhen, um den Gewichtsunterschied eines zu leichten Reiters auszugleichen oder ein Pferd, welches schon Lorbeeren auf der Rennbahn erwarb gegen ein anderes weniger glückliches zu beschweren. Man hatte sich bis dahin mehrerer Mittel bedient, die jedoch den Anforderungen weniger entsprachen und Reiter oder Pferd unbequem wurden.

Herr Hofsattler Julius Erb, der sich mit seinen Fabrikaten auf dem Gebiete der Reiterei und des Rennsportes bereits viele Verdienste erworben, konstruierte nun zunächst den Rennsattel, dessen wenig gepolsterte Pauschen zur Aufnahme von passend geschnittenen dünnen Bleiplatten geeignet waren, die weder Reiter noch Pferd belästigen und durch ihr Gewicht die Schwere des Sattels von 5 auf 11 kg erhöhen können. Ist eine Beschwerung des Sattels nicht erforderlich, so kann derselbe selbstverständlich auch ohne diese gebraucht werden.

l) Der Damensattel.

Fig. 10, 11 und 12, Taf. 9.

Im allgemeinen kann man wohl sagen, daß die Bearbeitung eines Damensattels von dem eines Herrensattels nicht abweicht, doch muß natürlich die verschiedene Form derselben, die Verschiedenheit der Sitze u. s. w. einige Abweichungen notwendig machen. In Fig. 26, Taf. 10, sehen wir den beschlagenen Baum. Der hintere Teil desselben weicht nicht wesentlich vom Herrensattel ab. Vorn jedoch sind die beiden feststehenden Hörner angebracht, zwischen welche die Reiterin das rechte Bein legt. Das dritte Horn, an welches sich der linke Schenkel der Reiterin legt, ist nur eingeschraubt und beweglich. Beim Gurten des Baumes wird zuerst eine Gurt von der Mitte des Aefters nach dem Kopfe gespannt, dann zwei andere Gurten daneben laufend, die hinten sich so verbreitern, daß der Sitz flach wird. Man gurtet sodann drei Quergurten, wovon die erste die Strippengurt ist. Der Sitz und das fehlende Teil am Kopfe wird nun wie bei dem Herrensattel mit Drilch bespannt. Um nun dem Sitze eine möglichst gerade Fläche zu geben, wird eine entsprechend starke Wulst um denselben genagelt, deren obere Kante mit der mittleren Sitzgurt wagerecht liegt. Die Wulst fängt an der Stelle an, wo der Schenkel der Reiterin aufhört und läuft nach dem Aefter und um dasselbe herum dünn aus, wird aber auf der anderen Seite wieder entsprechend stark und endigt in dieser Stärke am rechten Horne des Baumes. Diese Wulst wird mehrere Male mit Bindfaden gut durchnäht, damit sie Stand behält. Nun wird der Sitz matratziert auf dieselbe Weise wie oben beim Herrensattel näher beschrieben, nur muß hier der Sitz möglichst flach werden und nach der linken Seite etwas abfallen, auch da, wo der Schenkel der Reiterin liegt, muß er nach der Tasche zu flach verlaufen. Das rechte Horn wird mit dem Sitz zu gleicher Zeit aus einem Stück matratziert.

In Fig. 7, 8 und 9, Taf. 10, finden wir die Taschenmodelle eines solchen Damensattels in genau 1/10 natürlicher Größe. Diese Taschen werden nun angeheftet, angeschnitten und der Sitz angezeichnet. Man schneidet nach den neueren Mustern die große Tasche da, wo das rechte Bein der Reiterin liegt, recht voll, damit das Bein eine gute Auflage hat. Nun wird der Sitz übergespannt und zwar so, daß das rechte Horn in einem Stück mit dem Sitzleder bedeckt und mit demselben eingeködert wird. Ist der Sitz trocken, werden die Taschen, die vorher überzogen und fix und fertig gemacht und mit Anzugledern versehen wurden, wieder angeheftet, angezeichnet, der Sitz angeschnitten und eingeködert, übergespannt und festgenagelt und die Strippen an beiden Seiten angenäht. Nun wird die große Tasche angeheftet. Das Beinfutter wegen seiner Größe vorn im Kopf mit mehreren Schrauben angeschraubt, ebenso hinten eine Schraube angebracht und die übrigen Stellen genagelt.

Das rechte Horn wird, wie schon oben erwähnt, mit dem Sitz eingeködert, das linke muß jedoch für sich gemacht werden; wie es auch für sich schon matratziert worden ist. Beim Ueberziehen schneidet man das flache Hauptteil und nähet es oft mit allerlei Zierarten aus. Das innere Lederteil spannt man gewöhnlich vorher über einen entsprechenden Holzblock, damit keine Falten hineinkommen. Nachdem das Ganze eingeködert ist, wird es übergestülpt und befestigt. Da unten der Köder verkehrt eingezogen werden muß, bildet dies natürlich eine diffizile Arbeit. Das dritte Horn wird nur eingeschraubt, wird also ganz für sich überzogen. Es ist aus flachem Eisen gearbeitet und unten ein Schraubengewinde angeschnitten. Um nun dem schmalen und flachen Eisen die entsprechende Breite und Stärke zu geben, muß dies durch Anlegen und Festkleben von Filz und Leder verbreitert und verstärkt werden, bevor es gepolstert wird, welche letztere Arbeit der an den beiden anderen Hörnern gemachten ganz gleichkommt. Da es unten flach aufstehen muß, wird gewöhnlich ein steifer Lederboden unten eingesteckt und das Leder herumgezogen und befestigt. Das Kissen ist zwar nach der Form vom Herrensattel etwas verschieden. Die Bearbeitung ist jedoch vollständig dieselbe.

m) Reitgurt für das Damenpferd.

Fig. 13, Taf. 9.

Die Zeichnung dieser einfachen und bequemen Einrichtung ist von Herrn H. V. Schütze, Hannover, dessen reichhaltiges Lager in allen Sattlerartikeln und Materialien wir nur angelegentlichst empfehlen können. Diese Reitgurt wird jetzt viel benutzt, da sie leicht und billig und mancher Reiterin bequemer ist. Den Sitz bildet ein mehrfach zusammengelegter Woylach oder eine starke Filzdecke. Die Gurt besteht aus einem Eisengestell, welches in der Form der vordern Partie eines Damensattels entspricht; es ist an der linken Seite breiter gehalten zur Aufnahme des anschraubbaren Hornes und des Steigriemenbügels. Dieses Gestell wird mit braunem Rindleder bezogen und an jede Seite 10 bis 12 cm breite wollene Gurt angesetzt, welche unten mit einer oder mit zwei Schnallen zusammengehalten wird nach Art einer Bahndeckengurt. Das Beinfutter und die Hörner sind mit Schweinsleder bezogen und auf dieselbe Art gearbeitet wie am Damensattel. Das Kissen von Flanell wird angeheftet wie ein Kammdeckelkissen, mit ledernem Vorstoß versehen und an das Oberleder angenäht.

Das Eisen, welches die Form eines Kammdeckeleisens hat, ist lang	0,500 m
breit	0,050 m
Der Steigriemen lang	1,250 m
breit	0,030 m

n) Der Pachtersattel,

Fig. 18, Taf. 9,

ist ebenfalls ein Damensattel. Der Baum ist einem einfachen ungarischen Bocke nicht unähnlich, auf demselben ist ein Quersitz nach Art eines Wagensitzes angebracht. Das Kissen ist in der Form wie die viereckigen Taschen geschnitten. An Stelle der Steigbügel tritt hier das mit Leder beschlagene Trittbrettchen, welches mit zwei Riemen, die durch die großen Taschen in die Oesen am Baum gehen, gehalten wird. Den obigen Namen hat er aus der Normandie erhalten, wo ihn die Pachterfrauen benutzen, er hat auch häufig den Namen „Eselsattel", weil er auf dem Rücken dieser fleißigen Vierfüßler einen bequemen Sitz für schwachnervige Damen bildet, die ohne sich anstrengen zu wollen, Gebirgspartien unternehmen.

o) Der Kindersattel.

Fig. 17, Taf. 9.

Es ist ein einfacher Sattel ohne kleine Taschen für Knaben gearbeitet. Oben im Kopf des Baumes befindet sich ein Loch mit Schraubengewinde a. Soll dieser Sattel als Mädchensattel benutzt werden, wird ein Beinfutter unten an der Tasche angeschnallt und oben ein Horn in das Loch a befestigt. Auf der anderen Seite des Sattels befindet sich ebenfalls ein Loch, zur Aufnahme des rechten Hornes.

p) Das Riemenzeug zum Damensattel.

Fig. 14, 22, 23 und 24, Taf. 10.

Die Bauchgurt (Fig. 24) Schnallenteil lang	1,100 m
breit circa	0,060 m
Das ebenso breite Strippenteil lang	0,450 m
Strippen daran lang	0,420 m
breit	0,025 m

Das Schnallenteil wird an der linken Seite des Sattelbaumes angenagelt, das Strippenteil an der rechten Seite. Ueber die Taschen werden Lederschlaufen angenäht, durch welche die Gurten gezogen werden.

Die zweite Gurt (Fig. 22 und 23) geht über die rechte große Tasche hinweg. Bei Fig. 23 werden in einen bezogenen Ring zwei Riemen genäht.

Der linke ist lang	0,350 m
Derselbe wird auf den Steg genagelt.	
Der rechte Riemen wird in eine Krampe genäht, welche am rechten Horne angeschraubt wird und ist lang . .	0,230 m
Die Strippe, welche in den Ring genäht ist und in die Gurt geschnallt wird, ist lang	0,300 m
Die Gurt ist lang	0,980 m
breit	0,050 m

Dieselbe hat zwei Schnallen mit Schnallenkappen und hinter jeder Schnallenkappe zwei Schlaufen. Die eine Schnalle wird in die Strippe, in die andere wird der Bügelriemen geschnallt.

Bei Fig. 22 ist die Gurt an einem Ende gespalten und hat zwei Schnallen. In die eine wird die Strippe, die am Steg angenagelt ist, eingeschnallt, in die andere diejenige, die in die Krampe eingenäht ist.

Der Steigbügelriemen (Fig. 14) ist auf einer Seite in dem Bügel eingenäht, auf der anderen mit Löchern versehen.	
Derselbe ist lang	0,900 m

Er wird durch die Steigriemenöse am Baum gezogen und dann, wie schon gesagt, in die zweite Gurte eingeschnallt. Der Bügel Fig. 14 und 36, Taf. 10, hat ein Futter von Leder, welches mit einem Polster, wozu gewöhnlich roter Samt genommen wird, versehen ist. Dasselbe ist oben mit einer Schlaufe, unten mit einem Schnallgürtelchen an dem Bügel befestigt. Oftmals ist am Bügel ein Lederpantöffelchen angebracht. Fig. 37, Taf. 10. Den Sturzbügel Fig. 32 und 35 erwähnten wir schon unter Rubrik „Steigbügel".

Neunter Abschnitt.

Von dem Aufpolstern der Sättel.

Gewöhnlich wird dieser Zweig der Sattlerei sehr lässig gehandhabt und liegt dies hauptsächlich daran, daß zur richtigen Handhabung desselben ein genaues Studium und jahrelange Praxis gehört. Ist ein Pferd gedrückt, so wendet man sich natürlich an den Sattler, der nicht allein Abhilfe schaffen soll, daß dies nicht mehr geschieht, sondern er soll auch das Polster so einrichten, daß die Druckstelle frei zu liegen kommt, so daß sie, wenn sie durchgerieben ist, zur Heilung gelangen kann. Diese Aufgabe hat ihre besonderen Schwierigkeiten und wir wollen deshalb die am meisten vorkommenden Fälle näher betrachten.

Ehe man ein Sattelkissen auffüllt, lege man den Sattel auf das Pferd, gurte ihn an, damit man sich genau von der Lage überzeuge. Auch reflektiere man darauf, wie der Reiter auf dem Sattel sitzt, denn es kommt sehr oft vor, daß ein Reiter nach einer Seite sich hauptsächlich hinneigt, auf diese Seite das meiste Gewicht ausübt und so verursacht, daß das Pferd sich auf dieser Seite drückt. Liegt der Sattel normal, und das Pferd ist dennoch gedrückt, so liegt dies sehr oft an der zusammengefilzten Füllung. In diesem Falle muß diese ganz entfernt und durch neue Füllung ersetzt werden. Auch kommt wohl vor, daß ein Nagel, mit welchem das Kissen in dem Baume befestigt ist, nachläßt und heraustritt und so das Pferd scheuert. In diesem Falle muß der Nagel herausgezogen und durch einen neuen ersetzt werden, den man natürlich vorsichtig und fest einschlägt. Beim Erneuern der Füllung hüte man sich die Füllung zu fest zu machen; es ist dies niemals gut, sondern sehe darauf, daß das Polster möglichst elastisch wird, mache auch dasselbe vorn und hinten ein wenig stärker als in der Mitte.

Mehr Schwierigkeiten verursacht das Rutschen des Sattels beim Reiten; es kommt dies bei Pferden vor, die vorn etwas überbaut sind. Die gewöhnliche Art, womit sich der Sattler hier zu helfen sucht, ist, daß er das Polster vorn verstärkt und wirkt dies gerade entgegengesetzt. Wenn ein Sattel aufgelegt und gegurtet ist, so wird derselbe, wenn der Reiter auffitzt, notwendig durch das Gewicht desselben hinten niedergedrückt und vorn etwas gehoben werden. Ist nun das Polster vorn verstärkt, so geschieht dies in weit größerem Maße und wirkt das Gegenteil, deshalb mache man das Entgegengesetzte und verschwäche vorn das Polster und verstärke es hinten, so wird durch das Gewicht des Reiters der Sattel vorn heruntergedrängt, daß er sich dem Rücken des Pferdes anschmiegt und wird nun in seiner gefundenen natürlichen Lage verharren. Bei regelmäßig gebauten Pferden ist die Sattellage ebenso von der Natur vorgezeichnet, wie am Halse die Kumtlage und ist es Sache des Sattlers, dies beurteilen zu können und etwaige Mängel abzuhelfen. Oft kommt es vor, daß ein Besitzer sein Pferd wechselt und für ein Pferd, welches einen normalen Rücken hatte, eins einstellt, welches einen hohleren Rücken hat; in diesem Falle muß der Sattler in der Mitte des Baumes Filz auflegen und das Kissen in der Mitte verstärken. Ist das Gegenteil der Fall, daß der Rücken des Pferdes zu gerade liegt, so muß hinten und vorn Filz auf den Baum aufgelegt und das Kissen hinten und vorn verstärkt werden.

Viele Pferde magern durch große Anstrengung ab und müssen die Sättel, die bei dem besser genährten Zustande paßten, jetzt drücken und scheuern und zwar geschieht dies vorn an der Schulter, wo die Spitze des Ortes aufliegt und hinten in der Kreuzgegend. Der Sattel soll aber hinten besonders auch auf den äußeren Kanten tragen und vorn mit der vollen Länge des Ortes aufliegen. Man fülle nun das Kissen durchgängig auf und zwar so, daß es an den äußeren Kanten und in der Mitte nach den Rippen zu die größte Stärke erhält. Vorn an den Orten wird durch Auflegen von Filz die Lücke ausgefüllt.

Sehr häufig kommt auch vor, daß der Flanell (Sattelserge) an dem Kissen zu knapp ist und die Wulst in ihrer ganzen Länge drückt, weil sie gewöhnlich sehr hart gearbeitet ist. Man erneuere in diesem Falle den Flanell und gebe so viel zu, daß an den Wulsten ein ordentliches weiches Polster hergestellt wird, zu diesem Zwecke halte man die Wulst möglichst weich.

Zum Füllen wende man Wolle an, es ist dies das beste Material und den Haaren, die sich sehr leicht verfilzen, vorzuziehen.

Viele Pferde leiden im Frühjahr und Herbst an Geschwüren, die an und für sich ungefährlich sind, die aber durch das Scheuern des Sattels leicht sich mehr entzünden und das Pferd auf längere Zeit unbrauchbar machen können. In diesem Falle muß der Sattler den Sattel auflegen und die Stelle genau markieren, das Kissen losnehmen, an der betreffenden Stelle die Füllung ganz entfernen und die Stelle umnähen; so entsteht eine kleine Kammer, die verursacht, daß der Sattel an der Stelle nicht aufliegt, so daß die Wunde heilen kann. Bei Sätteln, die längere Zeit in Gebrauch sind, kommt es vor, daß die ganze Füllung sich zusammendrückt und der Sattel vorn zu tief liegt. In diesem Falle entfernt man die ganze Füllung, füllt das Kissen neu auf und hält das Polster vorn möglichst stark. Bei Pferden, die einen starken Widerriß haben, ist ein Sattel mit möglichst zurückgeschnittenem Kopf anzuraten, denn an dieser Stelle ist das Pferd hauptsächlich empfindlich und bei solchen Pferden fülle man das Kissen vorn möglichst stark und hinten sehr schwach, damit der Sattel vorn ja nicht zu tief zu liegen kommt.

Das Durchfallen eines Sattels hat seinen Grund auch oft darin, daß das Kopfeisen zu schwach ist und sich durch das Gewicht des Reiters auseinander zieht; hier kann nur helfen, wenn man ein recht starkes Noteisen noch im Kopfe anlegt. Der Baum für ein normales Pferd mißt von einer Ortspitze bis zur anderen 0,358 m; ist dieses Maß größer, so hat sich der Baum gezogen, und alles Ausfüllen kann in diesem Falle nichts helfen.

Der entgegengesetzte Fall ist ebenso nachteilig, weil dann der Sattel kneift und ein Pferd dadurch Sattelzwang bekommt, d. h. die natürliche Lage des Sattels verursacht dem Tiere Schmerzen und infolgedessen zeigt es schon beim Auflegen desselben große Aengstlichkeit und Unruhe. Um dieses Uebel zu beseitigen, muß das Polster vorn fast auf Null reduziert werden, und hilft dies noch nicht, muß der Baum im Schraubstock auseinander gebogen werden, wobei man natürlich verhüten muß, daß er bricht und daß er sich nicht windschief zieht.

Dies wären die am meisten vorkommenden Fälle in dieser Hinsicht, sollten doch hier oder da noch besondere Abweichungen stattfinden, so wird es einem denkenden Sattler wohl gelingen, auch diese Abnormitäten zu beseitigen.

Zehnter Abschnitt.

Schabracken und Vorgurten.

Schabracken Fig. 9 bis 13, 15, 16, 21, 22 und 24, Taf. 8,
Vorgurten Fig. 19, 20 und 21, Taf. 10.

Diese Schabracken oder Sattelunterlagen sind alles Modelle von H. V. Schütze in Hannover außer Fig. 22. Dieselben sind teils aus Kirsey, Moleskin, englischem Leder und Filz gearbeitet. Fig. 9, 10, 12, 13, 16 und 21, Taf. 8, sind verschiedene Formen für Herrensättel. Fig. 24 Schabracke für Damensattel. Fig. 15 Armeedecke englischer Form. Fig. 16 dieselbe deutscher Form. Fig. 22 Schabracke für Rennsattel mit Gewichttaschen vom k. k. Hofsattler Herrn Julius Erb, Berlin. Es ist dieselbe Einrichtung wie schon an dem Gewichtsattel für Rennpferde beschrieben und werden in die angebrachten Bauschen die Bleiplatten, die das Gewicht vermehren sollen, hineingelegt. Im übrigen, wenn eine Gewichtsvermehrung nicht nötig ist, kann die Schabracke unter jeden Rennsattel gebraucht werden.

Fig. 11, Taf. 8, ist eine Offizier-Dienst-Satteldecke mit Kartentasche.

Eine Neuerung, die sich der Protektion vieler Sachverständiger, unter anderen der Königl. Reitschule in Hannover erfreuen kann, ist die Loofah-Sattel-Unterlegdecke. Die Loofah ist ein indisches Kürbisgewächs. Die längliche, gurkenähnliche Frucht hat ein starkes Zellengewebe. Das Fleisch der Frucht wird entfernt und das trockene Zellengewebe wird als Einlage zu diesen Sattelunterlagen verwendet. Während Filz, Tüffel, Kirsey auf die Haut des Pferdes erhitzend und schweißtreibend wirken und dadurch die Kräfte desselben bei großer Anstrengung durch die Wasserentziehung übermäßig schwächen, ist die Loofah-Decke luftdurchlässig und läßt es daher von vornherein nicht zu erheblichen Schweißausbrüchen unter dem Sattel kommen. Tritt bei großer Anstrengung dennoch ein solcher ein, so saugt diese Decke den Schweiß sofort auf, so daß Druckschäden, Verschiebungen des Sattels u. s. w. vermieden werden und somit die Erhaltung der Leistungsfähigkeit des Pferdes sicher gestellt ist. Die Decken sind in jeder Schabrackenform zu haben und lassen sich dieselben durch Wasser und Bürste sehr leicht reinigen. Dieses deutsche Reichspatent ist zu beziehen durch die Loofah-Waren-Fabrik zu Halle a/S. H. Wickel.

Wie wir schon im vorigen Abschnitte gesehen haben, behält der Sattel bei Pferden mit überbautem Hinterteile oder zu schmalem Vorderteile nicht leicht seine normale Lage. Wenn dieser Uebelstand nun durch Aufpolstern des Sattels nicht beseitigt werden kann, schnallt man eine Vorlegegurt an. Fig. 19, 20 und 21, Taf. 10, zeigen uns drei verschiedene Gurten dieser Art.

Das Oberteil der Kissen bei Fig. 20 und 21 ist meist von Leder oder von Gurt mit Leder besetzt und ist lang	0,600 m
Das Strippenteil ist lang	0,240 m
Die Strippe daran	0,550 m
Das Kissen	0,600 m
und das Schnallenteil	0,800 m

Die Kissen sind von Flanell mit Wolle oder Rehhaaren ausgefüllt; vorn stark und nach hinten schwach gepolstert und wie ein Sattelkissen abgeheftet. Um dem Sattel einen Anhaltepunkt zu geben, näht man entweder wie bei Fig. 20 auf jeder Seite des Kissenoberteiles ein mit Leder bezogenes Holzklötzchen auf, welches nach beiden Seiten spitz zuläuft und nach hinten hohl ist; oder wie bei Fig. 19 einen mit Leder bezogenen Haken oder wie bei Fig. 21 ein ovales Stück starkes Leder, auf welches Büschel nach hinten steif stehender Schweinsborsten befestigt sind. Die Hohlung der Klötzchen und die Biegung der Haken müssen dem Vorstoß des Sattelkissens genau angepaßt sein.

An der Gurt Fig. 19 ist der obere Teil von a zu a von starker Gummigurt, die stets die Gurt um den Leib des Pferdes straff anhält. Der obere Teil b ist ohne Gummi und kommt erst zur Anwendung, wenn der untere Teil bis zur äußersten Extremität angespannt ist. Die überzogenen Haken sind in den rindledernen Beleg eingenäht und beweglich. Die Schlaufe ist nicht von Leder, sondern von Gurt, damit sie so wenig als möglich aufträgt.

Elfter Abschnitt.

Von den Kutschgeschirren.

A. Von denselben im allgemeinen.

Die Kutschgeschirre lassen sich einteilen in Kumt- und Brustblattgeschirre, und da wir weiter unten Gelegenheit nehmen werden, von den verschiedenartigen Gespannen zu reden, ferner auch von den Abarten der russischen, ungarischen und Schlittengeschirren, so haben wir jetzt vorläufig nur das ein- und zweispännige Geschirr im Auge und haben bei den Abbildungen und Beschreibungen zur größeren Uebersicht eine solche Einteilung getroffen, daß wir von dem Zaum ausgehend, jeden einzelnen Teil des Geschirres in seinen verschiedenen Arten gruppierten und beschrieben.

Bei den zweispännigen Geschirren bleibt die Art und Weise der Anspannung dieselbe und bildet nur insofern vielleicht einen Unterschied, daß mit oder ohne Hinterzeug gefahren würde; die einspännigen Geschirre jedoch sind insofern verschieden, daß das gewöhnliche einspännige Geschirr lange Gabelbäume erfordert, an welche der Aufhalter vom vorderen Teile des Brustblattes oder von dem Kumtbügel aus befestigt wird, das sogenannte Selletgeschirr jedoch nur kurze Gabelbäume erfordert, welche durch die Vorrichtung am Sellet getragen werden, dort bei ganz leichtem Fuhrwerk den einzigen Aufhaltapparat bilden oder noch ein besonderes Hinterzeug haben, das an den Gabelbaum geschnallt ist, in welches sich beim Aufhalten das Pferd mit seiner ganzen Kraft hineinlegt und das Gefährt aufhält.

Man rechnet gewöhnlich, daß man zur Anfertigung von 1 Paar Geschirren eine Haut Leder gebraucht; natürlich muß dieses Zuschneiden mit Verständnis geschehen, damit auch da, wo starkes kerniges Leder nötig ist, solches angewendet und da, wo dieses nicht notwendig ist, die Flanke verbraucht wird, die nun einmal an der Haut unvermeidlich ist und mit bezahlt werden muß. Deshalb schneide man zuerst aus dem Kern die Stranglagen, dann der Länge wegen die Leinen und so fort. Ueber das Aufputzen und Reifeln sprachen wir schon unter „Allgemeine Arbeiten des Sattlers und Riemers". Eine wesentliche Arbeit verursacht ferner noch das „Bombieren" oder Halbrundarbeiten der einzelnen Teile. Zu diesem Zwecke werden die äußeren Kanten der zugeschnittenen Riemen abgeschärft, aufeinander geklebt und bis sie trocken sind aufgeheftet. Bei starken breiten Teilen, wie bei Strängen, Stutzen und dergl. legt man auf die Mitte noch besonders einen ausgeschärften schmalen Riemen auf.

Zu feineren Geschirren werden gewöhnlich gepreßte Schlaufen angewendet, welche A. & W. Schulze in Berlin, H. A. Köhlers Söhne in Altenburg, sehr schön liefern. Die schmalen Schlaufen bilden gar kein Hindernis, sie ebenso einzunähen, als die von gewöhnlichem Leder, wohl aber ist dies bei den langen Schlaufen an den Stutzen, an den Backenstücken, auf den Schwanzriemen u. s. w. der Fall. Früher schnitt man diese Schlaufen auf, machte sie naß, bog sie auseinander, nähte sie auf der einen Seite ein und auf der anderen Seite wurden sie eingeschleift, d. h. man ließ den Faden sehr lang, stach vorher die Löcher mit der Ahle durch, zog dann durch die drei einzelnen Teile den Faden ein und zog jeden einzelnen Stich einen nach dem anderen nach. Diese Methode war umständlich und man lädierte die auseinandergeschnittene und umgebogene Schlaufe, deshalb nagelte man sie später ein, indem man in die Schlaufe einen eisernen Keil steckte, auf dem sich die Nägel vernieteten. Man schnitt auch früher das Unterteil ein, damit die längeren und unschönen Stiche nicht zu sehen waren, jetzt macht man dies alles nicht mehr, sondern näht einfach die Schlaufen mit Drahtnadeln ein. Ein ziemlich langes Ende feiner Messingdraht wird zusammengebogen, so daß sein eines Ende eine Oese gleich einem Nadelöhre bildet. Durch das mit der Ahle vorgestochene Loch schiebt man nun diese Drahtnadel, fädelt den Faden darin ein und zieht die Nadel mit dem Faden zurück. Der Faden wird nun etwas weit durchgezogen, der obere Faden in diesen eingezogen, der untere wieder ein Stück zurückgezogen, so daß man den Faden, der oben lag, nun unten fassen kann und zieht dann den Stich an und so fort macht man einen Stich nach dem anderen. Bei einiger Uebung geht diese Arbeit entsprechend schnell und da man auch eine ganz saubere Naht machen kann, hat man nicht nötig, diese einzuschneiden.

Runde Leinen und Auffetzzügel werden bei feinen Geschirren, wo solche mit der Hand genäht werden, eingeschnitten und erwähnten wir weiter oben schon unter „Werkzeugen" den Einschneider, Fig. 7, 22 und 28, Taf. 1, jedoch können auch runde Sachen auf der Maschine genäht werden und wird dann ein Stück Leder zwischen den breiten Hauptstreifen, den die Vorrichtung an der Maschine rund drückt, eingelegt und einfach durchgenäht, abgeschnitten und durch den Rundputzer, Fig. 23, Taf. 1, schön verputzt.

Betrachten wir nun Fig. 1 und 2, Taf. 11, Pferde mit einspännigem Brustblatt- und Kumtgeschirr und gehen im weiteren Kapitel über zu den einzelnen Teilen. Erwähnen wir noch einige lieferungsfähige Firmen für fertige Geschirre und Geschirrteile: F. Hartmann, Berlin, Friedrichstraße 223; A. & W. Schulze, Berlin, Louisenstraße 27 und F. Naruhn, Potsdam; Luczinski, Berlin; J. Mürmann, Hofsattler und Julius Erb, Hofsattler, beide in Berlin.

B. Von den einzelnen Teilen des Kutschgeschirres.

1. Der Zaum.

a) Das Kopfstück.

Fig. 10, 11, 12 und 22, Taf. 11.

Dasselbe ist lang	0,680 m
„ „ breit	0,040 m
„ „ gespalten	0,210 m

Auf das Kopfstück wird ein Beleg genäht, unter welches in der Mitte die Schnalle mit Kappe und Schlaufe zur Aufnahme des Blendriemens, und an den Enden die Ringe zur Aufnahme der Ohrbügelketten, lackierten Ohrbügelspiegel oder Spieler oder Ohrbügelgürteln eingenäht sind.

Das Beleg ist an den äußeren Enden lang 0,210 m

Ist der Zaum ohne Auffatzzügel, bei welchem dann die Ohrbügel wegfallen, so wird ein einfaches Beleg wie bei Fig. 11 aufgenäht. Bei Fig. 12 ist auf jeder Seite noch eine Strippe untergenäht, welche zur Aufnahme des Auffetzzügels dient.

Dieselbe ist lang	0,240 m
Die lackierten Ohrbügelspieler wie bei Fig. 10, sind lang	0,120 m
Der Ohrbügelgürtel ist lang	0,270 m

b) Scheuleder.

Fig. 3 bis 9 und 14, 15 und 36, Taf. 11.

Die durchschnittliche Höhe des Scheuleders ist	0,150 m
Die durchschnittliche Breite bis an die Backenstücke	0,130 m

Die Form des Scheuleders bildet ein Stück hohlgetriebenes, nach den Kanten sich verflachendes Blech, das nach unten zwischen Geschirrleder, nach oben zwischen lackiertem Koppelleder eingelegt wird. Auf das obere Teil müssen natürlich erst die inneren Nähte, die Wappen und Namenszüge, die metallenen umlaufenden Guirlanden 2c. angebracht, ehe dieselben aufgeklebt werden, zuletzt wird erst die äußere Naht genäht. Meist kommen die Scheuleder fertig, genäht und ungenäht im Handel vor und sind lieferungsfähige Firmen dieselben, welche wir schon bei fertigen Geschirren und Geschirrteilen erwähnten, deren neueste Formen wir unter oben bezeichneten Figuren brachten.

c) Die Backenstücke.

Fig. 14 und 15, Taf. 11.

Länge von Schnalle zu Schnalle . .	0,230 m
Die Strippe von der unteren Schnalle lang	0,350 m
Die ganze Länge in einem Riemen .	0,880 m

Wir bringen hier unter Fig. 14 ein Backenstück mit langer gepreßter Schlaufe. Der unter der unteren Schnalle durchgehende Nasenriemen wird durch die durchgesteckte Strippe gehalten.

Fig. 15 ist ein Backenstück mit ordinären schmalen Schlaufen, unter der Schlaufe ist eine Oeffnung zum Durchziehen des Nasenriemens gelassen.

d) Stirnbänder und Rosen.

Fig. 16 bis 21, 23 bis 26 und 35, Taf. 11.

Länge des Stirnbandes im Lichten (d. h. von Oese zu Oese) . . .	0,320 m
Breite (je nach Muster) von . . .	0,022—0,034 m

Die Stirnbänder und Rosen werden teils nur aus lackiertem schwarzen Leder, meist aber aus verschiedenfarbigem bunten lackierten Leder verfertigt und auf so viele verschiedene Arten, daß eine nähere Beschreibung über Anfertigung derselben zu weit führen würde. Die Arbeiten sind keineswegs künstliche zu nennen, verlangen aber Akkuratesse und Geschmack. Die Formen der Rosen sind entweder von Holz oder von gedrücktem Blech und werden ebenfalls mit schwarzem oder buntfarbigem Leder überzogen. Die Lederbandrose Fig. 18 wird aus schmalen Lederstreifen gelegt, Fig. 16 und 17 sind metallene Rosen, wovon wir weitere Muster noch unter „Geschirrbeschlägen" bringen; dazu gehört das schwarzlackierte, mit Biesen versehene Stirnband, Fig. 23, worin eine metallene Gliederkette liegt. Auch diese Gegenstände kommen besser und billiger, als sie der Einzelne anfertigen kann, im Handel vor und sind lieferungsfähige Firmen: H. Luczinsky, Berlin, Johannisstraße 2; A. & W. Schulze, Louisenstraße 2; C. F. Meye, Berlin, Stralauerstraße 11.

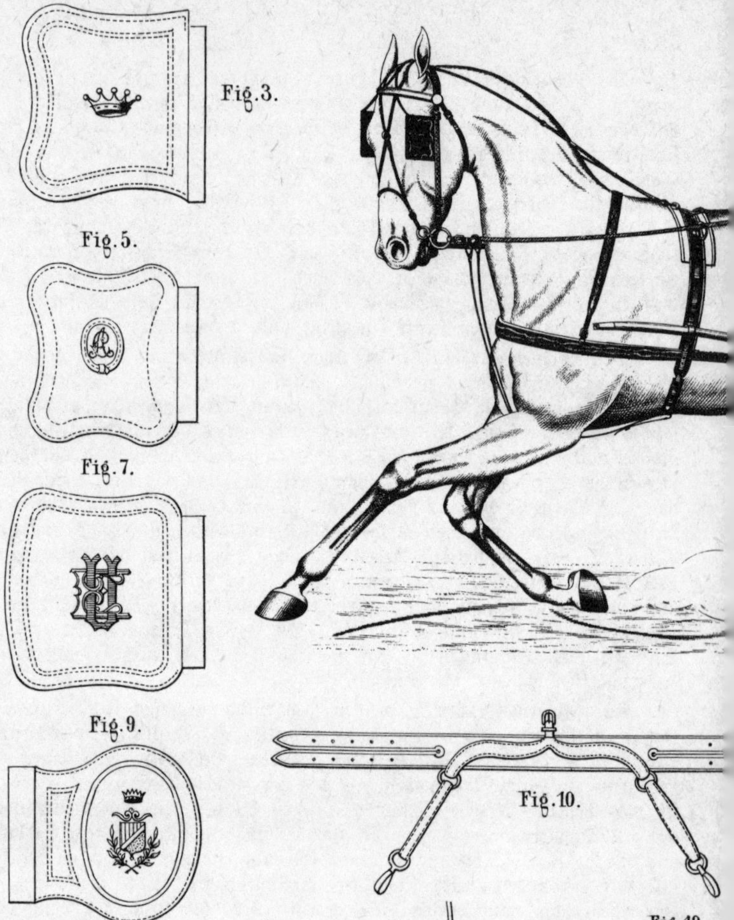

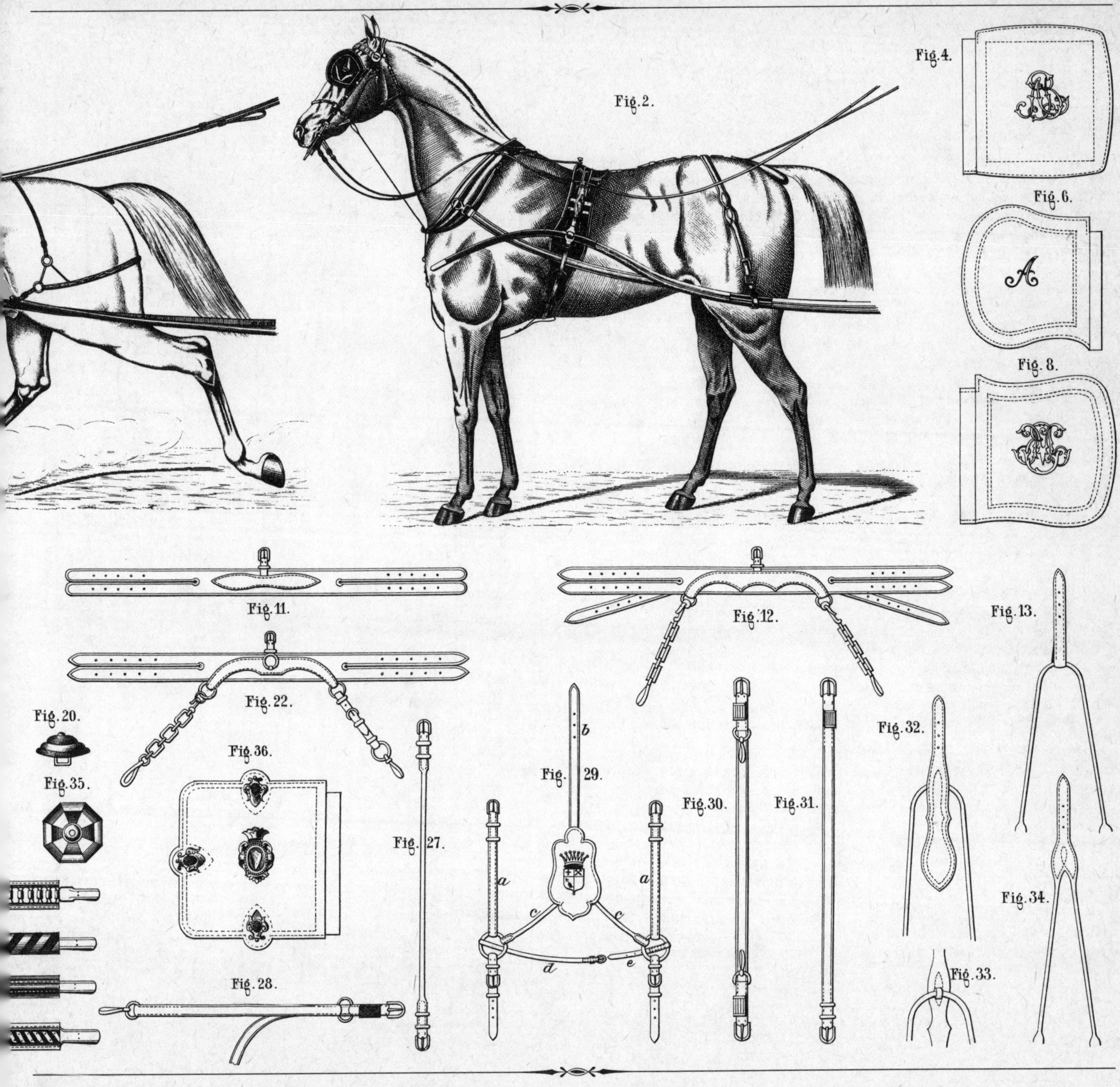
Fig. 2.
Fig. 4.
Fig. 6.
A
Fig. 8.
Fig. 11.
Fig. 12.
Fig. 13.
Fig. 22.
Fig. 20.
Fig. 36.
Fig. 35.
Fig. 27.
Fig. 29.
b
a
a
c
c
d
e
Fig. 30.
Fig. 31.
Fig. 32.
Fig. 34.
Fig. 33.
Fig. 28.

e) Der Kehlriemen.

Fig. 27, 28, 30, 31, Taf. 11.

Länge des Kehlriemens . . . . . 0,525 m

Fig. 27 runder Kehlriemen, Fig. 31 breiter Kehlriemen mit gepreßter oder auch mit ordinären Schlaufen anzufertigen, Fig. 30 Kehlriemen mit Ohrbügel, Fig. 28 hat am Ende der Schlaufe einen Ring mit einem 0,320 m langen lackierten Riemen, in dessen unteres Ende ein Ohrbügel eingenäht ist, zur Aufnahme der Leinen. Siehe die Anwendung am Geschirre, Fig. 1, Taf. 12.

f) Blendriemen oder Blendenträger.

Fig. 13 und 32 bis 34, Taf. 11.

An Fig. 13 das rundgenähte Teil lang . .	0,380 m
die Strippe lang	0,150 m
Fig. 34 ist im ganzen lang	0,330 m
die rundgenähten Teile lang	0,210 m
Fig. 32 das rundgenähte Teil lang . . .	0,380 m
Der Stirnspieler oder Pleßriemen	0,320 m

An Fig. 33 können wir sehen, wie der Blendenträger auf der unteren Seite des Spielers befestigt ist.

Fig. 29, Taf. 11, zeigt uns Teile eines leichten Kutschzaumes.

Die Backenstücke a a sind lang von Schnalle zu Ring	0,220 m
Die Gürtel f f zur Trense	0,260 m
Der Stirnriemen b	0,318 m
Der Stirnspiegel lang	0,080 m
" " breit	0,065 m
Die runden Kreuzriemen c c	0,160 m
Die Kinnstückstrippe e	0,130 m
Das Schnallenstück d	0,260 m
Es kann auch dieses Kinnstück aus einem Stück rund genäht werden und ist dann lang .	0,320 m

Einen ebensolchen leichten Zaum trägt das Pferd Fig. 1, Taf. 11. Das Ganze stellt ein einspänniges Trabergeschirr nach amerikanischem System vor. Der Zaum ist mit Oberscheck, d. h. mit über Kopfstück gehendem Aufsetzzügel und mit Oberkiefergebiß eingerichtet. Letzteres ist mit wenig gekrümmter fester Gebißstange, an der sich 2 Ringe befinden, konstruiert. Der Oberscheck oder Auffsetzzügel geht vom Gebiß kreuzweis über Nase, Stirn und Kopf des Pferdes nach dem Kammdeckel. Die Einrichtung vorn ersehen wir deutlich aus der Zeichnung. Auf dem Kopfstückbelege sind zur Seite 2 Stößelringe eingenäht, die den Auffsetzzügel durchgehen lassen. Hinten kann derselbe eingerichtet sein mit einer Schnalle wie ein gewöhnlicher Aufsetzzügel. Man kann auch, damit der Zügel nicht zu sehr beim Heben des Kopfes herunterfällt, dicht hinter dem Hals einen Ring anbringen, so daß

Fig. 3. Fig. 4. Fig. 5. Fig. 6. Fig. 7. Fig. 8. Fig. 9. Fig. 10. Fig. 11.

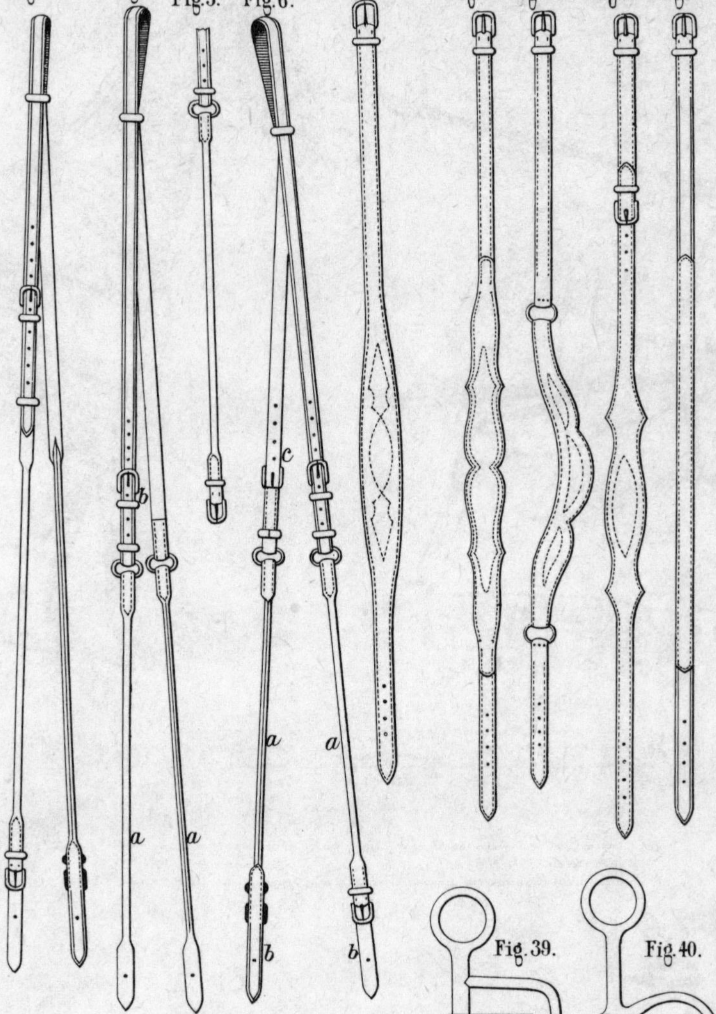

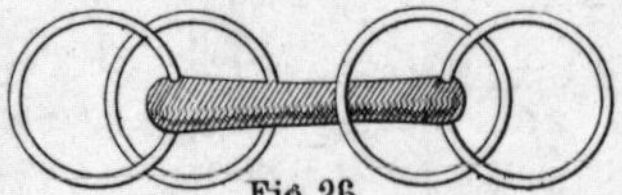

Fig. 26.

Fig. 29.

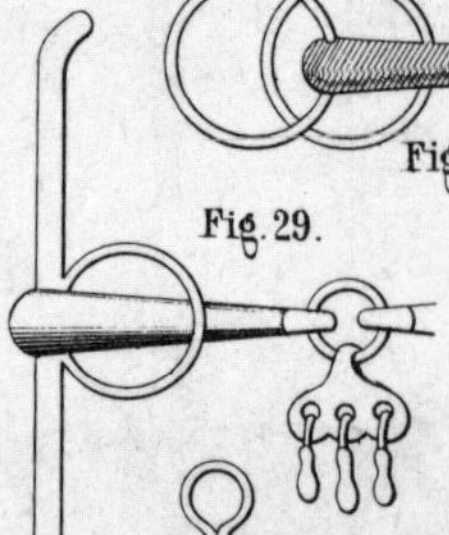

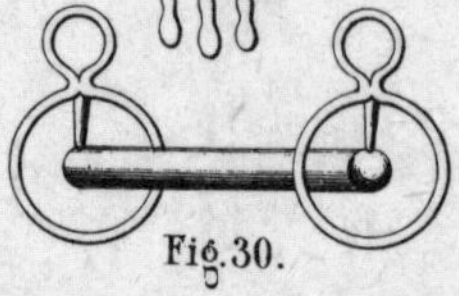

Fig. 30.

Fig. 39.

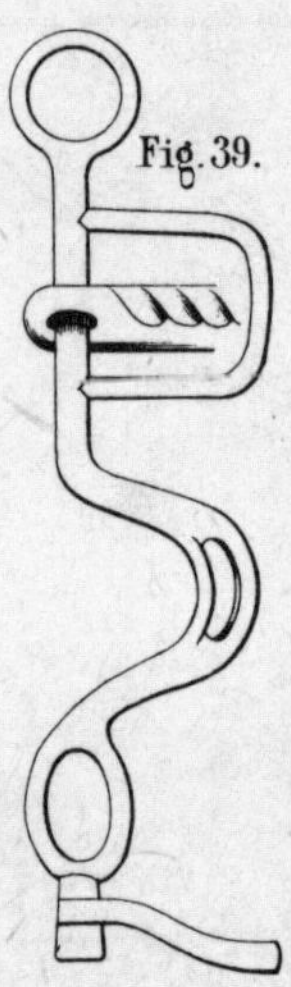

Fig. 40.

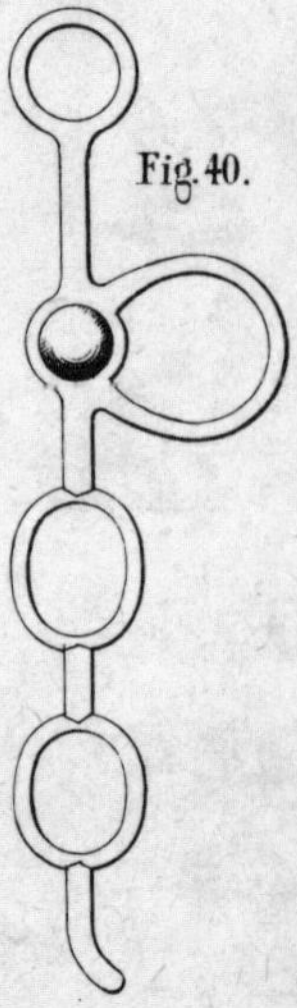

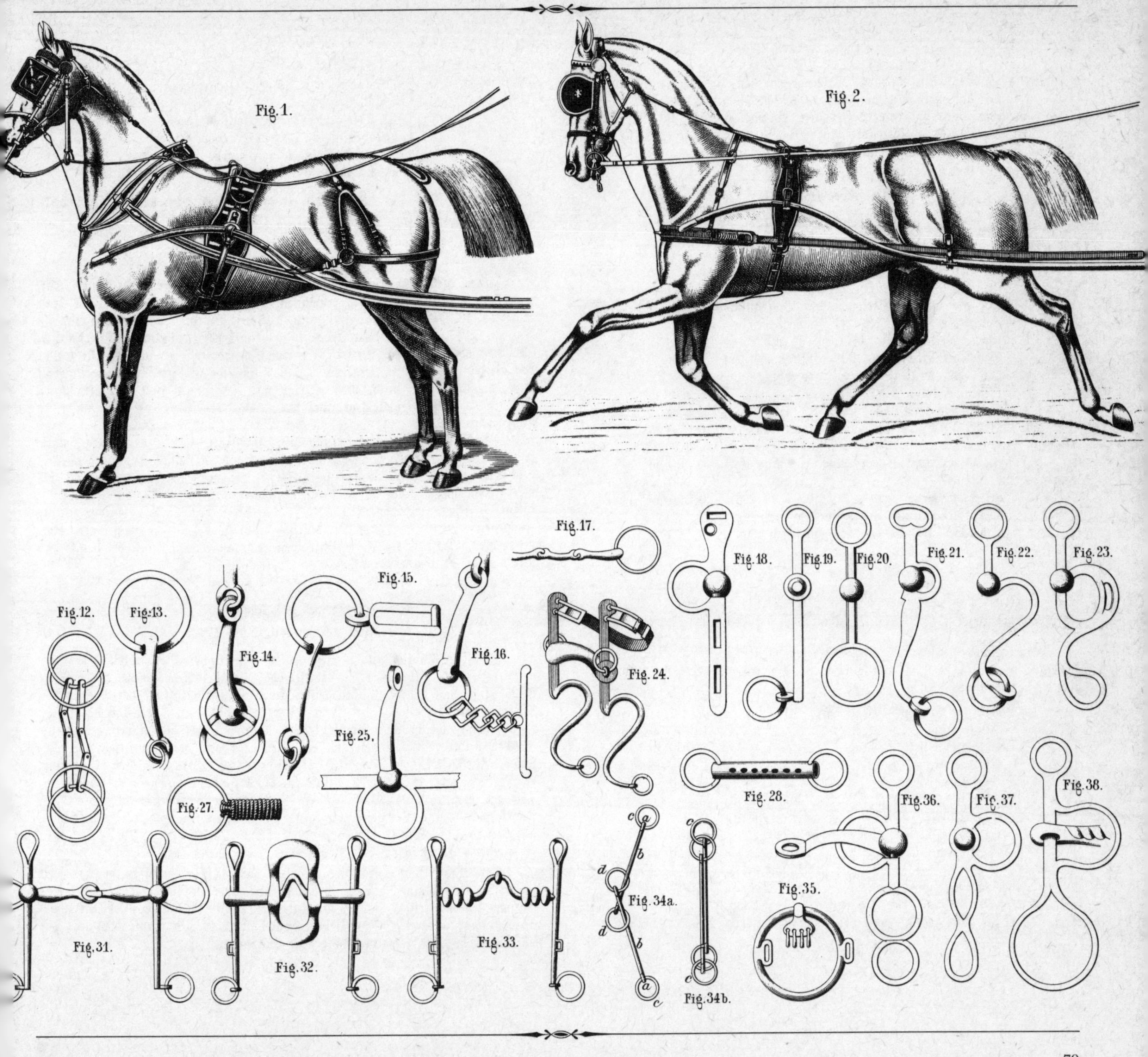
Fig. 1.
Fig. 2.
Fig. 12.
Fig. 13.
Fig. 14.
Fig. 15.
Fig. 16.
Fig. 17.
Fig. 18.
Fig. 19.
Fig. 20.
Fig. 21.
Fig. 22.
Fig. 23.
Fig. 24.
Fig. 25.
Fig. 27.
Fig. 28.
Fig. 31.
Fig. 32.
Fig. 33.
Fig. 34a.
Fig. 34b.
Fig. 35.
Fig. 36.
Fig. 37.
Fig. 38.

das hintere Stück nur ein Riemen bildet, der in den Aufsetzhaken eingehängt wird. Oftmals hat man auch am Ende einen metallenen breiteren Steg mit Ring. Letzterer wird in den Aufsetzhaken eingehängt und in die beiden Seitenösen des Steges werden die Aufsetzzügel geschnallt, so daß sie vom Kopf aus breiter und weniger auf der Mähne liegen.

g) Nasenriemen.

Fig. 7 bis 11, Taf. 12.

Der einfache Nasenriemen (Fig. 11) der durch die Oeffnung im Backenstück gezogen wird, ist lang	0,730 m
Wenn die inneren Strippen der Backenstücke durch die Oeffnungen der Nasenriemen gezogen werden, wie bei Fig. 7 und 8, so bleibt die Breite des Backenstückes von der Naht frei und ist die Strippe bis an die Oeffnung lang	0,140 m
Das Mittelteil ist lang	0,330 m
Von der Oeffnung bis zur Schnalle lang .	0,260 m
An dem Nasenriemen mit Ringen (Fig. 9) ist das Mittelteil von Ring zu Ring lang	0,320 m
Die Strippe lang	0,160 m
Das Schnallenteil lang	0,250 m
An dem Nasenriemen mit doppeltem Schnallenteil (Fig. 10) ist das Schnallenteil lang .	0,180 m
Das Hauptteil lang	0,630 m

h) Aufsetzzügel.

Fig. 3 bis 6, Taf. 12, Fig. 1, Taf. 11, Fig. 26 und 27, Taf. 20.

Der einfache Aufsetzzügel (Fig. 3) wird meist für leichte Geschirre angewendet. Er besteht nur aus 2 Teilen, die vorn rundgenäht sind und hinten flach laufen.

Das lange Strippenteil ist lang	1,800 m
Rundgenäht	0,630 m
Das Schnallenteil ist lang	0,900 m
Rundgenäht	0,630 m
Die Strippen sind lang	0,240 m
Der Aufsetzzügel (Fig. 6) ist für eine gewöhnliche Trense. Die rundgenähten Teile a a sind vom Ring bis zur Schnalle lang . .	0,630 m
Der Strippen b b ganze Länge beträgt . .	0,240 m
Das breite Teil c für zwei Schnallen eingerichtet ist lang	1,560 m
Der Aufsetzzügel zur Schlaufentrense (Fig. 4). Die ganze Länge der rundgenähten Teile a a beträgt	0,720 m
Das breite Teil e mit einer Schnalle eingerichtet ist lang	1,300 m
Fig. 5 rundes Teil zur Schlaufentrense, wenn unter das Kopfstück eine Strippe genäht ist, in welche dieser Teil eingeschnallt wird. Die Länge von Schnalle zu Ring beträgt . .	0,720 m

Fig. 1, Taf. 11. Ueber den Kopf gehender Aufsetzzügel (Oberscheck).

Ganze Länge von der Trense bis zu den Schnallen	1,550—1,650 m
Vom Kopfstück aus	1,180 m

Unter dieser Abteilung von Aufsetzzügel wollen wir einen neuen Aufsetzhaken von Gottfr. Busch erwähnen, der durch die Firma H. A. Köhlers Söhne, Altenburg, fabriziert und verkauft wird. Wir finden ihn in Fig. 26 u. 27, Taf. 20. Die Einrichtung ist aus der Zeichnung leicht ersichtlich. Zwischen der mit Eichel verzierten oberen Scheibe und der unteren, in welche der Bügel eingesetzt ist, liegt eine Rolle, um welche der Aufsetzzügel gelegt wird, nachdem man durch einen Druck mit Zeigefinger und Daumen gegen Eichel und Bügel letzteren geöffnet hat. Fig. 26 sehen wir den Haken in geöffnetem Zustande und sehen an der Scheibe, daß der Haken in 2 eingefeilte Vertiefungen derselben einschnappt und hält. Der so angelegte Aufsetzzügel braucht keinen Schieber zu haben, da er sich nicht herausheben kann und bewegt sich infolgedessen ganz leicht auf der Rolle und hindert das Pferd keineswegs, wenn es Seitenbewegungen mit dem Halse ausführen will. Beim Aufsetzen ist auch nicht nötig, das Pferd erst 10 bis 15 cm zurückzunötigen; ferner wird das Kammkissen nicht wie bei den nach vorn ausgebauchten Aufsetzhaken zum Umkippen gebracht, durch welches leicht das Pferd gedrückt werden kann.

i) Trensen und Kandaren.

Fig. 12 bis 40, Taf. 12.

Selbstverständlich bilden diese einen wesentlichen Bestandteil des Kopfgeschirres oder Zaumes. Der Sattler hat sich bei Anwendung dieser Teile gewöhnlich nach den Wünschen seiner Kunden zu richten, da der Besitzer des Pferdes oder der, der solches stets unter der Hand hat, selbst nur am besten wissen kann, welche Art Trensen oder Kandaren am vorteilhaftesten anzuwenden sind. Wir bringen hier eine Auswahl aus den Hunderten von verschiedenen Mustern der Herren Hültenschmidt & Kosack in Neheim a/Ruhr, H. V. Schütze in Hannover und H. A. Köhlers Söhne in Altenburg, Stimming & Benzlaff, Berlin und fügten der Uebersicht wegen den Fahrkandaren und Trensen auch solche zum Reiten bei, von denen besonders als Neuheit die Schoenbeck-Kandare hervorzuheben ist. Die Spohrsche beschrieben wir schon unter „Reitzäumen" Fig. 20, Taf. 7.

Die Wichtigkeit dieses Gegenstandes hat natürlich auch in neuerer Zeit sehr viele Erfindungen zuwege gebracht und bringen wir mit Fig. 26 eine einfache Gummitrense, welche Neuerung aber auch bei allen Gebissen angewendet werden kann. Eine Beschreibung dieser Gebisse entnehmen wir den Mitteilungen über Landwirtschaft und Gartenbau.

Elastische Gummitrense. Oberroßarzt Klemm in Stralsund gibt über diese von Gebr. Sachs in Berlin NW., Neustädtische Kirchstraße 1, hergestellte Trense folgendes Gutachten:

„Eines der erfreulichsten Zeichen des Fortschrittes auf allen Gebieten der Pferdekunde ist die zunehmende Erkenntnis, daß wir von unseren Pferden durch Gewalt nur sehr wenige und unsichere, durch Güte dagegen sehr viele und wertvolle Leistungen erreichen. Während vor 20 Jahren noch zahlreiche Pferde wegen Widerspenstigkeit, Bosheit, Kitzel, Stetigkeit zc. einen ständigen Handelsartikel bildeten und in Wirklichkeit für den jeweiligen Besitzer fast wertlos, ja sogar gefährlich waren, sieht man jetzt nur noch wenige derartig verdorbene Pferde. Die schwierige Aufgabe, sämtliche Pferde uns dienstbar zu machen, ist eben zu lösen, aber in verschiedener Schnelligkeit und Vollkommenheit und in verschiedener Weise. Ein ebensowenig bekanntes als vorzügliches Mittel zu diesem Zwecke ist die elastische Gummitrense. Schreiber dieses gibt sein Urteil darüber aus eigener Erfahrung ab in der Absicht, Besitzern namentlich junger Pferde manche Verlegenheit und sogar Gefahren zu ersparen. Denn mit diesem Gebiß bietet die Dressur die denkbar wenigsten Schwierigkeiten; alle Pferde gehen an dasselbe beim Reiten vertrauensvoll und gern heran, sie suchen und finden daran eine weiche Anlehnung, da die milde Wirkung der gewöhnlichen Anzüge ihnen nicht jedesmal als Strafe erscheinen kann. Mittels Stahlgebiß kann nur der mit „weicher Faust" begabte Reiter völlig gehorsame Pferde erzielen; das Kautschukgebiß paßt für jede Faust. Wenn man bedenkt, wie leicht sich vermöge der Elastizität Milde, Belohnung, Energie und Strafe zur rechten Zeit zum Ausdruck bringen lassen, so wird es erklärlich, warum der Reiter bei Anwendung dieses Gebisses weit weniger mit Widerspenstigkeit der Pferde zu kämpfen hat als sonst. Ein weiterer, nicht zu unterschätzender Vorteil der Gummitrense ist die Eigentümlichkeit, daß sie die Pferde zu fortwährendem Kauen und Saugen veranlaßt. Man hat daher nicht nötig, durch Zupfen am Zügel und Schenkeldruck dieses so sehr erwünschte Abkauen hervorzurufen. Vielleicht ist der Geschmack des Kautschuks die Ursache dieses Kauens. Und da die Zähne das richtig geschnallte Gebiß nicht erreichen können, so versucht das Pferd zuweilen das Gebiß mit der Zunge fest gegen den Gaumen zu drücken, um dann im Kauen fortzufahren; so arbeitet und schäumt es ununterbrochen und „kaut sich weich". Jeder Reiter wird hiernach sich leicht denken können, wie angenehm das Reiten auf dem so weichen, dreist an den Zügel gehenden, folgsamen Pferde ist. So angenehm wie der Gang des Pferdes ist aber auch das Gefühl in der Hand; alle die Härten, die selbst für den geübtesten Reiter unvermeidlich sind und die mindestens beim Stolpern und Auffangen eines Pferdes mit dem Zügel jedes Metallgebiß zu einer die Laden verhärtenden bezw. zerquetschenden Folter machen — alle diese Härten fallen weg. Die Trense ist unzerreißbar, da eine Stahlkette durch den Gummi hindurchgeht; sie wiegt nicht halb so viel als eine eiserne von demselben Volumen; sie ist während des Reitens stets gebogen und bietet Freiheit für die Zunge." Auf ein ähnliches Gebiß, sogenanntes Strickgebiß, Fig. 27, machen wir aufmerksam, welche zum Abkauen und beim Anreiten junger Pferde viele Liebhaber gefunden haben. Die Wirkung und Haltbarkeit erreicht natürlich entsprechend der primitiveren Konstruktion nicht die der Gummigebisse, wogegen die Anschaffungskosten aber auch geringer sind.

Für hartmäulige Pferde, die weicher im Maule werden sollen, benutzt man die Gebisse Fig. 29 mit Spieler, Fig. 33 mit Rollen zum Abkauen. Fig. 32 ist ein Gebiß mit Löffel für Zungenstrecker. Fig. 12 ist eine Einfahrtrense mit doppeltem kantigen Mundstück. Fig. 30 Juckerfahrgebiß. Fig. 28 Luftschnappergebiß, an beiden Enden offene Röhre, damit die eingepumpte Luft durch die Oeffnungen entweicht. Fig. 35 Fohlengebiß mit Spielern. Die Schoenbeck-Trense Fig. 17 und die Kandare Fig. 24 bringen wir im Bilde zum besseren Verständnis der auf Seite 77 beschriebenen Zäumung, dem eigentlich, wenn wir kurz sein wollen, nichts mehr hinzuzufügen ist. Der Erfinder, Herr Major R. Schoenbeck, hat im Verlage von R. Bredow in Leipzig ein Reithandbuch herausgegeben, welches in leicht verständlicher, klarer Sprache diese Zäumung genau beschreibt und überhaupt sehr viel Wissenswertes für den Sattler enthält. Die Gebisse sind nur zu beziehen durch den Hofsporer Eduard Schultze in Potsdam.

Fig. 34a und b ist ein Sicherheitsgebiß für durchgehende Pferde von Herrn Uffhausen, zu beziehen durch A. F. Lamberty, Arnsberg i/W., deutsches Reichspatent Nr. 50361. Bei leichter Handhabung können die Pferde mit dem Gebiß gefahren werden wie Fig. 34b zeigt. Die beiden Stangen b sind rund und deshalb für die Tiere schmerzlos zu tragen, ohne sie hartmäulig zu machen. Beim Heftigwerden der Pferde, Fig. 34a, ziehen sich, wenn die Zügel in den Ringen c angezogen werden, die beiden Ringe d, woran Kopfstück und Aufsetzzügel befestigt sind, in das Maul des Pferdes zusammen; dieselben werden gezwungen, das Maul zu öffnen und ist dadurch das krampfhafte Einbeißen in das Gebiß unmöglich. Die beiden Stangen b wirken hebelartig, die Ringe d drücken unter den Gaumen der Pferde und sind dieselben ohne Kraftanstrengung zu regieren.

2. Das Kumt für Kutschgeschirre.

Das Kumt ist der wichtigste Teil des Geschirres und auch seine Anfertigung ist von allen Teilen am schwierigsten. Die Lage des Kumtes ist von der Natur genau am Pferdehals vorgeschrieben und muß, wenn es das Pferd nicht drücken oder scheuern soll, genau diesem angepaßt sein. Das Kumt darf nicht über das Nackenband des Pferdes gezwängt, am Halse hängen, sondern muß sich mit elastischem Druck dicht an die Schulterblätter, in welchen sich die ganze Zugkraft des Pferdes konzentriert, anschließen, so daß sich der Hals frei hin- und herbewegen kann. Das Schulterblatt, welches die eigentliche Unterlage für das Kumt bildet, unterscheidet man in eine innere glatte und in eine äußere Fläche. Letztere, die Schultergräte genannt, welche längs und inmitten des Schulterblattes hervortritt, bildet nun den eigentlichen Stützpunkt für ein richtig konstruiertes Kumt. Sitzt dieses genau in der schrägen Richtung mit dem Schulterknochen an die Gräte angelegt, so paßt es nach den Regeln der Kunst und ein schmerzhaftes Drücken und Durchscheuern ist zur Unmöglichkeit geworden.

Die quer über die zwischen den beiden Buggelenken liegende Zwischenbrust bleibt dabei vollständig frei und das Pferd ist in seinen Atmungsbewegungen nicht gehemmt, deshalb muß sich bei einem gut passenden Kumte unten an der Brust noch soviel Spielraum zeigen, daß man bei ruhigem Stande, wie straffen Zuge des Pferdes die Fingerspitzen am Kumte hindurchstecken kann.

Da nun nicht alle Pferde normale Bauart der Schulterpartie besitzen, sondern dieselbe bei einem mehr hochgestellt, bei anderen tiefer liegend angetroffen wird, hat der Sattler sein Kumt danach einzurichten.

Um die Länge eines Kumtes zu bestimmen, legt man das Maß vom Kamm bis zur Brust, in der vorgeschriebenen schrägen Lage; um die Weite des Kumtes zu treffen, muß man auf die Stärke des Halses ebenfalls Rücksicht nehmen. Eine neue, unseres Erachtens nach ganz praktische Erfindung zum Maßnehmen der Kumte ist der „Maßbügel mit Skala" von Ad. Giebeler in Wegeleben, Prov. Sachsen. Preis: Mk. 4,60 gegen Nachnahme des Betrags. Eine andere kompliziertere Einrichtung zu diesem Zwecke empfiehlt die Leipziger Patent-Stell-Kumt-Fabrik (R. Jesch) Leipzig-Connewitz mit ihrem „Profilographen oder Pferdehalsmesser", der automatisch eine ganz genaue Zeichnung des Halses ermöglicht. Beim Anschirren wird das Kumt dem Pferde verkehrt über den Kopf gesteckt und gleich hinter dem Kopfe auf der schmalsten Stelle des Halses gedreht, deshalb muß man auch darauf achten, daß das Kumt bequem über den Kopf geht und die Augen nicht berührt.

Da die Besitzer von Pferden sehr oft dieselben wechseln, so hat man sich schon vor Jahren die Aufgabe gestellt, ein Kumt zu konstruieren, welches enger und weiter, größer und kleiner gemacht werden kann.

Das schon seit längerer Zeit in den Handel gebrachte Kumt solcher Art ist das Patent-Stell-Kumt von R. Jesch, Leipzig-Connewitz, der seit dem Bestehen der Fabrik 1878 schon nach seinen Berichten über 30000 solcher Kumte versandt hat. Fig. 5, Taf. 14, zeigt uns ein solches Kumt. Es besteht aus 4 Teilen, den 2 Bruststücken, die in der Brust verstellbar sind, aus einem Nackenstück, welches aufgesteckt und höher und tiefer gesteckt werden kann und aus einem, aus Weißblech bestehenden Kammbleche, welches oben an dem Nackenstücke festgeschnallt ist und sich halbrund gearbeitet der Polsterung des Leibes anschmiegt und so dem Kumte den richtigen Stand verleiht. Die breitgearbeitete Zugöse hat 3 Löcher, so daß auch willkürlich der Zug höher und tiefer gelegt werden kann. Diese Kumte weichen, außer dem angebrachten notwendigen Mechanismus nicht von der gewöhnlichen Form des englischen Kumtes ab; etwas anderes ist es schon mit dem anderen verstellbaren Kumte Fig. 3, Taf. 14. Neues Patent-Stellkumt mit Tragsattel der Firma Ahl & Forbrich, Berlin und Chemnitz. Der Mechanismus zum Verlängern des Kumtes ist aus der Zeichnung leicht ersichtlich und ist dem oben beschriebenen ziemlich ähnlich. Etwas anderes ist es mit dem Verschmälern oder Verbreitern des Kumtes. Dies wird dadurch bewirkt, daß man den Tragsattel über den Schlüsseln von den Bügeln löst und ihn im Gewinde der Queuestange nach rechts oder links dreht. Ersteres würde bewirken, daß das Kumt enger wird, letzteres, daß es sich erweitert. Ein anderes Kumt, welches wesentlich von der ursprünglichen Bauart abweicht, ist das „Rücken-Kumt" von Alfred Mendel in Strehlen bei Dresden, deutsches Reichspatent Nr. 50926.

Fig. 4, Taf. 14. Der Erfinder geht von der Ansicht aus, daß unsere jetzigen Zugmittel, Kumt und Brustblatt, das Pferd beängstigen, beschweren und die freie Atmung hemmen, hauptsächlich müßte sich beim Brustblatt das Pferd erst dieses Druckes erwehren, ehe es die Zugkraft anwenden kann. Das Kumt ist zwar besser insofern, daß es ein fester Gegenstand ist, in dem sich das Pferd hineinlegen und seine Zugkraft äußern kann, es hat aber den Nachteil, daß es sich beim Zuge hebt und am Halse scheuert. Der Hals sei

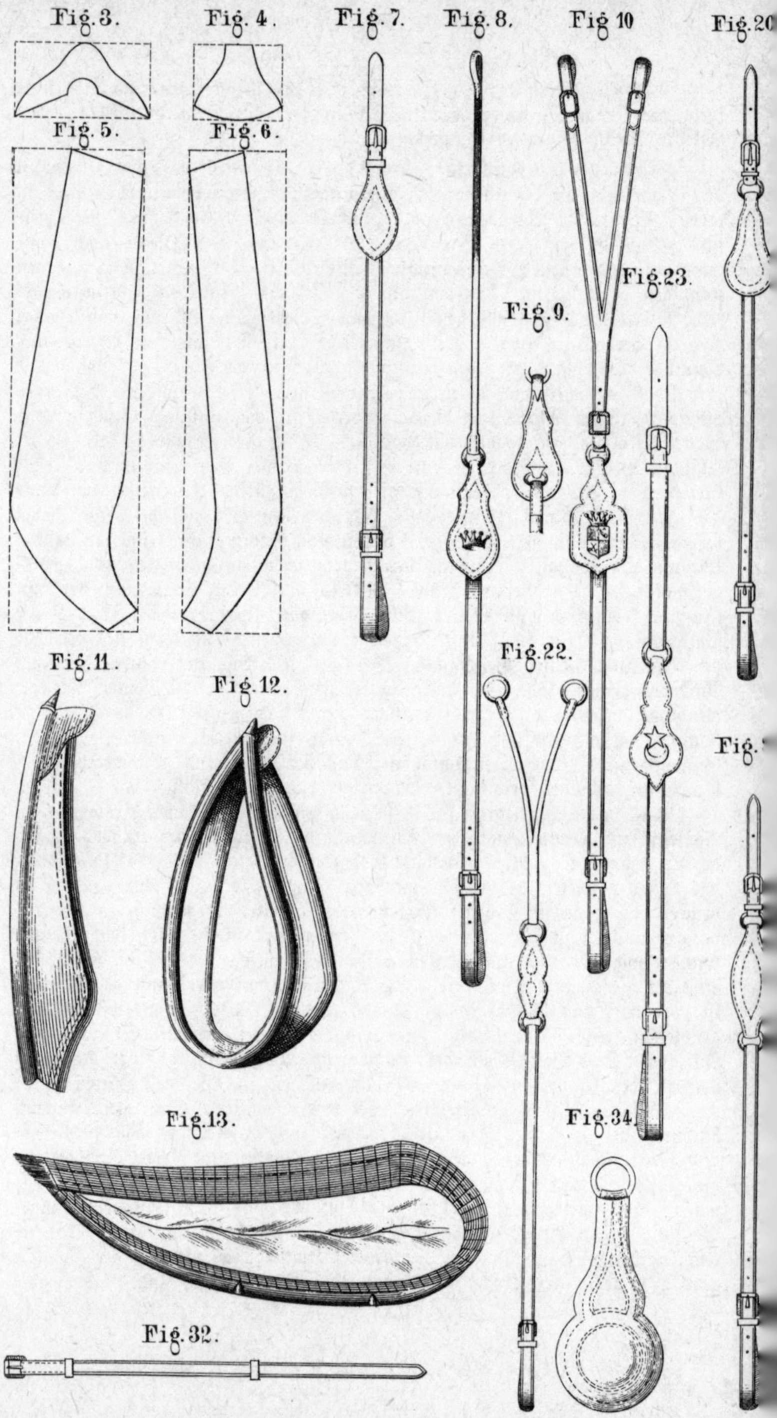

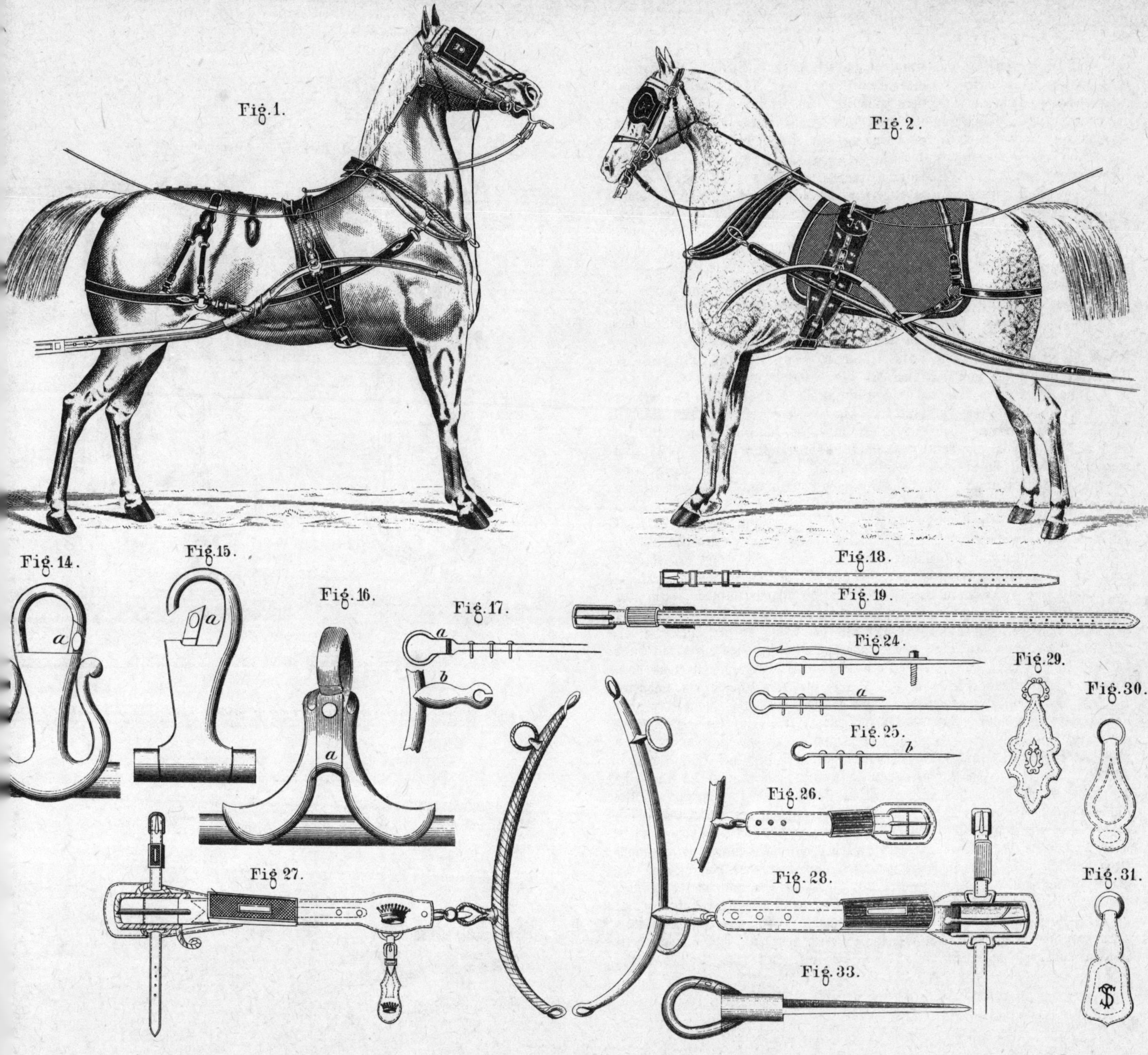
Fig. 1.
Fig. 2.
Fig. 14.
a
Fig. 15.
a
Fig. 16.
a
Fig. 17.
a
b
Fig. 18.
Fig. 19.
Fig. 24.
a
Fig. 25.
b
Fig. 26.
Fig. 27.
Fig. 28.
Fig. 29.
Fig. 30.
Fig. 31.
Fig. 33.

gar nicht dazu geschaffen mit einem Zugmittel für das Pferd in Berührung zu kommen. Aus diesen Gründen konstruiert er ein Kumt, dessen Einrichtung aus der Zeichnung leicht ersichtlich ist. In der Brustgegend sielenartig gearbeitet, geht das Rückenkumt, direkt dem Brustknochen folgend, nach dem Kammdeckel und ist dort in den durchgehenden Schlüsseln beweglich.

Man hat ferner Kumte konstruiert, deren Leiber nach Art der Luftkissen aufgeblasen wurden. Englische Fiaker wendeten der Leichtigkeit wegen Kumte aus Bast geflochten und ausgefüllt an und mögen diese Erfindungen oft sehr bequem für das Pferd, aber immer nicht haltbar und deshalb nicht billig genug sein.

Das beste Kumt, welches bis jetzt den ersten Platz rühmlichst behauptet hat, ist das aus Leder, Stroh und Haaren verfertigte, wie wir solches auf den verschiedenen Pferdezeichnungen und speziell auf den Abbildungen Fig. 11 bis 13, Taf. 13, sehen und dessen Anfertigungen wir näher beschreiben wollen.

Zunächst schneidet man sich von starkem ungeschmierten Rindleder den Rand zu und zwar in einer Breite von 0,086 m und für ein 0,500 m langes Kumt in einer Länge von 1,350 m. Auf jede 0,010 m, welche ein Kumt länger ist, schneidet man den Rand 0,020 m länger.

Dann wird von schwachem weichen Rindleder, Kalb- oder starkem weichen Schafleder das Leibleder geschnitten. Fig. 5, Taf. 13, ist das Modell in $^1/_{10}$ der natürlichen Größe dazu. Außerdem schneidet man 0,028 m breit das Anzugleder am besten von nicht zu starkem Rindleder. Jetzt heftet man die Leibleder, welche in der Mitte 0,020 m übereinander gehen, von da aus an den Rand an und näht Anzugleder, Leib und Rand mit starkem Pechfaden zusammen. Nun wird der Rand fest mit Stroh ausgefüllt. Dazu benutzt man den eisernen Füllstock, Fig. 17, Taf. 1, mit welchem man die 0,200 m lang geschnittenen, angefeuchteten Strohhalme in kleinen Wischen einen in den anderen einfüllt und dabei dem Rande die Form des Kumtes gibt. Ist dies geschehen, so wird der Rand mit dreifachem starken, gut gepechten Bindfaden 0,040 m von den Enden fest zusammengenäht. Um dem Rande nun die richtige Form zu geben, wird dieser auf den Kumtstock Fig. 16, Taf. 1, fest aufgesteckt und mit der Schraube der Kumtstock angespannt. Nachdem der Rand wieder abgenommen ist, wird dieser mit einer halbrunden Holzkeule auf einem Klotze etwas flach gehauen und nach oben etwas zurückgekrümmt, wodurch das Kumt auf dem Pferde ein schöneres Ansehen und bessere Lage erhält. Beim Füllen wird das Randleder ganz naß gemacht und muß deshalb der Rand ganz trocken sein, ehe weiter daran gearbeitet wird. Ist dies der Fall, so werden unter der Naht rund herum in einer Entfernung von 0,030 m Löcher gestochen und der Hülsrand aufgenäht. Dieser ist von Langstroh, welches von oben bis etwas über die Mitte der Brust reicht und wird zuerst die rechte und dann die linke Hälfte aufgenäht. Von der Stelle an, wo die Brust anfängt und welche man sich vorher angezeichnet hat, wird der Hülsrand etwas zugespitzt. Alsdann macht man, je nachdem das Kumt stark werden soll, zwei starke Wickel von Krummstroh, welche nach oben schwächer zulaufen und näht diese von da an, wo die Brust anfängt, nach oben zu auf dem Hülsrand fest und schärft sie nach der Brust zu aus. Dieses Krummstroh wird mit Langstroh rund herum bedeckt, übernäht und zweimal fest durchnäht, so daß der Strohbau flach wird und die Stiche über die Faden zu liegen kommen. Man macht hierbei ebenfalls erst die rechte und dann die linke Seite des Kumtes fertig.

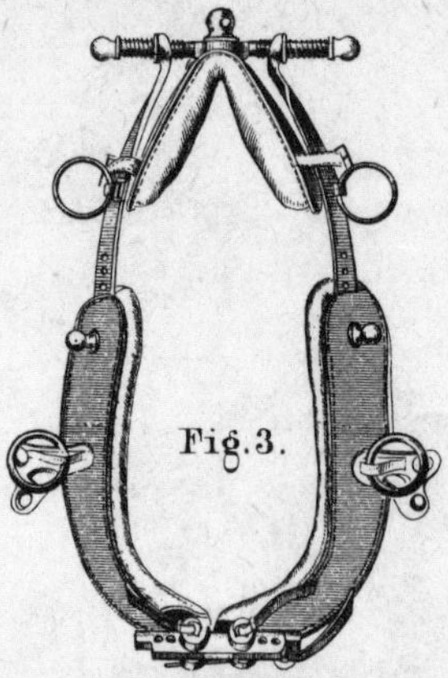
Fig. 3.

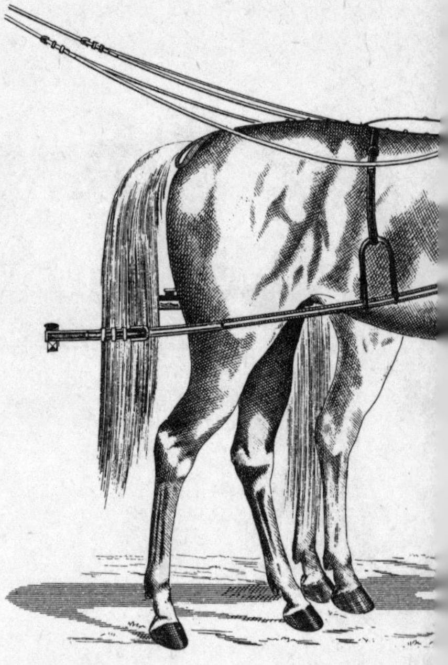

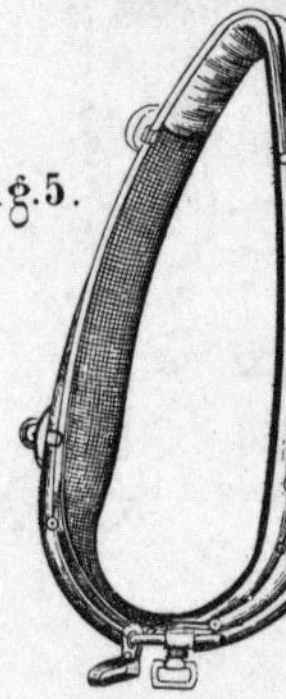
Fig. 5.

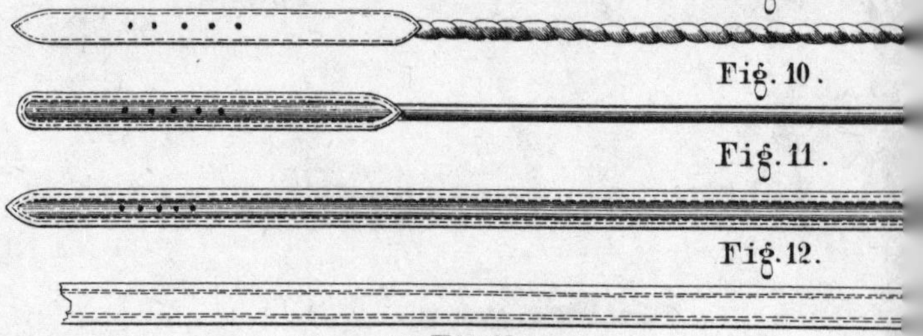
Fig. 9.
Fig. 10.
Fig. 11.
Fig. 12.

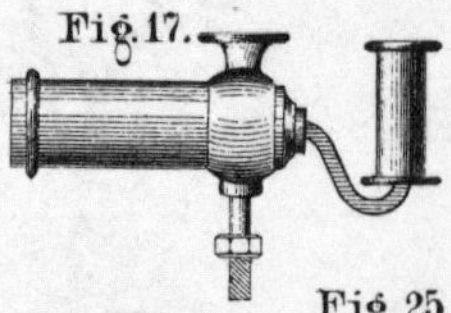
Fig. 17.

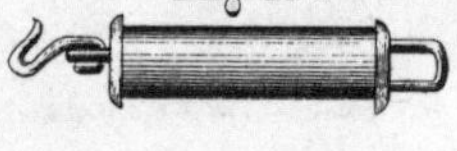
Fig. 18.

Fig. 22.

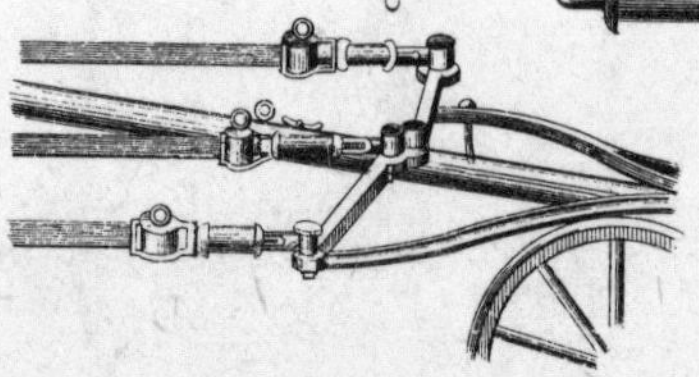
Fig. 25.

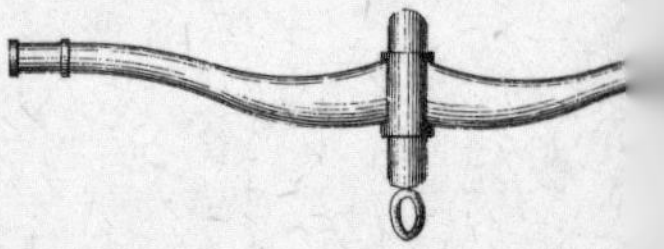
Fig. 26.

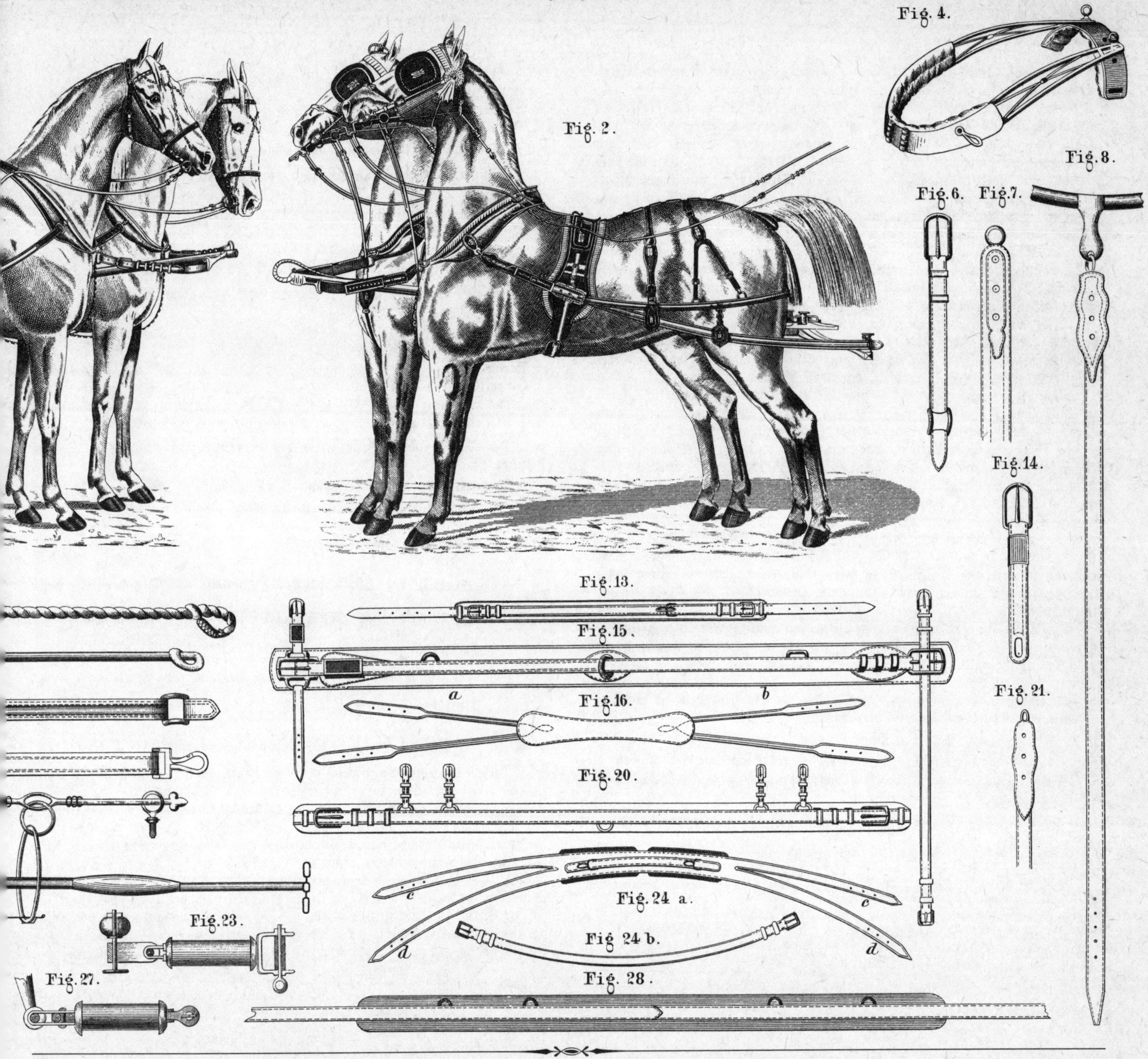
Fig. 4.
Fig. 2.
Fig. 8.
Fig. 6.
Fig. 7.
Fig. 14.
Fig. 13.
Fig. 15.
a
b
Fig. 16.
Fig. 21.
Fig. 20.
Fig. 24 a.
c
c
Fig. 23.
Fig 24 b.
d
d
Fig. 27.
Fig. 28.

Fig. 13, Taf. 13, zeigt ein Kumt, dessen rechte Seite fertig in Stroh gearbeitet ist, auf der linken ist der Hülsrand eingenäht.

Nun wird das Leibleder angefeuchtet und das Kumt mit Rehhaaren oder Wolle, welche ganz klar sein muß, von oben an rundherum fest ausgelegt, wie es die Form und Stärke verlangt. Das Leibleder wird mit Nägeln an der äußeren Kante festgeheftet. Alsdann wird Anzugleder und Leibleder mit starkem gewachsten Garnfaden überwendlich zusammengeheftet, die Nägel entfernt und die Stiche fest angezogen. Hierauf näht man mit dreifachem gepechten Bindfaden das Kumt fest zusammen und schraubt es auf den Kumtstock straff auf, wobei der Leib mit der Holzkeule derb geschlagen wird, damit Stroh und Haare sich fester zusammenlegen. Das oben über der Naht überstehende Stroh wird nun abgeschnitten, die Stiche nochmals straff angezogen und Leib und Anzugleder noch einmal zwischen den ersten Stichen zusammengenäht, so daß die Fäden über das Kreuz liegen.

Diese Stiche werden ebenfalls fest angezogen und das Leder, welches oben an der Naht noch übersteht, gut umgenäht. Zum Anziehen bedient man sich eines größeren Hammers, mit welchem man auf das Leibleder schlägt und einer großen, stumpfen, krummen Ahle.

Damit der Falz, welcher sich zwischen Rand und Leib äußerlich bildet, zur Aufnahme des Kumtbügels recht frei werde, schlägt man einen dazu passenden Strick hinein. Nachdem dieser Strick entfernt ist, wird äußerlich, wo der Beleg zu liegen kommt, das Kumt mit einem Gemisch von Kleister und Sägespänen halbrund bestrichen, so daß alle ungleichen Stellen ausgeglichen werden. Ist dies getrocknet, so wird es mit der Raspe ganz glatt und egal gemacht, das Stück, welches oben vom Rand übersteht, zugespitzt, dieses mit lackiertem Leder bekleidet, der Beleg übergezogen und angenäht, sowie der Deckel aufgenäht. Fig. 3, Taf. 13, ist Modell für den Deckel, Fig. 4 für die Spitze, Fig. 6 für den Beleg, alle drei in $^1/_{10}$ der natürlichen Größe gezeichnet. Der Beleg wird von narbenlackiertem Rind- oder Roßleder gemacht, an der hinteren Kante umgepuckt und 2 oder 3 mal genäht, ebenso die Spitze.

Der Deckel ist von demselben Lackleder mit starkem Rindleder gefüttert. Oftmals setzt man auf den Beleg auf jede Seite eine Schnallenkappe, in welche ein rundgenähter Riemen 0,560 m lang geschnallt wird, wie an dem Kumt, Fig. 1, Taf. 13, zu sehen ist, welcher den Zweck hat, den Beleg vor dem Scheuern des an dieser Stelle anliegenden Aufsetzzügels zu schützen.

Die Kumtbügel werden mit dem Gürtel

Fig. 32, Taf. 13, lang . . . . . 0,640 m

straff um das Kumt geschnallt, welches bei dieser Arbeit auf den Kumtstock gelegt wird. Auch Kumte liefern die angegebenen Firmen für Geschirrteile in sauberer Ware.

3. Der Sprungriemen mit Spieler.

Fig. 7 bis 10, 20 bis 23, 29 bis 31 und 34, Taf. 13.

Sprungriemen mit Spieler und 2 Ringen, Fig. 21, von Schnalle bis Ring lang	0,900 m
Strippe und Schnallenkappe aus einem Stück vom Ring bis zur Spitze lang	0,220 m
Spieler lang	0,150 m

Sprungriemen mit Spieler und einem Ring, Fig. 20.

Sprungriemen lang	1,000—1,100 m
Strippe vom Ring bis zur Spitze	0,210 m
Spieler lang	0,160 m

Sprungriemen mit Spieler ohne Ring, Fig. 7, Maß wie oben Fig. 20.

Sprungriemen mit Spieler und einfachem rundgenähten Sprungzügel, Fig. 8.

Länge des Sprungriemens	1,000 m
Länge des Spielers	0,160 m
Sprungzügel ganze Länge	0,600 m

Durch die Oese geht das Hinterteil des Nasenriemens.

Fig. 10 Sprungriemen mit Spieler und doppeltem Sprungzügel.

Sprungriemen lang	1,000 m
Spieler lang	0,160 m
Sprungzügel ganze Länge	0,550 m
Strippen lang	0,140 m
Gespalten	0,350 m
Schnallenkappen	0,060 m

Beide Strippen werden in die Trensenringe geschnallt.

In Fig. 9 ist ersichtlich, wie der Sprungriemen unter dem Spieler befestigt ist.

Sprungriemen mit Spieler und Martingale, Fig. 22.

Sprungriemen von Schnalle zu Ring lang .	0,900 m
Spieler lang	0,150 m
Martingale ganze Länge	0,400 m
gespalten	0,250 m

Sprungriemen mit Zügel an das Hinterteil des Nasenriemens einzuschnallen.

Das Unterteil zum Selbstschnallen lang . .	1,000 m
Das Oberteil lang	0,400 m
Die Strippe	0,210 m

Fig. 29, 30, 31 und 34 sind neuere Modelle von Spielern.

4. Die Stutze (Seitenblatt mit Zubehör).

Fig. 14 bis 17, 24 bis 28 und 33, Taf. 13.

Dieselben gehen vorn von den Kumtbügeln aus und sind an dieselben entweder mit doppelter Zange befestigt, wie Fig. 25a, oder sie werden durch einen angenieteten Haken, Fig. 25b, in die Kumtbügel eingehakt. Ist letzteres der Fall, nietet man oft eine kleine lederne Hülse mit an, die über den Haken eingestülpt wird, damit sich in demselben die Zügel nicht fangen oder, wie Fig. 24 zeigt, ist eine stählerne Feder auf die Oberlage der Stutze geschraubt, die fest unter den Haken drückt. Fig. 33 ist ein patentierter geschlossener Haken, mit verdeckter Feder. Die Kumtbügel, Fig. 27, sind für ein zweispänniges Geschirr und Fig. 28 für ein einspänniges Geschirr, weil sie zur Aufnahme des einspännigen Aufhalters vorn eine Oese haben. Die Kumtbügel werden vorn durch die sogenannten Schlußringe zusammengehalten.

Die Unterlage oder das Schweißblatt der Stutzen wird aus dem kernigsten Leder der Haut nach einem Modell geschnitten. Der hintere Teil, bis da wo die Schlaufe anfängt, wird nach den Kanten zu ausgeschärft und bombiert, d. h. nach der schon weiter oben beschriebenen Methode erhaben doppeliert und genäht. Dann wird die Hauptlage zurechtgeschnitten und die Schnalle eingepaßt; wo die Schlaufe sitzt, muß gewöhnlich die Lage auf jeder Seite etwas schmäler geschnitten, und die inneren Nähte der Hauptlage blind genäht werden. Ist dies geschehen, wird nun die Schnalle, in die vorher der Oberblattstößel und das Bauchgurtteil eingenäht war, placiert, natürlich ist die Oberlage allein als Schnallenkappe nicht stark genug und es muß noch entsprechend die Kappe verstärkt werden. Die Schlaufe wird nun aufgesteckt. Die Kappe, wie die Abbildungen zeigen, gut aufgenäht und dann nach oben beschriebener Methode die Schlaufen eingenäht. Ist dies geschehen, nietet man die Haken, resp. Zangen ein; hat dabei auch darauf zu sehen, daß an den betreffenden Stellen ausgeschärfte Lederstreifen untergelegt werden, damit das Ganze ein schönes Ansehen bekommt und sich nicht etwa eine Stelle findet, die einbricht. Zuletzt werden nun die beiden äußeren Nähte genäht und das Ganze verputzt.

Fig. 28 Stutze mit langer gepreßter Schlaufe und Kumtbügel mit Einspänneröse.

Unterlage oder Schweißblatt lang . .	0,520 m
bis zur Schnalle lang	0,420 m
Oberblattstößel	0,120 m
Bauchgurtschnallenteil	0,680 m
Bauchgurtstrippe	0,370 m

Fig. 27 Stutze für Vierspänner Stangengeschirr.

Maß wie bei Fig. 28.

Der Strangträger lang	0,200 m
Strippe	0,160 m

In die Oese der Schnalle wird der Strang der Vorderpferde, der hinten mit Karabinerhaken versehen ist, eingehängt.

Fig. 26, Taf. 13, Stutze für Selletgeschirr.

Man macht an Selletgeschirren ebenfalls oft eine Stutze vorn hin, dieselbe muß dann kürzer als gewöhnlich sein, damit sie mit dem Gabelträger nicht in Berührung kommt. Bei dem Tandem-Gighgeschirre, Fig. 1, Taf. 15, ist es unumgänglich notwendig, daß das hintere Pferd kurze Stutzen hat, weil der Strang des Vorderpferdes, wie bei dem Vierspänner, in die Schnalle vermittelst Karabinerhaken eingehängt wird.

Länge der Selletstutze	0,330 m

Neuere Patentzugösen zum Einhängen der Stutzen sind die Fig. 14 bis 17. Bei Fig. 14 geschlossen und Fig. 15 geöffnet liegt eine Feder in der hohlen Zugöse. Das Teil a wird beim Einhängen zurückgedrückt und federt von selbst zusammen. In Fig. 16 (Patent Duderstadt, Eßlingen) wird das Teil a mit dem Knopf nach dem Bügel zurückgeschoben, wodurch die Oese zum Einhängen frei wird. Die darin befindliche Feder wirft das Teil a von selbst wieder zurück und schließt die Oese. Die Einrichtung ist unstreitig bis jetzt die praktischste. Eine sehr einfache Einrichtung zeigt uns Fig. 17. Die Zugöse hat in der Mitte einen schmalen Einschnitt, durch den wohl der dünnere Teil a der Zange hindurchgeht, aber die stärkere Oese nicht durch kann. Letztere Einrichtung ist ein Patent der Herren Th. Schmoeles Söhne, Iserlohn.

5. Der Strang und Strangstößel.

Fig. 6 bis 12, 14 und 21, Taf. 14.

Strang zum Vierspänner-Geschirr für die Vorderpferde, Fig. 12, mit Karabinerhaken.

Derselbe ist lang	3,150 m
Die Breite gewöhnlich	0,040 m

Strang für Zweispänner-Geschirr, Fig. 11.

Derselbe ist lang	2,100—2,300 m
Aufziehschlaufe lang	0,090 m

Runder Strang von Leder, Fig. 10.

Ganze Länge des Stranges .	2,100—2,300 m
Rundgenäht lang	1,700 m
Strippen lang	0,400 m

Runder Strang von Hanf, Fig. 9.

Länge wie bei Fig. 10.

Strang für Selletgeschirr mit lackiertem Lederbeleg, Fig. 8.

Ganze Länge	1,900 m

Fig. 7 und 21. Andere Muster lackierter Belege zu diesem Strange.

Strangstößel für Selletgeschirre Fig. 6 mit Ring zur Docke.

Ganze Länge	0,400 m

Strangstößel für Selletgeschirre, der hinten nur am Zugstift aufgesteckt wird, Fig. 14.

Ganze Länge	0,330 m

6. Fehrmanns Patent-Pferdeschoner.

Fig. 17, 18, 22, 23, 25 bis 27, Taf. 14.

Wir wollen an dieser Stelle nicht unterlassen, der unter obigen Figuren gebrachten Neuerung zu gedenken, die nach Urteil der Sachverständigen eine Verlängerung der Dienstfähigkeit der Pferde bewirkt, die bedeutende Ersparnis an Reparaturen an Wagen und Geschirren verursacht und welche die Hauptursachen der oft rohen Behandlung der Pferde beseitigt.

Fig. 26 elastisches Ortscheit.

Fig. 17, 23, 25 und 27, Apparate für Equipagen mit fester Sprengwage.

Fig. 18 und 22, Apparate für Equipagen mit beweglichen Ortscheiten.

7. Aufhalter.

Fig. 18 und 19, Taf. 13.

Zweispänniger Aufhalter, Fig. 19.

Ganze Länge	1,200—1,400 m

Einspänniger Aufhalter, Fig. 18.

Ganze Länge	0,600—0,750 m

8. Das Brustblatt mit Oberblattstößel und Bauchgurt.

Fig. 15, 20 und 28, Taf. 14.

Das Brustblatt soll das Kumt ersetzen; es hat zwar nie das elegante Aussehen als letzteres, doch liegt sein Vorteil darin, daß es jedem Pferde paßt und sehr leicht ist. Sie werden aus einem breiten Streifen Leder gefertigt, der bei Fig. 28 in der Mitte unter dem Belege zusammengenäht ist und zwischen welche eine Filzlage eingeschoben ist. Fig. 15 ist nur halb zusammengefalzt, die untere Seite etwas vorstehend, hier wird nichts eingelegt. Die Nähte des Beleges werden aber nur durch die obere Hälfte genäht, so daß die untere breite Hälfte ohne Naht ist und nur sozusagen als Futter dient.

Fig. 28 Brustblatt mit Strängen für Selletgeschirr.

Dasselbe lang	1,300 m
Dasselbe breit	0,120 m
Ganze Länge der Stränge, die in der Mitte des Brustblattes zusammengenäht werden	4,500 m
Halsriemenringe. Die ersten von der Mitte aus	0,370 m
Die zweiten von den ersten aus . .	0,150 m

Dasselbe Brustblatt kann natürlich auch nur mit einem Ringe auf jeder Seite gemacht werden.

Fig. 15 Brustblatt für zweispänniges Geschirr mit Oberblattstößel und Bauchgurt. An unserer Abbildung auf einer Seite mit auf den Dorn geschobener Bauchgurt und Oberblattstößel aus einem Stück, auf der anderen Seite besonderen Stößel und Bauchgurtstrippe.

Ganze Länge des Brustblattes . . .	1,550 m
Breite desselben	0,130 m
Das Beleg lang von Schnalle zu Schnalle	1,330 m
Der Aufhaltring außer der Mitte nach der inneren Stangenseite zu . . .	0,053 m
Die Halsriemenringe von der Mitte aus	0,380 m
Der Oberblattstößel auf Seite a lang .	0,120 m
Die Bauchgurtstrippe auf Seite a lang	0,370 m
Bauchgurtschnallenteil zu Seite a . .	0,680 m

Bei Brustblattschnallen ohne Oesen wie an Seite b wird der Oberblattstößel und das Bauchgurtteil aus einem Stück gearbeitet und da, wo solches auf den Dorn gesteckt wird, eine Oeffnung gelassen.

Der Oberblattstößel bis zum Dorn ist lang	0,150 m
Die Bauchgurtstrippe von da an lang .	0,400 m
Das Bauchgurtschnallenteil	0,710 m

Fig. 20 Brustblatt für Trabergeschirr.

Dasselbe ist von Verdeckleder mit Filzeinlage gefertigt, seine ganze Länge beträgt . . .	1,150 m
Die Breite	0,120—0,140 m
Der erste Stößel ist vom Ende entfernt	0,200 m
Der zweite von dem ersten . . .	0,080 m

In der Mitte befindet sich ein Ring zur Aufnahme des Sprungriemens.

9. Der Halsriemen.

Fig. 13, 16 und 24a u. b, Taf. 14.

Fig. 13. Unterlage lang	0,610 m
Breite	0,045 m
Auf diese Unterlage kommt ein Beleg, welches an jeder Seite eine Schnalle aufnimmt, mit zwei Schlaufen, darunter ist die Strippe lang	0,470 m

Oftmals werden auch zwei Ringe für die Leine wie bei a mit unter das Beleg eingenäht.

Fig. 24a u. b Halsriemen, zu dem am Brustblatt sich in den Ringen Stößel befinden müssen.

Dieselben sind lang	0,110 m

Die hinteren Strippen c c werden in diese Stößel eingeschnallt.

Die ganze Länge des Halsriemens c c beträgt	1,000 m
Die Länge d d beträgt	1,250 m

Der Halsriemen ist mit doppeltem, etwas mit Haaren ausgefüllten weichem Leder gefüttert. In der Mitte ist eine Kammer.

Von Spaltpunkt zu Spaltpunkt ist der Halsriemen lang	0,500 m
Die Leinenringe sind voneinander entfernt .	0,250 m

Der Riemen Fig. 24b wird vorn durch den Brustring gezogen und in die beiden Strippen d d geschnallt.

Der Riemen ist lang von Schnalle zu Schnalle	0,450 m

Der Halsriemen zum Brustblatt für Trabergeschirr Fig. 17.

Mittelteil lang	0,200 m
breit	0,030—0,050 m
Die kurzen Strippen nach hinten .	0,380 m
Davon rund genäht	0,250 m
Die langen Strippen nach vorn . .	0,430 m
Davon rund genäht	0,310 m

10. Das Kammkissen.

Sämtliche Figuren außer 1, 19, 22 und 23, Taf. 15.

Das Kammkissen liegt auf dem Rücken des Pferdes und nimmt vermöge seiner vielseitigen Einrichtung die Leinen, den Aufsetzzügel, den Schwanzriemen, den Sprungriemen und die Stutzen des Geschirres auf. Das Gerüst oder die feste Form des Kammdeckels ist aus geschmiedetem Eisen gefertigt und muß genau gearbeitet sein, sowohl was die Seitenschweifungen als auch die Biegung nach dem Rücken des Pferdes anlangt. Fig. 20a zeigt das Eisen eines geraden Kammdeckels von oben gesehen. Fig. 20b einen solchen von vorn oder hinten gesehen. Das mittlere viereckige Loch bei a dient zur Aufnahme des Aufsetzhakens, die Löcher neben diesem für die Schlüssel, durch welche die Leinen gehen. Die Löcher am Ende sind für die Fallringe der Oberblattstrippen bestimmt.

Die Länge des Eisens beträgt gewöhnlich . . .	0,450 m
Die Breite	0,050—0,060 m
Die untere Weite des gebogenen Eisens oder die gerade Linie d ist lang	0,350 m
Die Durchschnittshöhe c beträgt	0,125 m

Das Eisen wird mehrere Male grundiert, damit es nicht rostet.

Nach der Form des Eisens schneidet man das Modell für das lackierte Rindleder, mit welchem das Eisen überzogen wird, oder besser gesagt nach dem Modell des Kammdeckels läßt man genau das Eisen anfertigen. Ist das Lackleder geschnitten, so werden sowohl die blinden Nähte als auch die äußeren mit dem Lackzirkel, Fig. 22 und 29, Taf. 1, vorgezeichnet und die blinden Nähte zuerst genäht. Sollen Verzierungen, Kronen oder Namenszüge auf den Kammdeckel angebracht werden, muß dies ebenfalls vor dem Ueberziehen geschehen. Nun wird das Eisen unten mit Geschirrleder beklebt und das lackierte Leder übergeheftet und später genäht. Sehr leicht läßt sich das Eisen überziehen, wenn man vorher Lack- und Geschirrleder zusammengenäht, dann das Geschirrleder unten in der Mitte der Länge nach aufschneidet, das Eisen einschiebt und mit Schwertnaht das Leder wieder zusammennäht. Man achte darauf, daß das Lackleder keine Falten bekommt, was namentlich oben in der Mitte sehr leicht vorkommt, wenn man das Leder zu schwach nahm, was bei soliden Arbeiten nie vorkommen sollte. Wenn die Sprenggurt mit untergenäht wird, so ist es ratsam, dieselbe an das Eisen mit kleinen Nieten zu befestigen; auf alle Fälle muß sie so weit unter das Eisen gehen, daß der Fallring noch durch die Sprenggurt geht, wodurch natürlich bedeutendere Haltbarkeit erzielt wird. Ist das Eisen auf diese Art bezogen, so brennt man, wenn man sie nicht vorher mit dem Locheisen einschlug, die Löcher mit dem Brenndorn durch, dann wird der Aufsetzhaken und die Schwanzriemenöse befestigt; in den Steg der Oese wird ein Loch gebohrt, auf das Gewinde aufgesteckt, die Mutter fest angezogen und vernietet.

Nach diesem Kammdeckel schneidet man nun den Kissenboden des Kammkissens am besten aus steifem harten Brandsohlleder, in Ermangelung doppeliert man solches wohl auch mit Pappdeckel und zwar so, daß derselbe rund herum 0,010 m vorsteht. Die Länge des Kissens ist verschieden, die geringste Länge muß jedoch 0,680 m betragen. In diesen Kissenboden schlägt man nun genau die Löcher zu den Schlüsseln und Fallringen, macht das ganze Leder naß und schraubt es mit den Schlüsseln und Fallringen fest unter den Deckel, die vorstehende Kante reibt man in die Höhe und umwickelt sie, damit sie sich in der Lage hält, mit Band oder Tuchschrote und läßt das Ganze gut trocken werden. Ist der Kissenboden trocken, so entfernt man die Umhüllungen und arbeitet die vorstehende Kante mit dem Messer und der Raspe schwach zu und egal mit dem Deckel abschneidend. Nun wird der Kissenboden abgenommen, um die Muttern der Schlüssel ꝛc. unterzunieten. Um solche genau an dieselbe Stelle zu bringen, ist sehr vorteilhaft, daß man dieselben vor dem Unterschrauben mit etwas starkem Leim oder Kleister bestreicht, dann werden sie beim Losnehmen auf derselben Stelle angetrocknet sein. Nach diesem so weit zugerichteten Kissenboden wird nun das Leibleder geschnitten und zwar so, daß man in der Kammer wenig zugibt, nach der Tracht zu am meisten und nach unten zu schwach auslaufend. Will man ein ganz faltenloses Kissen erzielen, heftet man dieses Leibleder auf Holzblöcke, die die genaue Form des ausgefüllten Kissens haben und läßt es trocknen.

War das Leder nun auf den Block geheftet oder nicht, so muß zuerst die Kammer in der Mitte abgenäht werden, dann wird das Leibleder an die Kissenbodenkante angereiht und diese Kanten mit lackiertem Kalbleder eingestemmt. Das Kissen wird dann mit Rehhaaren ausgefüllt, das unten überstehende Leder recht flach auslaufend umgeschlagen und auf den Kissenboden aufgenäht, die Abheftstiche eingezogen und so fertig untergeschraubt.

Fig. 2 kurzes gerades Kammkissen, die Sprenggurt von Geschirrleder.

Sprenggurtschnallenteil Fig. 5 lang .	1,100 m
Sprenggurtstrippenteil Fig. 6 lang . .	0,450 m
Die Strippe daran lang	0,520 m
Die Oberblattstrippe für den Bügel Fig. 8 lang	0,280 m
Die Oberblattstrippe für den Fallring Fig. 9 lang	0,320 m

Fig. 3 langes geschweiftes Kammkissen, bei welchem die Oberblattstrippe nicht in den Fallring, sondern in einen halbrunden metallenen Bügel eingenäht ist, welcher letztere durch ein flaches Teil gehalten wird, das mit drei Endschrauben unter dem Deckel befestigt ist. Diese Endschrauben gehen zu gleicher Zeit durch die Seitenteile und schrauben sich in die Muttern, die im Kissen eingenietet sind. Die Seitenteile sind von lackiertem Rindleder mit Geschirrleder doppeliert und haben an den Enden Strippen, in welche die kurze Sprenggurt mit zwei Schnallen, Fig. 7, Taf. 15, eingeschnallt wird.

Dieselbe ist lang	0,600—0,700 m
breit	0,060 m

Auf derselben befindet sich ein Beleg mit zwei Schnallen, hinter jeder Schnalle drei Schlaufen.

Länge der Sprenggurtstrippen . . .	0,400 m

Der Aufsetzhaken an diesem Kammkissen ist für ein Vierspännergeschirr.

Fig. 4 leichtes gerades Kammkissen für Jucker- oder Ponygeschirr mit doppelter Sprenggurt.

Fig. 10 ist eins der neuesten Modelle für ein leichtes elegantes Juckergeschirr. Sonst gerade gehalten verjüngt es sich nach unten etwas. Die Grundform des Deckels ist aus Geschirrleder geschnitten; das lackierte Beleg ist aus einem Stück und reicht auf jeder Seite von der Mitte aus bis zur Sprenggurtstrippe. So weit wie das Eisen des Kammdeckels geht, ist es mit der Unterlage festgenäht, von da aus geht es nach angegebener Form, für sich doppeliert, unaufgenäht bis zum Ende und wird nur in der Mitte durch eine Metall- oder Lacklederschlaufe und weiter unten durch einen Metalldeckel gehalten; von da aus bleibt das untere Ende frei und geht der Strang unter demselben weg.

Fig. 11 bis 16 sind verschiedene neueste Muster für Kammdeckelformen und deren Nähte.

Fig. 17, 18 und 21 Kammdeckelseitenteile.

Die Länge derselben beträgt . . . . 0,450 m

Die Breite richtet sich nach dem Deckel.

11. Geschirrdecken und Unterlegschabracken.

Fig. 2, Taf. 13 und Fig. 19, 22 und 23, Taf. 15.

Die Geschirrdecken Fig. 2, Taf. 13 und Fig. 19, Taf. 15, werden „Visitendecken" genannt und ist hier letztere auf unserer Abbildung genau $^1/_{10}$ natürlicher Größe gezeichnet. Sie wird gewöhnlich aus dunklem Stoff gefertigt mit hell besetzt, in der Regel nach den Farben der Lackierung und der Absetzstreifen des Wagens.

An jeder Seite der Decke ist ein Gürtel angenäht, der um die Zugöse des Kumtes geht und zurückgeschnallt wird.

Dieselben Decken fertigt man auch aus Verdeckleder mit Fries oder Leinwand gefüttert für Pferde, die in schlechtem Wetter ebenfalls angespannt werden.

Fig. 22 und 23, Taf. 15, sind Unterlegschabracken für Kammdeckel; aus Lackleder, schwarz oder bunt gefertigt, mit Leder oder Flanell gefüttert. Besätze sind ebenfalls von farbigem lackierten Leder. Die Kanteneinfassungen sind verkehrt genäht, umgeschlagen und dahinter nochmals durchnäht.

Fig. 23. Nach Art der Stirnbänder mit metallener Kette belegt und für hochelegante Geschirre angewendet. Zum Unterschnallen dienen die angezeichneten kleinen Schnallgürtel, deren Länge sich nach den Kammdeckeln richtet, um welche sie befestigt werden.

Diese Schabracken werden auch von Tuch, mit Borden besetzt, angefertigt.

12. Das Sellet.

Fig. 2 und 3, Taf. 16.

Das Sellet oder der Tragsattel hat im wesentlichen denselben Zweck als das Kammkissen. Seine Entstehung verdankt es dem zweiräderigen Wagen Gigh genannt, weshalb auch der Ausdruck „Gighsattel, Gighgeschirr". Diese Wagen werden natürlich durch das Pferd getragen und da dies durch das verhältnismäßige kleinere und schwächere Kammkissen nicht möglich war, konstruierte man diese Gighsattel oder Sellets, die vermöge ihres durchgehenden Tragriemens das ganze Gefährt halten können. Bei vierräderigen Wagen, wo das Sellet nur die Gabelbäume zu tragen hat, könnte dasselbe sehr schwach sein; man wendet jedoch auch da zu diesen Geschirren einen solchen breiteren Tragsattel an, läßt aber nicht allemal den Tragriemen in einem Stück durchgehen.

Das Sellet wird wie das Kammkissen in verschiedener Form und Breite gemacht. Bei einfachen Arten, Fig. 2, ist das Gestell dazu ein Eisen, welches wie beim Kammkissen die Form des Sellets hat und nach dem Rücken des Pferdes gebogen ist. Dieses Eisen wird nun wie beim Kammdeckel mit lackiertem Leder bezogen; in der Mitte oben wird ein nach der Form eines

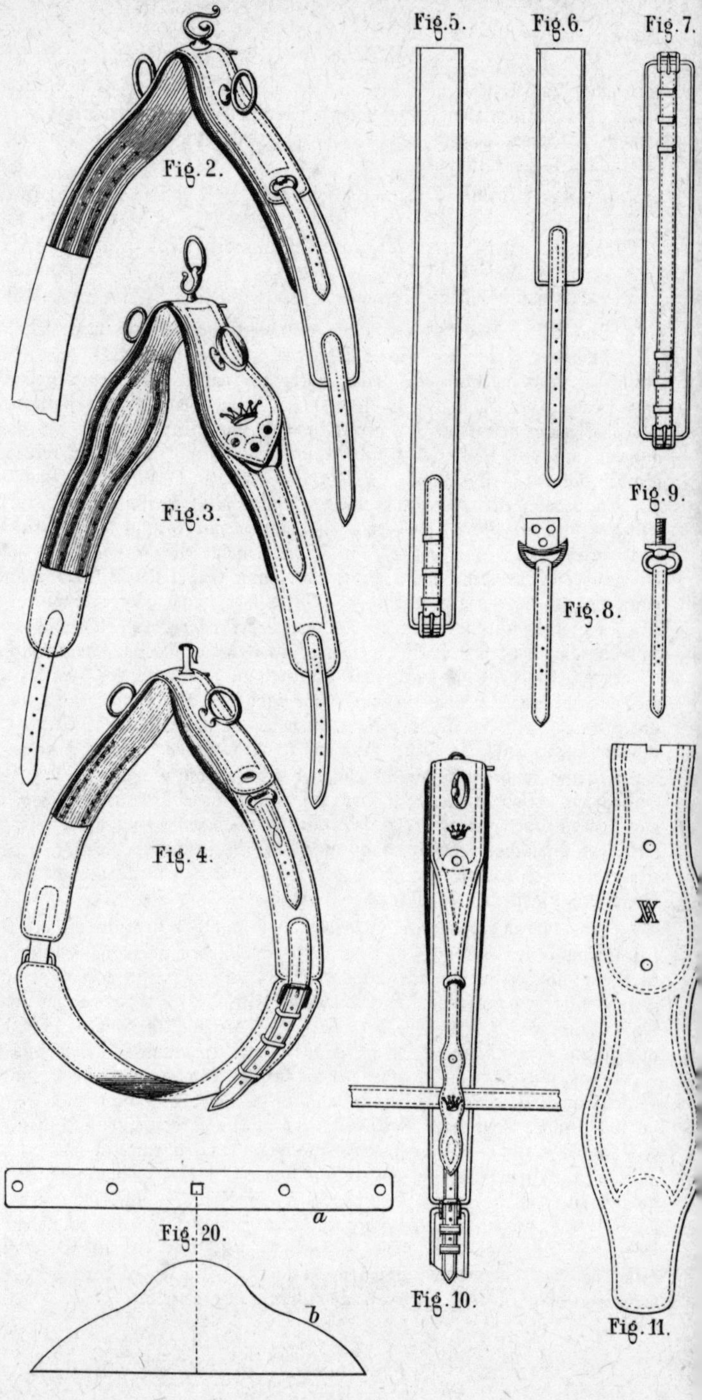

Fig. 1.

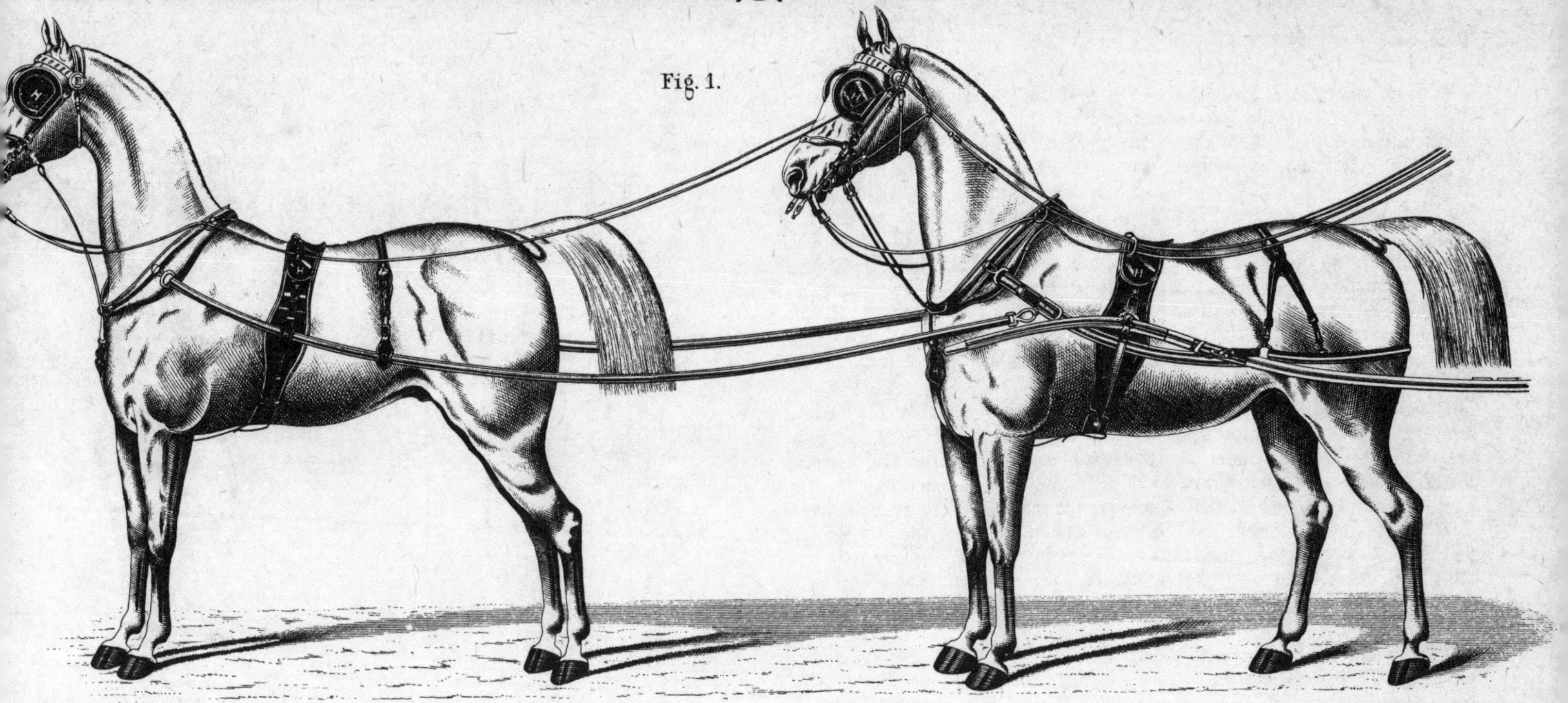

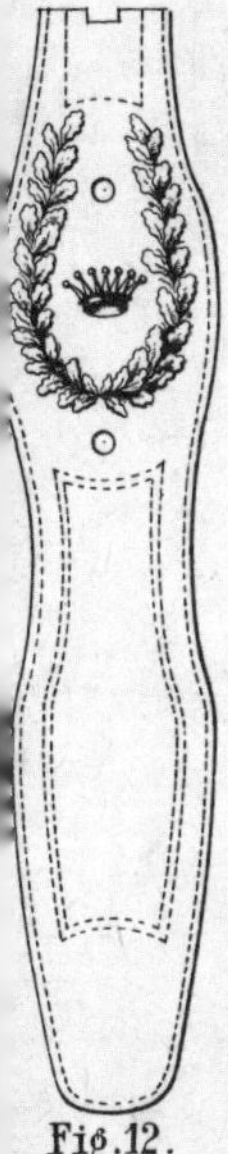

Fig. 12.

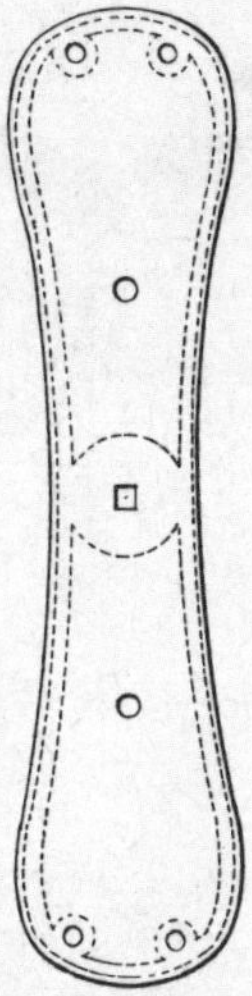

Fig. 13.

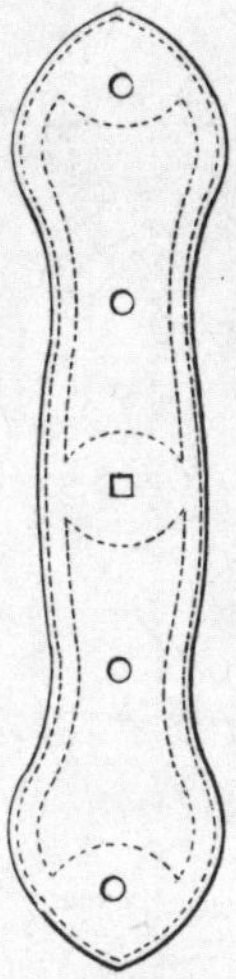

Fig. 14.

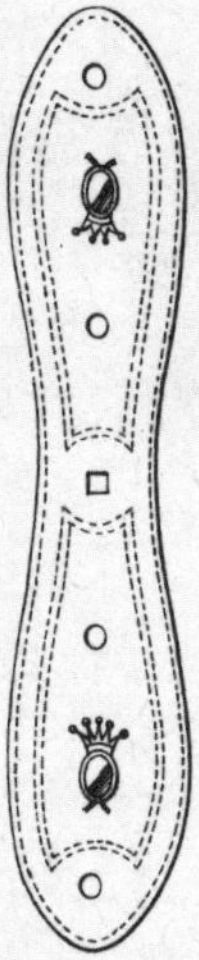

Fig. 15.

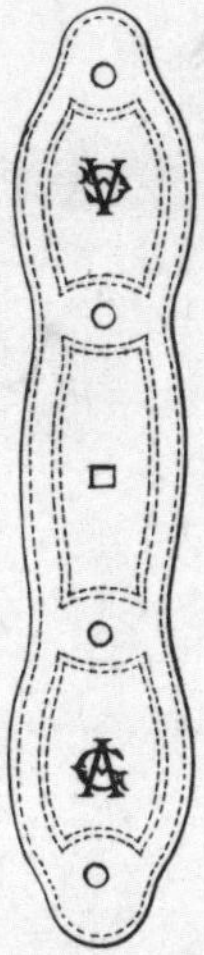

Fig. 16.

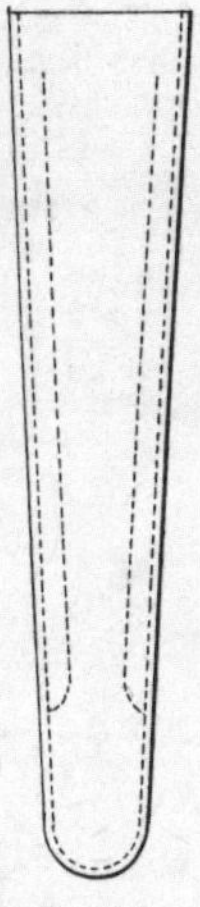

Fig. 17.

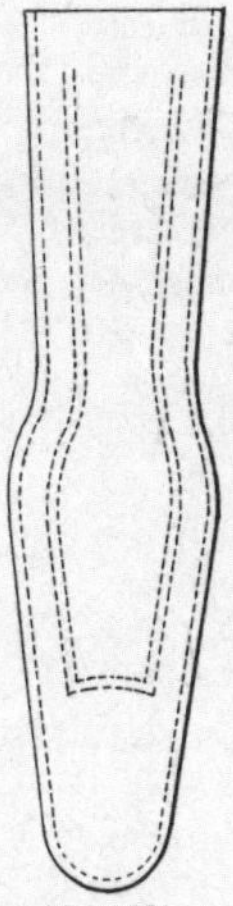

Fig. 18.

Fig. 19.

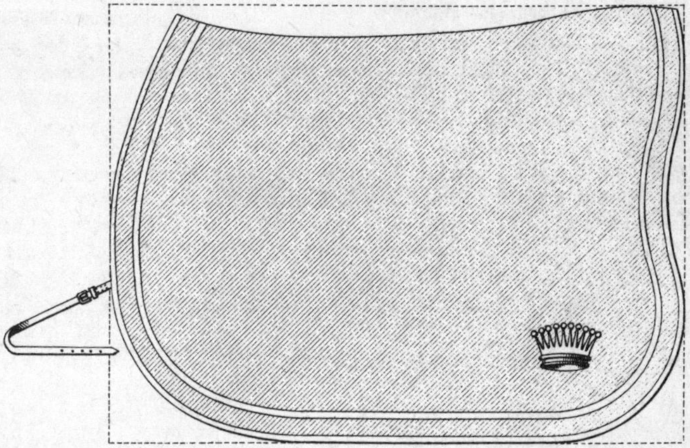

Fig. 21.

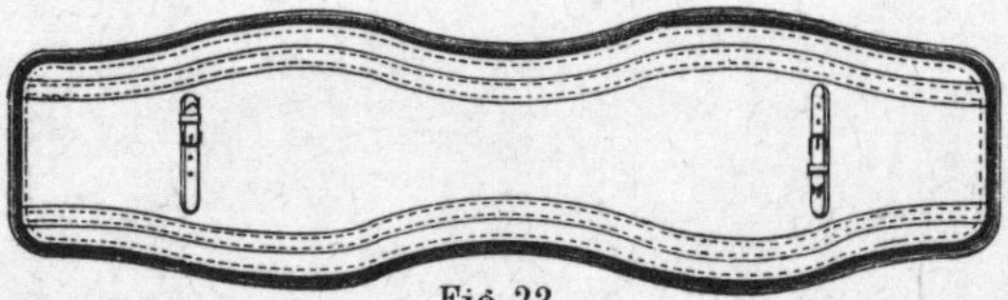

Fig. 22.

Fig. 23.

Sattelsitzes gearbeitetes und mit weichem Lackleder bezogenes oder auch nur einfach lackiertes Eisen von unten aufgeschraubt oder von oben mit lackierten Nieten aufgenietet. Die Schwanzriemenöse und der Aufsetzhaken wird zwischen Eisen und Sättelchen eingeschoben und mit einer Schraube befestigt oder wenn es ein aufrechtstehender Haken wie bei Fig. 2 ist, so hat derselbe Stift mit Gewinde, welches durch Sättelchen und Eisen gesteckt und mit der Mutter befestigt wird. Unter diesen Deckel macht man nun das Kissen, ebenso wie beim Kammkissen, nimmt aber an Stelle des Leders gewöhnlich Plüsch oder starken dunkelblauen Flanell. Die Schlüssel zum Leinen werden ebenfalls wie beim Kammdeckel befestigt und die Endschrauben, in welche die Tragriemen für die Gabelträger genäht werden, haben, soweit sie durch das Eisen gehen, einen viereckigen Ansatz. An unserer Abbildung Fig. 2 und 3 sind die Tragriemen mit den Leinenschlüsseln befestigt.

Bei feinerem Sellet, Fig. 3, ist das Gestell ein Holzbaum mit Sättelchen, welches gut mit Eisen beschlagen ist, an diesem wird zuerst der Sitz des Sättelchens mit weichem lackierten Kalbleder überheftet. Nun werden die Seitenteile und die kleinen Taschen, wenn solche daran kommen, geschnitten, blind genäht, erhaben bombiert und mit Geschirrleder doppeliert. Sind diese fix und fertig, werden sie nach dem Sitze angeschnitten, abgezeichnet und mit diesem eingeködert. Die kleine Tasche, wie in Fig. 3, wird auf das Seitenteil aufgenäht, ehe es oben mit dem Sitze eingeködert wird und nur soviel Oeffnung gelassen, daß der Tragriemen durchgeschoben werden kann.

Um nun den eingeköderten Sitz mit Taschen an den Baum zu befestigen, wird das Geschirrleder unten aufgeschnitten so weit der Baum geht, dieser eingeschoben und das Leder an der Kante festgenagelt. Nun wird der Aefter mit Leder beklebt und an der Kante mit dem Sitzleder zusammengereiht und eingestemmt. Die Schwanzriemenöse und auch der Aufsetzzügelhaken werden mit Schrauben zwischen Baum und Beschlageisen angeschraubt.

Zum Boden für das Selletkissen nimmt man starkes Schafleder, welches mit Drilch aufgestrichen ist, oder weiches Rindleder, heftet dieses in den Baum ein, zeichnet mit einer stumpfen Ahle die Umrisse an und schneidet nach diesen Rissen zu. Nun schneidet man von weichem lackierten Leder 0,015 m breit einen Vorstoß und näht diesen an die Kante des Kissenbodens verkehrt mit zwei Nadeln an; dann schneidet man den Plüsch oder Flanell nach dem Kissenboden und gibt rundherum die Stärke des Kissens zu und näht diesen Stoff wie bei einem Sattelkissen überwendlich an den Vorstoß an. Jetzt legt man eine Schnur in den Vorstoß und näht diesen mit langen Stichen überwendlich zu, wendet das Kissen um, näht die Kammer ab, füllt dasselbe mit Rehhaaren aus und näht zuerst die Kante ab. Noch vorteilhafter ist es, wenn man mit dem Vorstoßleder zu gleicher Zeit ein egales, nicht zu starkes Stück Rindleder mit derselben Naht an den Kissenboden annäht, es muß jedoch eine reichliche Nahtbreite schmäler sein, als der Vorstoß. Diese Methode ist dem Einlegen der Schnure beträchtlich vorzuziehen, es verkürzt die Arbeit und gibt dem Vorstoß ein elegantes glattes Ansehen. Bis zur Tracht wird das Kissen wie ein Sattelkissen abgenäht, an den Enden wird es zusammengezogen. Das so beendigte Kissen wird nun in den Baum an der Kante eingenagelt und das übrige unter die Seitenteile festgenäht.

Fig. 2.

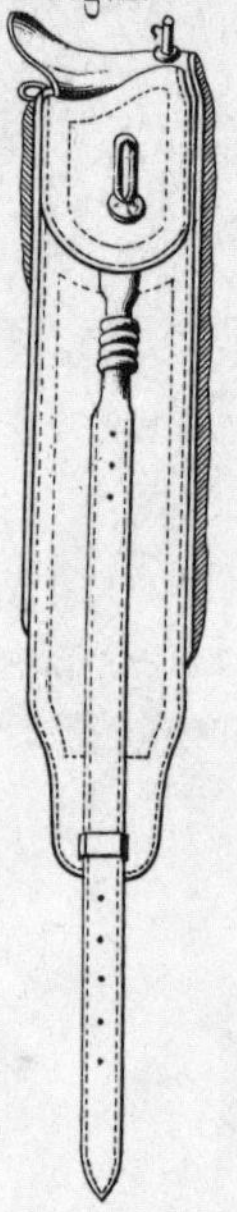

Fig. 3.

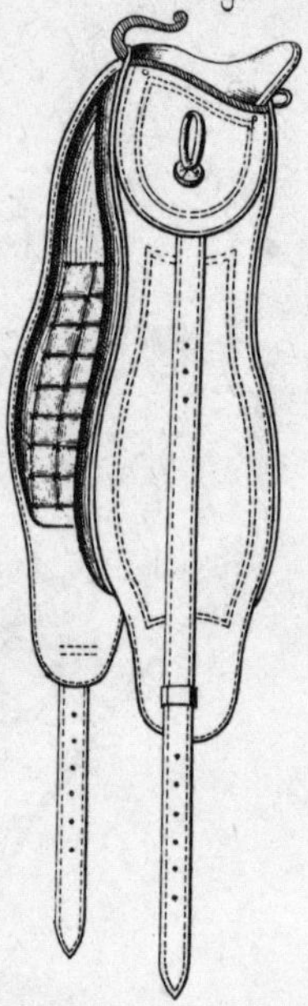

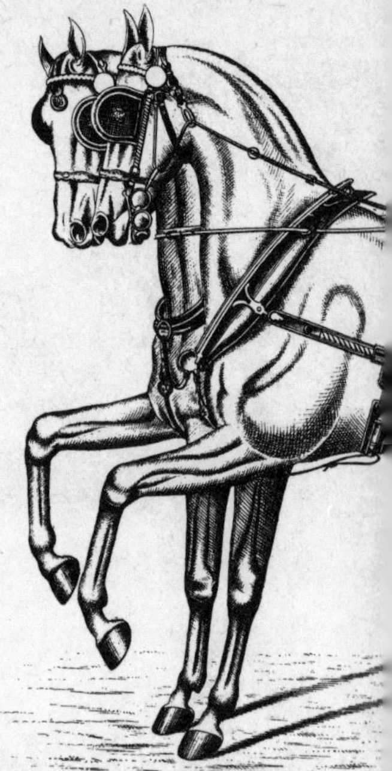

Fig. 9.

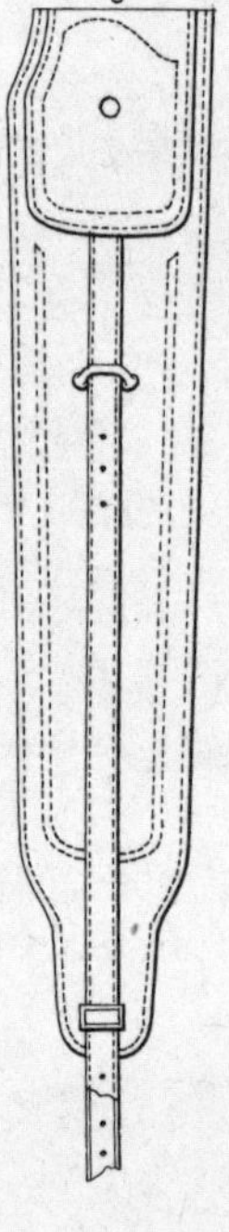

Fig. 10.

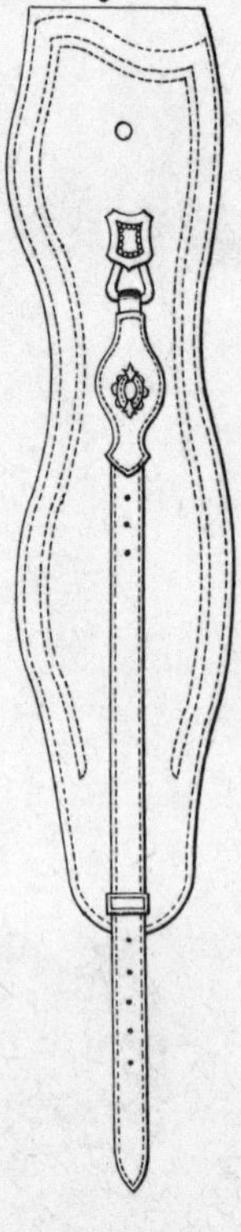

Fig. 11.

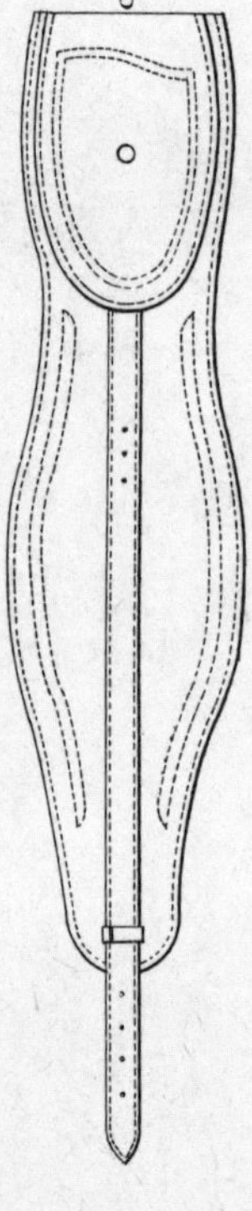

Fig. 12.

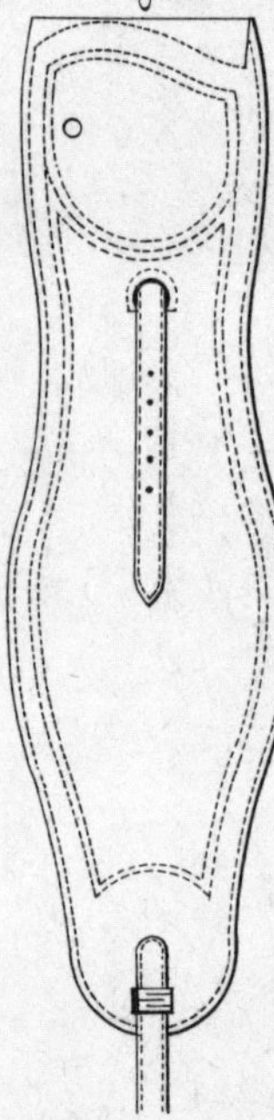

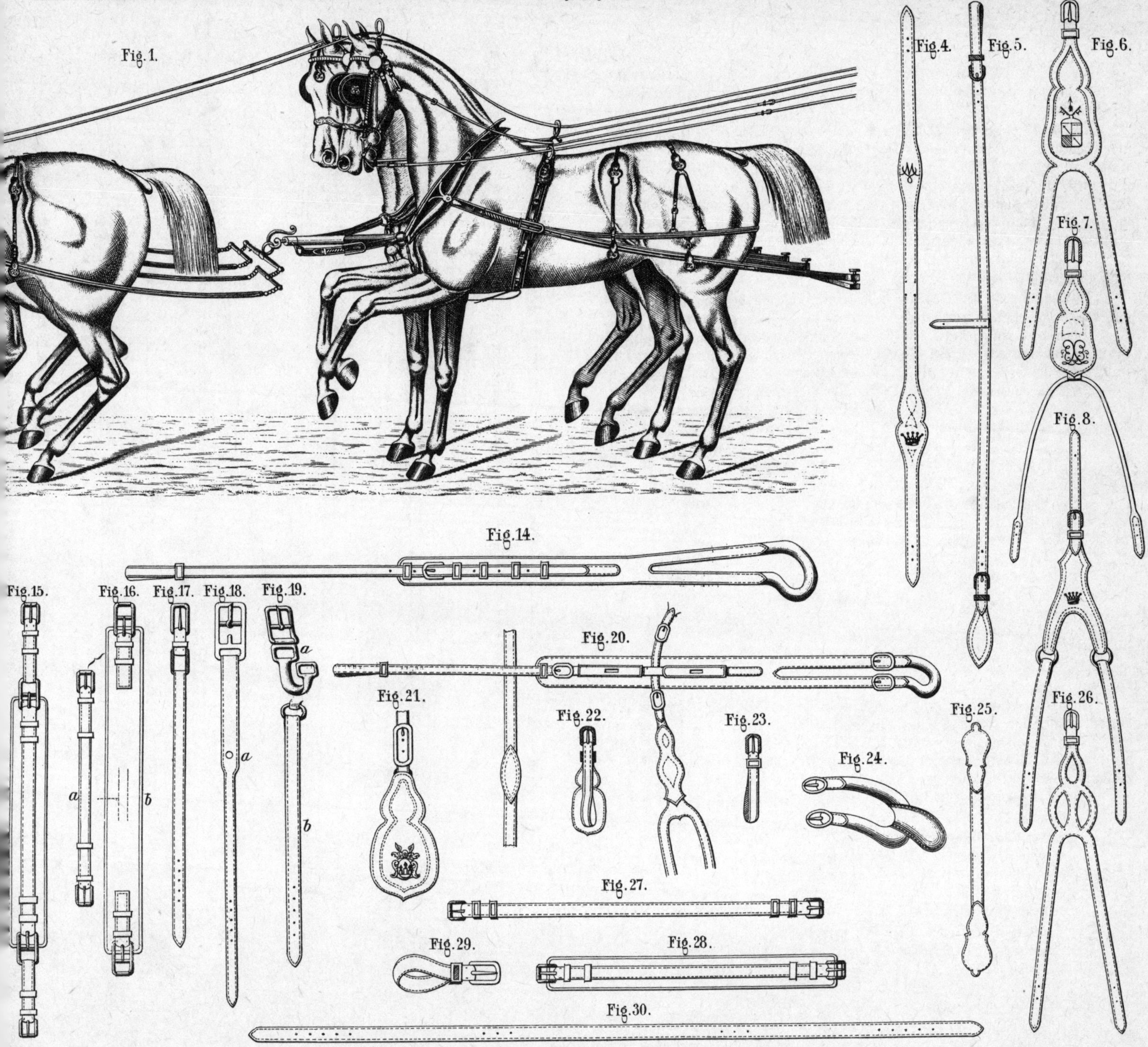
Fig. 1.
Fig. 4.
Fig. 5.
Fig. 6.
Fig. 7.
Fig. 8.
Fig. 14.
Fig. 15.
Fig. 16.
Fig. 17.
Fig. 18.
Fig. 19.
Fig. 20.
Fig. 21.
Fig. 22.
Fig. 23.
Fig. 24.
Fig. 25.
Fig. 26.
Fig. 27.
Fig. 28.
Fig. 29.
Fig. 30.
a
b

Fig. 9 bis 13, Taf. 16, sind Selletseitenteile. Aus den Abbildungen ist zu gleicher Zeit ersichtlich, wie solche genäht und wie die Tragriemen befestigt sind.

In Fig. 12 ist der Tragriemen von beiden Seiten aus einem Stück und geht über den Baum unter dem Lackleder weg, dient natürlich nur zur Aufnahme der Traghaken, denn die Sprenggurtstrippe ist extra unten an die Seitenteile angenäht. In dem Seitenteile befindet sich ein halbrunder Einschnitt, welcher umnäht oder mit einer Metallkante eingefaßt ist und in welcher der Tragriemen eingeschoben wird, um auf der anderen Seite wieder herauszukommen. Bei derartigen Sellets wird, wie die Abbildung zeigt, der Schlüssel zum Leinen weiter nach vorn gesetzt, damit er mit dem Tragriemen nicht in Berührung kommt.

In Fig. 10 ist der Tragriemen in einen Fallring genäht, welcher noch mit einer Metallplatte verziert ist. Außerdem befindet sich oben auf dem Tragriemen noch ein Spiegel von Lackleder mit Metallverzierung. Der Tragriemen dient hier zu gleicher Zeit in seiner Verlängerung als Sprenggurtstrippe, ebenso wie an den Fig. 2, 3, 9, 11 und 13. In Fig. 2 ist noch eine Schlaufe angebracht, die das Schleudern des Tragriemens verhindern soll. Bei Fig. 9 und 13 erfüllt denselben Zweck die sogenannte Selletkrampe aus demselben Metall wie der ganze Geschirrbeschlag.

Die Seitenteile des Sellets sind lang	0,600 m
Die Breite	0,080—0,150 m
Der Tragriemen bei Fig. 2 und 3 mit dem Schlüssel festgeschraubt ist lang	0,870 m

Die Breite richtet sich nach der Schnalle des Gabelträgers.

Der durchgehende Tragriemen bei Fig. 12 ist lang	0,940 m
Der Tragriemen bei Fig. 10 ist lang	0,770 m
Die Sprenggurtstrippe in Fig. 12 ist lang	0,340 m

13. Die Sprenggurt.

Fig. 15 und 16, Taf. 16.

Die Sprenggurt Fig. 15 hat einen Beleg mit Schnalle, die in der Mitte einen Steg mit Rolle hat, bis auf welche der Dorn reicht und in welche die Sprenggurtstrippe oder der Tragriemen eingeschnallt wird. In den oberen Teil wird ein Schnallstößel mit Rollschnalle eingenäht, der zur Aufnahme des Gabelträgerriemens dient.

Die Sprenggurt ist lang	0,520—0,550 m
breit	0,055 m
Die Stößel sind lang	0,100 m
Hinter die Schnallen kommen je zwei Schlaufen. Zu dieser Sprenggurt müssen die Gabelträgerriemen Fig. 19b lang sein	0,580 m

Die doppelte Sprenggurt Fig. 16a und b.

Die Untergurt b ist lang	0,520—0,550 m
breit	0,055 m

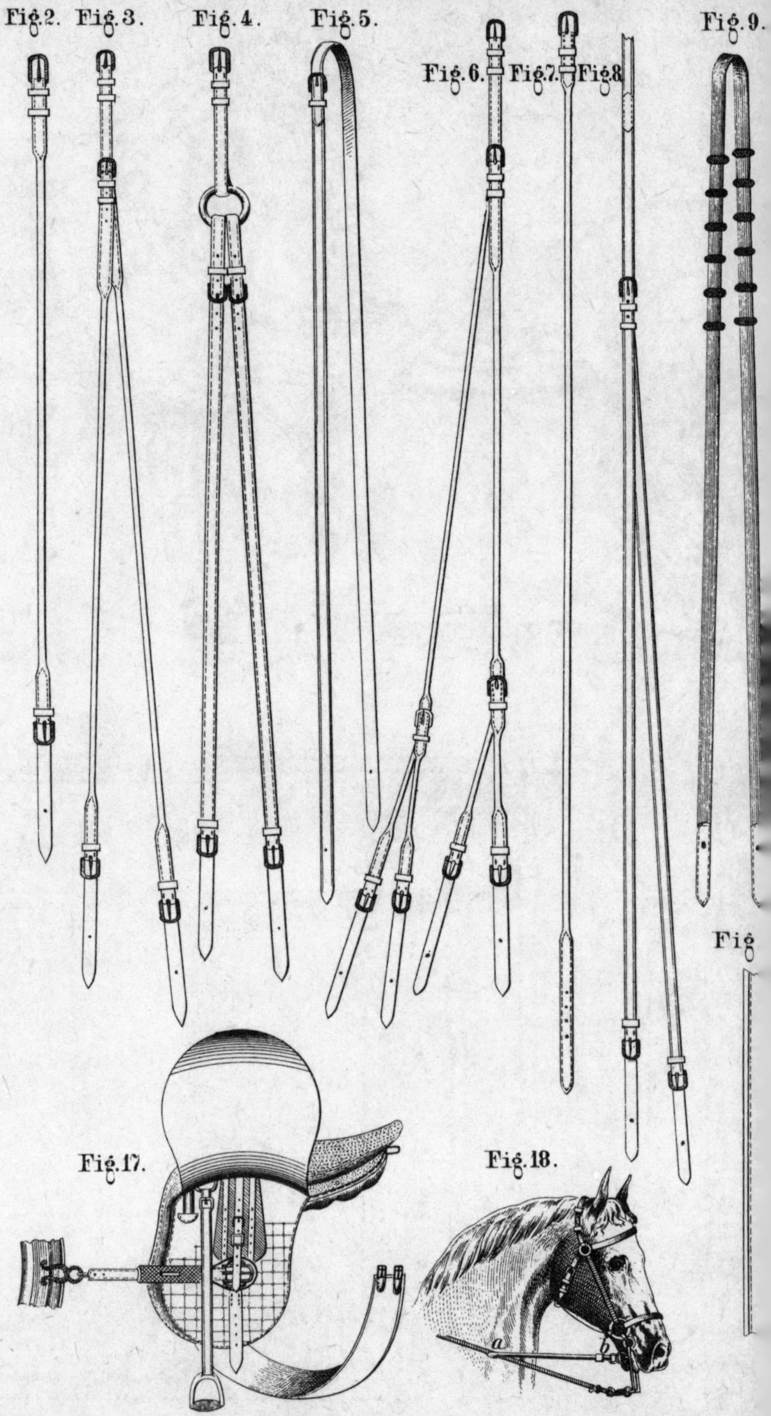

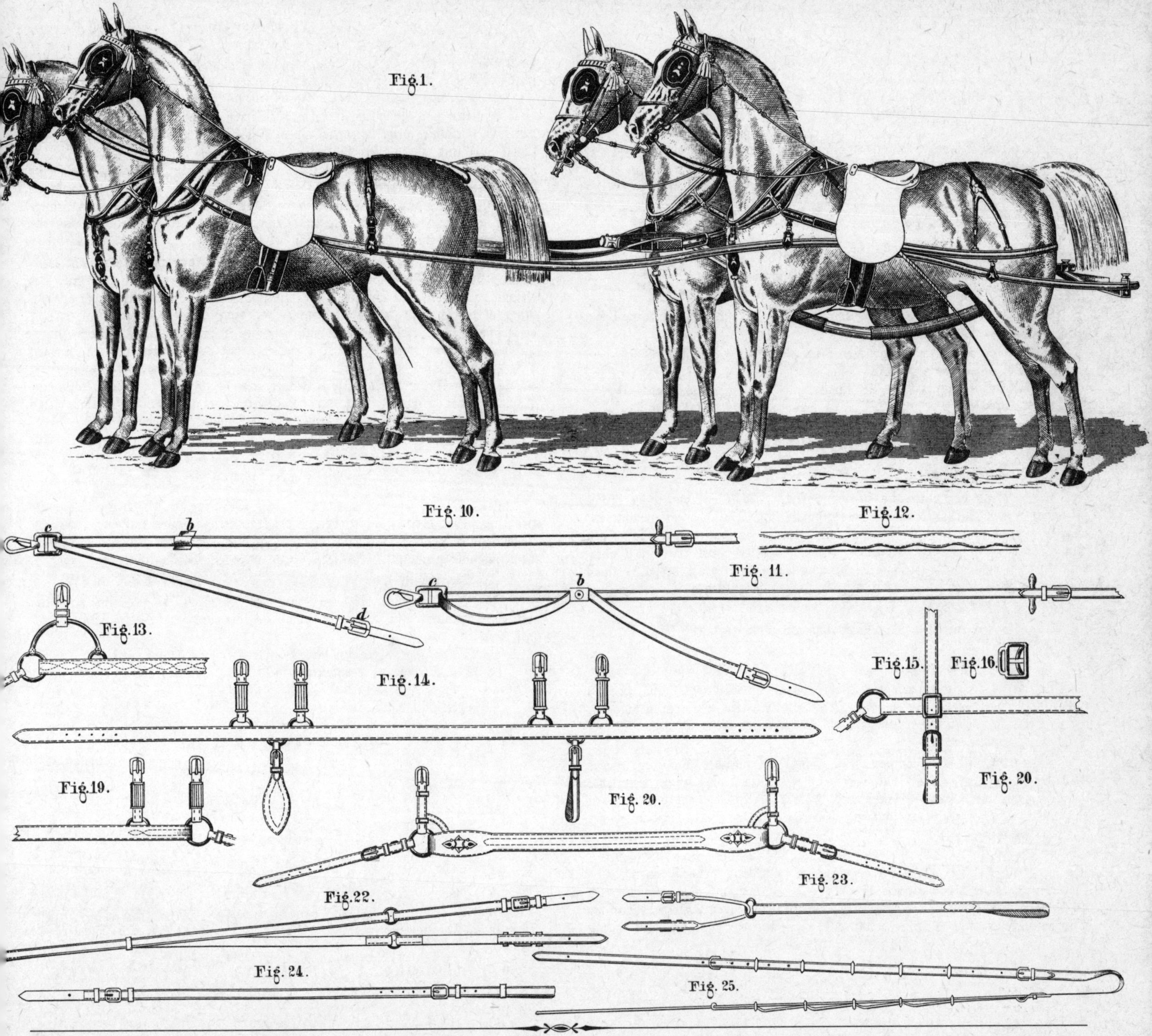
Fig. 1.
Fig. 10.
c
b
d
Fig. 12.
Fig. 11.
c
b
Fig. 13.
Fig. 14.
Fig. 15.
Fig. 16.
Fig. 19.
Fig. 20.
Fig. 20.
Fig. 23.
Fig. 22.
Fig. 24.
Fig. 25.

Auf diese Gurt wird die schmale
Gurt a in der Mitte . . . . 0,060 m
lang aufgenäht.
Die Gurt ist von Schnalle zu Schnalle
lang . . . . 0,330—0,360 m
Hinter jede Schnalle kommt eine Schlaufe und ein Schieber.
Hierzu ist der Gabelträgerriemen
Fig. 19b lang . . . . . . 0,720 m

14. Das Tragauge und der Kippriemen.

Fig. 27 bis 30, Taf. 16.

Bei Sellets mit Tragaugen und Kippriemen
wird das Tragauge Fig. 29 lang geschnitten 0,360 m

Es wird bis zur Schlaufe zusammengenäht, das andere bildet die Oese, durch welche der Gabelbaum geht.

Der durchgehende Tragriemen Fig. 30 ist lang 1,600 m
Der Kippriemen Fig. 27 lang . . . . . 0,750 m
Die Sprenggurt Fig. 28 lang . . . . . 0,580 m
breit . . . . 0,055 m

15. Der Gabelträger.

Fig. 17 bis 19, Taf. 16 und Fig. 30, 31 und 39, Taf. 20.

Fig. 17 ist der einfachste in seiner Art. Es ist ein viereckiger Ring, in welchem ein kurzer Stößel mit Schnalle und Schlaufe eingenäht ist, welcher zur Aufnahme des Tragriemens dient. In die andere Seite des Ringes wird der Gabelträgerriemen genäht; derselbe wird um den Gabelbaum herumgeschlagen, durch den Ring gezogen und muß deshalb etwas lang, oben doppeliert sein, damit die Aasseite nicht zu sehen ist.

Der Riemen ist lang . . . . . . 0,800 m

Fig. 18 ist eine doppelte Schnalle, an deren unterem Steg sich ein Stift befindet.

Der Gabelträgerriemen ist lang . . . 0,810 m

Er ist, so weit er um die Gabel geht, etwas breiter gehalten als unten. Bei der Stelle a, wo das Breite aufhört, ist ein Loch geschlagen, durch welches, wenn der Riemen um den Gabelbaum geschlagen ist, der Stift der Schnalle geht.

Fig. 19a ist eine Schnalle mit Steg, an welcher sich der eiserne Gabelträger befindet; er ist entweder schwarz lackiert oder auch mit Leder bezogen. In die Oese am Ende des Hakens wird der Gabelträgerriemen eingenäht, um die Gabel geschlagen und dann in die Oese dicht unter der Schnalle durchgezogen.

Ueber die Länge des Riemens sprachen wir schon unter „Sprenggurt“.

In Fig. 30 und 31, Taf. 20, bringen wir hierzu gehörig einen neuen Gabelträger, Patent der Herren Schmöle & Komp. in Menden i/W. und Berlin C., Scharrenstraße 3, die dazu empfehlend sagen: Derselbe hat die Annehmlichkeit, daß er sich vermittelst einfachen Ziehens an dem daran befindlichen Knopf a öffnet, von dem Scherbaum löst und sich ebenso rasch, durch einfachen Druck, beim Anschirren schließen läßt.

Es ist dies nicht nur ein Vorteil beim Stürzen der Pferde, sondern auch eine große Bequemlichkeit beim Anschirren, besonders im Winter, wenn der bisher nötige lange Riemen, durch Frost hart und steif geworden, sich schwer an- und abschnallen läßt.

Der Träger ist bereits vielfachen Proben, auch in Bezug auf seine Dauerhaftigkeit unterworfen worden und geht das Urteil der Sachverständigen allgemein dahin, daß er einem lange gefühlten Bedürfnis auf diesem Gebiete abhilft und sich daher bald gänzlich Eingang verschaffen wird, was uns die jetzt schon sehr starke Nachfrage auch bestätigt.

Ferner bringen wir unter Fig. 39, Taf. 20, den verstellbaren Scherenträger, deutsches Reichspatent von M. R. Mehnert in Dessau. Aus der Zeichnung ist die Einrichtung leicht ersichtlich. Der Scherbaum wird in den Ring eingelegt und durch Oeffnung des ringförmigen Verschlusses wieder ausgeschoben. Derselbe befindet sich fest an einem metallenen Kasten, durch welchen der Tragriemen geht. Der Hebel G hat einen Dorn, der den Riemen auf seinem Platze hält; wird er ausgeschoben, so bewegt er sich in dem Stifte F F. Unter diesem Scherenträger, wo der Riemen austritt, kann eine Schnalle oder Schlaufe auf das Selletseitenteil angebracht werden. Das Ganze, in Metall ausgeführt, bildet einen Schmuck für das Geschirr.

16. Der Rückriemen.

Fig. 4 und 5, Taf. 16.

Fig. 4 Rückriemen für zweispänniges Geschirr mit verziertem Ausschnitt zeigt auf jeder Seite ein anderes Modell. Derselbe wird auf die Schwanzriemenstrippe gezogen und die kleine aufgenähte Strippe in die Schwanzriemenschnalle geschnallt. An jeder Seite wird ein Strangträger eingeschnallt.

Derselbe ist lang . . . . . . 1,300—1,350 m

Fig. 5 Rückriemen für zweispänniges Geschirr, an der inneren Seite mit Strangträger zum Selbstschnallen, an der anderen Seite Strangträger mit Spieler.

Die ganze Länge dieses Riemens beträgt 1,520—1,600 m
Die Strippe in der Mitte, welche in
die Schwanzriemenschnalle eingeschnallt wird, ist lang . . . . 0,150 m

17. Der Rückenspieler.

Fig. 25, Taf. 16.

Diese Rückenspieler werden hauptsächlich für einspännige Gighgeschirre angewendet.

Derselbe ist lang . . . . 0,650 m

18. Der Strangträger.

Fig. 21, 22 und 23, Taf. 16.

Fig. 21 Strangträger mit Spieler für Rückriemen. Derselbe hat eine Doppelschnalle und keine Schlaufe, sondern der obere Teil des Spielers ist nicht zugenäht und in diese Oeffnung schiebt sich das Strippenende des Rückriemens. Die Zeichnung des Spielers kommt so mehr zur Geltung.

Derselbe ist lang von Schnalle zu Spitze .	0,210 m

Fig. 23 einfacher Strangträger.

Der ganze Riemen ist lang geschnitten . .	0,430 m

Fig. 22 Strangträger mit Spieler von der Rückseite gesehen.

Länge desselben wie oben von Schnalle zu Spitze	0,210 m
Der Riemen, welcher darunter gesetzt wird, bildet zugleich die Schnallenkappe, endigt unter der Schlaufe und ist lang . . .	0,330 m

19. Der Schwanzriemen mit Schweifkappe.

Fig. 14, 20 und 24, Taf. 16.

Fig. 14 Schwanzriemen mit schmalen Schlaufen.

Unterlage lang	0,580—0,630 m
Dieselbe gespalten	0,210 m
Schwanzriemenstrippe lang	1,000—1,100 m
Der Bausch, Schweifkappe oder Schweifmetze genannt, wird lang geschnitten	0,370 m

Letztere kommen sehr gut und sauber gearbeitet im Handel vor und werden zu einem Preise geliefert, wie sie sich der Einzelne kaum herstellen kann. Man behauptete früher, daß nur zwei Stück Schweifkappen in der Haut enthalten wären. Es waren dies die Stücke, die an der Hinterklaue im Schritt liegen; weil davon die eine Seite des ausgeschnittenen Stücks sehr wenig, während die andere Seite sehr viel Zug hat und so dies faltenlose Einwalken möglich war. Jetzt mögen wohl auch andere Stücken Geschirrleder verwendet werden und ist dies nur möglich, weil das Leder zuerst auf Blöcken eingewalkt, genäht und dann mit Kleie, auch wohl Sägemehl, ausgefüllt wird.

Die Schweifmetze, Fig. 24, hat eine vertiefte röhrenartige Verlängerung, sie besteht aus einer Blecheinlage mit Leder bezogen und soll bezwecken, daß das Pferd den Schweif hoch trägt.

Fig. 20 Schwanzriemen mit langen Schlaufen, Rückriemen und Schwebe-riemen.

Die Unterlage ist doppeliert und lang	0,600—0,650 m
Dieselbe gespalten	0,230 m
Der Bausch ist mit zwei Schnallen versehen und lang	0,370 m
Die ebenfalls doppelierte Schwanzriemenstrippe ist lang	0,950—1,100 m
Der Schweberiemen geht zwischen den Schlaufen durch und zwar von den hinteren Strippenspitzen entfernt .	0,380 m

20. Der Schweberiemen.

Fig. 6, 7, 8 und 26, Taf. 16.

Fig. 26 Schweberiemen mit verziertem Ausschnitt.

Durchschnittslänge von Schnalle bis zur Spitze	0,440 m
Die vordere Strippe wird kürzer als die hintere geschnitten um	0,010 m
Gespalten	0,240 m

Fig. 7 Schweberiemen mit lackledernem Spiegel und rund genähten Strippen.

Der Spiegel ist lang	0,200 m
Ganze Länge der runden Strippen, die durch eine Schlaufe gezogen werden	0,480 m

Fig. 8 Schweberiemen mit zwei Ringen. Der Spiegel wird meistens aus Lackleder gefertigt, die Ringe sind aus demselben Metall als der Beschlag.

Der Spiegel ist lang von Schnalle bis zum Ring	0,240 m
Die kurze Strippe lang	0,180 m
Die lange Strippe lang	0,220 m
Die kleine Strippe, welche durch den Schwanzriemen geht und die beiden Schweberiemen verbindet, ist lang	0,240 m

Fig. 6 façonnierter Schweberiemen mit aufgenähtem LackIederbeleg.

21. Die Leinen.

Fig. 2 bis 12 und 21 bis 25, Taf. 17.

Fig. 2 Teil einer einspännigen runden Leine.

Länge von Schnalle zu Schnalle	2,040 m
Strippe lang	0,320 m

Fig. 3 Hälfte der runden Kreuzleine.

Langer Zügel lang	2,040 m
Kurzer Zügel lang	1,880 m
Strippen	0,320 m
Die rund zu nähenden Teile werden breit geschnitten	0,030 m

Fig. 4 Hälfte einer breiten doppelierten Kreuzleine mit Ringen.

Ganze Länge des langen Zügels von Schnalle zu Schnalle	2,160 m
Ganze Länge des kurzen Zügels	2,060 m
Ist die Leine rund genäht, so werden von den vorderen Schnallenkappen an,	
der kurze Zügel	1,500 m
der lange Zügel	1,600 m

lang rund genäht.

Der Stößel zur Handleine ist lang . . .	0,300 m
Die Strippen lang	0,320 m

Fig. 6 Hälfte der runden Kreuzleine mit Beizügel (Hilfszügel).

Langer Zügel lang	2,040 m
Kurzer Zügel lang	1,880 m
Beizügel von Schnalle zu Schnalle lang . .	0,350 m
Strippen	0,320 m

Fig. 7 Verlängerungszügel zur vierspännigen Leine.

Länge	3,600 m

Fig. 8 Wiener Leine. Langes Teil und Handstück im ganzen ist zur

Hälfte lang	4,300 m
Das kurze Teil lang	3,350 m

Der Kreuzzügel reicht hierbei bis in die Hand.

Strippen	0,320 m

Fig. 22 Kandarenreitzügel zum vierspännigen Geschirr vom Sattel zu fahren.

Die Vorderenden von Schnalle zu Ring . .	0,420 m
Die Strippen lang	0,230 m
Des Handstücks ganze Länge	2,200 m

Fig. 24 Ausbindezügel.

Vordere Strippe lang	0,230 m
Von Schnalle zu Ring	0,800 m
Von Ring zu Schnalle	0,220 m
Lange Strippe	0,500 m

Fig. 23 Handzügel.

Rundgenähtes Teil von Schnalle zu Schnalle	0,320 m
Strippen	0,220 m
Handstück lang	1,650 m

Von den zuletzt genannten drei Zügeln gehören zu jedem Vierspännerzuge zwei Stück.

Fig. 12 und 21 Modelle zu Handleinen, die von braunem Geschirrleder gefertigt und mit Sämischleder gefüttert sind.

Fig. 5 Lederhandleine. Lang im ganzen 4,500—5,500 m

Fig. 9 Handleine von Borde.

Ganze Länge derselben	4,000 m
Länge der Strippen	0,180 m
Die ersten Knöpfe werden von der Mitte aus gesetzt	0,450 m
Die anderen Knöpfe auseinander	0,180 m

Fig. 18. Eine englische Erfindung ist der Zügel a b von Gummi und dient für weichmäulige Pferde und Durchgänger; unter dem Namen „Blackwells Patent" von H. V. Schütze in Hannover zu beziehen.

Erwähnen wir hier noch unter Fig. 25, Taf. 17, eine Einrichtung an Handleinen von Herrn Franz Gottwald in Laubau (Schlesien), deutsches Reichspatent 44307, vom 11. Januar 1888. Derselbe will durch einen leichten Unterlegzügel, der in Schlingen sich an das Handstück anlegt und in dasselbe eingeschnallt ist, eine größere Wirkung erzielen als die durch einfache Lederknöpfe hervorgebrachte. Zu diesem Behufe werden an das Haupthandstück an der inneren Seite Lederkeilchen angenäht und die Lederknöpfe in der üblichen Weise dazwischen geschoben. So ist leicht verständlich, wie man den inneren Unterlegzügel in Schlingen legen kann, so daß der Fahrer den Finger einzulegen vermag, wodurch selbstverständlich eine leichtere Handhabung und größere Wirkung hervorgebracht wird.

Eine weitere Neuerung an Leinen ist die doppelte Leinenschnalle, Fig. 5, Taf. 21. Jede einzelne Leine wird in die Doppelschnalle geschnallt. In die hintere Oese wird ein 20 cm langer Stößel mit Schlaufen und Schnalle genäht, in welchen das Handstück eingeschnallt wird und die Schlaufen zugleich die Strippenenden der Kreuzleinen aufnehmen.

In diesem Kapitel über Leinen wollen wir noch einer Vorrichtung an denselben erwähnen, die das Durchgehen von Pferden verhüten soll. Der Erfinder derselben, Herr Wilhelm Hübner in Leeds (England), ist ein Gegner jeden Zwanges, sei es durch scharfe Gebisse oder andere unzureichende Vorrichtungen und Hilfsmittel. Er steht auf dem Standpunkte der rationellen Fahrlehre, nämlich, daß das Pferd auch ohne Aufsetzzügel sich naturgemäß bezäumen und aufrichten und so auf die Hanke gebracht werden müsse, ohne daß dabei eine schmerzhafte Belästigung des Maules eintritt. Herr Major Schönbeck, dessen hervorragendes fachmännisches Urteil bekannt ist, spricht sich in der „Deutschen Sattlerzeitung", Verlag von Berg & Schoch in Berlin, Kaiserstraße 41, die wir unseren Kollegen angelegentlichst empfehlen, in eben diesem Sinne aus und meint, daß bei einem normal angeschirrten, gut eingefahrenen Pferde und einem geschulten tüchtigen Führer ein Durchgehen überhaupt nur zu den äußersten Seltenheiten gehören könnte, daß ferner die Palliativmittel, als Entziehen der Luft, Blenden und nun gar das Losschirren der Pferde, sehr unglücklich gewählt wären, vorzüglich das Letztere in großen Städten zu viel größeren Unglücken Gelegenheit geben könnte. Unser Prinzip bei Schaffung dieses Sammelwerkes der Sattlerei auf der Höhe unserer Tage kann nicht sein, besonders unser Urteil über die Güte und Vorzüge einer Einrichtung in die Wagschale zu werfen, wir müssen eben alles bringen; aber das können wir wohl sagen, daß das Grundprinzip dieser Hebelwirkung an dem Zügel sehr einfach und von großem Nutzen beim Durchgehen der Pferde sein muß.

Betrachten wir also die „Neue Sicherheitsfahrleine", Fig. 10 und 11, Taf. 17. Die Leine unterscheidet sich von der gewöhnlichen Leine dadurch, daß die Zügel nicht in den Ringen des Gebisses endigen (c), sondern von diesen aus weiter bis zur Kreuzung von Kammdeckelgurt und Zugstrang (d) oder auch noch weiter bis zum Hinterzeugring gehen. Der Befestigungspunkt kann willkürlich höher oder tiefer gelegt werden. An dem mittleren Teile der Leine a b ist vom Handstück bis zum Beginn des Zügels eine dünne, aber feste Schnur angebracht, welche in leicht erreichbarer Entfernung von der Hand des Fahrers an einem Knebel befestigt ist und bei b an dem Verschluß der später beschriebenen Kuppelung (Falle) endigt. Diese Schnur dient dazu, durch ein leichtes Ziehen des Fahrers an dem Knebel a das Schloß der Kuppelung b zu lösen, worauf diese sofort das untere Zügelende c d, welches bis dahin von ihr festgehalten wurde, losläßt. Fig. 11 geschlossen, Fig. 10 in Thätigkeit.

Der flaschenzugähnliche Apparat c, welcher mit einfacher oder doppelter Kraftübertragung konstruiert werden kann, wird mittels Karabinerhaken in den Trensenring eingehakt. In entgegengesetzter Richtung befindet sich die Rollenkonstruktion, über welche die Zügel geleitet werden. Durch diesen Apparat wird eine solche bedeutende Kraftübertragung erzielt, daß mit Leichtigkeit die Nase des Pferdes nach der Bauchgurt d hin herangezogen werden kann, daß dem Pferde dadurch die zum Vorwärtstreten nötige Freiheit genommen wird.

Die metallene Kuppelung b besteht aus zwei, durch Scharniere verbundene Klappen, welche sich, wie die Deckel eines Buches, öffnen und schließen und von denen die eine (obere) an dem vom Fahrer kommenden Leinenteile, bevor dieser in den Apparat c einläuft, befestigt ist. An dieser Klappe befindet sich auch der Verschluß der Kuppelung, welcher mit der erwähnten Schnur in Verbindung steht. Die andere Klappe, äußerlich durch Monogramm oder dergleichen geziert, hat an der Innenseite einen Zapfen, welcher, in den Verschluß der Kuppelung eingreifend, das untere Zügelende c d aufnimmt und mit dem oberen Leinenstück fest verbindet. Bei dieser Verbindung endet die Wirkung des Zügelzuges, wie bei jeder anderen Leine, im Geleißring c und der Teil c d verhält sich passiv.

Fühlt bei der Zügelführung der Fahrer, daß sein Pferd hart wird oder durchgeht, so greift er nach Knebel a und zieht die Schnure an; die Kuppelung b öffnet sich, das untere Zügelende fällt heraus, der Fahrer verkürzt mit demselben Griffe die Leine, so daß sie bis zur Endschnalle bei d fest ansteht und zäumt nun mit Hilfe der eingetretenen schnürenden Kraft das Pferd beliebig event. bis zum sofortigen Stillstand. Es kann natürlich jeder einzelne Zügel so genommen werden; z. B. beim Bremsen einer Deichsel beim Zweispännigfahren würde am besten der Fahrer beide inneren Zügel lösen und die Pferde mit den Köpfen nach innen zusammenbringen, so würden sie vor dem Wagen stehen und derselbe nicht vorwärts gehen können, den Pferden in die Hacken laufen und sie trotz aller Sanftmut zum rasenden Durchgehen zwingen. Bei ungeschickter Handhabung könnte höchstens ein Pferd stürzen, der Wagen würde aber immer stehen. Das Steigen eines Pferdes, wodurch hauptsächlich eine Deichsel bricht, kann leicht durch den Zügel verhindert werden. Aber nicht nur bei gefahrvollen Fällen, sondern auch beim täglichen Gebrauch meint der Erfinder, könne das erzielt werden, was durch andere Hilfsmittel, als scharfe Kandaren ꝛc., angestrebt wird.

22. Das Hinterzeug.

Fig. 13 bis 16 und 19 u. 20, Taf. 17.

Fig. 12 Hinterzeug für zweispänniges Geschirr.

Der Umgang breit	0,030 m
Länge desselben	3,000—3,200 m
Die inneren Schweberiemenstößel sind auseinander	0,750 m
Die Stößel sind lang	0,120 m
Die äußeren Stößel sind von den inneren entfernt	0,130 m

In der Mitte der beiden Stößel befinden sich die Ringe für die Strangträger. Den inneren Strangträger bildet ein einfacher Strangriemen.

Derselbe ist lang	0,500 m
Am äußeren Strangträger ist der Spieler lang von der Spitze b s zur Schnalle	0,180 m
Die Strippe lang	0,170 m

Fig. 20 Hinterzeug für einspänniges Selletgeschirr.

Länge desselben von Ring zu Ring .	1,000—1,100 m
Länge der Stößel	0,100 m
Länge der Aufhaltriemen	0,900—1,050 m

Fig. 19 dasselbe Hinterzeug mit Doppelstößel.

Diese sind voneinander entfernt	0,120 m

Fig. 13 dasselbe Hinterzeug mit Leder bezogenem Stahlbügel.

Fig. 15 dasselbe Hinterzeug mit Schlagriemen.

Bei Pferden, die gern hinten ausschlagen, wird der Schweberiemen verlängert und in den Schlagriemen geschnallt, welcher bei Einspännern um die Gabelbäume, bei Zweispännern nach den Ortscheiten geht; verhindert also das Hochheben des Pferdes.

Der Schlagriemen ist lang	0,450 m
Der Schweberiemen ist zur Hälfte lang . .	0,900 m

Fig. 16 ist der Schlagriemenring, den wir an dem Hinterzeug Fig. 15 aufgezogen sehen.

23. Der Geschirrsattel.

Fig. 17, Taf. 17.

Beim Fahren vom Sattel trägt das Sattelpferd einen Geschirrsattel. Im wesentlichen ist ja derselbe gearbeitet wie jeder englische Sattel und beziehen wir uns auf das unter diesem Artikel Gesagte. Sein einziger Unterschied in der äußeren Form ist, daß er keine kleinen Taschen hat, sondern die großen Taschen sind einfach an den Sitz angekötert. Die Abbildung zeigt uns die Tasche in die Höhe geschlagen und wir sehen so, wie die Stutze des Geschirres an dem Sattel befestigt ist. Die vorderen zwei Strippen dienen zum Festschnallen der Bauchgurt, die hintere Strippe wird in den Oberblattstößel der Stutze geschnallt. Die heruntergeschlagene Tasche verhütet, daß der Reiter sich reibt.

C. Besondere Arten von Kutschgeschirren.

Das russische Geschirr. Fig. 2, Taf. 18.

Die Eigentümlichkeit an demselben ist in Rußland selbst der Dreispann, d. h. drei Pferde nebeneinander, das mittelste Pferd geht in sogenannten Fiemerstangen (russisch Holloble) und unter einem Bogen (Duta) über dem Rücken, dessen Zweck eigentlich ist, die beiden Fiemerstangen zusammenzuhalten. Er wird aus Mahagoni- oder Nußbaumholz gearbeitet, und aus einem Stück gebogen, auch wird er oft sehr reich mit Gold und Silber verziert und dient zum Schmuck des ganzen Geschirrs. Durch einen, durch denselben gehenden Aufsetzzügel wird das mittlere Pferd gezwungen, den Kopf hoch zu tragen und geht im Trabe, während die beiden, sehr locker angespannten Seitenpferde galoppieren. Sie tragen die Köpfe sehr niedrig, beinahe bis zum Boden gesenkt und nach außen gewendet. Solches nationale Dreigespann wird „Oret“, Adlerfahrt, genannt. Bei uns ist dieses Gefährt gar nicht gebräuchlich, in Städten sogar wegen der Breite polizeilich verboten. Man wendet bei uns russische Geschirre oft wegen ihrer Leichtigkeit und Originalität zu kleineren Litauern Pferden oder Ponys an.

a) Der russische Zaum.

Fig. 14 und 22, Taf. 18.

Es ist dies ein leichter schmaler Zaum mit Kreuzketten ohne Scheuleder, jeder einzelne Teil mit metallenen Buckeln verziert.

a	Stirnband im Lichten	0,320 m
b	Nasenriemen in der Mitte . . .	0,350 m
	Die Strippe desselben	0,130 m
	Das Schnallenteil desselben . . .	0,240 m
c c	Die Kreuzketten lang	0,420 m
	Im Stirnband auseinander . . .	0,130 m
	Im Nasenriemen auseinander . . .	0,160 m
d	Kehlriemenschnallenteil	0,470 m
	Strippenteil	0,250 m
f	Das linke Backenstück von Schnalle zu Schnalle lang	0,450 m
g	Das rechte Backenstück und Kopfstück von Schnalle zur Spitze lang . .	0,670 m

An dem Kopfstück befindet sich eine Knopfschlaufe, welche den fliegenden Kehlriemen Fig. 14 aufnimmt.

	Derselbe ist lang	1,250 m
	Vom Stirnband bis zum Nasenriemen sind die Backenstücke lang . . .	0,280 m
h h	Backenstückstrippen lang	0,190 m

b) Das russische Kumt.

Fig. 3, Taf. 18.

Dasselbe hat ein Holzgestell nach dem Hals und der Brust des Pferdes gearbeitet, gewöhnlich stark . . .	0,025 m
und an der Zugstelle breit . . .	0,080 m

Nach der Brust und nach oben geht dasselbe entsprechend schmäler zu. Der untere Teil des Holzes bis zur Zugöse bleibt frei und ist des schönen Aussehens wegen poliert. Das Holzgestell ist unten und oben zusammengefügt, unten gibt der gelassene Keil eine größere Haltbarkeit und auch Gelegenheit, bei zweispännigen Geschirren den Ring anzubringen. Die Fuge ist hinten mit einem eingelassenen Eisen noch besonders befestigt. Oben ist eine Oese von Draht angebracht zur Aufnahme der Schwanzriemenstrippe. Die Strippe ist lang 0,420 m. Auf die hintere Seite des Kumtholzes wird nun eine von weichem Leder rund zusammengenähte und mit Haaren fest ausgefüllte Wulst befestigt, welche bis zur Zugstelle frei liegt und nicht befestigt wird, von da aber mit Riemen, die durch die halbe Wulst gestochen werden, an das Holz genagelt. Diese Wulst ist in der Brust 0,030 m stark und läuft nach oben etwas schwächer aus, die Naht ist dem Holze zugekehrt. Nun schneidet man nach der Breite des Holzes und der Wulst von der Zugstelle aus oben herum bis wieder zur Zugstelle ein Stück starken Filz, gibt nach hinten 0,020 m und nach vorn 0,010 m zu. Diesen Filz

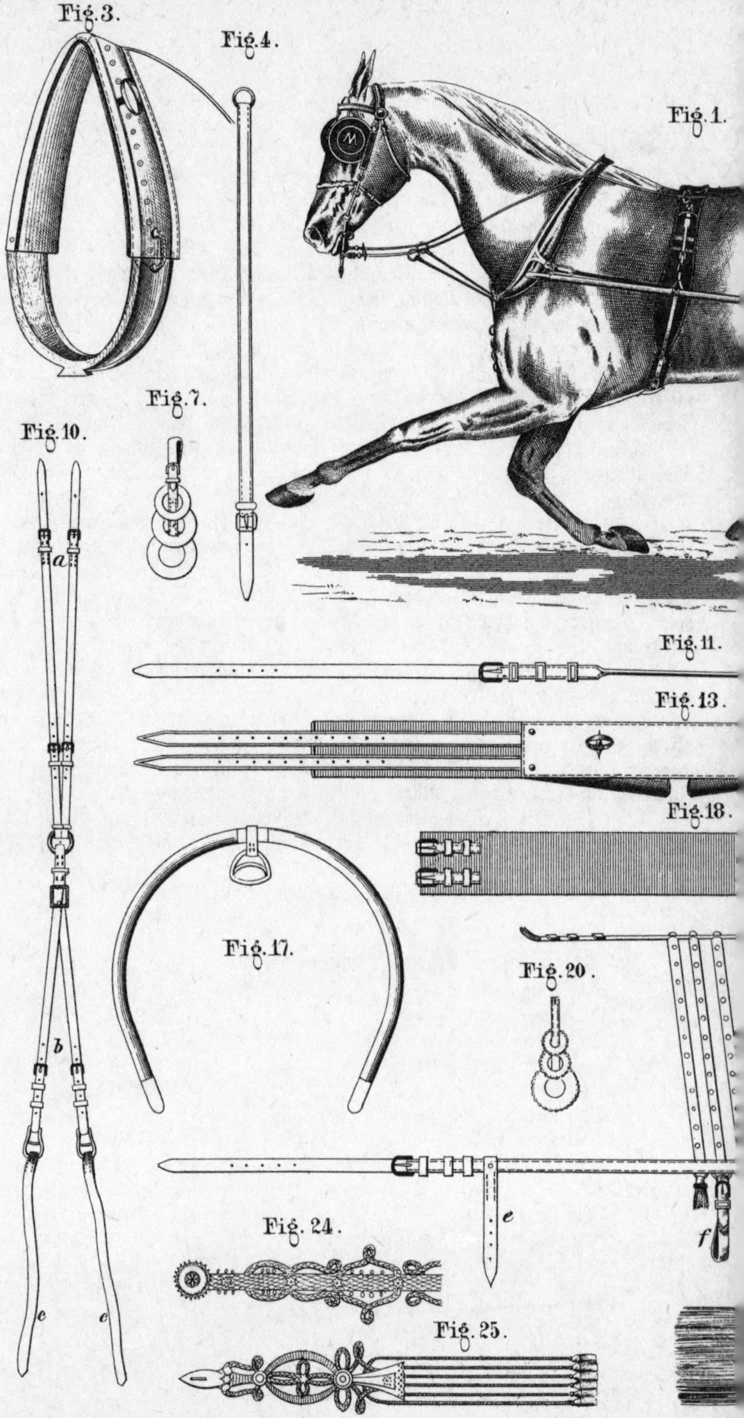

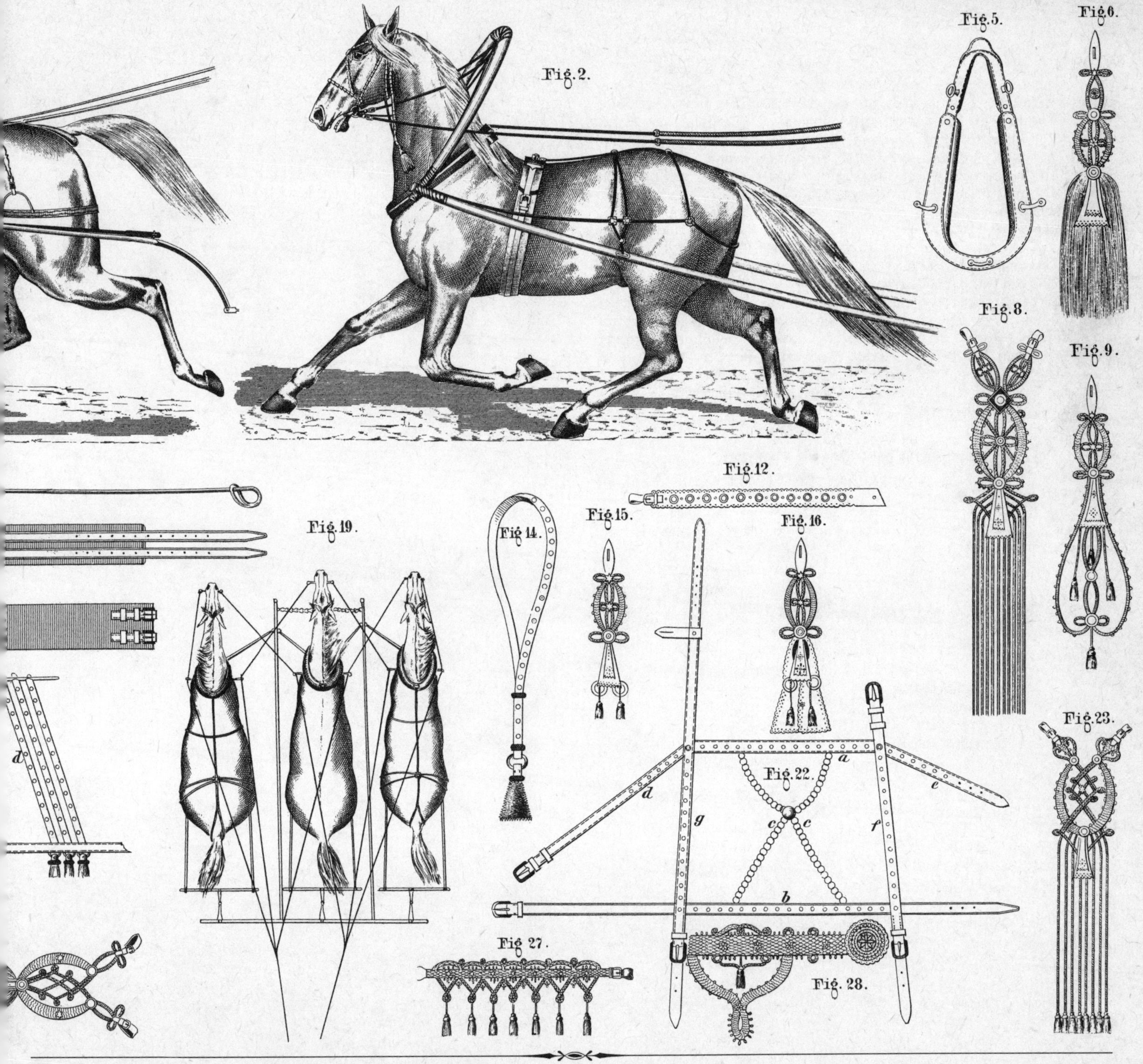
Fig. 2.
Fig. 5.
Fig. 6.
Fig. 8.
Fig. 9.
Fig. 12.
Fig. 14.
Fig. 15.
Fig. 16.
Fig. 19.
Fig. 22.
a
b
c
c
d
e
f
g
d
Fig. 23.
Fig. 27.
Fig. 28.

bezieht man auf der Innenseite mit weichem Kalbleder, läßt dasselbe 0,020 m um die Kanten herumgehen und näht dasselbe auf der oberen Seite des Filzes mit überwendlichen Stichen auf denselben an. Dann wird das Beleg aus weichem narbenlackierten Rindleder zugeschnitten. Dasselbe wird hinten umgepuckt und zweimal genäht, dann geht es über das Holz, wird da aufgeklebt, vorn um die Kante des Holzes bis an das Kissen und wird mit dem Kissen so zusammengenäht, daß letzteres noch 0,010 m vorsteht. An dieser Naht entlang wird das Beleg egal abgeschnitten. Vor dem Befestigen der Decke mit dem Filzkissen werden die Zugriemen in die schon vorher in das Kumtholz gebohrten Löcher gezogen. Man nimmt dazu einen langen Riemen aus kernigem, aber nicht zu starkem Geschirrleder, nagelt das eine Ende in die zwischen den beiden Löchern innen angebrachte Vertiefung, zieht ihn 2 bis 3 mal durch und bekettelt diese doppelte oder dreifache Oese mit dem Ende des Riemens mit einem Schweinerücken. An der hinteren Seite wird das Kissen und Belege mit verzogenen Stichen zusammengenäht, unten, wo es aufhört, wird es mit einigen Kappnägeln an das Holz befestigt, ebenso schlägt man auf das Beleg an dieser Stelle einige metallene Nägel. Oftmals schlägt man auch auf der oberen und vorderen Seite des Belegs metallene Nägel oder Buckeln. Der Schlüssel für die Leine wird in ein in das Holz gebohrtes Loch eingeschraubt.

c) Das russische Kammkissen mit Sprenggurt.

Fig. 13 und 18, Taf. 18.

Dies Kammkissen wird ohne Eisen gearbeitet, ungefähr nach Art einer Deckengurt. Das obere Teil Fig. 13 von Leder oder auch oftmals von roter oder blauer Gurt angefertigt

ist lang	0,700 m
breit	0,080 m

Unter dieses Leder oder Gurt wird das Kissen nach Art eines Deckgurtkissens gearbeitet, oben darauf kommt ein Beleg von lackiertem Leder, welches an der Kante mit dem Kissen eingestemmt und außerdem mit den Schlüsseln oder auch mit Buckeln auf der Gurt befestigt wird.

Lang ist dieses Beleg	0,360 m
Die Strippen sind lang	0,380 m
Die Sprenggurt Fig. 18 hat vier Schnallen und ist lang	1,280 m

Der Umgang geht unter den Strippen des Kissens hindurch.

d) Der Strang.

Fig. 11, Taf. 18.

Derselbe ist rund genäht und wird vorn in die Zugöse geschnallt.

Er ist lang von der Schnalle bis zum Ende der Oese	2,000 m
Die Strippe von der Schnalle an lang	0,650 m

Fig. 3.

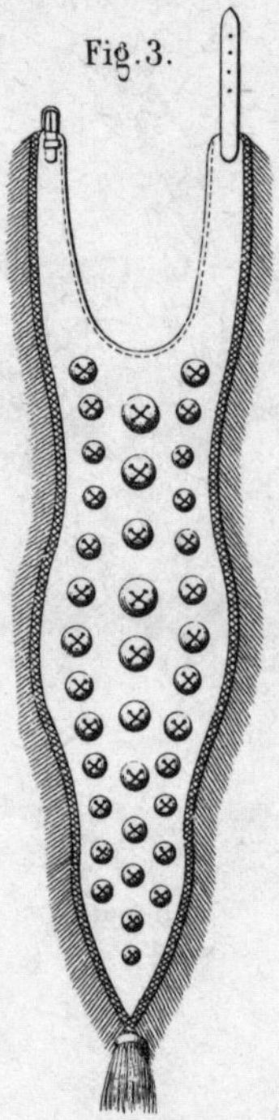

Fig. 4.

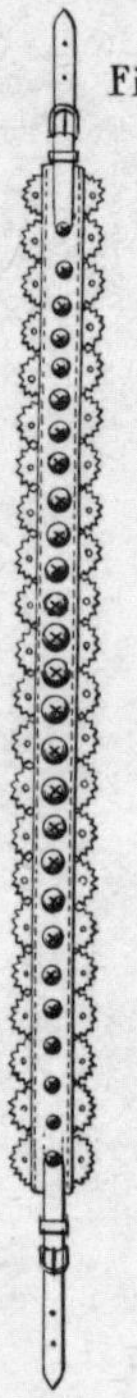

Fig. 5.

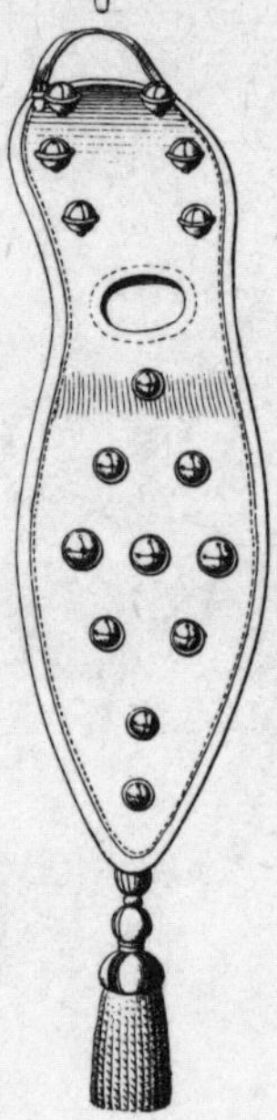

Fig. 6.

Fig. 7.

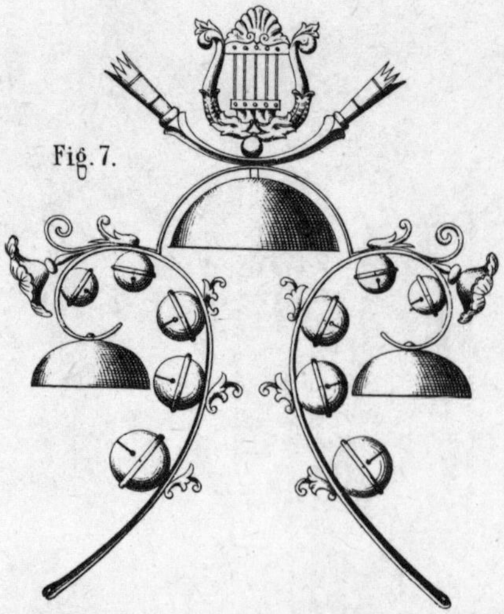

Fig. 8.

Fig. 16.

Fig. 17.

F. 23.

Fig. 24.

Fig. 25.

Fig. 26.

Fig. 27.

Fig. 28.

Fig. 2

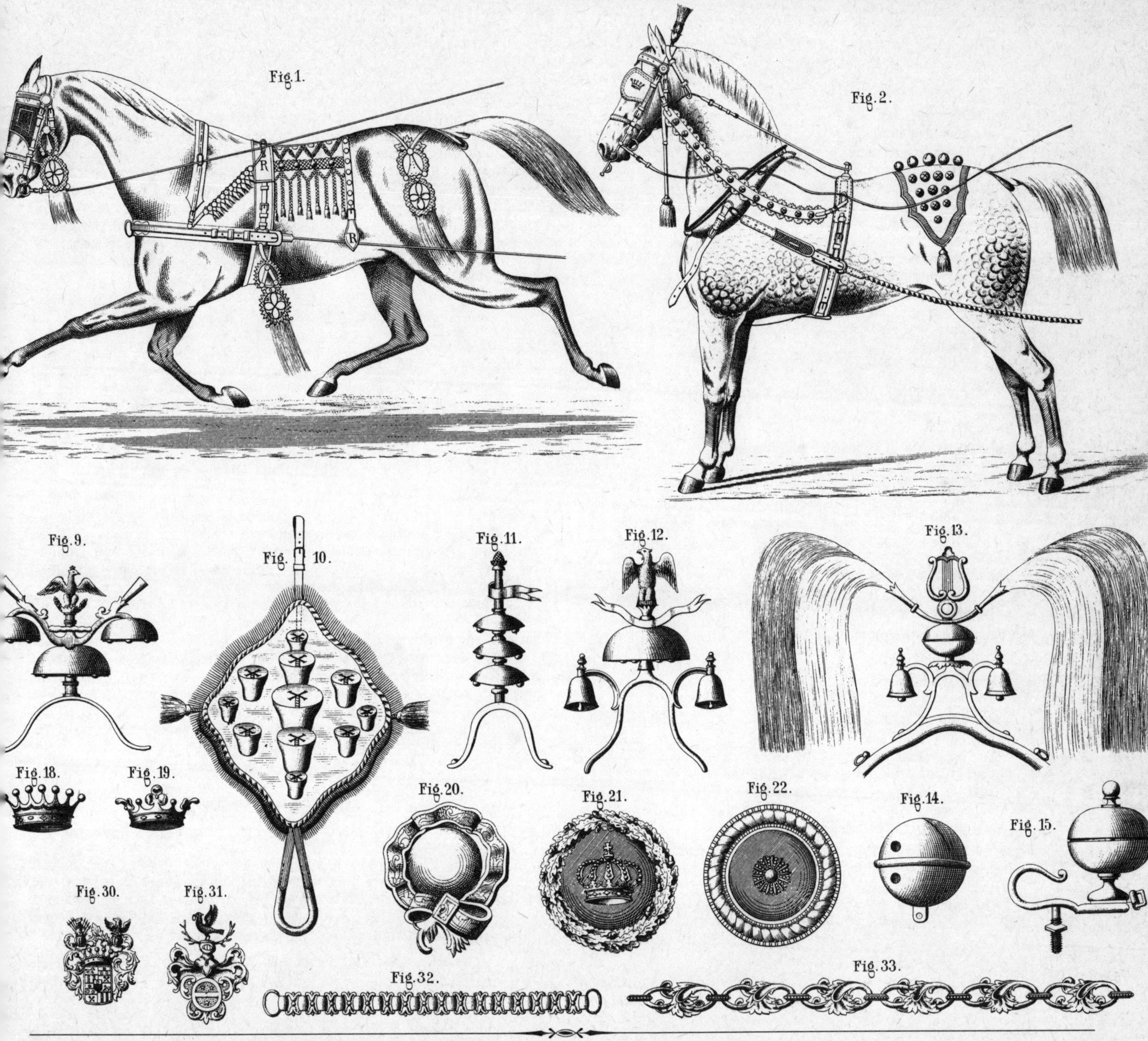

Fig. 1. Fig. 2.

Fig. 9. Fig. 10. Fig. 11. Fig. 12. Fig. 13.

Fig. 18. Fig. 19. Fig. 20. Fig. 21. Fig. 22. Fig. 14. Fig. 15.

Fig. 30. Fig. 31. Fig. 32. Fig. 33.

e) Das russische Hinterzeug.

Fig. 21, Taf. 18.

a	Der Schwanzriemen von der Schnalle bis zum Endbuckel lang	0,700 m
b	Die Rückriemen werden auf den Schwanzriemen aufgeschoben und sind lang .	0,900 m
c	Der Umgang ebenfalls wie der Strang vorn in die Zugöse des Kumtes geschnallt ist lang	2,400 m
	Die Strippen daran	0,650 m
	Die Bauchgurtstrippe e lang . . .	0,370 m
	Das Bauchgurtschnallenteil	0,680 m
d	Die Schweberiemen werden an den Schwanzriemen mit Buckeln befestigt und sind lang	1,100 m
e	Der Strangträger lang	0,500 m

f) Der russische Bogen (Duta) mit Aufsetz- und Wildbahnzügel.

Fig. 2, 4, 10 und 17, Taf. 18.

Der Bogen Fig. 17 hat in der Mitte eine Höhe von	0,980 m
Die untere Weite ist	0,600 m

Oben befindet sich eine Kappe mit Ring, welcher mit einer Schraube befestigt, die in dem Bogen eingeschraubt ist oder welcher auch mit einem Lederriemen angeschlungen wird. In den Ring gehen die Aufsetzzügel Fig. 10a.

Dieselben sind lang von Schnalle zu Schnalle	0,750 m
Die Strippen sind lang	0,220 m

In die Doppelschnalle gehen die Zügel mit Doppelring Fig. 10b.

Dieselben sind lang	0,720 m
Die Bindezügel Fig. 10c c sind lang	1,450 m
Dazu gehören noch zwei Schnürriemen mit Ring jeder von einer Länge von	3,000 m
um die Schere mit dem Bogen an den Kammdeckel zu befestigen. Ferner zwei Schlaufzügel jeder von einer Länge von	3,000 m
um den Bogen am Kumt zu befestigen.	

Das Pferd auf der Wildbahn wird vom Kumt aus durch den Zügel mit Ring, Schnalle und Strippe gehalten, Fig. 4.

Derselbe ist lang vom Ring bis zur Schnalle	0,450 m
Die Strippe lang	0,200 m

In Fig. 2, Taf. 18, sehen wir ein Original-Gespann. Die Befestigung des Bogens ist hier eine andere, als die oben beschriebene. Der Russe schnallt wenig, sondern bindet alles mit seinen äußerst haltbaren fettgaren Lederriemen, so ist auch hier der Aufsetzzügel um die Duta geschlungen und geht an derselben herunter auf beiden Seiten, um nach unten zur Befestigung an das Kumt und an den Gabelbäumen Verwendung zu finden. Bei Schlittengeschirren geht der Aufsetzzügel oft an den Seiten des Bogens durch nach dem Kammdeckel und in der Mitte der Duta hängt eine Glocke. Wie schon im Heimatlande dieser Gespanne hier und da Verschiedenheiten vorkommen, so ist es erklärlich, daß bei uns in Sportkreisen, wo diese Geschirre ihrer Leichtigkeit und Originalität wegen beliebt sind, vieles anders gemacht wird und wie schon gesagt, alles geschnallt wird, wo der echte Russe sich durch Binden behilft.

D. Das amerikanische Geschirr.

Die ungeheure Leichtigkeit der amerikanischen Gebrauchswagen bedingt auch, daß dazu sehr leichte Geschirre angewendet werden. Wir verweisen auf die verschiedenen gebrachten Abbildungen, unter anderen auch auf Fig. 1, Taf. 18, erwähnen wir hier nur noch als besondere Spezialität

das amerikanische Kumt.

Fig. 5, Taf. 18.

Den unteren Teil bildet ein nach dem Hals und der Brust des Pferdes gearbeitetes Holzgestell; zur größeren Haltbarkeit mit Eisen beschlagen, außen mit lackiertem Lederbeleg versehen, innen mit weichem Leder flach gepolstert. Der obere Teil ist aus mehreren Lagen Geschirrleder, welche eine Oberlage von Lackleder haben, zusammengenäht und in der Kammer oben mit einem Lederkissen versehen; derselbe schiebt sich, wie aus der Abbildung ersichtlich, in den unteren Teil verstellbar ein, und wird durch die Schraube befestigt. Der Zughaken ist selbstverständlich vor dem Polstern des Brustteils durch dasselbe mit Mutterschrauben befestigt.

Man kann dreist behaupten, daß dieses Kumt eine moderne Nachbildung des ältesten griechischen und römischen Kumtes ist. Durch die Verstellbarkeit ist es für große und kleine Pferde zu gebrauchen und ist insofern wenigstens einem längst gefühlten Bedürfnisse entgegengekommen. Gerade letzteres Bedürfnis, Kumte zu konstruieren, die verstellbar sind, haben zu mancherlei Erfindungen und Verbesserungen Veranlassung gegeben, welche wir schon weiter oben bei Beschreibung des Kumtes für Kutschgeschirre erwähnten.

E. Das ungarische Geschirr.

Fig. 1, Taf. 19 und Fig. 6 bis 9, 12, 15 bis 16 und 23 bis 28, Taf. 18.

In Fig. 1, Taf. 19, bringen wir ein solches Geschirr zur Ansicht, gewöhnlich sind es leichte Brustblattgeschirre, die im allgemeinen nicht von den oben beschriebenen abweichen und nur die geflochtenen Behänge (Salangs) als Eigentümlichkeit besitzen. Fig. 7 und 20, Taf. 18, Riemen mit kleinen metallenen Scheiben, oft mit roter Tuchunterlage oder buntlackiertem Leder, dienen zur Verzierung des Zaumes, oft aber wird auch, wie Fig. 1, Taf. 19, zeigt, ein langer Lederbehang angewendet.

Unter Fig. 6, 8 und 9, 12, 15, 16 und 23 bis 28, Taf. 18, bringen wir in etwas größerem Maßstabe verschiedene Muster solcher Behänge, die wir am Geschirr zwar nur kleiner angegeben bringen konnten, woran wir aber sehen, wo und wie dieselben angewendet werden. Diese überaus künstlich und sauber ausgeführten Riemenflechtarbeiten bilden eine besondere Spezialität in der Sattler- oder Riemerarbeit und erfordern eine ungeheure Uebung. Hervorragende Lieferanten dieser Salanges sind A. und W. Schulze in Berlin, Dorotheenstraße; F. Böhme in Berlin W., Potsdamerstraße 25.

F. Das Schlittengeschirr.

Fig. 2 bis 15, Taf. 19.

Mit obigem Ausdruck soll keineswegs gesagt werden, daß zur Fortbewegung des Schlittens ein besonderes Geschirr notwendig wäre, dies kann selbstverständlich durch jedwedes Geschirr geschehen, aber die höchst notwendige und sogar überall polizeilich gebotene Anbringung von Schellen und Geläuten gibt dem Ganzen oft ein ganz anderes Gepräge, was wohl zu obigem Ausdruck berechtigt. Das Pferd Fig. 2 trägt ein Schellenband, welches in die obere Backenstückschnalle und in den Kammdeckelschlüssel eingeschnallt ist, außerdem ein Schellenkissen und auf dem Kopfe einen Roßstutz. Oft werden noch sogenannte Schneedecken angebracht. Dieselben sind aus weißem wollenen oder Leinenzeuge gemacht, mit bunter Borde eingefaßt, mit befestigten Sternen darauf versehen u. s. w. und gehen vom Kammdeckel dort angeschnallt bis hinter an die Ortscheite der Wage. Schellenbänder am Kammdeckel zu befestigen.

Fig. 3 und 5. Bei Fig. 3 ist die Form des Kammdeckels ganz und gar ausgeschnitten. Bei Fig. 5 geht das Band noch höher hinauf, bedeckt das Kammkissen und wird durch den Leinenschlüssel gesteckt.

Die Länge vom Ende des Kammdeckels bis zur Spitze beträgt	0,750 m
Die Breite	0,180—0,220 m

Fig. 10 Glockenteller mit Kissen.

Länge und Breite ungefähr .	0,450 m

Vorn befindet sich eine Strippe mit Schnallenstück.

Die Länge der Strippe ist .	0,480 m

hinten ist ein kurzer Schwanzriemen mit Bausch.

Fig. 4 Schellenband, von Schnalle zu Schnalle lang ungefähr	1,150 m
Die Strippen lang	0,300 m

Fig. 7 bis 13 Schellengeläute, die auf den Kammdeckel aufgeschraubt werden. In den meisten Fällen sind dieselben jedoch gleich mit einem einfachen Kammdeckel mit Sprenggurt versehen und werden also nur aufgelegt. Die vorliegenden Muster sind aus der Fabrik von H. A. Köhlers Söhne in Altenburg i/S. und ist diese Firma als sehr lieferungsfähig zu empfehlen, ebenso Stimming & Venzlaff in Berlin.

Machen wir hier besonders auf eine Neuheit der ersteren Firma aufmerksam, die wir unter Fig. 15, Taf. 19, bringen, eine schöne hellklingende Glocke für breite Kammkissen oder Sellet, an der zugleich sich der Aufsetzzügelhaken und die Schwanzriemenöse befindet, eine Einrichtung, die nicht allein sehr praktisch ist, sondern auch dem Geschirr zur Zierde gereicht.

G. Das Galageschirr.

Fig. 1 und 21, Taf. 20.

Das Geschirr weicht ebenfalls in seiner Einrichtung und Maßen der einzelnen Teile keineswegs von den gewöhnlichen Geschirren ab, nur ist es in allen Teilen massiger und reicher gehalten, gewöhnlich im Rokokostil wie auch die Kutscher und Bedienten bei Galafuhren gewöhnlich in Rokokokostüm equipiert sind. Hauptsächlich in London trifft man dies bei hohen Herrschaften häufig. Sehenswert sind die Galageschirre des kaiserlichen Marstalls in Berlin und gern zeigen dort die Bediensteten auch die reichen Federstutze, die kostbaren seidenen Bänder mit Quasten, die in die Mähnen der Pferde eingeflochten werden ꝛc.

Die vorliegenden Muster, ein Prunkgeschirr im Stile italienischer Spätrenaissance sind entworfen von Guido List, ausgeführt von Johann Pauer in Wien und entnehmen wir dieses überaus schöne Geschirr der „deutschen Sattlerzeitung“ von C. P. W. Berg in Berlin. Die schweren Formen der deutschen Renaissance sind hierbei vermieden und die leichter geschwungenen Ornamente der italienischen Renaissance passen sich dem leichteren Riemenzeuge besser an. Es ist daher ein halbschweres Staats- oder Prunkgeschirr zu nennen, was für große Pferde zu jedem schwereren Wagen als Landauer, Berline, zu Festlichkeiten zu verwenden ist. Den Haupteindruck erhalten wir durch Fig. 1 in seiner Gesamtheit und unter Fig. 21 bringen wir in größerem Maßstabe die einzelnen Teile des Geschirres.

Eine Abart dieses Galageschirres bildet das „Trauergeschirr“. Auch darin lassen sich keine besonderen Vorschriften aufstellen; gewöhnlich werden zu solchen Trauerfuhren schwarze Pferde auserlesen, die mit schwarzen Decken behangen sind. Alle sichtbaren Teile des Geschirres werden mit schwarzem Samt bezogen, dessenungeachtet aber oft die in Silber ausgeführten Namenszüge des Verblichenen an den betreffenden Stellen angebracht.

H. Geschirrbeschläge.

Fig. 16 bis 33, Taf. 19 und Fig. 3 bis 39, Taf. 20 und Fig. 3 bis 14, 16 bis 18 und 22, Taf. 21.

Auf oben bezeichneten Tafeln haben wir aus dem mannigfachen Material, was uns vorlag, versucht, das Neueste und Beste zu bringen ohne natürlich im stande zu sein, alles was in dieser Branche geleistet wird, in den uns zugemessenen Raum vorführen zu können. Die Modelle sind aus den Fabriken der Herren H. A. Köhlers Söhne in Altenburg i. S. und Stimming und Venzlaff in Berlin. Diese Firmen sind als höchst lieferungsfähig zu bezeichnen und angelegentlichst zu empfehlen. Wir enthalten uns jeder weiteren Beschreibung der einzelnen Figuren, da die Zeichnungen korrekt sind und keiner näheren Auseinandersetzung bedürfen. Sollten andere Modelle, besondere Namenszüge u. s. w. notwendig sein, stehen die Herren gern mit Zeichnungen und Preiskuranten gewiß zu Diensten.

I. Die verschiedenen Arten des Gespanns.

Das am meisten gebräuchliche Geschirr ist das Kumtgeschirr, weil es am praktischsten ist und auch am elegantesten aussieht, jedoch wendet man seiner Leichtigkeit wegen auch viel das Sielen- oder Brustblattgeschirr an.

Beim Fahren in der Stadt müssen die Pferde so kurz als möglich in den Strängen und Aufhaltern stehen, damit sie sofort pariert werden können. Bei längeren Touren über Land kann man ihnen mehr Luft lassen, auch die Aufsetzzügel nicht zu kurz schnallen, damit sie einen bequemern Gang haben.

Einspännig fährt man mit gewöhnlichem englischen Geschirr, bei dem das Pferd vorn aufhält, d. h. die Aufhalter gehen vom Kumtbügel oder Brustblatt aus nach dem Vorderteil der Gabel, die zur Aufnahme derselben an der Stelle mit einer Krampe versehen sind. Diese Geschirre schirren sich leicht an und ab, sind meist ohne Hinterzeug, oft auch ohne Schwanzriemen und sind auf ebenen Wegen leicht und praktisch für das Pferd. Wir verweisen auf unsere Abbildungen Fig. 2, Taf. 18. Kumtgeschirr und als Brustblattgeschirr könnte Fig. 1, Taf. 18, als Vorlage dienen.

Man fährt ferner einspännig mit dem sogenannten Gighgeschirr, bei dem das Pferd hinten durch den Umgang aufhält. Die Geschirre beschweren zwar das Pferd etwas mehr, sehen aber höchst elegant aus und werden auch, um ersterem Uebelstande vorzubeugen, oft so leicht als möglich ausgeführt. Wir verweisen auf unsere Abbildungen Fig. 1, Taf. 11, Brustblattgeschirr, Fig. 2, Taf. 11, Kumtgeschirr ohne Hinterzeug. Die Einrichtung zum Tragen der Gabelbäume muß hier ebenfalls zum Aufhalten dienen, was auf ebenen Wegen wohl ausreichend sein könnte. Fig. 2, Taf. 12, Brustblattgeschirr mit derselben Einrichtung wie eben beschrieben. Fig. 1, Taf. 12, elegantes Gighgeschirr mit Hinterzeug. Fig. 1 und 2, Taf. 13, mit ebendemselben, Fig. 1, Taf. 18, leichtes Renngighgeschirr.

Beim Zweispännigfahren muß man darauf achten, daß die Pferde egal gehen. Ein Pferd was schärfer geht, muß kürzer in den Kreuzzügeln stehen, als ein träges. Die inneren Kreuzzügel müssen 0,100 m länger geschnallt werden als die äußeren. Wir verweisen auf unsere Abbildungen Fig. 1, Taf. 14, leichtes zweispänniges Kumtgeschirr, Fig. 2, Taf. 14, hochelegantes Zweispännergeschirr. Ein eben solches Fig. 2, Taf. 20, mit Winterdecken unter dem Geschirr.

Auch zweiräderige Wagen fährt man wohl zweispännig, man nennt dieses Gespann „à pompe". In Fig. 19, Taf. 14, sehen wir die Einrichtung der Stange des Wagens; unter derselben ist ein Stahlbügel mit Oese angeschraubt, durch diese geht ein Riemen, der durch einen anderen geschnallt ist, der an der Querstange (pompe) befestigt ist. Diese metallene Stange geht durch die beiden Kammdeckelhaken der Pferde und spielt darin.

Beim Tandemgighgeschirr sind zwei Pferde hintereinander gespannt, Fig. 1, Taf. 15. Das hintere Pferd trägt die Gabelbäume wie beim Kabriolett. Das vordere Pferd trägt lange Stränge, welche in die Stutzenschnallen des Hinterpferdes eingehängt werden. Die Zügel des Vorderpferdes gehen besonders durch zwei Schlüssel, die an der Stirnbandrosette des Hinterpferdes angebracht sind.

Das Dreigespann war bei uns zu herrschaftlichem Gefährt bis vor Kurzem gar nicht gebräuchlich, sondern ward nur bei schwerem Omnibusfuhrwerk auf der Landstraße öfter ein Pferd auf die sogenannte Wildbahn gespannt. Ist dann nur mit einem Laufzügel an das Handpferd befestigt und der Zug geht nach dem Hinterrad des Wagens, wo ein Haken an der Achsmutter befestigt ist. Neuerdings fahren jedoch Sportliebhaber auch „dreispännig auf deutsche Art" möchte man sagen zum Unterschied zur russischen Anspannung, auf die wir weiter unten zurückkommen. Auf Taf. 18, Fig. 19, haben wir ein solches Dreigespann von oben gesehen.

An unserer Vorlage sehen wir eine feste Sprengwage mit Docken, die natürlich so breit sein muß, daß die drei Pferde nebeneinander Platz haben. In der Mitte derselben ist eine Schere angebracht, in welcher das Mittelpferd geht. Bei Luxusfuhrwerk auf ganz glatten schönen Fahrbahnen mag diese feste Anspannung wohl ganz vorteilhaft sein, keineswegs ist dieselbe aber gut auf unebenem Boden und für schwereres Fuhrwerk, als Omnibusse ꝛc., hier sind bewegliche Schwengel sehr notwendig, da erfahrungsmäßig jeder Tritt des Pferdes einen Druck an der Brust des Pferdes hervorbringt, welcher durch das bewegliche Ortscheit wesentlich vermindert wird. Das Mittelpferd ist vorn an den zwei Seiten des Kumtes mit der Gabel verbunden und damit letztere sich nicht auseinander zieht, ist eine Verbindungskette zwischen den Bäumen angebracht. Die beiden äußeren Pferde sind an den inneren Seiten durch Aufhaltketten mit der Gabel verbunden.

Was die Leinenführung anbetrifft, so wird dieselbe durch obige Skizze ganz genau veranschaulicht. Der Fahrer hat nur zwei Handstücke in der Hand. Die Kreuzleinen sind dreiteilig und gehen vermöge dieser Einrichtung in den betreffenden Gebißring jedes Pferdes. Schreiber dieses hatte Gelegenheit, eine Einrichtung zu einem Dreigespann nach Soest in Westfalen zu liefern. Die Herrschaft wohnte auf einem Landgute bei dieser Stadt und fuhr dreispännig nach derselben. Ob auch auf sehr verkehrsreichen Straßen und in Städten selbst dieselben erlaubt sind, ist zu bezweifeln, immerhin kann man es einem Sportsmann nicht verdenken, an einem solchen Gefährt Gefallen zu finden, und wo solches angeht, zu fahren.

Der Viererzug (Jagdzug) wird auf verschiedene Arten gefahren. Der einfachste ist Fig. 1, Taf. 16. Der vierspännige Deichselhaken der Stange ist dazu eingerichtet, eine Vorderwage aufzunehmen, an der die Vorderpferde ziehen, der einzige Unterschied liegt in den Zügeln. Die Zügel der Vorderpferde gehen durch Schlüssel, die auf den Kopfstücken der Hinterpferde angebracht sind, in die Hand des Kutschers. Die Vorderpferde müssen in den Kreuzzügeln etwas kürzer stehen, weil beim Anziehen der Zügel die Vorderpferde sich eher wenden müssen als die Hinterpferde.

Die Vorderwage kann auch wegfallen und sind dann die Stränge der Vorderpferde bei diesem Zuge der „à la française" genannt wird, mittels Karabinerhaken in die Stutzenschnallen der Hinterpferde gehakt, wie wir an dem Tandemgeschirr Fig. 1, Taf. 15, schon gesehen haben.

Ein Jagdzug mit vier Pferden kann auch von einem Kutscher und einem Vorreiter geleitet werden. Die Geschirreinrichtung unterscheidet sich von dem vorigen insofern, als der Vorreiter die Vorderpferde führt und zwar das Sattelpferd mit einem Sattel belegt durch die Trensen- und Kandarenzügel und das Handpferd durch einen Stellzügel zur rechten und einen Fahrzügel zur linken Hand. Das Handpferd hat auch Aufsetzzügel, oftmals auch das Sattelpferd.

Ein anderer Viererzug ist der Postzug, von einem Reiter (Postillon) „à l'alemande" vom Stangensattelpferde aus geleitet, der Postillon hat außer den oben beschriebenen Zügeln der Stangenpferde auch noch die vollständigen Kreuzleinen der Vorderpferde in der Hand.

Ein anderer Viererzug ist der Postzug „à la Dumont" mit zwei Reitern Fig. 1, Taf. 17. Nach den oben beschriebenen ist die Einrichtung nach der ganz korrekten Zeichnung leicht ersichtlich.

Die Geschirre für Züge zu sechs Pferden werden entweder so eingerichtet, daß ein Kutscher vier Pferde vom Bocke aus leitet und die beiden vorderen Pferde durch einen Reiter geführt werden. In diesem Falle heißt der Zug „sechsspänniger Jagdzug", oder es führt ein Vorreiter die Vorderpferde und ein Postillon die vier hinteren Pferde vom Sattel aus, der letztere Zug heißt dann „sechsspänniger Postzug".

Erwähnen wir hier noch einen Fünferzug, den unsere neuere Zeit hervorgebracht hat. Vorn drei Pferde, hinten zwei Pferde. Die Zügelführung wäre hierbei die Hauptsache und ist diese dieselbe wie am obigen Dreigespann. Die vorderen Leinen gehen dann über den Kopf der Hinterpferde in die Hand. Die letzteren haben einfache Kreuzleinen.

Der Zug zu acht Pferden. Derselbe kann ebenfalls auf die zwei verschiedenen Arten wie der sechsspännige Zug geleitet werden. Im ersteren Falle, wo der Kutscher auf dem Bocke sitzt, hat derselbe die sechs hinteren Pferde mittels sechs Leitzügeln zu regieren und der Vorreiter nur die zwei Spitzenpferde. Im anderen Falle bleibt die Einrichtung an den vorderen Pferden dieselbe, nur reitet der Postillon dann auf dem hinteren Sattelpferd und leitet außer den beiden hinteren Pferden die vier mittleren Pferde mittels Kreuzleinen vom Sattel aus.

Die Etikette der Höfe bestimmt in der Regel, daß bei hohen Festlichkeiten die Leibwagen der Kaiser und Kaiserinnen mit acht, die der Könige und Königinnen sowie der Großherzöge mit ihren Gemahlinnen mit sechs und die der übrigen Fürsten, Prinzen und Prinzessinnen mit vier Pferden bespannt werden, welche Pferdezahl sich jedoch auch auf zwölf z. B. bei Krönungen und Leichenbegängnissen der Kaiser steigern kann. Bei feierlichen Auf- und Einzügen gehen an der Seite jedes Pferdes ein Stalldiener, der das Pferd an einem in den äußeren Trensenring geschnallten Fahrzügel leitet. Leidenschaftliche und geschickte Sportsmänner spannen wohl noch eine größere Anzahl Pferde an, doch sind dies einzeln dastehende Fahrerkünste und beruhen auf künstlerischer Dressur der Pferde, ohne für die Allgemeinheit von praktischem Nutzen zu sein.

Zwölfter Abschnitt.

Von den Arbeitsgeschirren.

Auch in diesen Geschirren gibt es so mannigfach verschiedene Arten und Abweichungen, die teils wohl mit Recht durch die geographische Lage der einzelnen Landesteile bedingt sind, anderenteils aber oft nur aus alter hergebrachter Gewohnheit ihren Ursprung haben. In Nord- und Mitteldeutschland wendet man z. B. fast ausschließlich nur vierräderige Arbeitswagen an und befördert dieselben in Norddeutschland meistens durch Pferde mit Brustblatt- oder Sielengeschirren, während man in Mitteldeutschland ausschließlich nur Kumtgeschirre, sogenannte Spitzkumte anwendet. Im Süden und Westen Deutschlands fährt man viele Lasten mit zweiräderigen Wagen einspännig, oder wenn mit mehreren Pferden, eins hinter dem anderen gehend. Um möglichst vollständig zu sein, wollen wir auch hier die verschiedenen Abarten durchgehen und betrachten.

1. Das Kippkarrengeschirr.

a) Das Kumt (Hahmen).

Fig. 10, Taf. 22.

Zu diesem meist in Süddeutschland und der Rheingegend gebräuchlichen Geschirre wird dieses schwere, breite und nach oben in den Hölzern ausgebogene Kumt gebraucht. Da wir weiter unten eine Beschreibung über Anfertigung von Kumten bringen, so wollen wir hier nur auf die Zeichnung verweisen und führen nur an, daß zur Verzierung dieser Kumte dieselben oft noch mit Dachsdecken und roten Fries- oder Flanelllappen behangen werden.

Ein anderes schweres Kumt dieser Art, meist in Württemberg gebräuchlich, beschreibt uns unter dem Namen „Sindringers schweres Fahrkumt" Herr C. Dieterle, Sattlermeister, in der „Deutschen Sattlerzeitung" und bringen wir die Zeichnung in Fig. 5, Taf. 22, und die Modelle dazu in Fig. 30 und 31, Taf. 21. Er sagt darüber: „Ich nehme eine sogenannte deutsche Schmalhaut, lege sie auf ein großes Brett, mache dieselbe naß und stoße sie aus, so daß sie glatt auf dem Brette liegt; dann lege ich das Leibmuster, Fig. 30, Taf. 21, so auf, daß die eine Seite rechts und die andere links zu liegen kommt, die Brust nach der Mitte der Haut. Der Spickel, Fig. 31, Taf. 21, kann aus leichterem Leder geschnitten werden. Nachdem werden die Seiten a mit Pechdraht zusammengestoßen und Seite b auf Seite c herübergelegt, der Spickel eingeheftet und genäht. Ehe der Spickel eingeheftet wird, wird an denselben ein Streifen Leinwand 10 cm breit angeheftet. Nachdem das Kumt genäht ist, wird es gründlich naß gemacht und umgedreht. Zu diesem Behufe wird an einer Seite ein starker Nähriemen angebunden, mit dem Füllstock durch das Kumt geschoben, das Ende desselben an einen Haken angebunden und die sich bildenden Falten des Leders mit dem kleinen Kumtschlegel bearbeitet. Nach dem Umdrehen wird die vordere Naht, sowie die hintere Seite mit dem Knochen glatt gedrückt und der Rand mit einem langen Nähriemen 5 cm breit abgenäht und zwar so lose, daß man unter jeden Stich des Riemens den Finger legen kann, dann wird der Rand so fest als möglich mit Roggenstroh ausgefüllt, darauf füllt man in den Leib 2 Schub Stroh, den einen nach rechts, den anderen nach links, worauf das Kumt auf dem Tische fest mit Stroh und Haaren ausgefüllt wird. Das Füllen ist die wichtigste Arbeit am Kumte und ist hauptsächlich darauf zu sehen, daß kein Strohschub nach innen gegen die Haare kommt, sondern alle nach außen und einer neben den anderen nach dem Rande zu und nach jedem Strohschub wird der Leib mit einem schweren Holzschlegel geklopft. Ist das Kumt gefüllt, wird es an beiden Enden zusammengeheftet, damit die Füllung beim Herumbiegen nicht rutschen kann, dann wird es auf den Tisch gelegt und die Haarseite geklopft, damit auch diese sich gleichmäßig verteilen. Der Leib wird nun in der Brust in die Rundung geklopft, mit einem Nähriemen provisorisch zusammengenäht, und auf dem Kumtstocke tüchtig bearbeitet und zwar immer die Füllung nach hinten. Der Leib war bis jetzt mit dem Rande nach unten gedreht, nach dem Klopfen wird der Brustkeil dazwischen getrieben, das Kumt mit dem Rand nach oben gesteckt und wieder tüchtig gearbeitet. Darauf wird das Kumt nach der Länge abgeschnitten und abgeheftet und zwar muß beim schweren Kumt die Spitze 14 cm höher sein als hinten. Zur größeren Befestigung wird nun oben der sogenannte Spannfleck aufgenäht und das Kumt getrocknet und geschwärzt und dann mit Hölzern versehen. Dieselben sind unten 6 cm, oben 4 cm breit. Die Löcher zur Anbringung der Haften, des Unterriemens, der Leinenringe u. s. w. sind nach der Zeichnung ersichtlich, die Löcher zum Zug sind von unten gerade gemessen 20 cm vom Ende des Holzes bis zur Mitte der beiden Zuglöcher. Durch die obersten Löcher kommt der sogenannte Oberriemen, der zugleich den Stößel mit Schnalle und Strippe zum Schwanzriemen aufnimmt. Unter die Zugösen kommen die Strangflecke, unter denselben um das ganze Kumt herum läuft der Außenriemen, der in der Mitte eine Metallrosette zur Verzierung aufnimmt und unten an die Hölzer angenagelt wird. Nach diesem wird die Decke mit 5 Haften befestigt. Zur Zierde werden die Hölzer mit gelben Nägeln versehen. Damit die Brustkette das Kumt nicht reibt, wird das Brustleder angebracht.

b) Das Kissen.

Fig. 19, Taf. 22.

Diese Tragkissen haben oft einen ausgearbeiteten hölzernen Baum, unter dem das Kissen angebracht ist und über den hinweg der breite Tragriemen geht. Unsere vorliegende Abbildung ist nur aus Leder ohne alle Einlage gearbeitet.

Die Sprenggurt ist lang	. . . .	1,750—1,800 m
Die Strippe daran lang	. . . .	0,520 m

Unter diese Sprenggurt ist das Kissen aus Leder nach Art eines Deckengurtkissens mit abgenähter Kammer gearbeitet.

Das Kissen ist lang	. . . . .	0,480 m
breit	. . . .	0,120—0,150 m
Der Tragriemen ist lang	. . . .	1,200 m

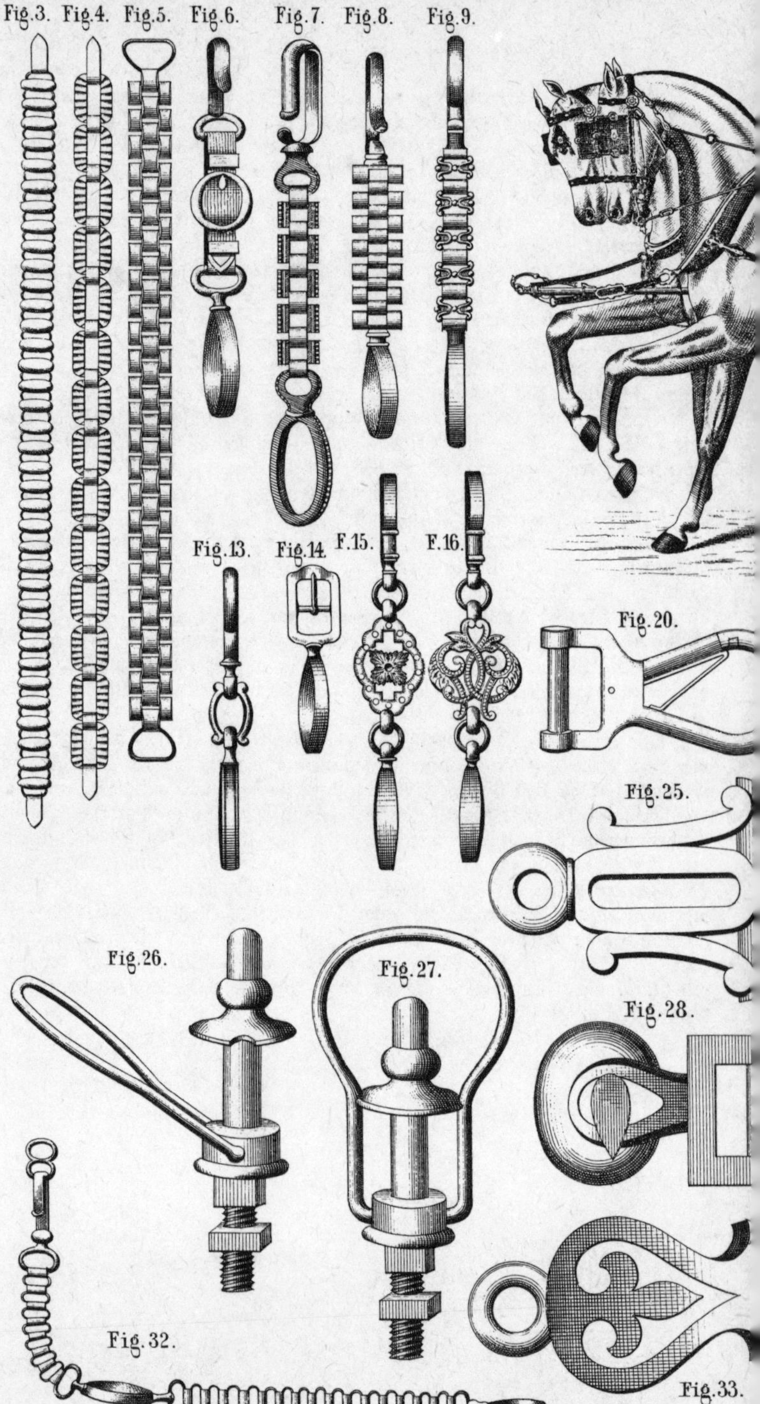

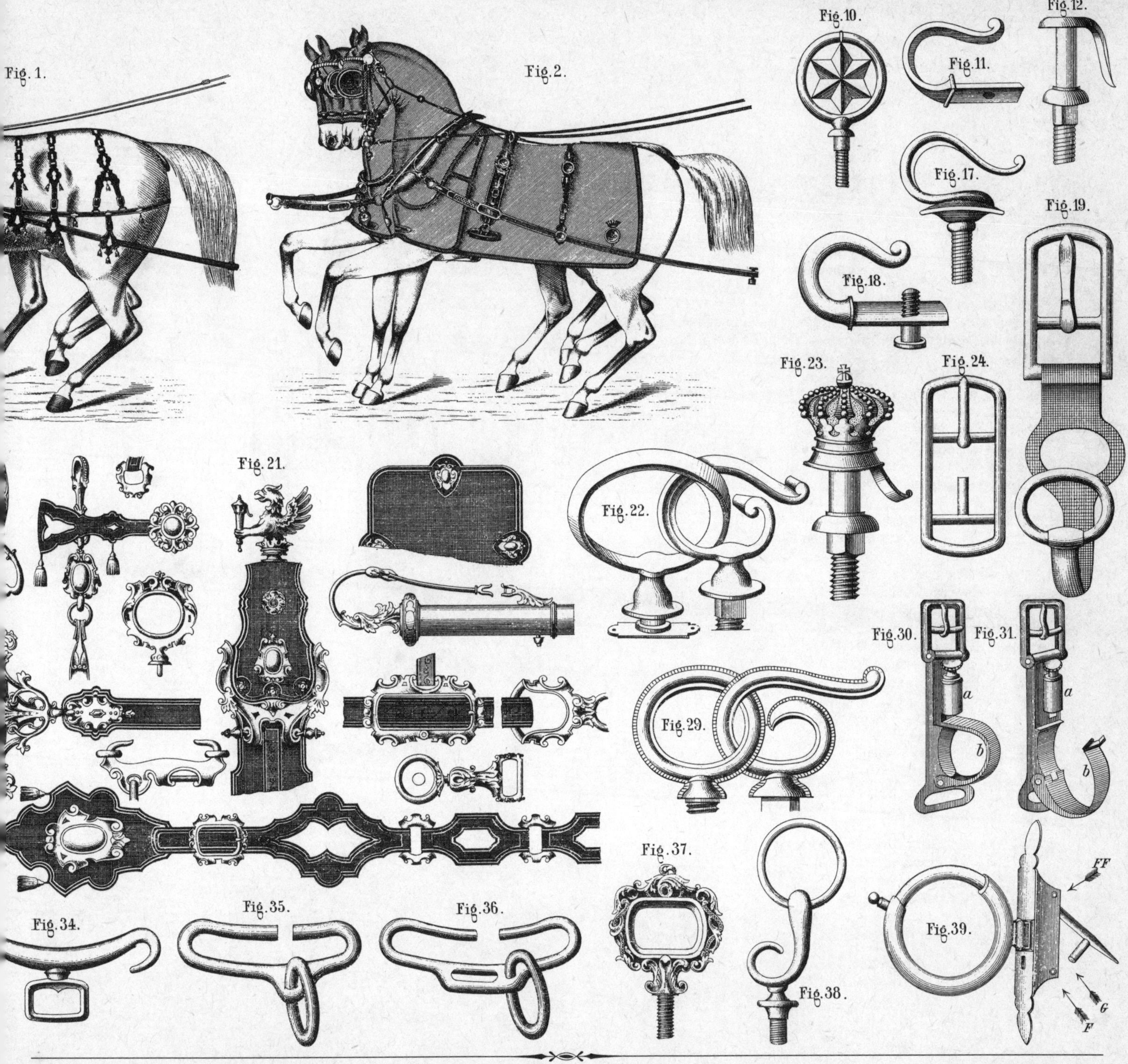
Fig. 1.
Fig. 2.
Fig. 10.
Fig. 11.
Fig. 12.
Fig. 17.
Fig. 18.
Fig. 19.
Fig. 21.
Fig. 22.
Fig. 23.
Fig. 24.
Fig. 29.
Fig. 30.
Fig. 31.
a
b
a
b
Fig. 34.
Fig. 35.
Fig. 36.
Fig. 37.
Fig. 38.
Fig. 39.
FF
G
F

Der Beleg aus Geschirrleder, der ebenso lang und breit als das Kissen sein muß, wird mit Haften mit dem Kissen verbunden.

Der Schnallenstößel zum Schwanzriemen ist lang . . . . 0,200 m

c) Der Tragring.

Fig. 18, Taf. 22.

Derselbe besteht aus einem eisernen Tragring mit Schnallenstößel.

Letzterer ist lang . . . . 0,100 m

d) Das Hinterzeug.

Fig. 1, Taf. 21.

Dieses Hinterzeug wird in dieser Form für Kippkarrengeschirre angefertigt, nur macht man dann meist dasselbe mit Schwanzriemen, der durch eine aufgenähte Oese in der Mitte des Rückriemens nach dem Schnallenstück des Kissens geht.

Schwanzriemen lang bis zur Schweifmetze .	1,000 m
gespalten	0,210 m
Der Umgang ist lang von Ring zu Ring .	1,200 m
Derselbe ist breit	0,050 m
Der Rückriemen, welcher in die Ringe des Umganges eingenäht wird, ist lang . .	1,300 m
breit	0,045 m
Die beiden Seitenriemen, die vorn mit Schnalle und Strippe in die Ringe am Kumtholze eingeschnallt und hinten durch den Einschnitt im Rückriemen durchgezogen sind, haben jeder eine Länge von	1,300 m
Die Strippe ist lang	0,360 m
Der Umgangtragriemen, der oben in den Ring des Seitenriemens und unten in einen Ring am Umgang eingenäht ist, ist lang	0,410 m
Der Umgangtragriemenring ist entfernt vom großen Ringe	0,240 m
Der Einschnitt des Seitenriemens ist vom Umgangringe entfernt	0,390 m
Der Aufhaltriemen ist lang	0,850 m

e) Der Zaum für Arbeitsgeschirre.

Fig. 21, 23, 24 und 35, Taf. 21.

Fig. 23 das Stirnband im Lichten lang . .	0,320 m
Fig. 21 das Kopfstück lang	0,680 m
gespalten	0,210 m
Fig. 24 der Kehlriemen lang	0,520 m
Fig. 35 die Backenstücke a a lang	0,230 m
Der Nasenriemen b	0,350 m
breit	0,040 m

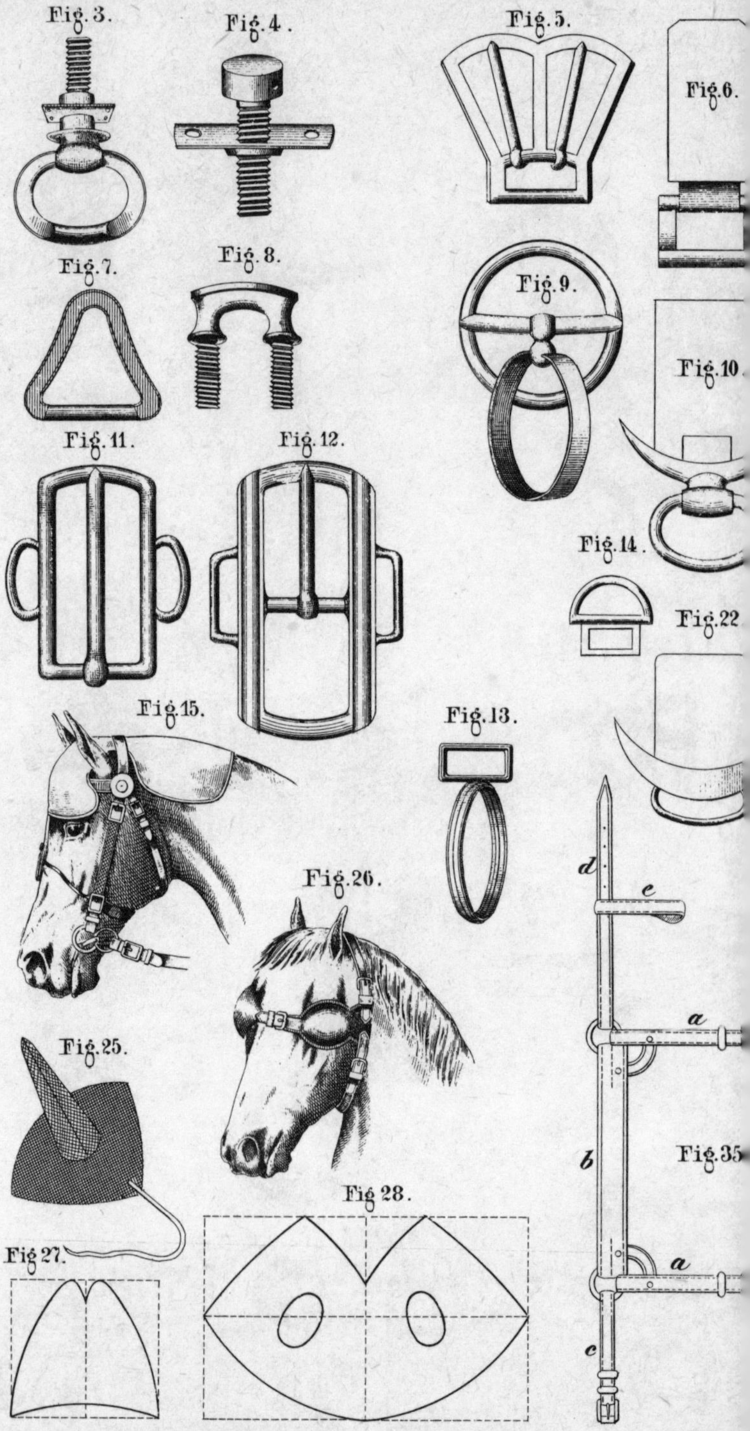

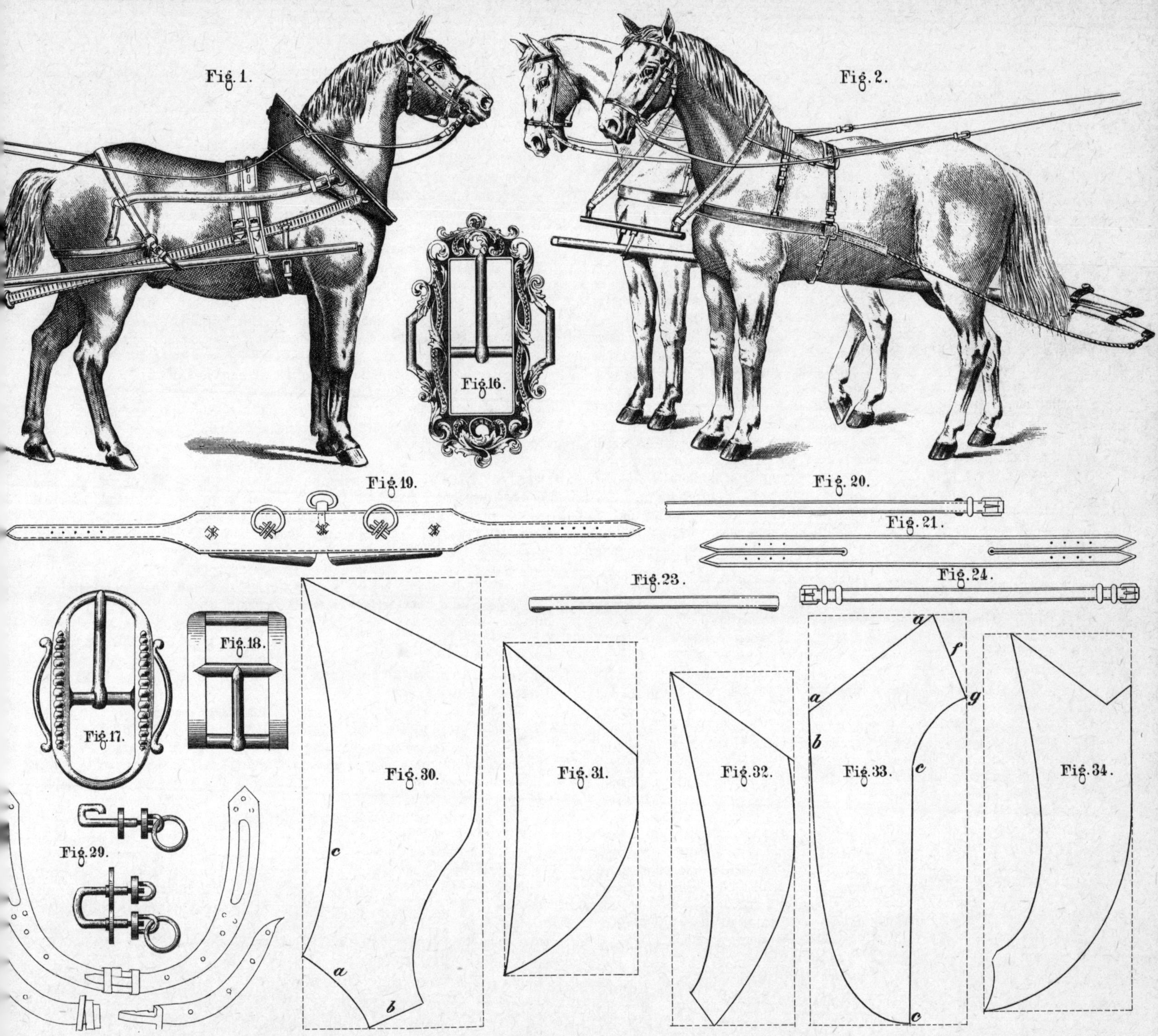
Fig. 1.
Fig. 2.
Fig. 16.
Fig. 19.
Fig. 20.
Fig. 21.
Fig. 23.
Fig. 24.
Fig. 17.
Fig. 18.
Fig. 29.
Fig. 30.
Fig. 31.
Fig. 32.
Fig. 33.
Fig. 34.

Das Kinnschnallenstück c lang	. . . . .	0,100 m
Die Kinnstrippe d lang	. . . .	0,300 m
Der Kehlriemenstößel e lang	. . . . .	0,150 m

2. Das Arbeitsgeschirr zu vierräderigen Wagen (Kumtgeschirr).

Fig. 1, Taf. 21.

a) Das Kumt (Spitzkumt).

Fig. 32 und 33, Taf. 21 und Fig. 3 und 7, Taf. 22.

Man kann wohl annehmen, daß dieses Kumt das am meisten in Deutschland gebräuchliche ist; es zeichnet sich aus durch verhältnismäßige Leichtigkeit und bequemen Zug für das Pferd. Bei Anfertigung desselben schneidet man zuerst nach dem Modell Fig. 32, Taf. 21, das nach unserer Abbildung genau in $^1/_{10}$ der natürlichen Größe gehalten ist, das äußere Leder des Kumtleibes, sodann schneidet man ein Stück Drilch von ungefähr 0,130 m Breite zum Annähen an den oberen Teil des Leders, welcher zum Zusammennähen des Kumtes dient. Das Leder wird nun in der Brust zusammengenäht. Der Drell zum Leibe oder das Leibleder schneidet man nun nach diesem Modelle und gibt hinten 0,050 m der ganzen Länge nach zu, vorn wird der Drell oder Leibleder jedoch genau nach dem äußeren Leder zugeschnitten. Nun wird das Kumt geheftet und genäht, das Leder naß gemacht, geschmiert und das so zusammengenähte Kumt umgewendet. Der Rand vom äußeren Leder wird nur vorn 0,035 m breit nach der inneren Seite umgeklopft und so mit Vorderstichen abgenäht, wobei von außen ein Schnürfaden mit eingereiht wird. Nun kann das Kumt gefüllt werden und benutzt man dazu den in Fig. 17, Taf. 1, gebrachten eisernen Füllstock und schiebt damit zuerst zwei Schübe (Wische) Stroh von beiden Seiten ganz durch den Rand sowohl als durch die Brust, dann wird der Rand von beiden Seiten fertig ausgefüllt. Ist der Rand so fertig gefüllt, wird der Leib des Kumtes bis zum Strangfleck noch durch einige Schübe Stroh fester gefüllt und dann vermittelst eines hölzernen Füllstockes und eines flachen Brettchens (Härbrett) gehärt. Ist dies geschehen, kann nun die Brust ganz fest und fertig ausgefüllt werden und die Stellen von dem Brustfleck aus bis oben hin werden nun gehärt und nachdem auf dieselbe Art mit Stroh festgefüllt, wobei dasselbe öfter mit dem großen Kumtschlegel festgestampft wird, damit das Stroh sich zusammengibt. Nun wird das Kumt über dem Kumtstocke zusammengebogen, damit aber die Füllung sich dadurch nicht nach oben herausschieben kann, werden oben durch den Drell einige Stiche gemacht. Ist das Kumt über den Kumtstock gebogen, wird es mit Schnürfaden fest zusammengenäht und darauf gerichtet, d. h. zuerst wird es mit dem Rande nach unten auf den Kumtstock aufgelegt und tüchtig mit dem Schlegel zusammengeschlagen, ebenso wird es herumgedreht, mit dem Rande nach oben und auf dieselbe Weise bearbeitet, dann werden provisorisch mit Schnürfaden oben 5 Abheftstiche und unten unter den Strangfleck 2 Abheftstiche eingezogen, die dann durch die mit Riemen eingezogenen ersetzt werden und zwar so, daß man vom oberen Lederende 0,100 m entfernt, zuerst 4 Stück, dann 3 Stück, nochmals 3 Stück, dann 2 Stück und zuletzt 1 Stück in gleicher Entfernung verteilt. Ist dies geschehen, wird das Kumt nochmals übergerichtet, die obersten Schnürfadenstiche im Drell wieder aufgemacht und das Kumt nach der bestimmten Länge oben fest mit Schnürfaden zusammengenäht und das überstehende Stroh von beiden Seiten nach der Mitte zu abgeschärft. Der Drell, welcher von beiden Seiten übersteht, wird überwendlich gut zusammengenäht, und dann ein sogenannter Dächel von gut ausgezogenem Leder darüber gezogen und festgenäht. Der nun so fertig gestellte Kumtleib wird nun mit den Kumthölzern versehen. Dieselben werden genau nach der Form des Kumtes mit der Schweifsäge ausgearbeitet und mit dem Schnitzemesser nachgeputzt, dann die Löcher zum Unterriemen, der die beiden Hölzer in der Mitte verbindet, gebohrt. Die Hölzer werden an das Kumt angelegt und mit Riemen, sogenannten Haften, von unten nach oben der Reihenfolge nach angezogen und angenagelt.

Soll das Kumt ein Schloßkumt werden, wird zuerst das Schloß auf die Hölzer aufgenietet und dann mit Haften befestigt. Der Kumtleib wird in diesem Falle in der Mitte auseinander geschnitten und mit Leder besetzt.

Zu dem Kumt mit ganzer Decke benutzt man das Modell Fig. 33, Taf. 21, und zwar ist dies die Hälfte der ganzen Decke bei a a zusammengehörig genau $^1/_{10}$ der natürlichen Größe. Die äußere Kante b b wird eingestemmt, c c mit einem Nagelköder an das Kumtholz angenagelt, beim Punkte f werden die beiden Seiten zusammengenäht und beim Punkte g ein Haften eingezogen.

Soll das Kumt nicht eine ganze Decke erhalten, Fig. 7, Taf. 22, so muß ein Spannriemen, ungefähr 0,060 m breit, von den Hölzern nach dem Dächel gespannt werden, welcher von beiden Seiten fest übereinander genäht wird. Dann werden die beiden Strangflecke mit 2 Riemenhaften befestigt und vorn auf das Holz genagelt. Nachher wird die Decke passend geschnitten und vorn mit Kappnägeln auf die Hölzer genagelt und an beiden Seiten mit Haften befestigt. Soll ein Ring oder Schnallenkappe, welche den Schwanzriemen aufnehmen soll, befestigt werden, so werden die auseinander geschnittenen Enden des Ring- oder Schnallenstößels, nachdem sie von oben durch die Decke gezogen sind, unter der Decke hindurch so lang gelassen, daß sie vorn an die Hölzer angenagelt werden können und außerdem unter der Decke ein Haften in der Nähe des Ringes oder Schnallenstücks eingezogen. Das breite Loch, wodurch der Stößel gezogen wird, wird gewöhnlich mit einem Stück Leder unterlegt und umnäht.

Nun werden die Zuglöcher gebohrt und zwar das untere 0,210 m von der Mitte des Kumtes. Bei Pferden, welche den Kopf hoch tragen, werden die Löcher 0,020 m tiefer, im umgekehrten Falle höher gebohrt. Von dem oberen Zugloche wird der Leinenring 0,300 m entfernt mittels einer Lederkappe angenagelt oder angeschraubt. Derartige Kumte liefert als Spezialität in recht solider Arbeit Franz Kluge, Sattlermeister, Halle a/S.

Erwähnen wir noch als hierher gehörig „das Ausschweißen der Kumte“.

Hat sich ein Kumt durch längeren Gebrauch hart und fest gezogen, so kann es durch Ausschweißen wieder brauchbar gemacht werden. Die Decke wird abgenommen, der harte schweißige Drell entfernt, etwas altes Stroh herausgenommen, etwas neues Stroh eingelegt und übernäht. Dann wird der Drell nach dem Kumte passend geschnitten, oben zusammengenäht, an das äußere Leder glatt angeheftet und angenäht. Unter diesen Drell werden nun Haare egal gelegt und der Drell durch den Rand mit Vorderstichen angenäht, zuletzt mit etlichen Stichen wieder abgeheftet und die Decke neu befestigt.

In Fig. 1, 5 und 10, Taf. 22, bringen wir Arbeitskumte, wie solche in Frankreich, Süddeutschland und der Rheingegend gebräuchlich sind. Die Anfertigung derselben gleicht vollständig der weiter oben schon beschriebenen englischen Kumte leichteren Schlags und an unseren Zeichnungen sind besonders die Verschlüsse zu beobachten. Einen besonderen Verschluß empfiehlt Herr August Martin in Bürgel in Thüringen als sein Patent. Fig. 29, Taf 21, verbunden mit einer Vorrichtung zum Verstellen der Zugöse. Er schreibt darüber folgendes:

Man beobachte die Lage des Kumtes beim Schwerziehen am Pferde, ob es sich hebt, zu weit nach hinten legt und die Luftröhren beklemmt, oder niederzieht und Kamm und Widerroß bedrückt; ob die Verteilung der Zuglast gleichmäßig an der Schulterpartie ausgeübt wird, welches durch einmaliges Auf- und Abgleiten der Finger an der Kumtlage beim Zuge des Pferdes absolviert werden kann; denn gar viele Kumte haben die dem Pferde angepaßte Länge und Weite, aber nicht die rechte Form zur Lage, auch ist oftmals die daran befindliche normale Zugstelle nicht zu der gewöhnten Führung des Pferdes passend.

Durch diese verstellbare Zugvorrichtung ist schnell und ohne Werkzeuge zu erzielen, dem Kumte eine der Bauart und Führung des Pferdes entsprechende Lage zu geben, eine gleichmäßige Verteilung der Last an der ganzen Kumtlage zu bewirken und bei Entstehung eines Druckfleckes durch Höher- oder Tieferstellen des Zuges den Druck von dieser Stelle abzuwenden.

Das Oeffnen der Kumte ist denselben, wenn sie oben zusammengearbeitet, an der Haltbarkeit keineswegs nachteilig und hat seinen vorzüglichen Nutzen darin, daß

1. Das Anschirren der Pferde weit bequemer ist, als bei einen nicht zu öffnenden, wo die ganzen Geschirrteile an dasselbe befestigt sind.

2. Bei Pferden, welche starken Kopfbau und doch schmale Schulterpartie haben, solche an der ganzen Kumtlage ohne Unterkumt besser anliegen und den Zug erleichtern.

3. Pferden, welche schon durch mehrfaches Anstoßen an die Augen kopfscheu geworden, man diese Kumte zum Durchkriechen weit öffnen oder auch über den Hals herein- und hinausstecken kann.

4. Bei Niederstürzen eines Pferdes ist dasselbe durch ganz bequemes Oeffnen schnell aus dem Geschirr zu bringen und ein weiterer Schaden zu verhindern.

Durch das mit der Zugvorrichtung verbundene aufgeschraubte Schnepperschloß und dessen Versicherung wird ein schnelles, auch im Dunkeln durchaus sicheres Schließen, Enger- und Weiterstellen des Kumtes bewirkt und die Kumthölzer vor dem Ausführen und Zerreißen gänzlich geschützt.

Vorgenannte Gründe veranlaßten mich auch Luxus- oder Kutschgeschirrkumte mit dieser praktischen Einrichtung zu versehen und halte mich zur Anfertigung aller vorstehenden Kumte und Geschirrteile bestens empfohlen.

Dieser wichtigste Teil am Arbeitsgeschirre veranlaßte natürlich manchen denkenden Fachmann Aenderungen und Verbesserungen anzubringen, die vorhandene Mängel abhelfen sollen, so erwarb ein Herr Paul Prautzsch in Leipzig ein Patent auf ein Kumt mit Flachfedern als Polsterung. Fig. 11, Taf. 22. Das Kumt besteht in der Hauptsache aus 2 hölzernen Kumtbacken A und B die, außen mit einem metallenen Zugfleck versehen sind, die innere Fläche, der Kumtbacken, ist mit einer Anzahl Federn b b besetzt, deren eines Ende fest, das andere hingegen frei abstehend gestaltet ist. Dieses Kumt wird auf ein Kumtkissen gelegt und der Erfinder behauptet, daß die Federn sich dem Zuge anbequemten, keine Druckstellen hervorgebracht würden, die Luft stets darunter Kühlung hervorbrächte und das Ganze äußerst leicht wäre.

Ein anderer Herr Johann Adam Rippel in Fechenheim, hat ein verstellbares schweres Arbeitskumt konstruiert.

Unter Fig. 2 und 12, Taf. 22, bringen wir amerikanische Arbeitskumte, sehr viel in Kirseystoff gearbeitet.

Der Kirseystoff, bei uns zu Pferdedecken verwendet, ist ja allgemein bekannt. Daß dieser Stoff zu Kumten in Amerika gebraucht wird, hat seinen Grund gewiß nicht nur allein darin, billige Ware herzustellen, sondern zu gleicher Zeit darin, leichte, bequeme Kumte zu liefern. Man hat schon alles mögliche aus letzterem Grunde versucht, und Schreiber dieses ist es erinnerlich, wie in England von Cab-Kutschern schon in den fünfziger Jahren Kumte aus Panamastroh-Geflecht verwendet wurden, nur um es den Pferden in diesen Blitzzuggefährten recht leicht zu machen. Unsere Vorlagen stellen Arbeitskumte dar, und wir haben ja ebenfalls bei uns in Mitteldeutschland zu diesem Zwecke sehr viel Halblederkumte, d. h. das Innere des Kumtes aus Drilch bestehend. Wenn wir Kumte ohne Lederdecken, oder das äußere Teil nicht von Leder arbeiten wollten, so würde ein Kumt bei Regenwetter nur die Nässe leichter aufsaugen und um so schwerer werden. Dies ist in Amerika ebenso der Fall wie hier, aber Amerika ist groß und hat Gegenden im Süden, wo selten im Sommer Regen fällt, und auf der anderen Seite hat Amerika solche Teilung der Arbeit, daß der Kumtmacher nur Kumte macht, aber ein weitverzweigtes Geschäft betreibt und nach allen Gegenden liefert und daher für alle Bedürfnisse arbeitet. So sehen wir an unserer Vorlage ein Kumt, ganz aus Kirsey gearbeitet. Die Strangflecke finden sich an den deutschen Kumten auch. Die Ränder sind besonders stark, weil hier zu den eisernen Bügeln, die gewöhnlich in einer langen Kugelspitze auslaufen, keine Hafsten verwendet werden, wie bei uns an den Kumthölzern zu Arbeitskumten.

Das Zusammenbringen der Kumte ist von den unseren wesentlich verschieden. Die deutschen Kumte werden oben etwas ausgeschärft und dann zusammengenäht. Das Ganze deckt dann die Lederdecke. Die amerikanischen Kumte sind dagegen, wie unsere Artilleriekumte offen, also jedes Teil für sich zugemacht, so daß, wenn beide Teile zusammengehalten werden, nur ein scharfer Schnitt zu sehen ist. Auf der einen Seite befindet sich eine Strippe, auf der anderen Seite eine Schnalle, um diese beiden Teile zusammen zu schnallen. Die wesentliche Festigkeit aber gibt erst der Nackenkeil, der aus Blech gearbeitet ist, wie ungefähr an den Leipziger Stellkumten. Dieser Keil wird in die Kammer eingelegt und preßt dieselbe selbstverständlich etwas auseinander; wird nun die Schnalle zugeschnallt, so drücken beide weiche Teile so gegen diesen blechernen Keil, daß eine ungeheure, gegenseitige Festigkeit entsteht. Wir wissen ja wohl, alle unsere Arbeiten pflanzen sich mehr oder weniger nach ehernen Gesetzen wie eine ewige Krankheit fort, denn wer hätte nun den Mut und die Gelegenheit, bei uns nun gleich amerikanische Kumte einzuführen, die gewiß ebenfalls ihre Mängel haben werden, aber zum Schaden ist es gewiß nicht, wenn wir die amerikanischen Arbeiten wenigstens kennen lernen.

b) Das englische Arbeitskumt.

Fig. 6, Taf. 22.

Dieses Kumt ist noch leichter als das Spitzkumt. In seiner Anfertigung weicht es von dem über „das englische Kumt" zu Kutschgeschirren Gesagten nur insofern ab, daß es stärker gearbeitet ist und anstatt der lackierten Lederbelege nur solche von Schmierleder genommen werden, auch daß auf der Decke an der Stelle des Zuges noch ein besonderer Strangfleck befestigt ist. Der Ring zur Aufnahme des Schwanzriemens ist in einen Lederstößel genäht, welcher durch den Einschnitt des Deckels geht und mit dem Kumtbügelgürtel gehalten wird.

c) Das Kumtkeilkissen.

Fig. 24, Taf. 22.

Wenn Kumte zu größeren Pferden passend auf kleinere aufgelegt werden sollen, kann man das Kleinermachen desselben dadurch verhüten, daß man oben einen Lederkeil zum Einschnallen hineinarbeitet. Der vordere und hintere Boden a ist von Geschirrleder, das obere und untere Teil aus dem Ganzen herumgehend, oder aus 2 Teilen, ist von weichem Leder geschnitten und mit überwendlichen Stichen genäht, mit Haaren ausgefüllt und abgenäht; oben bei b geht ein Riemen über die Spitze des Kumtes und zwei Riemen mit Schnallen halten den Keil an den unteren Enden über das Kumt hinweg.

d) Das Kumtkissen.

Fig. 34, Taf. 21, Fig. 4, Taf. 22.

Was man durch den Keil in anbetracht der Länge des Kumtes erreichen will, soll durch das Kumtkissen in anbetracht der Weite erzielt werden. Nach dem in 1/10 natürlicher Größe gehaltenen Modelle Fig. 34, Taf. 21, schneidet man 4 Stücke blaue Leinen oder auch Drilch, näht dieselben erst in der Brust zusammen, dann an den beiden Langseiten, wendet das Ganze um, zeichnet zuerst die hintere Wulst etwas breit ab und füllt sie aus, danach werden die beiden Teile mit Haaren ausgefüllt und wie die Abbildung zeigt, abgenäht, das Kissen oben zusammengenäht und bei a mit einem Leder zur besseren Haltbarkeit versehen, was man ebenfalls vorn, wo das Kumtkissen in der Brust zusammengenäht ist, anwenden kann; ebenso wird ein sogenannter Strangfleck von Leder bei b, wo der Zug hintrifft, angenäht, das Kissen wird oben und unten durch Binderiemen in dem Kumte gehalten.

e) Das Seitenblatt.

Fig. 22, Taf. 22.

Die Länge desselben richtet sich danach, ob der Schweberiemen vom Schwanzriemen aus nach demselben gehen soll oder nicht.

Es wird deswegen lang geschnitten .	1,200—1,760 m
Die Unterlage ist breit	0,080 m
Die Bauchgurt wird von dem Oehre an entfernt in einen länglichen Ausschnitt eingenäht.	0,520 m
Von diesem Ausschnitt entfernt	0,100 m

ist die Rückgurt befestigt.

Dieselbe ist lang	1,360 m
Der Schnallenstößel derselben von der Oberkante des Seitenblattes lang . . .	0,100 m

Hinter der Rückgurt wird eine Kappe mit Schnalle aufgenäht zur Aufnahme des Hinterzeuges, wenn solches angebracht werden soll. Viel besser ist jedoch, wenn diese Schnalle an der betreffenden Stelle gleich mit in die Oberlage eingeschnitten wird, weil selbstverständlich die Haltbarkeit eine größere ist als bei der aufgenähten Schnallenkappe.

Der Schweberiemenstößel ist vom hinteren Zugring bei langen Seitenblättern entfernt	0,200 m

f) Der Schwanzriemen.

Fig. 15 und 16, Taf. 22.

Fig. 15, derselbe ist lang	0,670 m
gespalten	0,250 m
Die Schnallenkappe bis zum Ring .	0,310 m
Die Strippe, welche in den Ring am Kumt genäht wird, ist lang . . .	1,010 m
Die Schweberiemen zum Seitenblatt sind lang	0,980 m

Ist ein Umgang am Geschirr, werden dieselben zuerst in den Stößel des Umganges und von da in den des Seitenblattes eingeschnallt.

Fig. 16, Schwanzriemen mit Strippe, wenn am Kumt eine Schnallenkappe angebracht ist.

Lang ist derselbe	1,400 m
Gespalten	0,250 m
Der Schweberiemen lang	0,980 m

Die Schweifmetzen werden gewöhnlich aus einem dreifach zusammengelegten und durchnähten Stück Leder angefertigt.

g) Das Hinterzeug.

Fig. 13, Taf. 22.

Unterlage lang	2,000 m
Beleg und Strippen lang	3,120 m
Schweberiemenstößel aus der Mitte . . .	0,430 m

h) Die Leinen.

Die Leinen der Arbeitsgeschirre sind im allgemeinen dieselben wie die breiten Leinen der Kutschgeschirre, daher wir es auch nicht für nötig hielten, Abbildungen davon zu bringen. Nur ist bei dem Arbeitsgeschirr die Handleine meistens an die vordere Leine genäht und nicht besonders eingeschnallt, muß also in diesem Falle das Maß der Vorder- und Handleine zusammen haben.

3. Das Arbeitsgeschirr mit Brustblatt.

Fig. 2, Taf. 21.

a) Das Brustblatt.

Fig. 14, Taf. 22.

Dasselbe ist lang	1,480 m
Zusammengelegt ist dasselbe breit	0,120—0,140 m
Das untere Leder steht dann vor dem oberen hervor	0,010 m
Der Brustring außer der Mitte	0,060 m
Der Halsriemenstößel c lang	0,100 m
Derselbe ist von dem viereckigen Ring, in welchen das Seitenblatt, der Oberblattstößel, sowie die Bauchgurt eingenäht ist, entfernt	0,330 m
Oberblattstößel d lang	0,120 m
Bauchgurtstrippe e lang	0,370 m
Bauchgurtschnallenteil lang	0,680 m
Seitenblatt b hinten mit Oese, worin der Strang eingebunden wird, lang	1,000 m
Dasselbe breit	0,070 m

b) Der Halsriemen.

Fig. 9, Taf. 22.

Derselbe ist lang	1,000 m
Unterlage lang	0,670 m

c) Hilfshalsriemen.

Fig. 20, Taf. 21.

Derselbe ist lang	1,800 m
geht durch den Brustring um den Hals und wird auch oftmals mit einigen Riemenstichen in den Brustring eingestochen und zwar ist dann die Schnalle des Hilfshalsriemens vom Ring entfernt	0,360 m

d) Der Schwanzriemen.

Ist das Brustblattgeschirr ohne Hinterzeug, so wird ein einfacher Schwanzriemen mit Strippe zum Zurückschnallen, wie bei Kutschgeschirren auf Seite 126 beschrieben, dazu angewendet.

Hat das Geschirr ein Hinterzeug, so kann man eine Kappe mit Schnalle auf das Seitenblatt dicht hinter den Ring aufnähen resp. die Schnalle in das Beleg einschneiden und einen Umgang wie Fig. 13, Taf. 22, einschnallen. In diesem Falle wird in den Schwanzriemen wie Fig. 15, Taf. 22, zu sehen ist, ein Ring mit eingenäht, von welchem aus die Schweberiemen gehen.

e) Das Kammkissen.

Fig. 19, Taf. 21.

Der Deckel und die Strippen sind entweder aus einen Stück Geschirrleder geschnitten und zwar lang	1,080 m
Das Kissen nach Art eines Deckengurtkissens gearbeitet und lang	0,450 m
oder die Strippen gehen unter einem besonderen Belege so lang, als das Kissen	0,450 m
nach der oben angegebenen Länge	1,080 m

hindurch und das Kissen wird dann durch Riemenhaften mit dem Oberteile verbunden und ebenso der Ring zur Aufnahme des Schwanzriemens und die Zügelringe mit Riemen festgestochen.

f) Die Blendkappe.

Fig. 26, Taf. 21.

Pferde, welche in landwirtschaftlichen oder gewerblichen Etablissements in dem Göpel gehen, werden durch den andauernden Rundgang leicht vom Schwindel befallen und wendet man deshalb die sogenannte Blendkappe an. Die Anfertigung derselben ist durch die Zeichnung leicht ersichtlich.

g) Die Ohrenkappe. Die Schutzdecke.

Fig. 15, 25, 27 und 28, Taf. 21.

Im Sommer zum Schutz der Pferdeohren gegen die lästigen Fliegen wendet man die Ohrenkappe Fig. 25 an, deren Modellschnitte in $^1/_{10}$ natürlicher Größe wir in Fig. 27 und 28 bringen.

Die außerordentliche Hitze in manchem Sommer hat unter den Pferden, die im Freien angestrengten Dienst haben, schon manches Opfer gefordert. Es ist bekannt, daß gerade das Genick beim Menschen den angreifbarsten Teil bildet, so daß derselbe unbedingt gegen die Sonnenstrahlen geschützt sein muß, wenn nicht Hitzschlag erfolgen soll. Aus diesem Grunde trägt man in heißen Ländern ein Tuch an der Kopfbedeckung befestigt, welches auf die Schultern über den Nacken herabhängt. Um die Pferde in ähnlicher Weise zu schützen, hat man in Südfrankreich denselben Strohhüte aufgesetzt, die dem Zwecke auch vollständig entsprachen, sich bei uns doch schwerlich einbürgern werden, weil es zu auffallend und komisch aussieht. Diese Schutzdecke Fig. 15, Taf. 21, dürfte aber dem Zwecke entsprechen und eher Verbreitung finden.

Aus weißem, doppelt genommenen Segeltuch, ev. mit einer leichten Ledereinfassung versehen, bildet es eine Art Kappe, welches unter dem Genickstück des Hauptgestelles mit zwei Schnallenstücken befestigt wird. Die Länge des hinteren (Hals-) Stückes kann etwa 20 cm, die des vorderen (Stirn-) Stückes etwa 10 cm betragen, so daß letzteres oberhalb des Auges abschneidet und dasselbe demzufolge überschattet. Da die Entfernung der Ohren des Pferdes voneinander je nach der Größe und Rasse eine verschiedene ist, so ist, damit die Ohren nicht gescheuert werden, der Teil zwischen denselben nach Maß anzufertigen. Das Schnittmuster wird jeder Sattler leicht anfertigen können. Das Vorderstück liegt am besten **über** dem Stirnriemen, weil die Beschattung des Auges dadurch gesichert wird. Diese Schutzkappe, welche für Reit- und Wagenpferde zu verwenden ist, dürfte einen nicht zu befremdlichen Anblick gewähren, da verschiedene Husaren-Regimenter an ihrem Paradezeug bereits eine ähnliche Genickkappe führen, wenn sie auch anderem Zwecke dient. Man wird am besten thun, die Schutzkappe aufzulegen, **bevor** das Kopfzeug übergestreift ist, und erst nachher dieselbe an dem Genickstück zu befestigen.

Unter allen Umständen wird diese Schutzkappe geeignet sein, das Pferd vor Hitzschlag zu schützen, ihm die Arbeit in der Hitze zu erleichtern, es demnach während dieser Periode leistungsfähig zu erhalten.

Die Anwendung von Scheuledern bei großer Hitze ist ebenfalls von großem Schaden, da dieselben oft eine Blecheinlage haben und die Hitze auf den Augen konzentrieren.

4. Das Arbeitsgeschirr für Ochsen.

a) Das Kopfholz (Ochsenjoch).

Fig. 20 und 21, Taf. 22.

Dasselbe besteht aus einem geschweiften Stück Buchenholz nach der Stirn des Ochsen ausgearbeitet, mit Eisen beschlagen, und mit einem Lederkissen gepolstert, oft mit messingenem Beleg verziert. An den Enden befinden sich 2 Ringe zur Aufnahme der Zugketten, oben 4 Krampen zur Aufnahme zweier Schnallenkappen mit Strippen, die das Holz an den Hörnern des Ochsen halten.

Länge des Kopfholzes	0,380—0,400 m
Die Oesen zur Aufnahme der Haltriemen entfernt vom Ende . .	0,100 m
Die Schnallenkappen der Riemen lang	0,120 m
Die Strippen lang	0,420 m

Herr A. Hartmann, Sattlermeister, schreibt in der „Deutschen Sattlerzeitung", Verlag von Berg & Schoch, Berlin NO., Kaiserstraße 41:

„Die im mittleren Deutschland gebräuchlichen Kopf- und Schiebejoche werden meistens aus Werkstätten bezogen, wo dieselben als Spezialität gefertigt werden. Doch kann man sich nicht der Ansicht verschließen, daß dort zu schablonenmäßig gearbeitet wird, und dies ist schuld daran, daß viele Joche nicht passen. Denn sieht man die Bespannung auf großen Gütern oder Zuckerfabriken, so fällt das Mangelhafte der Bearbeitung oft ins Auge. Unter ein Joch ist Stroh untergelegt, unter das andere ein Sack oder ein Kissen u. s. w. Ist ein Joch richtig gearbeitet, kann solches nicht vorkommen. Daher lasse sich Niemand fertige Joche kommen, sondern nur das beschlagene Holz.

Dies wird zuerst angehalten und, wenn nötig, nach der Stirne genau passend gearbeitet; ist das Holz zu rund, wird Pappe eingenagelt. Ein derartig gearbeitetes Joch richtig gepolstert wird nie drücken. Zur Kontrolle ist nötig, daß jedes derselben gezeichnet ist. Der Sattler dulde nie, daß mit den Jochen gewechselt wird. Diese Autorität muß er sich wahren selbst den Besitzern gegenüber. Im anderen Falle fällt die Schuld auf ihn, denn durch das Wechseln wird der Wert des Anpassens nichtig. Auch das gut passende und gepolsterte Joch wird bald hart, was das Fell des Tieres auf dieser

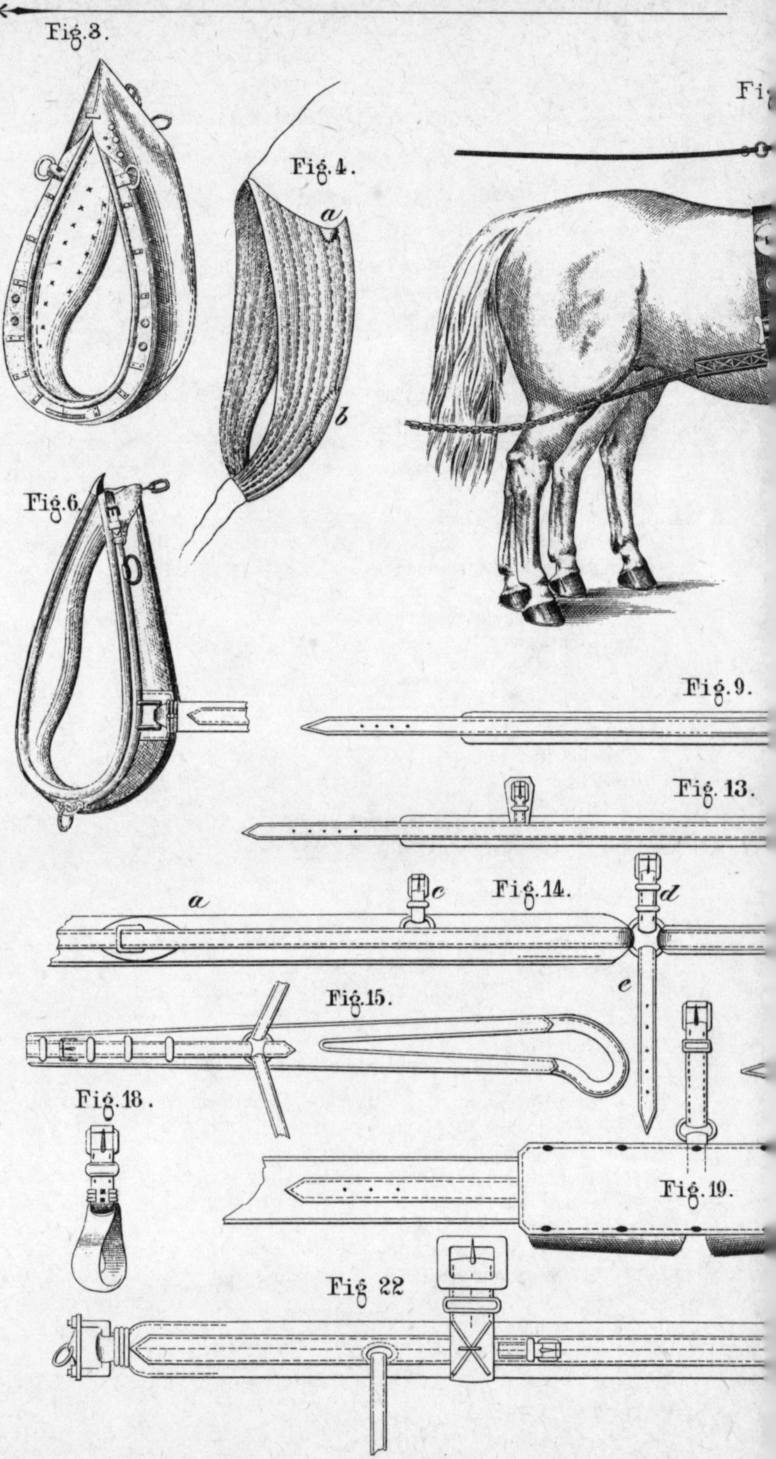

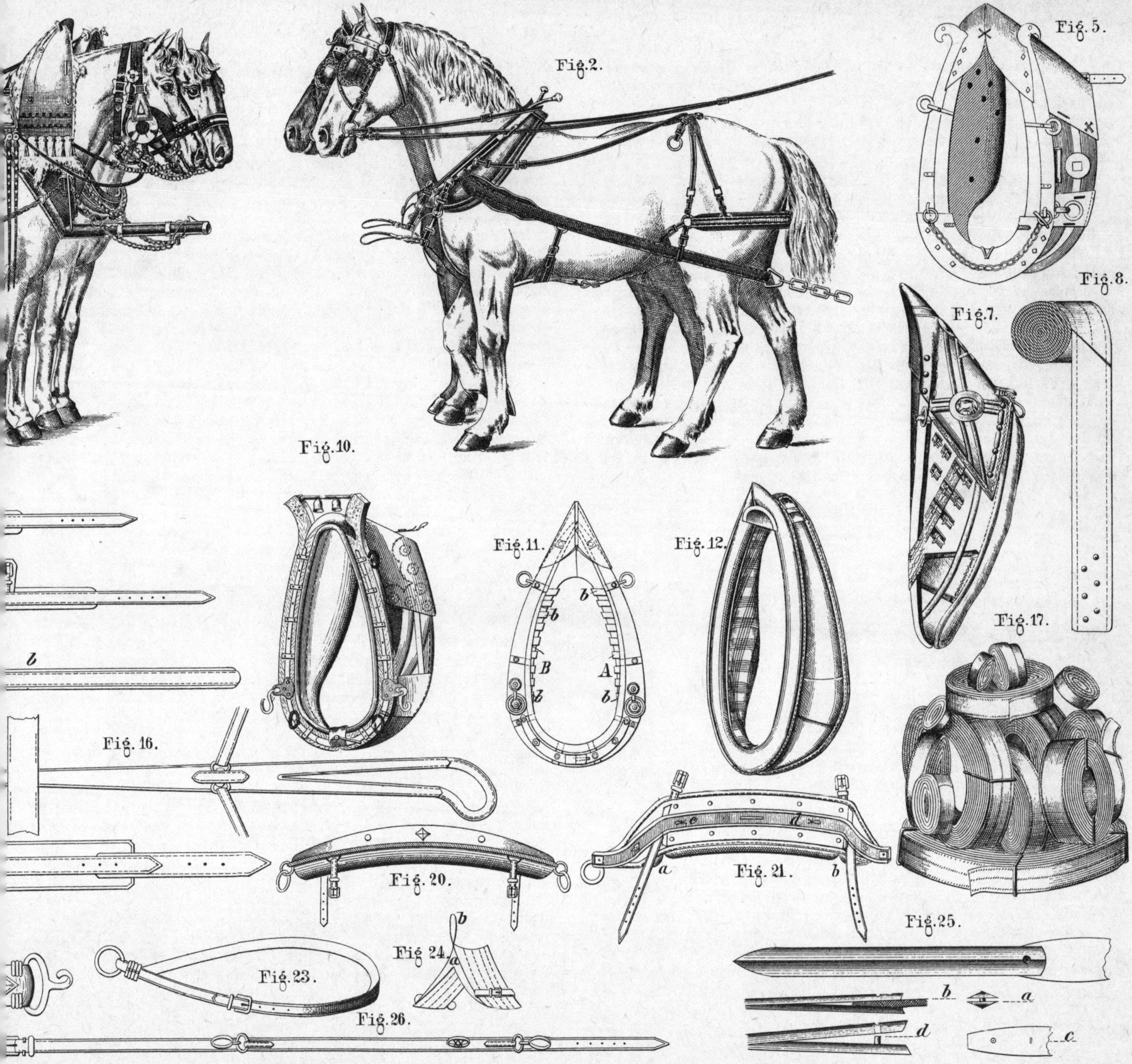
Fig. 2.
Fig. 5.
Fig. 7.
Fig. 8.
Fig. 10.
Fig. 11.
b
b
B
A
b
b
Fig. 12.
Fig. 16.
b
Fig. 17.
Fig. 20.
Fig. 21.
a
b
d
Fig. 23.
Fig 24.
a
b
Fig. 25.
b
a
d
c
Fig. 26.

Stelle empfindlicher macht. Dies zu umgehen, könnten Polster aus Gummi verwendet werden, doch wird dies zu teuer. Der Billigkeit wegen verwende man Kork der besten Sorte.

Wird das Korkpolster durch die Länge der Zeit härter, so legt man das Joch ins Wasser, wodurch der Kork wieder erweicht. Das Aufweichen sollte jeden Sonntag geschehen".

Ein anderes Ochsenjoch Fig. 21, Taf. 22, empfiehlt ein Herr N. Hartmann in Waldbröhl. Dasselbe ist aus starken U-Eisen nach der Form des Kopfes gebogen. Eine starke Eisenplatte aus Schloßblech bildet die Unterlage für das Polster und ist bei den Punkten a b im scharfen Winkel gebogen und das U-Eisen ist in diesen Winkel eingelassen. Zwei daran genietete Oesen, durch welche die Federstecker c und d gehen, erlauben, daß man die Platte mit dem dahinterliegenden Polster abnehmen kann. Nach der Platte wird nun ein starkes Stück Leder geschnitten, welches von derselben nach beiden Seiten spitz zuläuft. Dies ist die Unterlage des Polsters und wird in seinem Mittelteile auf die Platte durch die angegebenen Nieten aufgenietet und soviel breiter geschnitten, daß man über der Platte das Polster einstemmen kann. Das Unterleder wird nun zum Hauptteil geschnitten, dasselbe ausgefüllt und abgeheftet, indem die Abheftstiche über der Eisenplatte eingezogen werden. Dann werden die beiden spitzzulaufenden Enden für sich gepolstert und das Ganze eingestemmt. Die Hornriemen sind ebenfalls angenietet. Am Ende des Eisens liegt im Innern desselben eine starke Mutter, in welcher sich die Krampe mit dem Zugringe aus- und einschraubt.

b) Der Halsriemen.

Fig. 23, Taf. 22.

Derselbe ist im Ganzen lang . . .	1,370—1,420 m
Von der Schnalle entfernt . . .	0,370 m

wird mit Riemen ein Ring eingestochen.

c) Der Rückriemen.

Fig. 26, Taf. 22.

Die ganze Länge desselben beträgt . . .	2,250 m
Vom Strippenende entfernt	0,400 m

befindet sich der erste Wirbelring mit Kappe für die Zugkette.

Der zweite Wirbelring ist vom ersten entfernt 1,250 m

Auf der Handseite wird dicht hinter der Wirbelringkappe ein Ring, wodurch die Leinen gehen, aufgestochen.

5. Die verschiedenen Arten der Anspannung bei Arbeitsgeschirren.

Wie wir am Ende unserer Abhandlung bei Kutschgeschirren in einem besonderen Artikel die verschiedenen Arten des Gespanns besprachen, bei welchen es hauptsächlich auf die Zahl der angespannten Pferde ankam, so wollen wir hier in dem Artikel hauptsächlich der verschiedenen Formen der Arbeitsgeschirre gedenken, ohne damit sagen zu wollen, daß wir erschöpfend das Thema behandeln können, denn diese Anschauungen sind so verschiedener Art, von der primitivsten bis zur raffiniert ausgedachtesten, daß dazu ein größerer Raum gebraucht würde, als uns hier zur Verfügung steht. Die „Deutsche Sattlerzeitung" im Verlage von Berg & Schoch in Berlin NO., Kaiserstraße 41, behandelt dieses Thema gerade sehr erschöpfend und bringt in Wort und Bild aus allen Gegenden der Kulturländer und in erster Linie Deutschlands, die verschiedenen Gespanne, die jedem Fachmanne von Interesse sein könnten. Wir begegnen in Deutschland noch dem primitivsten Geschirr, dem sogenannten „Hanfgeschirr", welches aus weiter nichts besteht, als aus einem aus Hanfgurt hergestellten Brustblatt und einem im stumpfen Winkel aufgesetzten Halsriemen und einem, an der Stelle, wo Brustblatt und Halsriemen zusammentreffen, befestigten Strange.

Betrachten wir weiter Fig. 2, Taf. 21, das einfache Brustblattarbeitsgeschirr, wie solches allgemein in den flachen Ebenen Norddeutschlands gebräuchlich ist. Als einen Beweis, daß nicht immer das Kumtgeschirr, dessen immensen Vorteile nicht abgeleugnet werden sollen, doch nicht in allen Gegenden praktisch sein dürfte, lassen wir über dies Geschirr einen Kollegen Herrn G. Bulthoff in Zetel sprechen. Er sagt in der Sattlerzeitung:

Wenn gesagt wird, daß das Kumtgeschirr bei richtiger Anfertigung dem Brustblattgeschirr vorzuziehen sei, was auch durchaus nicht bezweifelt werden soll, so muß ich doch bestreiten, daß dies für jeden Gebrauch maßgebend ist. Bei uns (Herzogtum Oldenburg) wo hauptsächlich Ziegelei- und Landwirtschaft betrieben wird, führen wir ein einfaches, leichtes Brustblattgeschirr, welches allen Anforderungen hiesiger Gegend genügt. Versuche, die man hie und da mit Kumtgeschirren gemacht hat, sind negativ ausgefallen. Die Ziegeleibesitzer halten, je nach Größe der Fabrik, 12 bis 18 Pferde, welche täglich im Gebrauch sind, um die Fabrikate den Bauplätzen resp. ihren Bestimmungsorten zuzuführen. Bei dieser Gelegenheit ist aber gewöhnlich keine Zeit, den Pferden beim Füttern aufzustallen oder ihnen auf den Abladeplätzen eine Krippe vorzusetzen, sondern die Deichsel wird einfach ausgehoben und den Pferden das Futter vor die Füße geworfen.

Sind die Pferde mit Kumt beschirrt, so rutscht dasselbe dem Pferde bei der Biegung über den Hals. Ist dann ein Schwanzriemen angebracht, der solches möglicherweise verhindern könnte, was aber bei der Schwere des Kumts nur halb erreicht wird, so hat man Gefahr, daß dem Pferde beim Senken des Kopfes der Hals und Schwanz gegen einander gezogen wird, was doch gewiß eine barbarische Tortur genannt werden müßte.

In Nr. 13 dieses Blattes schreibt Herr Emil Rudolf. „Hauptsache wird sein und bleiben, für jedes einzelne Pferd ein den Leistungsverhältnissen desselben entsprechendes Kumt durch einen mit dem besonderen Baue des Pferdes vertrauten Sattler anfertigen zu lassen". Dem kann wohl nicht widersprochen werden. Es gibt ja viele Fuhrwerksbesitzer, die mit den Pferden nicht eher wechseln, bis sie abgenutzt sind, da läßt sich ja für jedes einzelne Pferd Maß nehmen. Bei uns aber, wo jeder Bauer oder Ziegeleibesitzer fast jedes Jahr junge Pferde, die er selbst aufgezogen, anschirrt, ist das nicht möglich. Entweder müßten die alten Geschirre neu ersetzt, oder zweckentsprechend umgeändert werden, eine Kalamität, mit welcher der Sattler doch auch zu rechnen hat.

Was das Hintergeschirr betrifft, so bin ich der Meinung, daß es auf dem platten Lande ganz entbehrlich ist. In gebirgigen Gegenden macht sich die Sache ja anders, da es dort hauptsächlich zum Aufhalten benutzt wird.

Das Rückwärtsschieben, namentlich schwerer Frachten, wie Herr Major a. D. R. Schönbeck in Nr. 8 d. B. bemerkt, dürfte doch nicht so oft vorkommen. Tierquälereien, wie sie in Berlin vorkommen, finden wohl allerwärts statt, und dürfte das Geschirr, auch noch so praktisch eingerichtet, kaum eine Abhülfe schaffen.

Die heutige Vorlage stellt ein einfaches Brustblattgeschirr, wie es bei uns im Oldenburgischen und in Ostfriesland gebraucht wird, vor. Einer näheren Beschreibung bedarf es wohl nicht, habe jedoch zu bemerken, daß das Kammkissen ohne Kammdeckel ist und die Leitringe, auch wohl Fallschlüssel, auf dem Oberblattriemen befestigt sind.

Die Länge des Brustblattes ohne Umbug beträgt	1,150 m
Das Oberblatt, die ganze Länge	1,090 m
Der Halsriemen mit zwei Schnallen, oben mit Filz gefüttert, um das Scheuern der Mähne zu verhüten	0,590 m
Die Halsriemenstrippe ohne Umbug . . .	0,300 m
Die Bauchgurte mit einer Schnalle im Brustblattring genäht ohne Umbug	0,600 m
Die Bauchgurtstrippe	0,300 m
Die Strangscheiden oder Holster	0,370 m
Das Kammkissen	0,410 m

Die Stränge sind von Hanf und an den Enden mit 3 oder 4 Ringen versehen, die das Kürzen oder Verlängern ermöglichen. Der Halfter ist, wie auf der Vorlage ersichtlich, recht einfach gehalten, und wird sowohl zum Fahren, wie auch als Stallhalfter gebraucht. Das Gebiß ist auf jeder Seite mit Kette und Knebel versehen, um der Bequemlichkeit halber beim Füttern ausgehakt zu werden. Statt lederner Kinnstücke wird auch wohl Kette genommen. Angabe der Maße bedarf es wohl nicht.

Das sogenannte Halskoppel oder Halsjoch scheint in anderen Gegenden weniger bekannt zu sein. Der Querbalken von Holz, auch wohl von Eisen, ist beweglich und verhindert deshalb das Schlagen der Deichsel, namentlich auf holperigen Wegen. Derselbe hat eine Länge von 0,700 m und an beiden Enden eine Krampe mit verschiebbarer Hülse, welche das Ein- und Aushaken der Riemen ermöglicht. Der Umfang des Riemens beträgt 0,650 m. Dieselben sind mit einem Verbindungsriemen am Kammkissen befestigt, die das Rutschen verhindern und da die Deichsel eine Stütze hat, kann der Wagen bei nicht allzustarken Gefällen genügend aufgehalten werden.

Als Leite wird eine gewöhnliche, lederne Kreuzleine genommen. Das Geschirr wiegt komplett inkl. Halskoppel ca. 12 kg.

Wir ersehen daraus, auf welche beiden Hauptsachen bei Arbeitsgeschirren das Augenmerk zu richten ist. Auf die Fortbewegung der Last und auf das Aufhalten derselben beim Bergabfahren. Das erstere wird in flachen Gegenden gewiß auch durch das Brustblatt bewältigt, das letztere kommt in solchen Gegenden gar nicht in Betracht. Wenden wir uns nun, indem wir diese beiden Faktoren im Auge behalten, zu den Kumtgeschirren. Auch hier haben wir an leichten Postgeschirren in flachen ebenen Gegenden nur Geschirre, bestehend aus einem leichtem Kumt und daran 2 lange Ziehblätter mit einem einfachen Rückriemen, durch welchen nicht einmal die Zügel gehen. Wir haben aber diese Einrichtungen bis zum schwersten Zuge an dem „Triester Kumtgeschirr", Fig. 1, Taf. 22.

Dieses schwere Kumtgeschirr mag seinen Namen noch aus jenen Tagen tragen, in welchen die wohlbekannten, die Chausseen und Landstraßen belebenden Fuhrleute in ihren blauen Kitteln und grauen Gamaschen die Waren aus Triest nach allen Meßplätzen Deutschlands beförderten. Es waren wahre Prachtstücke in ihrer Art, die Pferde, die Geschirre, die blauen mit weißen Planen bedeckten Wagen und die Fuhrleute selbst. Letztere konnten ja, da sie tagtäglich auf der Landstraße waren, an nichts anderem ihr Vergnügen haben, als ihre Pferde und Geschirre herauszuputzen, und so haben sich diese Geschirre noch bis heute erhalten mit ihrem reichen Messingbeschlag, ihren Dachsdecken und roten Stiebelappen. Noch heute sind diese Geschirre mit den saubersten Riemennähten verziert, die in Mitteldeutschland immer weniger werden, wohl aber noch in der Oesterreichischen Monarchie, hauptsächlich in Ungarn, Böhmen, Kärnthen, Mähren und Tirol in voller Blüte stehen.

Das Kumt zu diesen Geschirren ist die breiteste und schwerste Art, die überhaupt angefertigt wird, denn man hat dieselben bis 35 cm breit. Sie werden gewöhnlich ganz aus Leder gearbeitet, doch fertigt man in Böhmen und im Königreich Sachsen auch solche aus Drilch mit Lederdecke. Ein solches gut sitzendes Kumt ist immerhin ein treffliches Stück Sattlerarbeit und mit Recht erfreuen sich Verfertiger guter Kumte weit und breit einer besonderen Berühmtheit.

Entgegen der bekannten Methode der Anfertigung dieser Kumte durch Füllen, Haaren und Abheften, sei hier eine andere beschrieben, die zwar etwas mehr Arbeit macht, aber doch große Vorteile bietet und bedeutend eher ermöglicht, ein wirklich sauberes Kumt herzustellen, indem man sozusagen dasselbe erst in Façon arbeitet.

Man schneidet nach den Kumtmodellen das Kumt aus englischer dichter Leinwand und zwar so, daß man das hintere Teil des Modells an das Saumende der Leinwand legt; zuerst schneidet man die äußeren Teile, die vorläufig das Leder ersetzen sollen, wobei so viel, wie zum Umbug gebraucht wird, stehen bleiben muß und dieser Umbug wird sodann umgeklopft, dann schneidet man die inneren Teile, jedoch 2½ cm schmäler wie sonst der Drilch geschnitten wird. Das Kumt wird nun genäht, umgedreht, der Rand abgenäht und gefüllt, genau wie bei der anderen Methode, nur daß keine Haare aufgelegt werden. Der Kumtbalg, wie man sich technisch ausdrückt, wird nun weiter umgebogen zusammengereiht, übergerichtet und ihm das richtige Maß gegeben. Jetzt wird die Brust bearbeitet. Ist dieselbe zu breit, so kann man, ohne daß man etwas aufschneidet, dieselbe einnähen, die Füllung mit der Vorziehahle nach Außen arbeiten, so daß die Brust nicht rund, sondern flach wird. Nun wird der Balg mit großen Stichen mit starkem Bindfaden durchnäht, wobei nicht auf reihenweise egale Stiche, wohl aber darauf gesehen werden muß, daß der innere Teil muldenförmig wird. Die richtige Form des Kumts wird durch den Balg repräsentiert. Ein „Kumtleib" wird es nun dadurch, daß man es haart. Dies geschieht genau so, als wenn man ein Kumt ausschweißt. Man nimmt den Drilch, schneidet ihn richtig und näht ihn, ohne daß er oben zusammengenäht wird, hinten an; nun legt man die Haare auf und kann dies natürlich so egal bewirken, bedeutend leichter und besser, als wenn man dieselben einfüllt. Nachdem nun der Drilch vorn an den Rand angenäht ist, auch unten in der Brust derselbe zusammengenäht, wird er oben in die Kammer eingeheftet, wobei in jeden Stich etwas Haare untergelegt werden. Nun wird das Leder darauf gebracht. Da dasselbe bei dieser Anfertigungsmethode in keiner Weise eine besondere Spannung oder dergl. auszuhalten hat, so kann es schwächer sein, als bei einem Kumte nach der alten Methode gearbeitet; man verwendet dazu Roßleder, Schweinsleder und Kips auch neben Rindleder. Das Leder wird nach dem Kumtmodell geschnitten mit $2^1/_2$ cm Zugabe, es wird angefeuchtet, glatt aufgeheftet und um den Rand herumgenommen und überwendlich oder mit zwei Nadeln durchgenäht; an der hinteren Seite wird es auf den Zwillich genäht. Nun ist der Leib zum Abheften fertig. Ehe man damit beginnt, ist es notwendig, das Deckenmodell aufzulegen und anzuzeichnen wie weit die Decke herunterreicht, damit die Abheftstiche und untergelegten Lederstreifen mit der Decke ganz egal laufen. Unter der Decke wird mit Schnürfaden abgeheftet. Soll das Kumt recht auffällig sein, läßt man den Leib und die Hölzer in natürlicher Farbe, die Decke und Strangflecke dagegen schwarz und nimmt noch rote Haften dazu.

Die Kumthölzer des Sattelpferdes sind oben mit metallenen Hörnern, die des Handpferdes mit metallenen Spitzen verziert. Das Sattelkumt ist außerdem verziert mit einem metallenen Kamme oder Schild und mit Rosen verschiedener Größe und mit einem Schwebehaken; außerdem ist noch eine Peitschenscheide angebracht.

Die Hauptverzierung des Handkumts besteht in einem übergelegten Felle, meistens Dachs. Das Dachsfell ist roh und ungegerbt und wird vorher aufgespannt und getrocknet; dabei wird der Kopf mehr nach der rechten Seite gezogen. Das Auflegen der Decke geschieht gewissermaßen nach alten traditionellen Gesetzen und von alters her überlieferten Vorschriften. Die Dachsnase muß vor der Spitze oben am Kumt zu liegen kommen, die linke Vorderpfote wird oberhalb des Schwebehakens über das Kumt gelegt und an den Rosenriemen befestigt. Die rechte Vorderpfote wird vorn am Holz mit einem oder zwei Kappnägeln angenagelt. Im Uebrigen läßt man die Decke wie sie gewachsen ist. Auf der Dachsdecke hängt ein sogenannter Stiebelappen aus rotem Fries mit schwarzen Streifen gefertigt und an beiden Enden mit Fransen verziert. Den Stiebelappen legt man so übereinander, daß der untere Teil so weit übersteht, daß man auch auf diesen den schwarzen Streifen sieht, man reiht die Mitte dann ein und bindet ihn um die rechte Kumtspitze und nagelt ihn noch mit einem Kappnagel am Kumtholz fest.

Solche Geschirre werden häufig ohne Kreuzzügel gefahren, da die Verzierungen, wie Dachsdecke, Stiebelappen 2c. durch diese leiden würden. Wenn Kreuzzügel angewendet werden, so verwendet man andere Verzierungen, als geflochtene Lederbehänge oder dergleichen.

Im ersteren Falle geht der Laufzügel unter der Dachsdecke durch und wird zu dessen Führung kein Ring, sondern nur eine Lederschlaufe auf das Kumtholz genagelt. Das Sattelpferd, welches allein die Führung des Gespanns hat, wird mit einem Sattelzügel, auch Hottezügel genannt, geleitet. Derselbe geht zwischen den Hörnern auf dem Kumte durch und wird zu dessen Halt ein Riemen von einem Horn zum anderen eingeschleift.

Die Seitenteile, weil dieselben einfach sind, müssen von gutem starken Rindleder geschnitten sein, wenn nicht wie an unserer Vorlage Strickstränge angewendet sind, die vorn überzogen sind und hinten durch eine Lederscheide gehen.

Dieselben sind lang	. . . . .	1,250—1,300 m
„ „ breit hinten	. . .	0,100 m
„ „ breit vorn	. . . .	0,145 m

Die Kappen werden mit Riemen genäht und sind an den Seitenblättern sowohl wie an den Rückriemen sehr schöne Verzierungsnähte in Riemen, Pfaufeder und Zirmleder häufig zu sehen.

Von der Rückgurt nach dem Kumt und wieder zurück geht ein Schwebetriemen, welcher ebenfalls mit Rosen und Stoßringen verziert ist; dieser ist aus einem Stück und $2^1/_2$—3 cm breit. Derselbe wird auf der Rückgurt mit der Rose zugleich aufgenäht, geht durch die andere Rose, hinter dieser durch einen Stoß von vier Ringen in einen Ring, welcher oben in den Schwebehaken eingehängt wird und zwar in einer Länge von 60 cm. Von diesem Ringe aus geht der Riemen weiter durch den Stoßring, durch die Rose und durch einen anderen Stoßring von 8—10 Ringen in einen runden Ring, wird dann durch den Stoßring zurückgesteckt und wird da festgebunden. Dieser Riemen mit dem runden Ringe am Ende wird nun, wie die Zeichnung zeigt, mit einem Haften an eine große Rose und diese ebenfalls mit einem Haften an den Steg der Rückgurtschnalle befestigt. Die bei diesem Geschirre angewendete Sprenggurt hat den Zweck, das Kumt in seiner Lage zu erhalten und geht deshalb von derselben aus ein Riemen nach dem Kumte. Das schwere Kumt, wenn es auf dem Halse des Pferdes vorrutschte, würde das Pferd nicht wieder in seine Lage zurückwerfen können, sondern würde die Hilfe des Geschirrführers gebrauchen.

Die Zäumung an diesen Geschirren ist ebenfalls abweichend. Der Nasenriemen ist in der Mitte 6 cm breit und läuft nach beiden Seiten schmäler zu, auch dieser ist mit Metallrosen verziert. Die Backenstücke sind ausgeschweift und müssen nach einem Modelle geschnitten werden. Das Kopfstück, welches sonst 65 cm lang ist, muß hier 80 cm lang sein, da mit diesem die Schlagrose befestigt wird. Die Strippe geht durch die Rose hindurch und wird in die Schnalle zurückgeschnallt. In diese wird auch die Verzierung von farbigem Lackleder oder Tuch, oft mit Monogrammen versehen, eingeschnallt. Das Kinnstück ist ohne Schnalle und wird durch den Anbindezügel vom Halsriemen aus verbunden.

An diesem Geschirr sehen wir, daß für das Aufhalten der Last gar nichts vorgesehen ist, sondern nur für den schweren Zug. Kommen wir nun zu den Geschirren, die beides vereinigen, so haben wir zuerst das beschriebene Kippkarrengeschirr, welches nicht nur zum Bewegen und Aufhalten schwerer Lasten, sondern durch seinen Tragsattel auch noch zum teilweisen Tragen der Last bestimmt ist. Dann haben wir das Arbeitsgeschirr zu vierräderigen Wagen Fig. 1, Taf. 21, welches dem Fortbewegen und Aufhalten der Last allseitig Rechnung trägt. Bei zweispännigen Geschirren dieser Gattung geht der Aufhaltriemen nicht nach der Gabel, sondern die längere Strippe des Umgangs in das Seitenblatt des Geschirres. Die Mängel, die sich bei diesen Geschirrsystemen zeigen, als einseitige Verschiebung des Kumts bei Aufhalten durch Ketten, Abnutzung des Halses und der ganzen Vorhand des Pferdes suchen die Amerikaner durch die Einrichtung der amerikanischen Geschirre, Fig. 2, Taf. 22, abzuhelfen.

Das vorstehende Arbeitsgeschirr unterscheidet sich im wesentlichen von den unseren dadurch, daß die Aufhalter direkt mit dem Hinterzeug verbunden sind, so daß das Aufhalten mit der starken Hinterhand des Pferdes, also mit der ganzen Last seines Körpers geschieht, und nicht, wie bei uns, nur mit der Vorhand und dem meist dabei auf den Hals rutschenden Kumt. Von diesen besitzen wir ja auch leider noch von Urgroßvaterzeiten her die schweren Kärrnerkumte, die die Vorhand des Pferdes schon recht unnützer Weise schwer belasten, die Vorhand, welche an und für sich schon durch Kopf und Hals genügend beschwert ist. Fast noch widersinniger sind die losen, nur um den Hals gelegten Aufhalter, welche mit dem Geschirr gar nicht verbunden sind. Beide Arten tragen zur frühzeitigen Abnutzung der schon hinreichend geplagten Arbeitspferde bei, und auch der Schwanzriemen muß als ein ebenso überflüssiger, wie dem Pferd belästigender Geschirrteil verurteilt werden. Bei dem in Rede stehenden Geschirr fehlt der Rückenriemen wie der Schwanzriemen, dagegen ist die Verbindung des Hintergeschirrs mit dem Kumt durch zwei von demselben ausgehende Schnallriemen hergestellt, welche an dem Ringe zusammentreffen, in dem die Schweberiemen des Umgangs befestigt sind. Von den seitlichen Ringen des Umgangs gehen dann wieder zwei Schnallriemen aus, welche in einem unter dem Bauch des Pferdes befindlichen Ringe zusammentreffen. Von diesem Ringe aus geht in Form eines Sprungzügels ein Schnallriemen nach dem Brustteil des Kumts.

Die amerikanischen Kumte, die wir schon weiter oben beschrieben, haben keine hölzernen Kumtbügel, sondern eiserne, nach Art der englischen, welche oben in Kugelspitzen endigen, um die ein Aufsetzzügel gelegt wird. Am Zug befinden sich zwei Ringe, welche kurze Aufhalter tragen; diese Aufhalter gehen an einem hölzernen, an der Deichsel befestigten Schwengel wie an dem norddeutschen Geschirr Fig. 2, Taf. 21, und bewirken so ein solches gerades Aufhalten, daß sich das Kumt nicht verschieben kann. Der Aufhaltriemen aber, der vom Hinterzeug unter dem Bauche durchgeht, wird an den Schwengel geschnallt. Selbstverständlich muß dieses Aufhaltsystem sehr gut wirken, weil das Pferd mit seiner ganzen Schwere und seiner Kraft auf dasselbe einwirken kann, ohne nur im geringsten das Geschirr zu verschieben.

Hauptmaße des Geschirres.

Länge des Kopfstückes	0,680 m
Stirnband im Lichten	0,330 m
Backenstücke	0,220 m
Trensenstößel	0,180 m
Stirnspieler	0,230 m
Die runden oder schmalen Nasenriemen, welche durch die Oese unter den Stirnspieler durchgehen	0,400 m
Kehlriemenschnallenteil lang	0,460 m
Kehlriemenstrippenteil lang	0,260 m
Kinnstößel, welche von dem Ringe des Backenstücks ausgehen	0,360 m

Dieselben sind rund genäht und gehen durch die Oesen des Kehlriemenstößels.

Der lange Zügel der Kreuzleine lang . . .	2,040 m
Der kurze Zügel der Kreuzleine lang . . .	1,880 m
Die Strippen lang	0,320 m
Die Handleine lang im Ganzen .	4,500—5,500 m
Die langen Seitenblätter sind lang . . .	1,750 m
Die Unterlage (Schweißblatt) lang	0,550 m
Die Rückriemen lang	1,200 m
Die Schnallenstößel lang	0,380 m
Die Schweberiemen für das Hinterzeug lang	0,560-0,600 m
Die Schweberiemenstößel lang	0,120 m
Das Hinterzeug oder der Umgang lang	1,400—1,460 m
Aufhaltriemen zum Selbstschnallen eingerichtet, ganze Länge	0,850 m
Der Sprungriemen vom Ring unter dem Bauche bis zur Schnalle lang	1,100 m
Das Teil, welches in das Kumt geschnallt wird ist lang	0,600 m

Dreizehnter Abschnitt.

Von den Maschinenriemen.

Fig. 8 und 17, Taf. 22.

Eine sehr wesentliche Branche in den verschiedenen Arbeiten des Sattlers und Riemers bildet die der Maschinenriemen, was sehr leicht durch den in den letzten Jahrzehnten stattgefundenen Aufschwung unserer Industrie zu erklären ist. Ueber die Anfertigung derselben läßt sich nur im allgemeinen etwas sagen, da dieselben zu verschiedenartig gebraucht werden. Sie werden oft mit Pechdraht, meist aber mit Riemen genäht, und zu letzterem Zwecke oftmals unten, damit der Riemen nicht aufliegen soll und sich zerreibt, in den Nähten ausgeholt. Auch werden dieselben statt der Nähte mit Kupfernieten zusammengenietet. Das dazu verwandte Leder erwähnten wir schon unter „Material des Sattlers" und gaben auch lieferungsfähige Firmen dafür an. Das beste bleibt gewiß das Rindleder, was zu diesem Zwecke meistens nur in Kernstücken, die Flanken fehlend, geliefert wird, doch sah man in der internationalen Lederausstellung in Berlin auch Maschinenriemen von Rhinozerosleder ungefähr 0,050 m stark, ob dieselben nun bloß Schaustücke waren oder wirklich praktisch gebraucht werden können, wollen wir hier nicht behaupten. Zum Ausschärfen der einzelnen Teile benutzt man dazu einen besonders konstruierten Lederhobel, die Oberlage wird stets schräg gestückt, wie auch unsere Abbildung Fig. 8 zeigt. Zum Zusammenbringen der Stücke empfehlen wir folgenden Kitt, der aber nur im trocknen Zustande des Leders angewendet werden kann.

Man schneide eine Quantität Guttapercha in kleine Stücken und bedecke dieselben in einem eisernen Topfe mit halb Terpentinöl, halb Steinöl, oder besser Bergöl, lasse es drei Tage weichen, setze es dann auf gelindes Kohlenfeuer und rühre, bis es aufgelöst ist. Ist dies geschehen, setze man pro

$^1/_2$ kg Guttapercha, $^1/_8$ kg Zinkvitriol zu, um das Trocknen des Kittes zu fördern.

Zum Schmieren des Leders, resp. der fertigen Riemen empfehlen wir folgende Zusammensetzung, welche nie ausschlägt.

Man schmelze $^1/_2$ kg Talg mit ebensoviel Degras und verdünne dies mit Leinöl. Wenn das Fett noch heiß ist, rühre man auf dies Verhältnis $^1/_4$ kg gestoßenen Schwerspat zu, um das Rutschen der Riemen zu verhüten.

Zum Zusammennähen der meisten Riemen benutzt man die Nähriemen und verursacht es immer einige Schwierigkeit, dem Ahlstiche sofort die Riemenspitze folgen zu lassen. Man hat deswegen schon zu Nähriemen neuerdings das sogenannte „Pergament- oder Transparentleder" angewendet, welches wir unter „Material" erwähnten, da das lohgare Riemenleder sich jedoch dehnt und diese Nähriemen nicht, so springen die Nähte, wie ein Fachmann in der „Deutschen Sattlerzeitung" von Berg & Schoch in Berlin schreibt und das fettgare Leder müßte wieder zu seinem Rechte kommen. Er empfiehlt deswegen eine einfache Riemennadel, die den Vorteil hat, gar nichts zu kosten.

Zu erwähnter Nadel Fig. 25, Taf. 22, nehme man ganz dünnes Weißblech, sogar das Blech der sogenannten Pomadenbüchsen ist gut genug dazu. Von diesem schneidet man die Metallspitze in geeigneter Form. Zum Einfädeln des Riemens werden hinten 3—4 schräge Schnitte gemacht. Die Schnitte werden vermittelst einer abgebrochenen und scharf geschliffenen Ahle geschlagen, die stehen gebliebenen Teile werden umschichtig nach oben resp. nach unten gebogen.

Die schön schlank an den Riemen geschnittene Spitze wird in die Nadel eingeführt und mit einem leichten Schlage mittels Ahlenheft oder Hammer ꝛc. fixiert und nun ist man zum Nähen fertig. Nachdem der Riemen aufgenäht ist, wird vermittelst einer Zange das Ende herausgezogen, die Querstreifen mit einer Ahle wieder erweitert und ein neuer Riemen eingefädelt.

Die beigegebene Zeichnung zeigt unten die ersterwähnte Art und zwar a den Querschnitt, b den Lederriemen eingefädelt, c die Riemenspitze mit kleinem Loch und d die geöffnete Nadel zur Aufnahme des Riemens fertig. Die obere Nadel ist die letzt beschriebene.

Eine andere solche Nadel beschreibt in demselben Blatte Herr Anton Wywioleck in Biala (Oesterreich) als sein Patent, die etwas komplizierter eingerichtet ist.

Vierzehnter Abschnitt.

Von den Arbeiten des Sattlers am Wagen.

Diese lassen sich am besten folgendermaßen einteilen: a) Bockdecken, b) innere Garnierungen, c) Verdecks- und Knieleder, d) Kotschirme und Kotflügel, e) Vachen, Böcke, Koffer, f) das Riemenzeug, g) Ueberzüge.

a) Die Bockdecken.

Man nennt solche die verschiedenartig verzierten Ueberzüge des Kutscherbocks, die an feinen herrschaftlichen Galawagen angewendet werden und zwar hauptsächlich nur zu besonderen Galafuhren, denn gewöhnlich sind die Wagen so eingerichtet, daß die Bockdecke abgenommen und ein einfacher Bock aufgeschraubt werden kann.

Das Gestell besteht aus einem hölzernen Rahmen oder Zarge, welcher gegurtet und gepolstert wird. Die untere Ansicht finden wir in Fig. 1, Taf. 23, a a sind zwei Streben, die den Rahmen vor dem Verziehen schützen sollen. Die mit b bezeichneten 4 Eckbretter dienen zum Halten der 4 Eckpfeifen und sind nach abwärts gerichtet, wie wir auf der Seitenansicht Fig. 6, Taf. 23, sehen können.

Fig. 2, Taf. 23, ist die Hinteransicht des Rahmens. Das Hinterstück dieser Zarge kann entweder ganz gerade sein oder auch geschweift, wie das vordere Stück, welches zur Bequemlichkeit des Fahrenden so eingerichtet ist; in Fig. 1, Taf. 23, ist das Hinterstück gerade, das vordere geschweift gezeichnet. Befestigt wird das Ganze durch die Flügelschrauben c c auf den Bockstützen des Wagens, Fig. 2 und 3, Taf. 23.

Nachdem der Rahmen gegurtet und Leinwand über die Gurten genagelt ist, wird eine Lage Langstroh aufgelegt, darüber eine Lage Roßhaare und das Ganze mit Leinwand überzogen.

Die Bockdecke besteht aus dem Oberteil oder dem Sitzstück, dem Vorderteile, dem Hinterteile, den beiden Seitenteilen und den 4 großen Eckpfeifen; oftmals werden auch noch neben diesen 4 kleinere Pfeifen angebracht.

Die Bockdecke muß natürlich in ihrer Form und Größe vollständig dem Wagen angepaßt sein und es ist deshalb unumgänglich notwendig, daß dieselbe erst mit dem Wagen aufgezeichnet wird, damit sie dem Wagen zur Zierde dient und nicht im Gegenteil denselben verunstaltet.

Zur besseren Bearbeitung der Bockdecke schraubt man die Zarge vermittelst der Flügelschrauben auf einen Tisch oder Bock, zeichnet dann die 4 Mitten an und die Breiten der Hauptteile und Eckpfeifen. Die einzelnen Teile werden aus ziemlich starker Pappe geschnitten, auf beiden Seiten behäutet, und wenn solches trocken geworden, die Seite, worauf das Tuch kommen soll, mit Bimsstein abgerieben, damit sich keine Knötchen unter demselben auszeichnen. Das Vorder- und Hinterteil braucht nicht allemal von starker Pappe geschnitten zu werden, jedoch muß dazu gute starke, mehrmals gefirnißte Leinwand verwandt werden. In Fig. 5, Taf. 23, sehen wir das

Modell einer kleinen und Fig. 4 das einer großen Eckpfeife, die mit d d bezeichneten Seiten sind die $3^1/_2$ cm breiten Umbucks. Die einzelnen Teile werden genau geschnitten, mit Kappnägeln angeheftet und durch die Umbucks mit Vorderstichen geheftet. Das Hinterteil läßt man unten gerade, das Vorderteil wird jedoch unten ausgebogen, teils um das Fußbrett durchzulassen, teils um zu verhüten, daß die Füße des Fahrenden die Garnitur lädieren.

Die einzelnen Teile werden nun wieder losgenommen und mit Tuch überzogen; an den Seiten und oben kann das Tuch nur mit Vorderstichen angeheftet werden; unten jedoch wird dasselbe entweder mit einer schmalen Borde eingefaßt oder um die Kante herumgezogen und hinten mit der krummen Nadel gegen die Leinwand genäht. Letztere Methode ist vorzuziehen. Sind die Hauptteile nur aus gefirnißter Leinwand gefertigt, so müssen dieselben in Garnierrahmen gespannt und mit Tuch überzogen werden.

Nach dem Ueberziehen der einzelnen Teile mit Tuch werden die Borden, Fransen und Posamenten, die zur Verzierung dienen sollen, aufgeheftet und aufgenäht, dann werden die einzelnen Teile mit zwei Nadeln zusammengenäht und dann noch die äußeren Kanten des Umbucks eingestemmt; ist dies geschehen, werden in jeden Umbuck unten und oben zwei Löcher mit dem Stranglocheisen eingeschlagen, in welche später lederne Binderiemen eingezogen werden.

Nun wird das Ganze wieder um die Zarge geheftet. Am besten bewerkstelligt man dies, da das Ganze schon ziemlich lastet, indem man in die Eckpfeifen starke Lederschlingen und in diese einen Strick befestigt. Alle 4 Stricke gehen in der Mitte in einen zusammen und dieser eine geht durch eine an der Decke angebrachte Rolle.

Nun wird das Sitzstück befestigt. Da dieses das Ganze zu halten hat, so wird das Tuch mit starker guter Leinwand unterschlagen und in den 4 Ecken sauber ausgeschärfte Stücken Leder untergenäht. Der Strich des Tuches geht nach vorn; der Bruch des Tuches ist genau in der Mitte.

Das Sitzstück wird nun mit Vorderstichen an die Kanten angenäht und mit Borde eingefaßt; vorn schneidet man die Kante ganz weg und näht die Borde flach auf, weil sonst die Kante den darauf Sitzenden belästigen würde.

Zuletzt bringt man die Binderiemen inwendig an, wodurch die Eckpfeifen willkürlich mehr oder weniger zusammengezogen werden können.

Die Farbe des Tuches und der zu verwendenden Posamenten richtet sich ganz nach der Farbe des Ausschlages oder der Lackierung des Wagens und lassen sich darin keine bestimmten Gesetze vorschreiben. Wird ein metallenes Wappen zur Verzierung verwendet, so bringt man außer dem Seitenteil noch ein besonderes Wappenstück an, wie Fig. 11, Taf. 23.

Das Wappen ist mittels durchgehenden Stiften und angeschraubten Muttern daran befestigt.

Um dem schweren Teil eine bessere Haltbarkeit zu geben, bringt man unten an dasselbe eine breite Gurt an, die mit in die obere Kante eingenäht wird.

In Fig. 7 bis 13, Taf. 23, bringen wir einige neuere Modelle von Bockdecken. Unter Fig. 13 eine amerikanische Bockdecke zu einem Trauerwagen.

b) Innere Garnierungen.

Um den Ueberblick zu erleichtern, betrachten wir die Garnituren:

1. Offener Wagen (Schlitten).
2. Halbverdeckter Wagen (Stellen des Verdecks).
3. Landauer.
4. Steifgedeckter Wagen.
5. Omnibusse.

1. Offene Wagen (Schlitten).

Die Garnierung eines offenen Wagens ist je nach der Form des Sitzes eine verschiedene. Wir haben offene Wagen mit sehr bequemen Sitzen, breiten hohen Rückwänden und auf der anderen Seite sehr leichte flotte Sitze, die viel Garnierungen nicht anbringen lassen. Betrachten wir zuerst eine Garnitur zu einem bequemen offenen Sitze. Dieselbe besteht aus Rückmatratze, Seitenteile, Armlehnen, Kissen, Klappe, Ausschlagen des Fußbodens.

Ist ein Sitz ziemlich tief, so daß man durch eine ziemlich starke Polsterung die Bequemlichkeit desselben nicht beeinträchtigt, macht man gewöhnlich Federn hinter die Rückmatratze. Zu diesem Zwecke bespannt man die hintere Rückwand flach mit einem Stück alten Leinen und legt unter dasselbe etwas Stroh oder Seegras. Auf dieses Leinen näht man, oder wo es sich thun läßt, nagelt man gewöhnlich 21 Stück Federn in 3 Reihen je 7 Stück. Die Federn sind 6gängig und aus feinem Draht gewunden. Die unterste Reihe steht 0,180 m von dem Sitzrahmen, die obere vielleicht 0,050 m von der oberen Kante entfernt. Geschnürt werden die Federn wie gewöhnlich, nur daß man etwas schwächeren Faden als gewöhnlichen Schnürfaden dazu verwendet.

Nun wird das Grundleinen zur Matratze über die Federn geschnitten. Dazu wird sehr viel mit Papier aufgestrichene Leinwand verwendet, weil es sich darauf besser arbeitet, in besseren Werkstätten verwendet man jedoch gewöhnlich loses starkes Grundleinen, was höchstens nur mit etwas Kleister bestrichen ist. Die Polsterung wird dadurch bedeutend weicher. Will man letztere Methode befolgen, so schneidet man sich zu den einzelnen Teilen Papiermodelle, spannt das Grundleinen einfach in den Garnierhaken und sticht darauf die Papiermodelle ab. Die Polsterung besteht meistens aus röhrenartigen Pfeifen, die oben in einen spitzen Karo auslaufen oder wohl auch nur in einer Spitze. Die Pfeifen sind gewöhnlich 0,085 m breit. Die Karos gewöhnlich 0,160 m hoch. Da, wo das Kissen zu liegen kommt, macht man bei ordinären Polsterungen eine Fälschung von 0,080 m von da aus, 0,052 m kommt die erste Reihe Stiche zu sitzen. Die Höhe des Bauches richtet sich nach der ganzen Höhe der Matratze. In Fig. 19, Taf. 23, sehen wir den inneren Ausschlag eines offenen Wagens noch obiger Abzeichnungsmethode. Die Abzeichnung der Seitenteile ist aus der Abbildung ersichtlich. Hat man auf diese Weise das Grundleinen abgezeichnet, schneidet man den Stoff und zwar in der Breite so viel breiter, daß man zur Breite einer jeden Pfeife 0,040 m zugibt. Zur Höhe rechnet man von der Fälschung bis zum ersten Stich 0,026 m mehr, zum Bauch 0,031 m mehr, zum Karo 0,026 m mehr und vergesse nie zur letzten Spitze zum Zunageln ziemlich bedeutend mehr zu nehmen, weil man sonst die ganze Form leicht verzieht. Zu den Seitenteilen kann man in der Breite etwas weniger nehmen.

Beim Abheften muß der Punkt des Stoffes auf dem betreffenden Punkte des Grundleinens fest aufliegen und nicht etwa in Falten gelegt werden. Beim Füllen fülle man nie zu fest. Um das Karo recht spitz und schön zu arbeiten, schiebe man die Füllung bis dicht gegen den Abheftknopf; dann werden die Falten ganz von selbst fallen. Die Armlehnen bestehen oft aus gebogenem Rundeisen mit einer aufgenieteten Eisenplatte. Zur Garnierung derselben näht man um die Eisenplatte ein Stück Ledertuch oder dünnes Leder, vergesse aber nicht etwas Tuch oder Leinen zur besseren Haltbarkeit unterzulegen, daran nähe man rundum eine Rundschnure und an diese mit verzogenen Stichen den Stoff mit leichter Wölbung und fülle diesen aus und nähe die Oeffnung hinten und vorn zu.

Ist die Eisenplatte breit und lang, kann man den Stoff erst auf ein Stückchen Pappwerk mit einigen Abheftstichen abheften, bei Zugabe von 0,015 m, füllt die Zwischenräume aus und näht das Ganze mit verzogenen Stichen zu. Zur Verzierung der äußeren Kante des Sitzes kann man Rund- und Plattschnure oder letztere auch nur allein nehmen.

Sollen die Kissen ohne Federn gearbeitet werden, schneidet man den Boden je nach der Größe mit rundum 0,012 m Zugabe der Naht. Zum Kissenboden vorn wendet man oft breite Borde an, die erst vorher etwas steif aufgestrichen wird. Zu dem oberen Stoff nehme man auch nicht mehr in Länge und Breite als zum unteren Kissenboden, fülle das Kissen aus und ziehe 2 Reihen, in jede Reihe 6 Abheftstiche ein. Diese Kissen sehen glatter und hübscher aus, als wenn zuviel Stoff zugegeben wird. Nimmt man beim Nähen des Kissens anstatt des Stoffes ein Stück Leinen, so kann man auf dasselbe, nachdem es gefüllt ist, den Ausschlagstoff ebenso darauf arbeiten, wie Matratze und Seitenteile gearbeitet sind. Zu diesem Zwecke zeichnet man auf die Leinwand die Figuren (Pfeifen, Karos), gibt nach oben beschriebener Weise zum Stoffe in Länge und Breite zu, zieht die Stiche ein, füllt die Karos aus und näht mit verzogenen Stichen die 4 Seiten an die Rundschnur an. Dieselbe Methode wendet man an, wenn in das Kissen Federkissen geschoben werden sollen. Die praktischsten solcher Kissen sind die in einem eisernen Rahmen gearbeiteten. Man nehme 0,010 m starkes Rundeisen, biege nach dem unteren Kissenboden einen viereckigen Rahmen und zwar so, daß nach diesem rundum 0,026 m fehlt, lasse den Rahmen so zusammenschweißen, bringe dann in der Mitte aus demselben Eisen einen querdurchgehenden Steg an, der den Rahmen in der Form hält. Man nehme dann 7 gängige Federn aus Mittel-Meme-Draht, die man vorher gebogen und oben und unten gebunden hat, und zwar so, daß der umlaufende Faden sie in einer Höhe von 0,080 m hält. Diese Federn setze man in beliebiger Anzahl (vielleicht 24 Stück) in den Rahmen und schnüre sie vermittelst Schnürfaden ein und zwar fix und fertig Längs-, Quer- und Kreuzschnüre zuerst auf einer Seite, so daß alle Schnüre an dem Eisenrahmen befestigt sind. Die Enden lasse man überstehen, nun drehe man das Kissen herum. Der Rahmen wird so unten die Form des Kissens bilden, die Federn stehen fest darin und werden nun mit Benutzung der überstehenden Enden auch oben geschnürt. Das Kissen wird dann mit grober Leinwand überzogen und in das genähte Kissen eingeschoben.

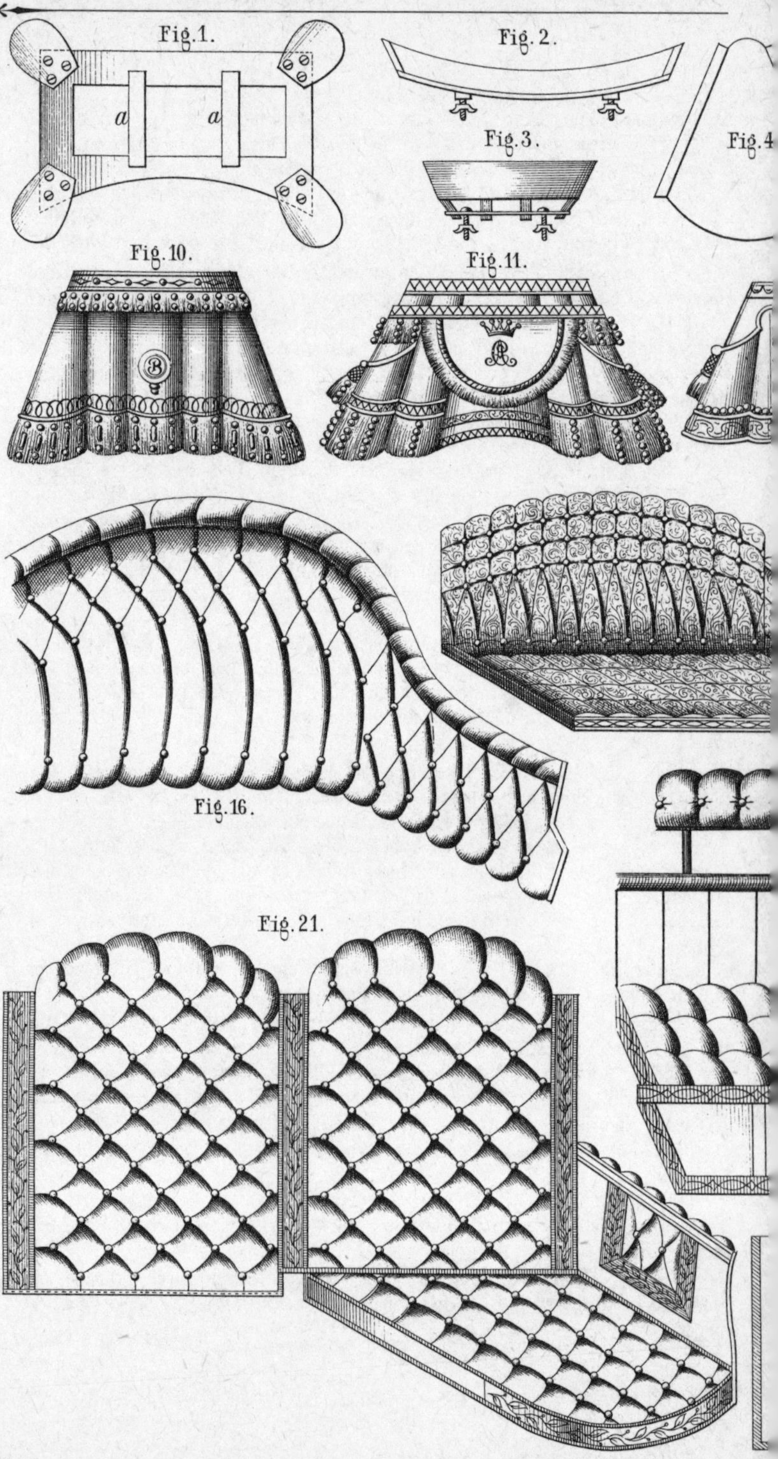

Fig. 5.

Fig. 6.

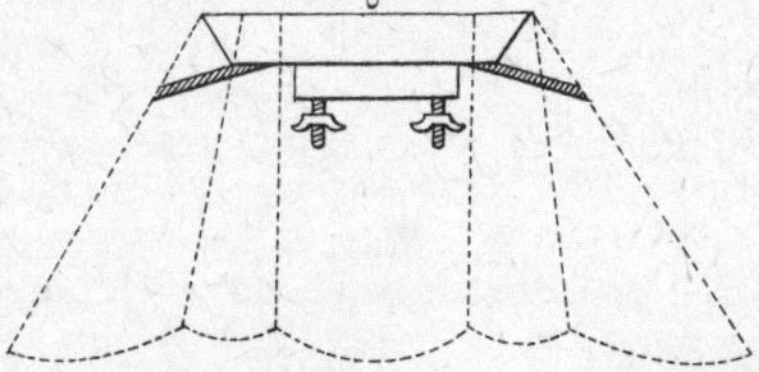

Fig. 7.

Fig. 8.

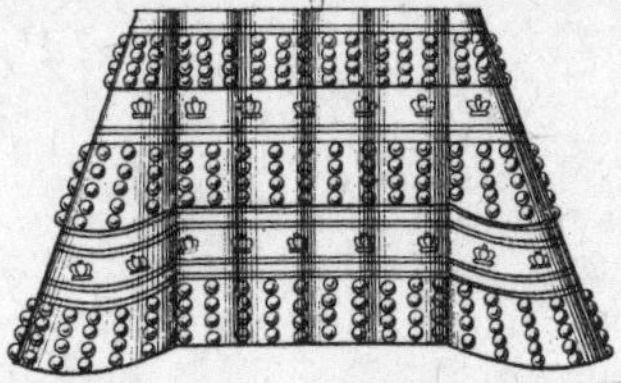

Fig. 9.

Fig. 13.

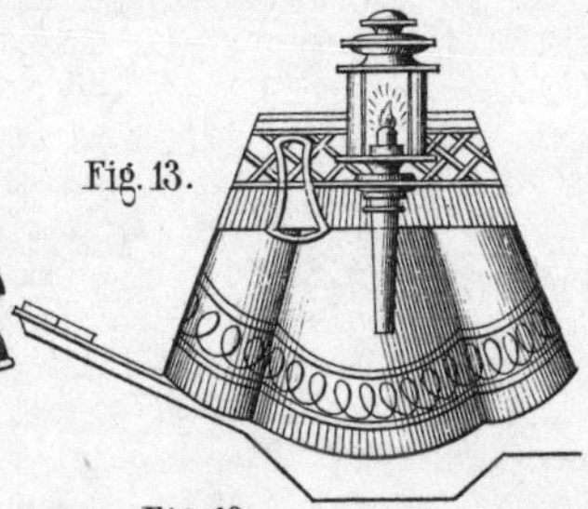

Fig. 14.

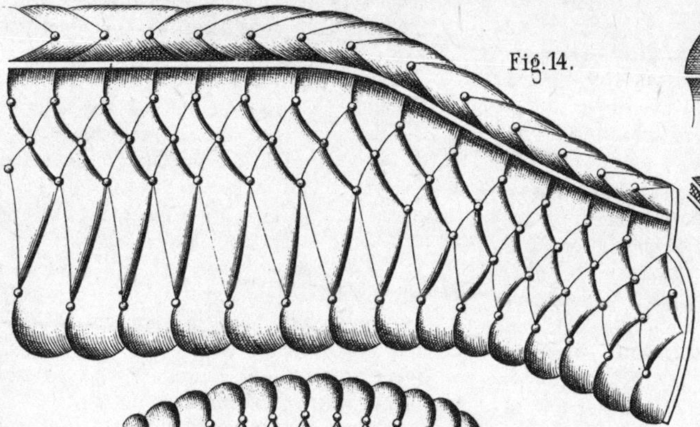

Fig. 15.

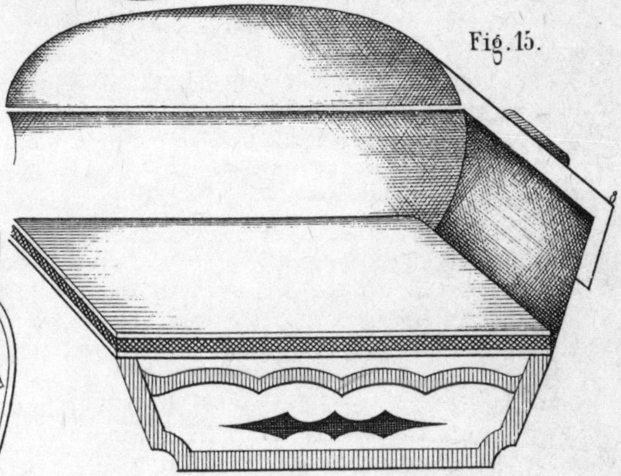

Fig. 18.

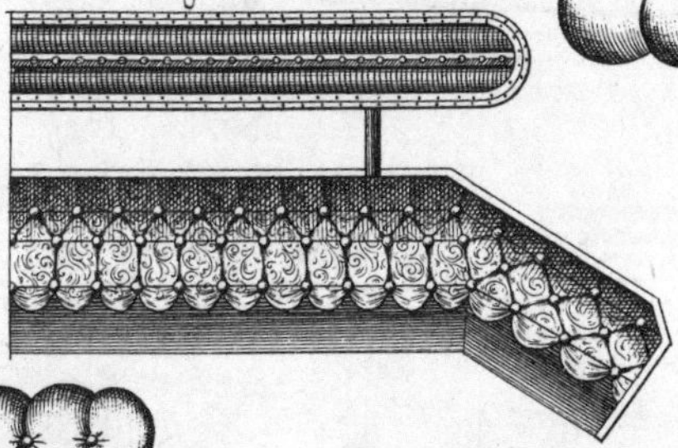

Fig. 19.

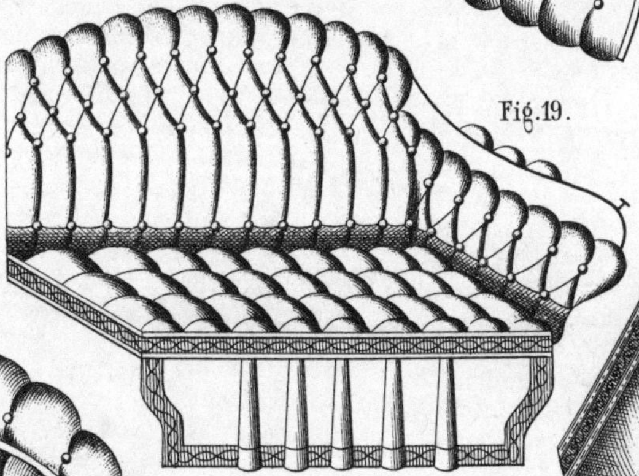

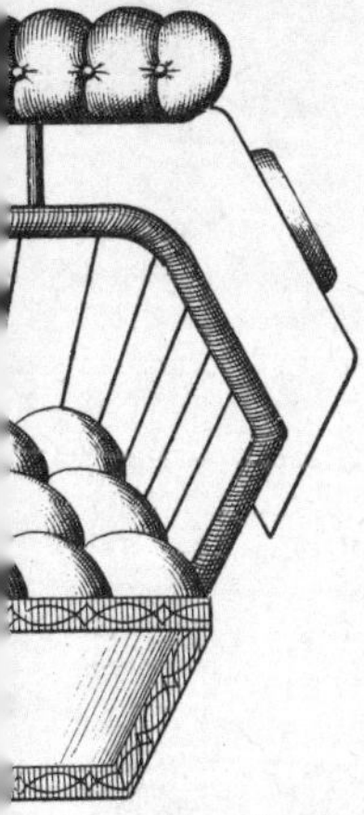

Fig. 23.

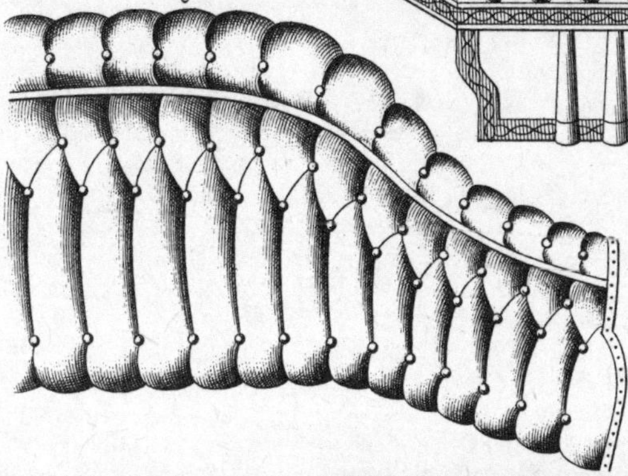

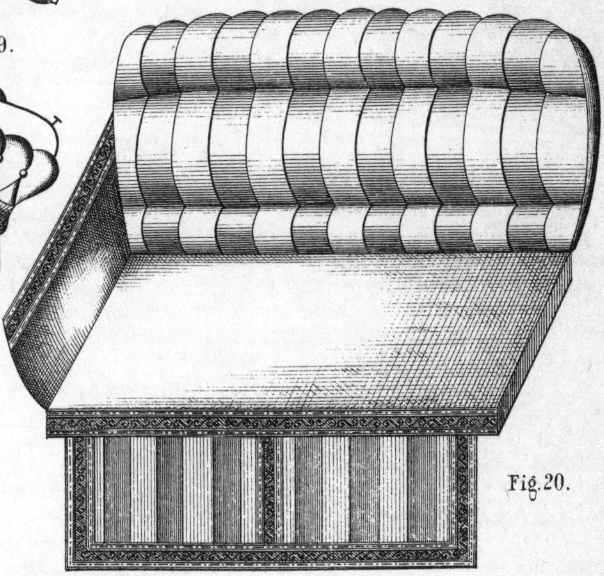

Fig. 20.

Fig. 24.

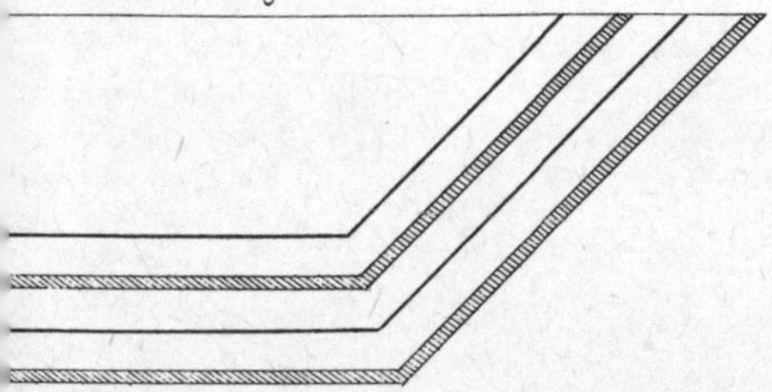

Fig. 25.

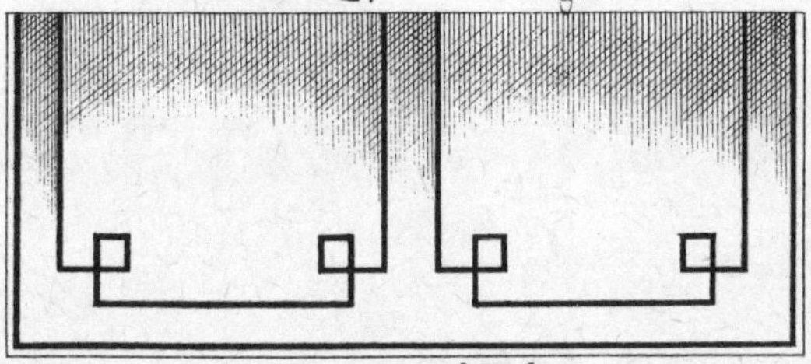

Fig. 26.

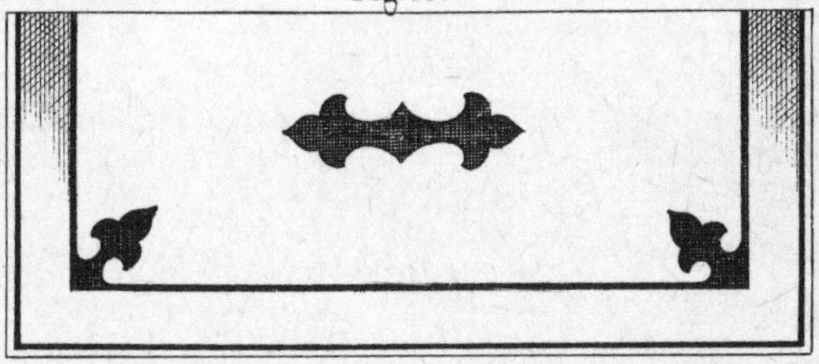

Ganz einfache und dabei ganz haltbare und gute Kissen sind auch die mit unten und oben aufgenähten Federn. Man nimmt einen Rahmen aus Eisendraht, wie oben beschrieben, und näht über diesen hinweg ein Stück grobes Pappwerk, oder besser gesagt, man näht den Rahmen mit mittlerem Bindfaden in ein solches Stück Pappwerk ein und zwar fertigt man zu jedem Kissen unten und oben einen solchen Kissenboden. Nun näht man auf einen derselben die Federn auf, legt dann den anderen Kissenboden auf die Federn, dreht das Ganze um und näht die Federn auf dieselbe Weise auch auf diesen auf, muß dabei natürlich darauf sehen, daß die Federn gerade stehen. Nun näht man längs des eisernen Rahmens rundum oben und unten einen Boden aus Leinwand an, der der Höhe des Kissens entspricht und schiebt dasselbe in das genähte Kissen ein.

Die Sitzklappen werden auf verschiedene Arten angefertigt, entweder lose oder auf Pappwerk gearbeitet. Zu den ersteren schneidet man sich ein Modell, was die Seitenbiegungen derselben andeutet und nimmt die Höhe und Breite der Klappe. Beim Schneiden des Stoffes gibt man zu jeder Falte, die jedwede auf die Seite und jene Seite gelegt werden und so eine Düte bilden, 0,040 m zu. Dies bildet die Länge der Klappe. Der Stoff wird nun mit leichtem Schirting unterschlagen und mit Schnure eingefaßt, dann mittels des Modells die Seitenkrümmungen auf ein Brett gezeichnet und die Länge angegeben, danach wird die Klappe von der Mitte aus in Falten gelegt. Dann werden die Stifte oben losgenommen und die Falten mit Vorderstichen durchnäht; dann werden die Stifte unten losgenommen, die Klappe nach links gedreht und jede Falte mit einem Faden verbunden und dann die Düten nach außen gebogen.

Soll die Klappe mit breiter Borde eingefaßt werden, kann etwas weniger Stoff genommen werden, soviel wie die breiten Borden sowohl in der Höhe als in der Breite austragen. Die Borde wird erst verkehrt nach einer auf ein reines Brett gemachten Zeichnung der Klappe aufgeheftet; sind die Ecken winklig, wird die Borde einfach in den Ecken zusammengenäht; sind die Seiten gebogen, wird die Borde in kleine dütenartige Falten geschoben, die je nach dem Bogen entweder nach oben oder nach unten spitz auslaufen. Die Borde wird dann gekleistert und ein dünner Streifen Leinwand aufgeklebt. Ist die Borde trocken, wird der Stoff untergereiht, wenn möglich auf der Maschine durchnäht, unterschlagen und nach oben beschriebener Manier in Falten geheftet.

Bei Pappwerkklappen wird das aufgestrichene Leinen richtig geschnitten, der Stoff entweder glatt oder von der Mitte aus in mehrere Falten nach der und jener Seite aufgelegt, die breite Borde aufgeheftet, die vorher ebenfalls nach obiger Manier aufgestrichen war, durchnäht, und das Ganze unterschlagen, oder die Klappe nur mit Schnure eingefaßt.

Die Amerikaner machen an den Sitzklappen oft sehr viele Arbeiten. Die Figuren werden von Geschirrleder aufgeklebt, der Stoff darüber gezogen und die Umrisse mit Seide auf der Maschine durchnäht. Auf diese Weise werden auch die Kissenboden gefertigt. Wir bringen in Fig. 15, 25 und 26, Taf. 23, einige Abbildungen solcher Sitzklappen.

Zum Ausschlagen der Fußböden an Wagen gebraucht man Wachsteppich, wollenen Teppich und Linoleum. Der Wachsteppich wird in zwei Qualitäten verbraucht, einfach und doppelt, wie er gewöhnlich genannt wird. Der einfache Wachsteppich ist aus demselben grobmaschigen Leinen hergestellt wie der doppelte, nur daß bei ersterem die obere Seite mit dem wachsartigen Anstrich resp. gemusterten Lackierung versehen ist, unten aber das rohe Leinen bleibt, während bei letzterem auch diese untere Seite mit einen oder zwei Anstrichen, gewöhnlich rot, noch hergestellt ist. Dadurch wird der doppelte Teppich etwas steifer und haltbarer, verarbeitet sich aber auch schwerer. Der wollene Teppich ist ein weitmaschiges Gewebe, leinwandartig von starkem Hanf- oder Flachsfaden hergestellt, durch welches nuppenartig die wollenen Fäden gezogen werden. Bleiben die Nuppen geschlossen, so nennt man den Teppich „Tapestry“, werden die Nuppen durch eine Maschinenvorrichtung plüsch- oder samtartig aufgerissen, so nennt man ihn „Velour“. Sind die Muster des Teppichs auf den sogenannten „Jaquard-Stühlen“ mit den verschiedenen bunten Wollen eingewebt, so nennt man den Teppich „Bruxelles„ oder „Brüssel“, nach der Hauptstadt Belgiens, und ist diese Ware die teuerste und beste. Sind die Muster auf den einfachen gefärbten Teppich aufgedrückt, so heißt er „anglais“ und ist weniger teuer und gut. Das Linoleum ist eine verhältnismäßig neuere Ware; besteht ebenfalls aus einem groben leinwandartigen Gewebe, das auf der unteren Seite mehrere rote Anstriche bekommt, wie der oben beschriebene doppelte Teppich; die obere Seite wird mit einer stärkeren oder schwächeren Schicht gemahlenen Kork versehen, welcher mit irgend einer Substanz vermischt ist, so daß er eben die Haltbarkeit bekommt. Das Linoleum ist unverwüstlich, und da es auch warme Fußböden gibt, so wird es ja hauptsächlich zum Belegen von Zimmern verwandt.

Die Formen der Fußböden sind ja sehr verschieden, je nach der Form des Wagens. Man unterscheidet mit technischen Ausdrücken den „vorderen Fußboden“, der am Bocksitz, und den „hinteren Fußboden“, der am Herrschaftssitz. Die vorderen Fußböden, die also selten mit wollenem Teppich beschlagen werden, sondern meistens mit Wachsteppich und Linoleum, haben an ihrer hinteren Wand oft eine Klappe zu einem Magazinraum unter dem Kutscherbocke, wenn anders nicht eine Oeffnung unter dem Bockkissen von oben in das Bockmagazin führt. Bei runden Formen sind die Fußböden oft vorn ganz glatt und geschweift, so daß der Teppich in einem Stück hineingelegt werden kann. In diesem Falle schneidet man den Teppich passend, stemmt das Stück wohl an beiden Seiten mit nicht zu kleinen Stichen auf der Maschine oder mit der Hand ein und schlägt entweder kleinköpfige Stifte in kurzen Zwischenräumen in die gemachten Stiche oder man nimmt wohl auch schwarzlackierte Nägel. Andernfalls kann man auch die Seiten des Teppichs mit einem Streifen Leder oder Moleskin ungefähr 0,015 m breit einfassen, indem man diesen Streifen mit etwas langen Stichen verkehrt aufnäht und dann herumklebt, zwischen den Stichen das Leder etwas aufhebt und in kurzen Zwischenräumen einen Schnurstift gibt und das Leder wieder über den Nagel glattdrückt. Im dritten Falle kann man auch, nachdem der Teppich richtig eingeklebt ist, einen Streifen Leder, 0,025 m breit, verkehrt annageln, an der Außenseite des Fußbodens herumschlagen und dann in kurzen Zwischenräumen schwarze Nägel schlagen. In jedem Falle muß der Teppich gut eingeklebt werden und thut man bei einem solchen runden Fußboden sehr gut, wenn man den Teppich einklebt und ihn mehrere Stunden stehen läßt ohne festzunageln, weil der Teppich immer zusammenläuft, auch ein Reiben von hinten und vorn nach der Mitte der Rundung zu ist sehr am Platze, weil man sonst Gefahr läuft, wenn der Teppich trocken ist, daß er in der Rundung hohl gezogen ist. Die Fußböden sind auch so eingerichtet, daß die Schweller an den Seiten vorstehen, Fig. 4, Taf. 26.

Diese Schweller werden dann gewöhnlich für sich mit Verdeckleder bezogen, weil Teppich um die scharfe Kante des Schwellers und der Schwellerschiene doch nicht die Haltbarkeit bietet, dann wird der Teppich akkurat von der oberen Bockkante bis vorn an die Fußbrettkante zwischen die Schweller geschnitten und eingeklebt. Die Klappe, die wir in der hinteren Wand erwähnten, hat zwei eiserne Scharniere, wodurch sie heraus- und hereinschlägt, sie wird nun mit dem Messer ausgeschnitten und an den Kanten des Teppichs werden Nägel gegeben, daß sich derselbe nicht loslöst. Zur Deckung des entstehenden Schlitzes wird ein 0,025 m breiter Kranz genagelt, wie die Zeichnung zeigt. Derselbe ist aus lackiertem steifen Leder geschnitten, auf den Ecken auf Gehrung zusammengestoßen und mit schwarzköpfigen, lackierten Nägeln festgenagelt. Die beiden Scharniere werden ebenfalls mit lackierten Lederbelegen bedeckt und mit schwarzen Nägeln angenagelt.

In die Mitte der Klappe bringt man eine kleine lackierte Zugstrippe an, die man oben in den Teppich einschneidet und mit 6 Nägeln, wie die Zeichnung zeigt, annagelt, darüber liegt ein kleiner Wirbel, der die Klappe festhält.

Das Leder auf dem Schweller kann wohl bis an die äußere Kante gehen und kann dort mit lackierten Nägeln angenagelt werden. Feiner und eleganter sieht jedoch ein lackierter Lederbelag aus, der auf den Schweller angenagelt wird, wie unsere Zeichnung zeigt. Diese Belege sind ungefähr 0,040 bis 0,050 m breit. Ungefähr 0,005 m von der Kante reißt man mit dem Reißzirkel einen Strich rundum, dann von diesem ungefähr 0,010 m entfernt noch einen solchen. Nach diesen Strichen näht man auf der Maschine eine Ziernaht und zwischen diesen beiden Nähten nagelt man lackierte schwarze Nägel in egalen Zwischenräumen. Das Linoleum, wenn solches angewendet werden soll, legt sich schlecht in scharfe Winkel, man macht deswegen bei solchen Fußböden die hintere Wand mit der Klappe oft mit Teppich und nur von da an, nach vorn legt man Linoleum.

Das Neueste ist jetzt bei ganz feinen Wagen den ganzen vorderen Fußboden schwarz zu lackieren und zwar nicht nur streichen, sondern ebenfalls spachteln und schleifen, wie die andere Lackierung, und dann auf den Boden nur eine Gummidecke zum Herausnehmen auszubreiten.

Die hinteren Fußböden legt man mit wollenem Teppich aus und zwar überall da, wo das Auge darauf fällt. Hinter den Klappen der Sitze kann man Wachstuch anbringen. Man schneidet zuerst aus dem 70 cm breiten Teppich das Hauptstück, welches zwischen den beiden Schwellern und der Hinter- und Vorderwand des Fußbodens liegt, dann schneidet man das vordere Stück, wenn es nicht durch eine Sitzklappe gedeckt ist, weil man das Abfallstück zum Ueberziehen der Schweller benutzen kann. Bei eckigen Schwellern macht man dieselben aus 3 Stücken und verbindet sie durch Stoßnähte. Bei runden Schwellern muß man freilich 1 Stück nehmen und muß oft sehr viel verschneiden. Nachdem die Schweller oben und unten genagelt sind, bringt man oben eine Plattschnur zur Deckung der Nägel an. Unten legt man Wachstuch hinein; oft wendet man auch nur Leinen an, das man mit etwas Werg unterlegt und mit einigen Nägeln die Füllung darunter festheftet. Letzteres macht man um einen wärmeren Fußboden zu erzielen.

Eine Abweichung dieses Ausschlages bilden die Garnierungen mit geraden Karos, Fig. 17, Taf. 23. Die Breiten sind dieselben, nur ist es notwendig, nicht allein in der Breite 0,035 bis 0,040 m auf jedes Karo zuzugeben, sondern auch in der Höhe mindestens 0,040 m, da sich diese Karos leicht herausziehen; damit sich der in Spitzen gearbeitete Bauch über den Federn gut hält, zieht man von unten Faden in die obere Stichreihe des Bauches in jeden einzelnen Abheftstich und zieht diese wieder vermittelst der Einbindeahle durch die unter den Federn befindliche Leinwand und nagelt die Enden oben an.

Eine andere Abweichung bildet der eckige niedere Sitz, Fig. 18, Taf. 23, mit Lehne. Der ganze Ausschlag ist nach der oben beschriebenen Art der Anfertigung der Seitenteile ohne Bauch gearbeitet. Die Lehne ist aus zwei Hälften glatt in der Mitte mit einer Rundschnure zusammengenäht und hat außen Rund- und Plattschnure zur Verzierung.

Ein anderer, jetzt sehr beliebter Ausschlag zu offenen Wagen ist der glattgespannte, Fig. 15, Taf. 23. Der Bauch der Matratze ist vorher fest im Sitz mit Leinwand in Façon gearbeitet. Der Ueberzugsstoff wird in der Mitte mit einer Rundschnur zusammengenäht und fest hineingespannt. Der Bauch mit etwas Roßhaaren unterlegt und nach unten das Oberteil mit etwas Roßhaaren belegt und nach oben bespannt. Die Seitenteile werden verkehrt angenagelt und ausgefüllt. Das Ganze mit Rund- und Plattschnure verziert. Die Kissen können in geraden Karos oder ganz glatt gearbeitet werden.

Fig. 22, Taf. 23, sehen wir einen ausgeschlagenen Traillensitz. Die Lehne ist abgeheftet, zu jedem Stiche wird in der Breite 0,035 m Stoff zugegeben. Die Armlehnen werden nach oben beschriebener Art garniert. Am eigentlichen Sitze ist nur der obere Holzrahmen zu garnieren, den man gewöhnlich glatt bezieht und etwas Roßhaare unterlegt, oder auch abheftet. Im letzteren Falle gibt man nichts zu, klebt noch zur Befestigung Stückchen Tuch unter die Stellen, wo die Abhefte hinkommen sollen, füllt das unten angenähte untere Teil fest aus, zieht die Abheftstiche, die gerade mit der oberen Kante des Holzes in gleicher Linie stehen, ein und nagelt die Faden auf den Holzrahmen, füllt dann das obere Teil hoch aus und nagelt es rundum an der Kante fest. In diesem letzteren Falle benutzt man oben Rund- und Blattschnure, oft wird jedoch nur Rundschnure benutzt und muß dann die Garnierung nur genäht werden.

Bei diesen Garnituren wendet man viel dunkles Tuch und noch häufiger Leder an und benutzt gar keine Schnure, sondern farbige Lederköder oder solche von schwarzem Moleskin. Zu den Borden benutzt man breite, schwarzlackierte Streifen Leder, die man mit dünnen Leinwandstreifen aufstreicht und zum Nähen der Kissen am Kissenboden diese Leinwand an beiden Seiten überstehen läßt. Vermittelst der Maschine näht man Verzierungsnähte darauf mit zum Stoff passender farbiger Seide und machen sich diese Ausschläge brillant und originell. Grünes Tuch oder Leder mit hellgrün lackiertem Köder und schwarzlackierte Borde mit grüner Seide genäht, blau mit hellblau, braun mit goldgelb. Die Absetzstreifen der Lackierung von derselben Farbe. Auf die Schweller der Fußböden werden ebenfalls schwarz lackierte Belege geschnitten, die nach oben beschriebener Weise mit schwarzlackierten Streifen Leder eingefaßt werden, der Streifen wird dann umgeschlagen und nochmals von oben mit farbiger Seide das Beleg durchnäht. Eine originelle Farbenzusammenstellung ist schwarzlackiertes Leder mit karminroten Lederködern. Die Lackierung des Wagens ebenfalls schwarz mit roten Absetzstreifen. Auch in Moquette werden diese Ausschläge gearbeitet, da derselbe sich aber nicht dazu eignet in Falten gelegt zu werden, werden Lehnen und Kissen glatt gemacht. Auch die Kissen, damit sie gut liegen, werden dann in Holz von dem Stellmacher gefertigt, die Boden nur überzogen, das Oberteil in Façon gearbeitet und ebenfalls glatt überzogen. Es ist bei diesen Arbeiten gut, damit die Köder recht egal liegen, wenn in die Holzkissen eine Nute gestoßen wird.

Einen geschmackvollen Ausschlag, der in seiner Ausführung zwei altdeutsche Stühle bildet und auf den letzten größeren Ausstellungen Deutschlands viel vertreten war, der natürlich auch zu halb- und ganzverdeckten Wagen angewendet werden kann, sehen wir in Fig. 21, Taf. 23.

Einen offenen Wagenausschlag nach neuester amerikanischer Idee finden wir unter Fig. 20, Taf. 23.

Wir haben es hier mit einer sogenannten glatten Matratze zu thun, und ist ja diese Idee keineswegs neu, im Gegenteil gilt sie bei uns, so zu sagen, als die ordinärste Wagenmatratze. Die Hauptsache ist hier die Verwendung von zweierlei Stoff. Das amerikanische Fachblatt „The Carriage-Monthly“ bezeichnet den dunklen Stoff unserer Zeichnung mit „Box-plaits“, also ein Stoff, der gestreift oder schottisch karriert ist, während die hellen Stellen der Zeichnung einfach Tuch bezeichnen. Was die Anfertigung der Matratze anlangt, so wird dieselbe in Façon gearbeitet; man näht unten eine Pfeife von ungefähr 65 mm ab, oben eine solche vielleicht von 180 mm. Das Uebrige nehme man zum Bauch. Zu letzterem gebe man 40 mm zu, für die unterste schmale Pfeife 25 mm und für die oberste soviel, daß man eine schöne Wölbung bekommt. Der Ueberzugsstoff der Matratze besteht also aus einzelnen Streifen Tuch und diesem karrierten oder gestreiften Stoff, „Box-plaits“ genannt. Diese einzelnen Streifen dürfen nicht über 65 mm breit sein, weil sonst das Arrangement nicht hübsch aussieht. Sie werden zusammengestickt und die Nähte gut ausgebügelt. Beim Sticken hat man darauf zu sehen, daß nicht ein oder die andere Seite faltig wird. Der Stoff wird nun in den Längsnähten angenäht und eine ziemlich starke Wattur untergelegt. Die Sitzklappe zeigt dasselbe Arrangement rundum mit Bordenverzierung. Die Seitenteile sind glatt mit Tuch überzogen und auch das Kissen ist mit Tuch glatt bespannt. Die Zusammensetzung der verschiedenen Stoffe durch Nähte mag amerikanisch sein, jedoch verschiedene Muster in den einzelnen Pfeifen einer Matratze zu haben, ist schon älter und hier in Deutschland ausgeführt. Nach dem deutsch-österreichischen Kriege 1866 brachte man einen Stoff in den Handel, dem man den Namen „Sedan“ gab. Es war ein wollener Koteline, der in Streifen gearbeitet war, und zwar ebenfalls in Breiten von 65 mm den einzelnen Streifen. Ein Streifen war nun, so zu sagen, uni gearbeitet, d. h. mit einem ganz kleinen, dichten Muster, der andere Streifen war verschiedenfarbig abgetönt und war in Karos, Streifen oder sonst einem Muster gewebt. Diese Arten wollener Koteline werden vielleicht nicht in Massen verbraucht, haben sich aber bis auf den heutigen Tag gehalten.

Erwähnen wir noch zum Schluß den Ausschlag eines offenen Wagens mit einfachen Bügelsitzen, Fig. 12—14 und 16—18, Taf. 25.

Diese Sitze sind sehr leicht und entbehren keineswegs der Bequemlichkeit. Sie bestehen nur aus einem viereckigen Holzrahmen, auf welchem der, aus 12 cm starken Rundeisen gearbeitete Bügel aufgebaut ist. Die beiden Rücklehnenstützen sind aus stärkerem Rundeisen, oben in einen scharfen Winkel gebogen und mit einer Flantsche versehen, an welche die Rücklehne angeschraubt wird. Die Rahmen sind auf den drei Seiten oft nur ausgekehlt, oft haben sie auch einen 50 mm breiten lackierten Kranz, als Zierde mit einer blanken Metallleiste, immer aber steht das Kissen über den Kranz hinweg und muß also sehr gut gearbeitet sein, wenn das Ganze einen schönen Eindruck machen soll. Ist der Rahmen mit einem Kranze verziert, so deckt bei einem genähten und gefüllten Kissen wenigstens dieser die Unebenheiten des aufgelegten Kissens unten, während oben die Unebenheiten der eingenähten Nahtschnure bleiben; bei einem Rahmen ohne Kranz wird bei der saubersten Ausführung aber immer sich das Kissen heben und man kann unter diesem den Sitzrahmen sehen. Man ist deswegen darauf gekommen, die Kissen auf eine Holzzarge zu garnieren. Nach der Größe des Rahmens wird aus 65 mm breiten und 25 mm starken Holzstreifen eine Zarge zusammengenagelt, die in jeder Ecke, wie Fig. 14 zeigt, einen Holzkeil erhält, um mehr Festigkeit zu erzielen. Eine weitere Festigkeit erhält die Zarge noch durch die beiden eingezapften Streben a und b, die von oben etwas hohl ausgearbeitet werden müssen, damit sie nicht so leicht durch das Polster drücken. Der so fertige Rahmen wird nun auf das Sitzbrett aufgepaßt, das heißt alle Erhöhungen, die durch die Bügelflantschen, Muttern, aufgeschraubte Laternenstützen 2c. verursacht sind, müssen in den Rahmen eingelassen werden, so daß derselbe beim Auflegen genau auf das Sitzbrett aufliegt. Nun wird in dem Rahmen oben rundum, wie Fig. 14 zeigt, ein schmaler Falz abgestoßen, damit später der Stoff, die Nahtschnure und der Seitenboden angenagelt werden kann, ohne daß eine Erhöhung entsteht. Auf dieselbe Weise wird das Keilkissen gearbeitet, nur daß die beiden Holzwulsten c d, Fig. 17, für sich gearbeitet sind und später, wie wir sehen wollen, aufgenagelt werden. Nun wird der Rahmen nach Fig. 14 gegurtet und mit starken guten Leinen übernagelt. Sodann würden auf diesen Leinen nach Fig. 14 die Abheftstiche abgezeichnet. Auf jeden Abheftstich gibt man beim Ueberzugsstoffe 30 mm zu, bei den äußeren Karos, weil man etwas mehr zum Zunageln gebraucht, 50 mm. Die einzelnen Karos werden nun ausgefüllt und der Stoff in den oben erwähnten Falz festgenagelt, auf diesen nagelt man die Nahtschnure, auf diese verkehrt mit einem Nagelköter die Kissenböden, schlägt sie herum, nagelt dieselbe unten am Rahmen fest und nagelt darauf eine Nahtschnure rundum, die natürlich nur vorn zu sein braucht, wenn der Sitzrahmen mit einem lackierten Kranze verziert werden soll. Bei dem Vorderkissen, Fig. 13, wird die Stelle, worauf das Keilkissen zu liegen kommt, nur glatt bezogen, damit dasselbe glatt aufliegt, sonst wird das Ganze ebenso bearbeitet. Auch die Bearbeitung des Keilkissens ist keine andere bis dahin, wo das Leinen über die Gurten genagelt ist.

Auf dieses Leinen wird dann eine Lage Werg und eine Roßhaardecke aufgelegt und mit einem Stück Nessel überspannt, so daß ein glattes schönes Polster erzielt wird. Dieses wird nun mit dem Ausschlagestoff überzogen. Nun werden die beiden erwähnten für sich gearbeiteten Holzwülste entweder mit Ausschlagestoff oder wohl auch mit lackiertem Leder überzogen und zwar so, daß erst der Ueberzugstoff an der inneren Seite unten angenagelt wird, dann werden die beiden Wulsten mit entsprechend langen Drahtstiften aufgenagelt; da nun gegen die Mitte, gegen das glatte Polster hin, die Holzwulst eher aufliegen wird, als an den Seiten, so muß an einigen Stellen ein Stückchen Leder, Pappe oder sonst etwas unter die Wulsten gelegt werden, damit sie flach liegen, dann wird der Stoff über die Holzwulsten geschlagen und an den Seiten in den Falz, wie oben beschrieben, ebenfalls festgenagelt. Man versäume dabei nicht, ehe man den Stoff überschlägt, die Hammer- und Nägeleindrücke glatt abzuraspeln, denn diese werden sich unbedingt, selbst durch Leder, später durchzeigen. Die Anbringung der Seitenboden und Schnuren ist dasselbe wie oben an den anderen Kissen beschrieben.

Die Sitzklappen werden oft mit einer Borde verziert, die erst nach der Form derselben besonders aufgespannt wird, welches Verfahren wohl bekannt sein dürfte. Der Ueberzugsstoff wird dann in einigen Falten, wie die Zeichnung zeigt, aufgeheftet und die Borde umgeheftet und festgenäht. Man kann die ganze Klappe oben auf den Rahmen nageln, so daß darauf das Kissen mit seiner Nahtschnur aufliegt; noch besser ist es jedoch, wenn man die etwas steife Klappe vor den Sitzrahmen nagelt, eine Schnure darauf nagelt, auf diese verkehrt ein Stück Stoff herumschlägt, dasselbe oben aufnagelt und etwas ausfüllt. Dadurch erzielt man eine hübsche Wulst, die das Ganze ziert und auf der anderen Seite noch bezweckt, daß das Kissen bedeutend glatter und schöner liegt.

Die Lehnen dieser Sitze bestehen aus einem einfachen Holzstreifen, 13 cm breit, der auf den Seiten rund verputzt und außen etwas oval gearbeitet ist. Zur Garnierung derselben wird ein Streifen Pappwerk genommen, von derselben Länge der Lehne, ohne daß es nötig ist, daß er auch dieselbe Breite hat. Auf diesen Streifen werden in egalen Zwischenräumen die Abheftstiche abgezeichnet, möglichst in derselben Breite wie auf dem Kissen. Der Ausschlagestoff wird 21 cm breit geschnitten und in der Länge gibt man auf jeden Abheftstich 30 mm mehr zu, an den Enden 50 mm mehr, weil zum Zunageln mehr Stoff gebraucht wird. Dieser Streifen wird nun an jedem Abheftstiche auf die Lehne aufgenagelt, ausgefüllt, zugenagelt und die Kanten mit Rund- und Blattschnure verziert. In Anfertigung der Schlitten ist kein Unterschied, wenn die Ausschläge nicht zum Herausnehmen eingerichtet werden. Sie werden oft reich mit Schnuren und Quasten verziert, wie Fig. 35, Taf. 26. Fabrikant solcher Quasten ist Bruno Gehrenbeck, Waldenburg i/Th.

2. Halbverdeckte Wagen (Stellen des Verdecks).

Die Einsetzung der Federn in die Rückmatratze ist hier, nachdem man das Matratzenbrett befestigt und die Armlehnen angebracht hat, dasselbe; ebenso ist die Anfertigung der Matratzen in spitzen und geraden Karos nicht verschieden. Eine Abweichung bilden die in großen Karos abgehefteten Rückmatratzen, die hauptsächlich bei Lederausschlägen angewendet werden. Fig. 3, Taf. 24, zeigt uns das Abzeichnen dieser Matratzen auf dem Grundleinen. Unten und oben sind gewöhnlich fünf Abhefte, in der Mitte vier Stück. Man schneide auch, wie die Figur zeigt, das lose Grundleinen etwas konvex nach allen Seiten, da die Matratze losgenommen, sich immer etwas zusammenzieht. Beim Abzeichnen des Stoffes gebe man auf jeden Abheftstich 0,040 m in der Breite zu, in der Höhe jedoch auf das Karo 0,075 m, wenn dasselbe recht stark hervortreten soll, jedoch muß man sich oft, da die Leder in der Höhe nicht ausreichen, mit weniger begnügen, da man oben zum Zunageln ja genug zugeben muß, weil man sonst leicht die Karos verzieht. Bei derartigen Ausschlägen macht man gewöhnlich keine Fälschung, sondern läßt den Stoff bis auf den Sitzrahmen gehen, von da jedoch bis zum ersten Abheftstich reicht 0,013 m zum Zugeben. Nun werden die Roßhaare (möglichst beste Sorte) aufgelegt und die Stiche hineingezogen, so werden die Karos von selbst fallen. Bei Leder, bei welchem natürlich nicht ein Fell in der Breite reicht, darf man die Naht nicht über das Karo gehen lassen, sondern man zeichnet die beiden Leder ab und läßt das eine so über das andere gehen, daß man das Karo ausschneiden kann und die Naht nach dem abgezeichneten Karo läuft. Diese Matratzen zeichnen sich durch große Weichheit und Bequemlichkeit aus. In Fig. 5, Taf. 24, sehen wir eine solche Garnitur fertig. An derselben Figur können wir die Abweichung der Seitenteile erkennen.

Dieselben sind jetzt gewöhnlich ganz gerade und werden von einem 0,040 m breiten und 0,010 m starken Holze gebildet. Auf diese Armlehne schneidet man ein Stück Pappwerk nach Modell Fig. 2, Taf. 24, und zeichnet darauf in Zwischenräumen von ungefähr 0,085 m die Abheftstiche ab. Den darauf gehörenden Stoff läßt man, wie die Figur zeigt, auf jeder Seite 0,032 m überstehen und schneidet denselben nach jedem Abheftstich konvex aus, dann reiht man dasselbe ein, zieht die Abheftstiche blind ein und füllt das Ganze sehr leicht aus; dann näht man im Garnierhaken hinten und vorn eine Rundschnure, faßt mit der hinteren Schnure ein Stück Stoff, um die Armlehne hinten annageln zu können; mit der vorderen Schnure faßt man einen 0,032 m breiten Stoffstreifen. An diesen näht man wieder einen Streifen Stoff mit einer Schnure, der dann das Unterteil bildet und gegen die Holzarmlehne angenagelt wird. Beim Einnageln heftet man erst die Hauptschnuren hinten und vorn fest an, läßt die Armlehne hinten und vorn überstehen, so daß die Holzarmlehne in der Mitte derselben liegt. Nun zieht man die eigentlichen Abhefte ein und nagelt sie fest gegen das Holz, dann füllt man Roßhaare vorn hin, so daß der 0,032 m breite Streifen straff ausgefüllt ist und nagelt den unten angenähten Streifen gegen das Holz, so daß sich die Haare hinter dem Streifen halten, spannt auch die untere Schnure gehörig straff, so bildet das Ganze eine leichte hübsche Armlehne.

Unter dieselbe kann man ein leichtes flaches Polster bringen, oft aber nagelt man dahin ein unterschlagenes Stück Tuch oder Stoff, was eine Tasche bildet und bedeckt den so notwendig gemachten Ausschnitt mit einer Klappe, mit Borde verziert, entweder rund, wie in Fig. 5 und 18, Taf. 24, oder auch eckig, wie in Fig. 1 und 14, Taf. 24, je nach der Form des Wagens.

Man macht auch öfters eine gebogene hölzerne Armlehne, um eine rundumlaufende Wulst, mit Schnuren verziert, oben über der Matratze anbringen zu können, Fig. 16, Taf. 23.

Ein abweichender Ausschlag ist der schon erwähnte, Fig. 21, Taf. 23. Betrachten wir nun noch näher denselben Fig. 11, Taf. 24. Die geringe Tiefe des Kastens bei ganz leichten halbverdeckten Wagen erlaubt oft nicht, daß man hinter die Matratze Federn setzt. Zu diesem Zwecke macht man zwei eiserne Rahmen aus 0,024 m starkem Rundeisen, wie a, die unten in einem Stifte gehen und sich so bewegen lassen. Diese Rahmen werden gegurtet, dann mit Leinwand bezogen, abgezeichnet und das flache Polster darauf gearbeitet. Den Rahmen deckt schließlich ein vierfach geflochtener Beleg aus Schnure oder Tuchstreifen mit eingelegtem Strick gefertigt, wie aus der Zeichnung ersichtlich. Um nun beide Matratzen nach Wunsch stellen zu können, dient der aus schmaler Borde, Schnure ꝛc. gearbeitete Stellriemen, in den vorn eine metallene Kette mit verschiedenen Ringen eingenäht ist, die sich in den eingeschlagenen Knopf hängen lassen.

Das Seitenteil bildet ein glattes Stück Stoff, auf den eine mit Nähten verzierte Klappe aufgenäht und eine Tasche dahinter angebracht ist. Selbstverständlich lassen sich diese Ausschläge auch zu ganzverdeckten Wagen anwenden. Der Sitzrahmen wird ebenfalls vorn rund ausgeschnitten, so daß der Ausschlag ebenfalls runde Kissen, wie Fig. 1, Taf. 24, bekommt und es den Eindruck macht, als wären zwei Stühle nebeneinander gesetzt.

Die Kissen und Klappen in halbverdeckte Wagen werden nach oben beschriebener Methode gefertigt, ebenso das Ausschlagen der Fußböden. Die Thüren werden gewöhnlich mit Tasche und Klappe versehen, der innere Raum der Thür wird ausgeklebt, dann ein Stück unterschlagener Stoff oder Leder als Tasche aufgenagelt. Das Ganze deckt dann eine Klappe nach der Form der Thür, an welcher auf jeder Seite 0,013 m fehlen, damit die Tasche beim Zuschlagen nicht klemmt. Die Form der Tasche wird auf ein Brett gezeichnet, danach die Borde verkehrt aufgeheftet, gekleistert und mit einem Streifen Leinwand aufgestrichen. Ist die Borde trocken, wird sie auf das geschnittene Pappwerk aufgelegt, der andere von der Borde unbedeckte Raum wird entweder glatt mit Falten bespannt oder mit Karos nach dem übrigen Ausschlag abgeheftet.

An großen Thüren, z. B. an viersitzigen halbverdeckten Wagen, arbeitet man dieselben wie die weiter unten beschriebenen Landauthüren mit Taschen oder bloßen Bordenbelegen.

Nach diesen allgemeinen Gesichtspunkten, die wir über halbverdeckte Wagen aufstellen, wollen wir nun die auf unsern Tafeln gebrachten neuesten Zeichnungen von halbverdeckten Wagenausschlägen betrachten und zwar zuerst Fig. 23, Taf. 23. Wir erwähnten schon unter Fig. 16, daß man manchmal auch gebogene Armlehnen anwendete und Matratze und Seitenteile in einem Stück herumgehen ließ. Bei Fig. 16 ist nur eine mit Schnuren umwundene Wulst, die rundum herumläuft; hier bei Fig. 23 ist es eine abgeheftete Wulst. Die Matratze wird also 140 mm von der oberen Kante nach den Seitenteilen zu schmäler verlaufend geschnitten, von da aus beginnt erst die Unterleinwand der Wulst, die, wie die Zeichnung zeigt, nur einen Stich in der Mitte bekommt. Die Abzeichnung ist ganz dieselbe wie oben beschrieben. Wenn diese beiden Teile für sich fertig gearbeitet sind, werden sie mit einer Rundschnur zusammengenäht und ist darauf zu sehen, daß Falte auf Falte paßt. Der obere Teil der Wulst bleibt natürlich offen und wird später im Wagen zugenagelt.

Dieselbe Methode ist an dem Ausschlag Fig. 14, Taf. 23, nur daß der untere Teil der Matratze eine etwas andere Zeichnung zeigt, deren Abzeichnung und Zugabe wir schon beschrieben, und daß die umgehende obere Wulst nicht aus gerade liegenden Falten gebildet wird, sondern aus nach beiden Seiten hin schräg liegenden, sogenannten Froschschnauzen. Diese Wulsten werden nur 105 bis 110 mm breit geschnitten. Die Zugabe des Stoffes beträgt 27 mm in der Breite, in der Höhe nach unten 50 mm, zum Zunageln 100 mm.

Fig. 1, Taf. 24, dürfte vielleicht in seiner Matratze und Kissen keine wesentliche Abweichung bieten, was das Polster anlangt, wohl aber ist am letzteren der Kissenboden abweichend. In diesem Ausschlage ist alle breite Borde vermieden und ist auch zu empfehlen, keine Nahtschnüre anzuwenden, sondern lackierte Lederköder. Betrachten wir also die Seitenteilklappen, die Kissenboden und die Sitzklappe, so sehen wir da auf das Pappwerk einen ungefähr 20 mm breiten Pappstreifen, am besten Linoleumstreifen, nach der Form aufgeklebt und das Tuch darüber gelegt und neben den Streifen mit Seide durchnäht. Ueber der Sitzklappe, die nur bis zum Sitzrahmen reicht, liegt eine ungefähr 36 mm breite Wulst in sogenannten Froschschnauzen gearbeitet, was dem Ganzen ein charakteristisches Ansehen gibt. Eine Klappe derselben Art finden wir in Fig. 24, Taf. 23, und Fig. 10, Taf. 24. Hier sind zwei schmale Linoleumstreifen aufgeklebt, nur so breit als starkes Rohr und auch ebenso rund geputzt; und nachdem das Tuch überklebt ist, wird in der Mitte eine Plattschnur dazwischen gelegt und die äußere Kante ebenfalls mit Plattschnur eingefaßt; selbstverständlich müssen alle Klappen gleichartig gehalten und in diesem Falle auch Schnuren statt der Lederköder angewendet werden.

Einen anderen elegant aussehenden Ausschlag zeigt uns Fig. 4, Taf. 24, der vorzüglich auch deswegen zu empfehlen ist, weil die Matratze sich den Höhlungen des Rückens sehr anschmiegt und so ein guter Sitz erzielt wird. Nachdem die Federn in den Fond gebracht sind, gewöhnlich 2 mal 7 Stück, man kann auch drei Reihen anbringen, muß aber dann die dritte Reihe so hoch als möglich setzen, damit der Körper recht nach hinten kommen kann, schneidet man das Pappwerk resp. feine Leinen nur mit Kleister gestrichen, und zeichnet die erste Knopfreihe von unten 79 mm, teilt dann die Breite in 50 mm breite Teile, winkelt nach oben und bringt die obere Reihe Knöpfe 130 mm von der oberen Kante an. Ist das Leinen in den Rahmen gespannt, fertigt man einen provisorischen Bauch, den man mit Crain d'afrique oder Sisal ausfüllen kann, wenn man nicht Roßhaare nehmen will. Derselbe wird stark 40 mm, so daß man zu den Leinen 20 mm in der Höhe zugeben muß. Das Tuch oder überhaupt der Bezugsstoff wird mit Nessel unterschlagen. Ausnahme könnte vielleicht nur wollener Koteline machen, weil die starken Baumwollfäden der Kette den Knöpfen soviel Widerstand bieten, daß sie nicht ausreißen. In der Höhe gibt man dem Bezugsstoffe von unten bis zur ersten Linie 25 mm zu, von da bis zur zweiten Stichreihe, der Höhe des Bauches, 25 mm und von da zum Zunageln 112 mm, in der Breite für jede Pfeife 22 mm.

Erwähnen wir hier noch einen Ausschlag für öffentliches oder vielgebrauchtes Fuhrwerk. Unter Fig. 15, Taf. 23, brachten wir schon einen glatten Ausschlag zu einem offenen Wagen, der ebenfalls mit seinen glattgespannten Flächen, vorzüglich bei solidem Stoff wie Moquette oder Buckskin, bedeutend haltbarer ist, als ein abgehefteter Tuch- oder Kotelineausschlag. Diese glatten Ausschläge lassen sich nun in etwas anderer Form auch für halbverdeckte Wagen verwerten und bringen wir einen solchen Ausschlag in Fig. 4, Taf. 24. Auch selbst in feineren Luxuswagen lassen sich diese Ausschläge verwerten und würden dann vielleicht die Schnuren kostbarer sein, in der geteilten Matratze nach Art unserer jetzigen Möbel reiche Quasten hängen ꝛc., was selbstverständlich auch weggelassen werden kann.

Nachdem die Federn in den Fond des Wagens gesetzt sind, schneidet man das Matratzenleinen darüber. Die hölzernen Armlehnen sind wie gewöhnlich an das Matratzenbrett und die Mittelsäule befestigt; man wendet nur etwas ausgeschweifte Armlehnen an, um für die umlaufende Wulst einen schönen fortlaufenden Zug zu erzielen. Auf diese Holzarmlehnen macht man in Façon eine abgenähte Wulst, die feststeht und diese garniert man in Nessel. Unten an der Holzarmlehne bleibt soviel Platz, daß eine Rundschnur angenagelt werden kann. Die Wulst, die an der Mittelsäule entlang geht, kann ganz schmal verlaufen; hat man nicht Holz genug um nageln zu können, nagelt man noch ein Stück Holz an dieselbe.

Nun wird das Seitenteil in Leinwand geschnitten und die Umrisse müssen deutlich zeigen, wie weit das Tuch gehen und wo die Rundschnur aufgenagelt werden soll. Unten wird eine Fälschung von ungefähr 80 mm angegeben. Die ganz glatte Fläche, nur unter das Tuch die Füllung untergelegt, würde nicht halten, die Füllung würde sich nach unten sacken, deshalb muß das Seitenteil erst in Façon gearbeitet und einigemal durchnäht werden, dann wird eine leichte Decke von Roßhaaren oder Watte übergelegt und das Tuch übergespannt. Auf dem Matratzenleinen muß unten die Fälschung ebenfalls 80 mm breit sein. Das Mittelstück wird in der Mitte geteilt und oben die Wulst abgezeichnet, die an den Seiten so breit ist, daß sie mit der Armlehne verläuft, in der Mitte aber voller sein kann. Da die Matratzenleinen auf das Matratzenbrett über die Federn aufgenagelt wird, verliert es in der Höhe, man versäume also nicht, darauf zu reflektieren und die Wulst dem entsprechend breiter abzuzeichnen, ungefähr 140 mm, die beiden glatten Teile der Rückwand werden auf dieselbe Weise gepolstert wie die Seitenteile, das Tuch oder der Ueberzugsstoff ist aus einem Stück, wird in der Mitte der Abteilungslinie festgenäht und eine starke Möbelschnur aufgenäht. Man kann auch einfach das Tuch auseinanderschneiden und eine Rundschnur einnähen, nehme dann aber lieber schwaches Rohr anstatt Nahtstrick zur Einlage und lasse das Rohr so lang stehen, daß es oben und unten, also unter der Fälschung und oben unter der Wulst angenagelt werden kann. Nun wird eine Rundschnur in der unteren Linie der Wulst angenäht, auf diese Rundschnur in den angezeichneten Zwischenräumen die dünnen Schnuren zur Abteilung derselben und dann verkehrt den Stoff zum Ueberziehen und mit diesem zu gleicher Zeit ein Stück Nessel, um diese Wulst erst in Façon machen zu können. Nun nagelt man das Seitenteil ein und zwar fängt man beim Punkte b an, brennt beim Punkte a dicht neben der Armlehne durch das Matratzenbrett ein Loch, durch welches man die Schnüre, an welche das Tuch zur Wulst vorher genäht sein kann und ebenso die Schnuren zur Verzierung derselben, straff mit der Zange hindurchzieht. Die Wulsten werden nun fertig gemacht, die Schnuren schräg angenagelt und ist darauf zu sehen, daß die Armlehnenwulst breiter und die Vorderwulst schmäler verlaufen.

Nun wird die Rückmatratze angenagelt. Damit die Schnur straff wird, zieht man dieselbe beim Punkte a ebenfalls durch dasselbe Loch, wie die Seitenteilschnuren, danach arbeitet man die Wulst, die ziemlich stark gehalten wird, erst in Nessel und dann nagelt man das Tuch und die Schnuren darüber. Das Ganze deckt rundum eine Plattschnure, oder Rund- und Plattschnure. Damit die Seitenflächen mit der Matratze dicht zusammenschließen, ist oft notwendig, daß man hinter die Seitenteile etwas einfüllt.

Man kann auch Matratze und Seitenteile aus einem Stück machen; man muß dann zu diesem Behufe in die Ecken runde hölzerne Keile bringen, damit die Schnure der Matratze in einem Stück unter der Armlehne über die Seitenteile hinweggeht. Die Sitzklappe kann ebenfalls rundum mit einer ähnlichen Wulst verziert, bei ordinären Wagen aber ganz glatt sein. Die Kissen bestehen aus einem Vorderboden, der wulstähnlich gearbeitet ist, doch nicht durchaus, sondern in einer Breite von 26 mm ist er glatt gehalten, wie die Zeichnung zeigt. Mit den Schnuren rundum wird ein Stück Leinen als Oberboden eingenäht; das Federkissen hineingeschoben und ausgefüllt. Ueber diese Leinwandfläche macht man ein Haarpolster in Nessel und überzieht dieses dann mit Ausschlagstoff, indem derselbe rundum mit verzogenen Stichen an die Schnure genäht wird.

Betrachten wir nun die Garnierung des Verdecks und da es sehr oft vorkommen wird, daß der Sattler sich schon bei den Schlosserarbeiten um die Anfertigung des Verdecks zu kümmern hat, zuerst die Stellung der Spriegel.

Sind die Spriegelscheren angeschraubt, heftet man zuerst den Hinterspriegel an und stellt dessen untere Kante vom Sitzrahmen 1,040 m, nach hinten läßt man ihn ungefähr 0,080 m auslehnen, je nach der Form des Kastens. Der Vorderspriegel fällt nach vorn ungefähr ¾ über die Thür oder deren Oeffnung, nun legt man eine gerade Latte über beide Spriegel, an deren Richtung man leicht sieht, ob das Verdeck nach vorn fällt, wagerecht liegt oder nach hinten sich senkt, worüber es keine Regeln gibt, sondern allein der Schönheitssinn des Stellenden maßgebend ist. Die anderen zwei oder drei Spriegel werden nun über die Latte an den einzelnen Schenkeln befestigt und gibt immer die geradlinige Latte einen Anhalt uns zu zeigen, die Spriegel etwas höher oder tiefer zu schieben. Man benutzt zum Anheften Kappnägel oder kleine Schraubzwingen, bis das Verdeck richtig steht, alsdann werden die Spriegel mit Holzschrauben befestigt. Um über die schöne Rundung des Verdecks recht klar zu sein, läßt man von zwei Leuten vorn und hinten einen biegsamen Stab überhalten und betrachtet so die Rundung von der Entfernung.

Ehe der Sattler nun anfängt am Verdeck zu arbeiten, hat er zu prüfen, ob das Verdeck tadellos steht. Am besten ist es, daß er die Stellfaden des Schlossers ganz beseitigt und dafür neue anbringt. Die Garnierung des Verdecks kann aus drei oder auch aus vier Teilen gearbeitet werden. Soll ersteres der Fall sein, so werden genau die Mitten von Hinter- und Vorderspriegel angezeichnet und von der Mitte aus mit abwärtsgehendem Striche zwei Stücken Tuch geschnitten, die von da bis unter die Armlehne gehen. Diese Teile müssen selbstverständlich konvex geschnitten werden, da in der Mitte, an der höchsten Stelle des Mittelspriegels, doch mehr Tuch vorhanden sein muß, als an dem Hinter- und Vorderspriegel. Zu diesem Zwecke betrachten wir die Fig. 8, Taf. 24. Nach dieser Zeichnung sehen wir über den Hinter- und Vorderspriegel eine gerade Latte gelegt. Von dieser Latte aus messen wir nun in der Mitte von a zu b und nehmen wir an, daß dies bei einem sehr runden Verdeck ungefähr 240 mm sei, so nimmt man die Hälfte an dem hinteren und vorderen Teile des Tuches 120 mm. Den Unterschied der beiden zwischenliegenden

Spriegel nimmt man ebenfalls und trägt die Hälfte an den betreffenden Stellen auf das Tuch, verbindet diese Punkte nun mit einer konvexen Linie und näht so das Tuch zusammen durch eine einfache Maschinennaht. Selbstverständlich ist dieser Unterschied bei jedem Verdeck anders, gewöhnlich aber differiert es zwischen 90 und 120 mm in der Mitte. Will man ganz sicher gehen, so kann man auch das Tuch vorher mit ganz spitzen Kappnägeln einheften und die konvexe Linie so leicht bestimmen. Im stehenden Zustande würde sich das Tuch auf diese Weise sehr schlecht einbringen lassen, deshalb werden an den Seiten zwei Latten über die Spriegel geschraubt, daß sie fest stehen, das ganze Verdeck losgenommen, umgedreht, auf den Tisch gelegt und das Tuch mit Kappnägeln eingeheftet; an die Spriegel oben Streifen genagelt und das Tuch mit Vorderstichen an die Streifen angenäht. Nun wird das Verdeck wieder aufgestellt und die Seitenteile gespannt, wobei man bei einem sehr runden Verdeck oft auf große Schwierigkeiten stößt, das Tuch glatt zu bringen, weshalb man öfter genötigt ist, dasselbe auf der Rückseite an faltigen Stellen etwas anzufeuchten. Ist das Tuch auf diese Weise ohne Falten eingeheftet, nagelt man eine Rundschnure gegen den Hinterspriegel, deren beide Enden an dem Tuch des Seitenteils entlang bis auf die Matratze stoßen und befestigt dann die Rückwand; oben nagelt man einen steifen Pappköder, um die Rundschnur recht egal zu bringen.

Soll die Garnierung des Verdecks aus vier Teilen bestehen, so nagelt man statt der Stellschnuren auf jede Seite einen 0,030 m breiten Streifen Leder, möglichst alt, damit sie sich nicht ziehen, teilt die Mittelspriegel egal ein und nagelt auf jeden einen Kappnagel. In den Hinterspriegel nagelt man nach innen einen starken Nagel, schlingt um diesen und die Sturmstange einen Faden und stellt so die Rückwandhöhe, gibt durch Bleistiftstriche die Mitte der Spriegel und des Matratzenbrettes an und um die Krümmungen der Seitenschnuren festzustellen, nagelt man in jeden Spriegel einen kleinen Nagel oder kerbt an diesen Stellen die Spriegel etwas ein. Man nehme auch ja das Kreuzmaß von Vorder- und Hinterspriegel, weil sonst schwerlich das Tuch glatt sitzen wird. Nun reißt man ein Stück Tuch zum Himmel ab, heftet es vorn und hinten mit Kappnägeln an, so daß es nach den Mittelspriegeln aufgedrückt, glatt sitzt; heftet dann von innen mit sehr spitzen Kappnägeln, damit sie nicht ein zu großes Loch geben, das Tuch in die Höhe, zeichnet mit Bleistift die Spriegel oben an und innen bezeichnet man mit Punkten die kleinen Nagelköpfe oder Kerben, die man in die Spriegel anbrachte. Auf dieselbe Weise heftet man die Seitenteile ein, indem man sie nach allen Seiten straff ausspannt und die Nägel oder Kerben ebenfalls andeutet. An der hinteren Seite der Seitenteile zeichnet man ebenfalls die Spriegel an, damit man, wie an dem Himmel über und über, an diese an jeden Spriegel ungefähr einen 0,130 m langen Streifen noch nähen kann, mit denen man dann dem Verdeck eine schöne Rundung nach den Spriegeln zu gibt. Nun wird das Tuch auf dem Tische zugeschnitten, Fig. 6 und 9, Taf. 24, zeigen uns die Methode. Die angegebenen Punkte werden mit Strichen verbunden und an den Seitenteilen ungefähr 0,018 m konvex geschnitten. Am Himmel jedoch etwas konkav. Nachdem nun die Himmelstreifen auf der Maschine angenäht sind, sowohl am Himmel wie an den Seitenteilen, werden die Teile im Garnierhaken mit Rundschnur zusammengenäht. Man kann auf diese Weise die Rück-

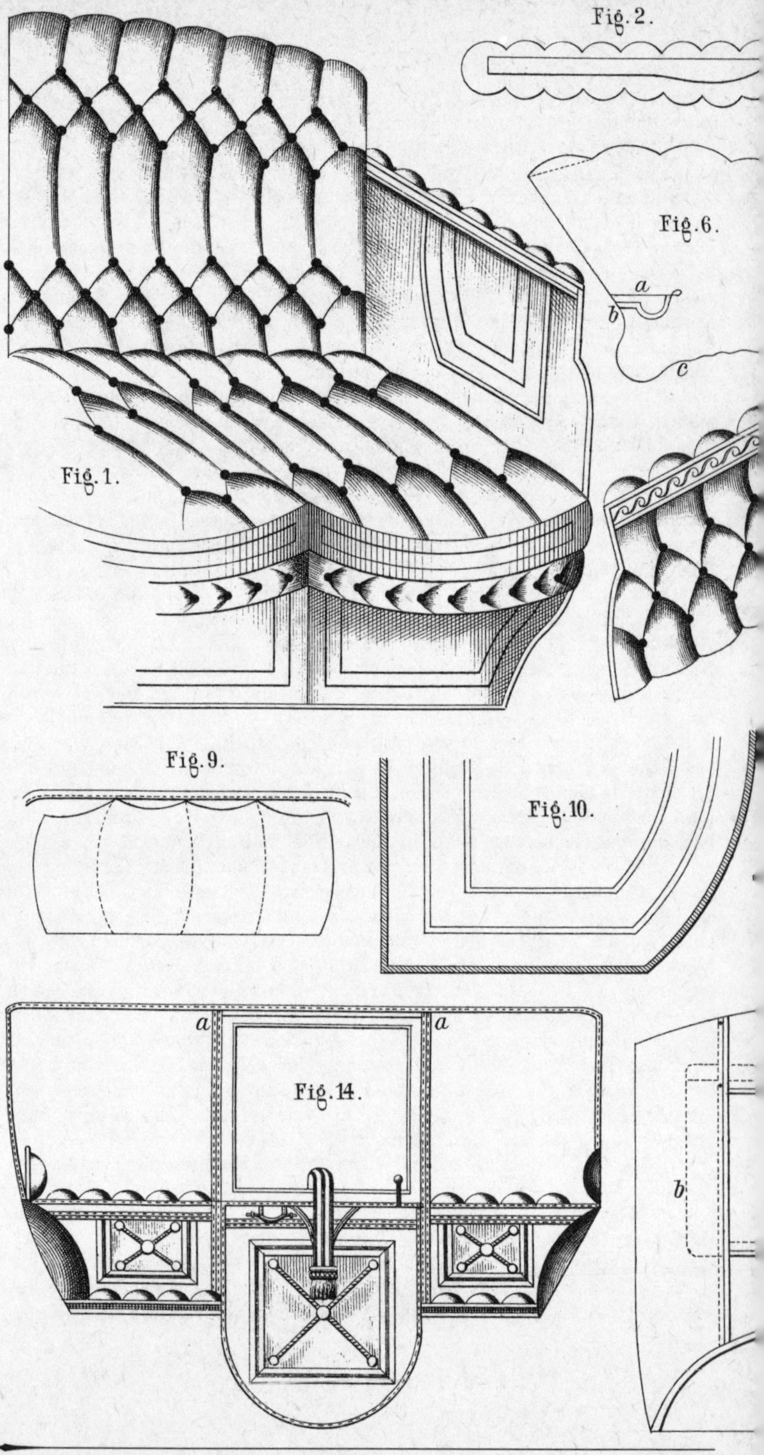

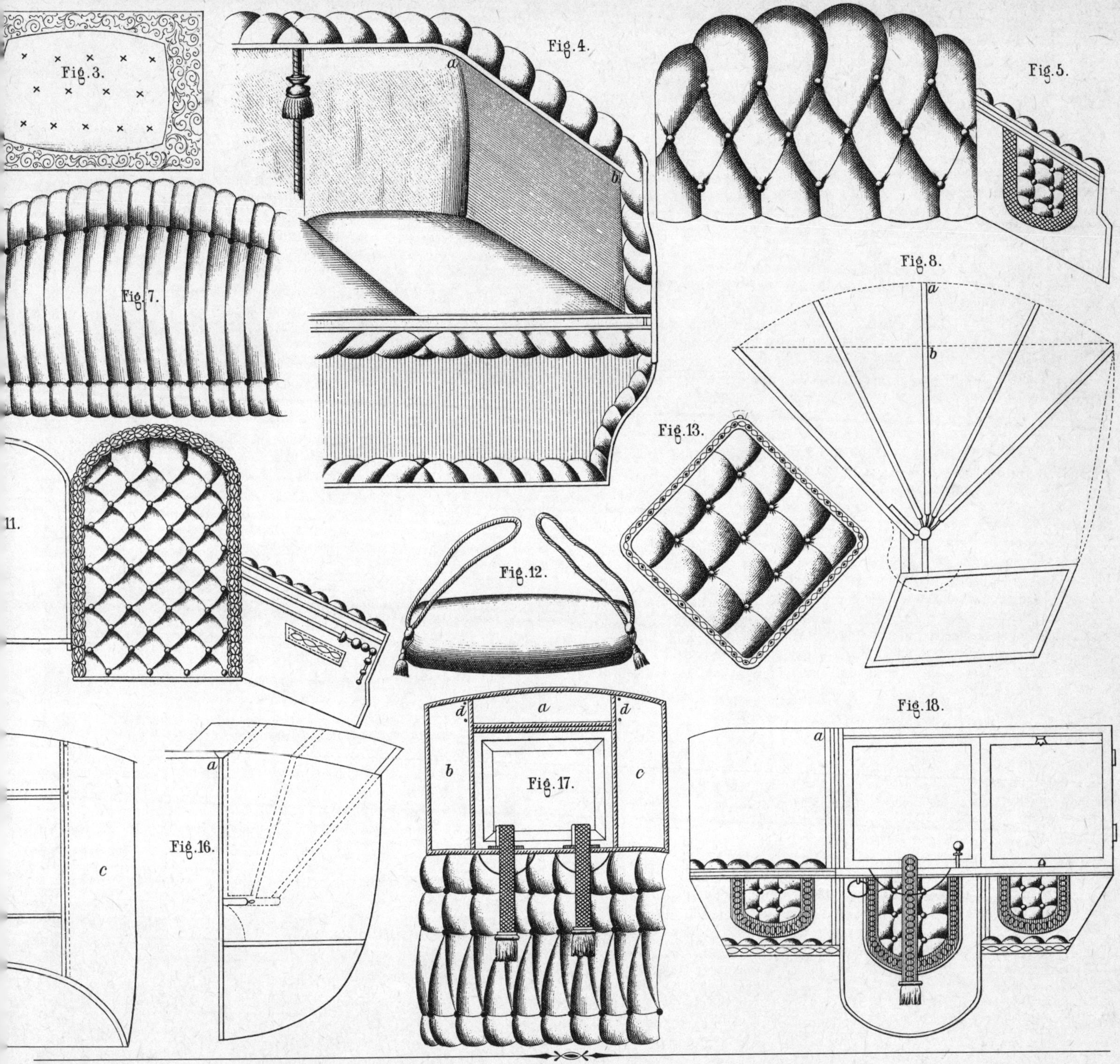
Fig. 3.
Fig. 4.
a
b
Fig. 5.
Fig. 7.
Fig. 8.
a
b
Fig. 13.
11.
Fig. 12.
Fig. 16.
a
c
Fig. 17.
a
b
c
d
d
Fig. 18.
a

wand ebenfalls im Garnierhaken sofort einnähen, doch gehört dazu eine große Uebung und die Methode bietet keinen Vorteil. Beim Einnageln des Tuches, was sich von selbst ergibt, zieht man noch an jedem Spriegel durch die Schnur einen Faden, den man an den Spriegeln annagelt; dadurch gibt man der Schnure eine möglichst schöne Rundung. Die Rückwand nagelt man nach oben beschriebener Weise ein. Bei Verdecken mit sogenannten französischen Spriegelscharnieren schlage man, ehe man das Verdecktuch unten zunagelt, das Verdeck einmal zusammen, damit man nicht Gefahr laufe, das Tuch zu zerplatzen. Vorn wird das Tuch entweder oben auf den Vorderspriegel genagelt oder, wenn keine Jalousie in den Wagen kommen soll, läßt man das Tuch unter dem Spriegel weggehen und nagelt es vorn vor und deckt das Ganze mit einem lackierten Kranz, oder man nagelt das Tuch auch auf die untere Kante des Vorderspriegels und deckt die Nägel mit einer Rund- und Plattschnure.

In sehr vielen deutschen Werkstätten wird das Tuch noch auf einfachere Art eingebracht. Nachdem der Himmel eingeheftet und die Streifen genäht sind, wird derselbe sofort fest eingenagelt. Die Spriegel bekommen etwas Kleister, damit die Streifen gleich daran halten und sich leicht etwas höher oder niedriger drücken lassen, damit sich die Spriegel nicht durch das Himmeltuch auszeichnen; später nagelt man die Streifen mit kleinen Kammzwecken fest. Dann spannt man die Seitenschnuren in beliebiger Rundung und näht mit längeren Stichen das Himmeltuch an dieselben an. Dann heftet man die Seitenteile ein und näht sie mit Schnur und Himmeltuch mit kurzen Vorderstichen zusammen, wobei man darauf zu sehen hat, stets gerade durchzustechen, weil andernfalls das Seitenteil leicht Fältchen wirft. Die Einbringung der Rückwand ist dasselbe.

Verdecktaschen, Armschlingen und Ohrkissen werden jetzt selten in halbverdeckte Wagen angebracht. Werden letztere gewünscht, so arbeitet man dieselben auf ein 0,370 m ins Quadrat haltendes Stück Leinen und teilt dasselbe in 16 Quadrate mit 9 Abheftstichen, gibt zu jedem Quadrat 0,013 m zu, zum Zunähen etwas mehr. Das Ganze wird mit Schnuren eingefaßt und oben eine Lederschlaufe hinten auf die Leinwand zum Aufhängen angenäht, Fig. 13, Taf. 24. Vorzuziehen sind die ungefähr 0,450 m langen Rollen, mit Roßhaaren leicht ausgefüllt und mit Schnuren an den Enden zum Aufhängen versehen, Fig. 12, Taf. 24.

3. Landauer.

Das Einsetzen der Rückwandfedern, das Anfertigen der Rückmatratzen, Seitenteile mit Armlehne, Thürtaschen, das Einbringen des Verdecks ist vollständig dasselbe wie bei den oben beschriebenen Garnituren von offenen und halbverdeckten Wagen.

An Lederlandauern sind die Ausschläge des Hinter- und Vordersitzes gleich, nur macht man vorn gewöhnlich keine Federn hinter die Vordermatratze, um den ohnedies oft schmalen Vordersitz nicht zu beeinträchtigen.

In Fig. 14, Taf. 24, bringen wir die Garnitur eines Lederlandauers. Die Garnierung der Thür ist hier ohne Tasche, oben nur mit einer Wulst versehen, die 0,055 m breit ist, deren Stoff jedoch 0,080 m breit geschnitten und mit zwei Rundschnuren versehen wird, die obere Schnur wird verkehrt mit dem Stoffe an die obere Kante der Thür genagelt, der Stoff herumgeschlagen und die untere Schnur auf die oben angegebene Höhe glatt gespannt, dann die Wulst mit Roßhaaren ausgefüllt und an den Seiten zugenagelt. Die übrige Garnitur ist ein Stück Stoff, unter welchen etwas Watte gelegt ist.

Auf diesem Stück Stoff ist ein viereckiges Beleg aus Borde aufgenäht, zwischen welches wieder ein Stück Stoff mit sehr wenig Zugabe gelegt wird, der kreuzweis durchgenäht wird und in welchem die Schnuren liegen, die dann oben und in der Mitte mit den Zierknöpfen auf das Thürbrett festgezogen werden. Rundum wird die Thür mit Plattschnure verziert. Die Klappen der Seitenteile sind, wie die Abbildung zeigt, auf eben diese Weise gearbeitet.

In Fig. 18, Taf. 24, ist die Garnitur eines Landauers mit fünf Fenstern. Die Garnitur der Thür ist hier mit garnierter Klappe und Tasche, ebenfalls die Seitenteilklappen. Hier nur macht der Ausschlag des Vordersitzes eine Ausnahme, da die oben an der Thür angebrachte 0,055 m breite Wulst auch am Seitenteile fortläuft, da sich das Fenster hier überhebt und eine Armlehne nicht angebracht werden kann.

Fig. 9, Taf. 25, bringt uns eine Thürgarnitur in $^1/_{10}$ natürlicher Größe mit sonst geraden, nur an den Ecken etwas abgestumpften Klappen. Die unter der Klappe befindliche Tasche hat ebenfalls einen Bordenbelag. Diese Taschen werden auf leichte und schöne Weise folgendermaßen angefertigt. Aus grobem Pappwerk wird die ganze Form der Thür geschnitten bis unter die 50 mm breite Wulst. Der Bezugsstoff wird dann übernadelt. Nach der Form der Tasche schneidet man nun einen 30 mm breiten Streifen aus dem Ganzen aus feinem Pappwerk, den man auf der Papierseite mit Bezugsstoff bezieht. Dieser Streifen, mit der bezogenen Seite nach unten, wird auf das Thürpappwerk, was bezogen ist, aufgeheftet und mit der Maschine an der inneren Kante aufgenäht, nun nadelt man das Oberteil der Tasche auf die äußere Kante dieses Streifens und näht die Salkante der Borde unten an, am besten ist jedoch, wenn man am Ueberzugsstoffe den Streifen etwas überstehen läßt, dasselbe umschlägt, die Salkante der Borde ebenfalls umschlägt und beide Teile mit Seide zusammennäht.

Das Einbringen des Tuches in das Verdeck macht keine weiteren Schwierigkeiten bei den jetzt gebräuchlichen Scharniersystemen, nur bei den Punkten a lasse man das Tuch etwas loser. Ueberhaupt ist es besser, man schlägt zur größeren Vorsicht das Verdeck einmal nieder, um sich zu überzeugen, daß nichts spannt.

In Fig. 17, Taf. 24, bringen wir die Abbildung einer Vorderwand zu einem Lederlandauer; hier wird zuerst ein Stück Tuch bei a gespannt und mit Rund- und Plattschnure verziert, dann die beiden Seitenstücken b und c mit einer Rundschnur versehen und so breit, daß dieselben ungefähr 0,040 m über der äußeren Fensterkante übersteht. Die Abweichung des Lederverdecks an dieser Stelle bringen wir unter „Verdecks" ꝛc.

Die Fensterrahmen werden mit Tuch bezogen, die Aufzieher daran werden nicht angenagelt oder geschraubt, sondern am besten angenäht. Die Breite des Aufziehers wird in das Holz eingelassen, ungefähr sechs Löcher durchgebohrt und der Aufzieher mit starkem Faden angenäht. Das Tuch wird an diesen Stellen so eingeschnitten, daß es die Stiche sowohl als auch hinter dem Aufzieher deckt. Die Lederlandauer werden in der Mitte durch ein Schloß zusammengehalten. Auf dem einen Teile des Verdecks befindet sich der Knopf, auf dem anderen der Haken, Fig. 3, Taf. 26, Fig. 5 derselben Tafel dient zu demselben Zwecke, ist aber eine Hebelvorrichtung und H. A. Köhlers Söhne in Altenburg patentiert.

In Fig. 42, Taf. 26, bringen wir einen Erbsnagel, der, wie wir in Fig. 17, Taf. 24, sehen, bei dd zur Befestigung des Tuches dient, Fig. 43, Taf. 26, Knebel zur Befestigung der Schleuderbänder auf den Bordenaufziehern. Fig. 14 und 15, Taf. 26, Zuzieher an Thüren und das Ringmodell Fig. 17 derselben Tafel. Fig. 11 bis 13, Taf. 26, Glasrollen, worauf die Bordenaufzieher der Fenster laufen. Fig. 40, Taf. 26, eine Signalpfeife für den Kutscher, die durch die Vorderwand eines ganz verdeckten Wagens angebracht wird.

Unter Fig. 1, Taf. 26, bringen wir einen neuen Landauerausschlag mit Sternenmuster, der natürlich auch zu anderen Wagen benutzt werden kann. Wesentliche Unterschiede in den schon beschriebenen Arbeiten würden wir nur in Anfertigung der Rückmatratze und der Thüren finden. Es ist hier die Grundidee verfolgt, das Innere des Wagens möbelartig herzustellen und ähnelt auch die sternenartig abgeheftete Matratze mit ihrem umlaufenden Perlenkranze und die in Art eines Wappenmantels ausgeführte Thür ganz den Tapezierarbeiten unserer Tage. Das reiche und originelle Aussehen dieser Ausschläge wird man nicht ableugnen können, daß natürlich zur Erhaltung desselben eine sehr akkurate Hand gehört, die wohl nicht immer unter den Wagenführern gefunden wird, ist selbstverständlich. Ein hauptsächlicher Vertreter dieser Arbeiten ist Herr Eduard Hartmann, Sattlermeister in Halle a/S., der in der Deutschen Sattlerzeitung, Verlag von Berg & Schoch, Berlin, Kaiserstraße 41, zu öfteren Malen verschiedene derartige Wagenausschläge veröffentlichte und näher beschrieb. Die Zeichnung eines solchen Sternes auf das Matratzenleinen dürfte wohl keinem Wagenarbeiter Schwierigkeiten verursachen. Die Hauptsache ist die Abzeichnung des Ueberzugsstoffes. Der Stern ist die Hauptsache dieses Polsters. Das um den Stern liegende Polster endigt hier in unregelmäßigen Karos, die eigentlich, um den Stern herauszuheben, in enger geheftete Vierecke eingeteilt werden, oder, wenn man Arbeit und Kosten nicht scheut, die Umgebung in ganz glattem Polster endigen könnte. Der Stern besteht aus einem Mittelpunkt und zwei Kreisen; in in den ersten Kreis fallen die ersten Stiche aa u. s. w., in den zweiten Kreis fallen die äußersten Stiche bb u. s. w. Die Kreise werden jeder in acht gleiche Teile geteilt und zwar so, daß die Endpunkte der Teile des großen Kreises in die Mitte der Endpunkte der Teile des kleineren Kreises fallen, dann werden diese Punkte spitzenartig mit Strichen verbunden und die Zeichnung des Sternes ist fertig.

Auf dem Ueberzugsstoffe nimmt man ebenfalls den Mittelpunkt an und schlägt ebenfalls zwei Kreise. Den ersteren kleinen Kreis wollen wir mit seinem Radius auf der Leinwand 10 cm rechnen, so nehmen wir auf dem Ueberzugsstoff 15 cm als Radius in den Zirkel, so daß 50 mm Zugabe erscheint. Den zweiten Kreis nehmen wir 15 cm Radius auf der Leinwand an, so nehmen wir 20 cm als Radius in den Zirkel, teilen ebenfalls die Kreise in acht Teile und verbinden die Endpunkte spitzenartig. Jetzt kommt die Hauptsache der ganzen Arbeit, ohne welche kein Gelingen möglich ist; man schlägt nun vom Mittelpunkte einen kleinen Kreis mit einem Radius von $3^1/_2$ cm und schneidet diesen aus dem Ueberzugsstoff aus, reiht denselben zusammen und näht diesen zusammengezogenen Stoff auf den Mittelpunkt des Pappwerkes, zieht die Stiche ein und füllt den Stern aus und er wird von selbst fallen. Den Mittelpunkt ziert gewöhnlich eine Posamentrosette, in die Strahlen werden oft noch Schnuren gezogen.

Die Thüren an Fig. 1, Taf. 26, sind oben mit einer Borde versehen, die auch in gleicher Höhe über die Armlehnen geht. Unter der Borde ist aber erst ein gardinenartiger Behang in Knoten geschürzt, der unten in dütenartige Falten ausläuft. Diese Falten sind von Pappe geschnitten, überzogen, mit Fransen besetzt und auf der Thür befestigt. Wir wir schon bemerkten, ist diese Thür ganz geschmackvoll im Aussehen, muß natürlich sehr akkurat behandelt werden, da sich in den vielen Ecken und Winkeln leicht der Schmutz ansammelt.

4. Steifgedeckte Wagen.

Viele Garnituren sind an diesen Wagen oben ganz glatt. Das Himmeltuch oder Himmelstoff wird vorher eingespannt und die Kanten der Spriegel mit etwas Kreide angerieben; drückt man dann den eingespannten Stoff gegen die Spriegelkanten, so zeichnen sich dieselben auf der Kehrseite des Stoffes ab. Die schmalen Verdeckstreifen werden dann angenäht, an die Spriegel angenagelt und das Tuch nach allen Seiten straff ausgespannt. Zur Deckung der Nägel oben wird eine breite Borde, an die oben eine Rundschnur im Garnierhaken vorher genäht ist, angebracht. An den Thüren, wo dieselbe auch auf den Kehrseiten zu sehen ist, muß sie mit Ausschlagstoff unterschlagen sein. Dicht unter dieser Borde und unten dicht über den Ausschlag nagelt man rundum eine alte Rundschnur; die Ecken sind entweder durch Brettchen rund verblendet, oder bleiben eckig, über diese angenagelten Schnuren nagelt man das Tuch, nachdem man Roßhaare untergelegt hat, glatt aus, auch kann man dies vorher in Leinwand in Façon machen, so daß die alten Schnuren eine Erhöhung bilden, in die sich oben die Borde eindrückt und unten die Deckschnure des Ausschlags dicht anliegt. Natürlich kann man auch nach älterer Methode Rückwand und Seitenteile mit gepolsterten Matratzen versehen, die aber entsprechend flach sein müssen, um den Raum nicht unnötig zu verengen; man gibt bei geraden Karos nicht mehr als 0,013 m zu. Vorn an der Thürsäule läuft so breit als diese ist, ein sogenanntes Pilaster. Es ist dieses ein Streifen Stoff, an beiden Enden mit Rundschnure versehen und ganz leicht mit Roßhaaren unterlegt. Auf diesem Pilaster liegt die Armschlinge. Die Garnierung der Thüren ist ganz dieselbe als an den vorher beschriebenen Landaus, nur große Galawagen machen insofern eine Ausnahme, da bei diesen sich oft der Tritt nach innen schlägt und dieser liegt dann in einer, in der Thür befindlichen, aus leichten Brettern gefertigten Höhlung. Der Tritt ist mit einem mit Borde verzierten Beleg versehen und über diesem liegt wieder die auf der Thür angebrachte Thürtaschenklappe.

Unter Fig. 4, 5, 7 und 10, Taf. 25, bringen wir den neuesten Koupeeausschlag. Die Rückwand geht in eins bis unter den Plafond, nur an der Stelle, wo das Matratzenbrett endet, kann man einen Streifen Leinen annähen, um die Matratze an dieser Stelle etwas zurückzunageln. Die Seitenteile sind ohne Armlehnen, weil diese, wie gesagt, den Platz leicht verengen. Zur Stütze des Armes dienen die Armschlingen. Das Pilaster ist hier mit sogenannten Froschschnauzen garniert. Die Abzeichnung dürfte nach den gegebenen Beschreibungen keine Schwierigkeiten verursachen, vorzüglich da die Zeichnungen genau $^1/_{10}$ natürlicher Größe sind.

Einen neuen anderen Koupeeausschlag bringen wir in Fig. 2, Taf. 26. Derselbe ist unten glatt gehalten und rundum laufen abgeheftete Kanten, auch oben am Plafond, und wird durch diese die gewöhnlich angebrachten Borden ersetzt. Unter der Armlehne ist eine in den passenden Farben ausgeführte reiche Posamentenverzierung angewendet. Die Kissen sind mit glatten Boden gearbeitet, jedoch liegen dieselben hinter einer schwachen Holzleiste, die ungefähr 80 mm breit ist. Dieselbe wird, wie in der Zeichnung, entweder mit einer abgehefteten Wulst und oben und unten glattem Stoff, oder mit Borde und Stoff bezogen und einfach vor den Sitzrahmen genagelt. Die Enden werden unter die längs dem Schweller laufenden Schnuren gelegt. Die Thür ist nach einem anderen Modell wie die beschriebene Thür des Landauerausschlags Fig. 1, Taf. 26, gearbeitet und erwähnen wir zu gleicher Zeit noch die Thürgarnitur Fig. 10, Taf. 25.

Der Plafond, Fig. 7, Taf. 25, sieht hochelegant aus, erfordert aber sehr viel Stoff. Wir würden z. B. zu diesem Himmel drei Streifen von 1,300 m breiten Stoff gebrauchen, deren Längen sich nach der größten Breite von der Mitte aus gerechnet, richten. An den Fig. 6 und 11, Taf. 25, wollen wir dies klar legen. Man schneidet sich ein Papiermodell des Plafonds und teilt $^1/_4$ desselben ein in willkürlich so viel Falten als man will. Bei dieser Einteilung wird die des Kreises zu Grunde gelegt. Dieselbe beträgt 360 Grad, also $^1/_4 = 90$ Grad. Wollen wir nun 16 Teile haben, wie hier in der Zeichnung, so würde jeder Teil den 16. Teil von 90 betragen, also $5^5/_8 = 5^1/_2$ cm ungefähr. Man nimmt nun zwei Zirkel zur Hand, in den einen nimmt man $5^1/_2$ cm, in den anderen nimmt man die Länge vom Mittelpunkt nach 1 und schlägt einen Kreisbogen, auf diesen mißt man nun $5^1/_2$ cm und zieht eine Linie vom Mittelpunkt durch den gewonnenen Kreispunkt bis zur Endlinie der Zeichnung; so erhält man den zweiten Punkt, von welchem man einen Kreisbogen schlägt, zieht wieder eine Linie, wodurch man den dritten Punkt erhält und so weiter, wie die Zeichnung zeigt. Die Abzeichnung des Stoffes zeigt Fig. 11, Taf. 25. Derselbe wird von seiner geraden Basis aus in $5^1/_2$ cm breite Abteilungen geteilt und an diesen senkrechten Linien die Punkte von 1—17 getragen. Die untere Basis wird nun durch einen starken Bindfaden in den Stichen fest zusammengezogen, wie im Mittelpunkt angedeutet ist und der Stoff Punkt auf Punkt mit einem Nagel geheftet und ohne viele Umstände wird man den Sternplafond geheftet haben. Die Mitte deckt eine Rosette, vom Posamentier gearbeitet und mit dem Zierknopf Fig. 7, Taf. 25, befestigt. Das übrige Einbringen des Himmels ist dasselbe wie oben beschrieben.

Auch auf Thüren und Thürtaschen können dergleichen strahlenförmige Sterne garniert werden, wie unsere Fig. 4, Taf. 25, zeigt. Die Zugabe des Stoffes würde hier denselben Verhältnissen wie bei dem Plafond entsprechen.

Man kann in solche steifgedeckte Wagen Himmel- und Thürverzierungen, Sterne, Arabesken ꝛc. auch auf leichtere und billigere Art herstellen, indem man die Zeichnung auf den Stoff bringt, bei sehr diffizilen Farben bloß die Papierzeichnung aufheftet, ein Stück Nessel unterlegt und die Zeichnungskonturen mit Seide auf der Maschine durchnäht, hinten in den Nessel kleine Schlitze schneidet und mit Watte ausfüllt, so daß die Zeichnung erhaben hervortritt.

An diesen Wagen werden gewöhnlich seidene Vorhänge vor die Fenster angebracht, diese werden entweder nur angeknöpft oder oben auf einer metallenen Stange in Ringen gehend, oder auch zum Auf- und Abrollen eingerichtet. Zur Anbringung derselben und zum leichten Gang der Aufziehschnuren wendet man die elfenbeinernen oder knöchernen Schnurenrollen an. Fig. 6 und 37, Taf. 26. Meist aber werden bei feineren Wagen „Springrouleaus" (Ressorts) angewendet. Fig. 15, Taf. 25, die Abbildung eines solchen; an der Thürzeichnung Fig. 4, Taf. 25, sehen wir ein solches Springrouleau angebracht. Dasselbe hat als Bewegungsapparat eine Spiralfeder von Draht, welche um eine schwache Eisenstange (deren Länge der Fensterbreite entspricht) der ganzen Länge nach gewunden ist. Eine cylindrische Blechröhre von etwa 0,026 m Durchmesser umgibt das Ganze wie ein Futteral. Die Spiralfeder ist an einem Ende mit der Eisenstange, am entgegengesetzten Ende mit der Blechröhre fest verbunden. Durch fortgesetztes Umdrehen der letzteren wird mithin die Drahtfeder aufgewickelt und so angespannt, daß beim Loslassen der Blechröhre sie plötzlich unter raschen Umdrehungen rückwärts schnellt, bis die Spannkraft der Feder aufhört und sie in ihre ursprüngliche Lage zurückgekehrt ist. Das Umdrehen oder Anspannen der Blechröhre bewirkt später das Niederlassen des Rouleaus, das Zurückschnellen aber das Aufwickeln des letzteren. Um diese Bewegung regulieren zu können, findet sich innerhalb der Blechröhre, da wo das eine Ende der Spiralfeder befestigt ist, eine Art Zahnrad oder dem entsprechende Ausschnitte, in welche der Sperrzahn eines kleinen, auf der Eisenstange beweglich befestigten Hebels greift. Die an beiden Enden der Blechröhre vorstehenden vierseitigen Enden der Eisenstange ruhen unbeweglich in den entsprechenden Löchern oder Augen zweier eiserner Stifte, welche oberhalb der Fenster angebracht werden und den ganzen Apparat tragen. Um die Blechhülse wird nun Leinwand geklebt und an diese das Rouleau angenäht. An das untere Teil wird ein breiter Saum genäht, in welchen eine kleine hölzerne runde Stange geschoben wird, in die an den Enden kleine Oesen geschraubt werden, durch die später Führungsschnuren gehen. An den oben beschriebenen kleinen Hebel wird eine kleine Quaste befestigt, die beim Ausheben zum Anfassen dient.

Um auch bei runden Fenstern diesen Mechanismus anwenden zu können, erhält die Spiralfeder die volle Länge der nach dem Fenster gebogenen Eisenstange. Die Blechhülse fällt ganz fort; dagegen näht man feine Leinwand unmittelbar um und an die Feder, woran später die Gardine wie gewöhnlich befestigt wird. Man hat hierbei zu beobachten, daß die schwache Eisenstange, welche unten in die Gardine genäht wird, genau der äußeren Rundung und Länge der oberen Rouleaustange entspricht, da im entgegengesetzten Falle die Gardine schlecht aufrollt und Falten oder Spannung zeigt. In diese Wagen werden oft zur Bequemlichkeit der Fahrenden Zigarrenhalter, Feuerzeuge ꝛc. angebracht. So unter vielen anderen auch Aschenbecher wie in Fig. 9, Taf. 26, und Visitenkartentaschen Fig. 8, Taf. 26.

Eine kleine einfache, aber sehr vorteilhafte Erfindung ist der Schirmhalter für Koupees oder sonstige geschlossene Wagen. Fig. 16, Taf. 26. Die metallene Platte, die im rechten Winkel gebogen ist und dort einen

Haken bildet, wird in irgend eine Ecke angeschraubt. Dieselbe trägt auf der einen Seite einen eingenieteten Ring mit Kette, die so lang ist, daß sie über den Haken läuft und durch die etwas schwere Metallkugel nach unten gezogen wird. Auf diese Weise können mehrere Stöcke, Regen- und Sonnenschirme in die Ecke gestellt werden, welche die über den Haken gezogene Kette am Platze hält und verhindert, daß sie durch das Schwanken des Wagens beim Fahren umfallen. Der kleine Gegenstand ist nicht nur nützlich, sondern dient auch als Schmuck im Innern des Wagens.

5. Omnibusse.

Die Decken dieser Art Wagen werden sehr selten mit Stoff von unten garniert, sondern meist stehen die Spriegel frei und sind lackiert oder poliert und über diesen Spriegeln, unter den Futterbrettern, wird die Decke gewöhnlich mit holzartig lackiertem Wachsbarchent benagelt; dann die Futterbretter aufgenagelt und die Decke überzogen. Die Seitenteile und Rückwände werden ebenfalls selten gepolstert, sondern in einzelne Felder geteilt und holzartig lackiert und oft mit Abziehbildern und Ecken in Gold und buntfarbig verziert.

Sollen die Seiten- und Rückwände gepolstert werden, so geschieht dies oft glatt, zuerst in Leinwand façonniert und dann mit Stoff überzogen und mit Schnuren verziert, oder die Matratzen werden auch nach oben beschriebener Weise abgeheftet. Auch die unteren Teile des Kastens werden nicht immer mit abgehefteten Matratzen versehen, sondern nach Art der Eisenbahnwagen III. Klasse ebenfalls holzartig lackiert, nur oben, wo die Schultern anzuliegen kommen, macht man eine gepolsterte Wulst, ungefähr 0,150 m breit. Die Sitzkissen werden meist auf Rahmen gearbeitet. Die Rahmen werden gegurtet, die Federn, aus starkem Memedraht 9gängig gewunden, werden erst 0,110 m hoch gebunden und dann aufgenäht, resp. genagelt, dann dieselben geschnürt.

Um den oberen Rand bindet man dann einen Rahmen von Federdraht und überzieht das Kissen mit starken groben Federleinen; alsdann legt man eine bedeutende Lage Werg auf und heftet ein Stück Behäutleinwand darüber, näht dann mit der Doppelspitze durch dieses Façonpolster, ohne die Federn zu berühren, 5 bis 7 nebeneinander laufende Nähte mit starkem Bindfaden und zieht jeden einzelnen Stich, nachdem man alles durchgezogen hat, für sich an, macht die unten angeheftete Leinwand nochmals los und füllt die Kanten nach. Letztere näht man dann, besonders rundum, mehreremal mit Bindfaden durch, legt dann auf das Polster eine Lage Roßhaare und überzieht das Kissen mit feineren Leinen. Dann wird der Stoff glatt übergeschnitten, die Seitenböden mit Schnure an das Hauptteil im Garnierhaken genäht und nun das Kissen übernagelt.

c) Verdecks, Anschlagen der Leisten und Knieleder.

Die Verdecke werden entweder mit lackiertem Verdeckleder oder einfachem Schmierleder überzogen. Zum Zuschneiden eines solchen Verdecks verweisen wir auf das Gesagte über „Stellung der Spriegel unter innere Garnierung von halbverdeckten Wagen" und ziehen wir diese Methode vor, nach welcher alte Lederstreifen auf das Verdeck aufgenagelt wurden, so können wir das Lederverdeck eher schneiden, als die innere Garnierung einbringen; die Lederstreifen müssen aber so aufgenagelt sein, daß sie genau die Richtung der Nähte des Verdecks anzeigen. Das Lederverdeck besteht wie die innere Garnierung aus 4 Teilen, dem Himmel, den zwei Seitenteilen und der Rückwand. Zum Seitenteile benutzt man ein Papiermodell, welches man auf die Spriegel aufheftet und sich die Konturen mit Kreide anzeichnet; ebenso zeichnet man das Loch der mittleren Sturmstangenstütze genau an. Nun legt man das Modell auf die Haut und zwar so, daß unten und hinten das starke Leder hintrifft, während nach oben die Wampen oder der Bauch hinkommt. Das mittlere Stützenloch sticht man durch und schlägt es später mit einem passenden Locheisen durch. An dieser Stelle schiebt man nun das Seitenteil auf die Mittelstütze und steckt die Sturmstangen an, dann zieht man das Leder straff nach der unteren Stütze und bricht es auf der Stelle um, wo es an die Stütze trifft und schneidet einen Schnitt ein, bricht es anders um und macht ebenfalls einen Schnitt, so daß die beiden Schnitte ein Kreuz bilden; nun steckt man das Leder auf die Hinterstütze. Dadurch, daß man vor der Stütze den Schnitt machte, zieht sich das Leder in eine Falte an. Damit sich das Leder nicht auszieht, schlägt man, bevor man die Sturmstange aufschlägt, einen Heftnagel. Ebenso verfährt man an der vorderen Stütze, nur daß man nicht allein das Leder nach vorn, sondern auch etwas nach oben zieht und die Kreuzschnitte also vor und unter der Stütze anbringt. Vor dem Einschlagen der Sturmstange heftet man ebenfalls einen Nagel.

So bildet das angesteckte Seitenteil zwei straffe Falten von der Mittelstütze nach den Endstützen, die sich, wenn das Leder nach den übrigen drei Seiten ausgespannt wird, glatt herausziehen. Nun zeichnet man die obere Naht nach den Lederstreifen von innen mit Bleistift an und ebenso jeden Spriegel hinten und vorn. Bei festen Spriegelscheren sticht man dann zwei Löcher dahin, wo sich das Verdeck bricht, klebt an diese Stelle ein ausgeschärftes Stückchen Leder unter und zeichnet auf das Leder ein kleines Kläppchen, Fig. 6a, Taf. 24. Bei französischen freiliegenden Spriegelscheren darf man das Leder von b zu c nicht annageln, sondern es wird, wie die Figur zeigt, rund geschnitten, mit Tuch gefüttert, eingereiht, so daß es nicht nach oben klappen kann und eingestemmt. Es zeigen uns dies die Fig. 6 und 8, Taf. 24.

Der Himmel wird nach allen Seiten straff aufgeheftet und ebenfalls an den Lederstreifen entlang die Nähte angezeichnet. Nun schneidet man das Leder auf dem Tische zurecht, indem man an den Strichen entlang die Nahtbreite zugibt und näht diese drei Teile im Garnierhaken nach den gemachten Zeichen mit festem Faden mit zwei Nadeln zusammen. Ein Lederköder wird jetzt nicht mehr angewendet. In englischen Werkstätten wird die Rückwand ebenfalls auf dem Tische an die Seitenteile angestemmt; zu diesem Zwecke müssen auch die Ohren vorher an die Seitenteile geschnitten werden und zwar sind diese in der Mitte 0,025 m breit und laufen nach unten und oben spitz aus. Beim Schneiden der Rückwand muß man vorzüglich darauf sehen, daß diese nach allen Seiten gehörig ausgespannt wird, vorzüglich aber unten und oben nach den Seiten zu vorzüglich straff. Ist das Verdeck fertig genäht, werden die Lederstreifen vom Verdeck losgenommen und eine Gurt aufgenagelt und über diese Leinwand nicht zu straff gespannt und auf jeden Spriegel genagelt. Um dem Verdeck eine schöne Wölbung zu geben, legt man zwischen die Spriegel, niemals auf die Spriegel selbst, eine leichte Schicht Roßhaare, die man mit langen Stichen aufnäht und darüber leichte Leinwand spannt. Nun wird das Verdeck übergestülpt, nach allen Seiten angezogen und festgenagelt.

Die Nägel werden später mit schmalen metallenen Leisten verdeckt.

Beim Anschlagen derselben, welche Arbeit oftmals dem Sattler überlassen bleiben muß, nimmt man sich zuerst Maß mit einem Faden und schneidet das betreffende Stück passend ab, verfeilt die abgeschnittenen Enden und setzt an dieselben Stifte ein, wenn keine an die Stelle treffen sollten. Sind die Stifte gut und das Metall nicht allzu dünn, kann man die Leiste, ohne vorzubohren, sofort anheften. Ist das nicht der Fall, hält man die Leiste vorher an und bohrt mit einer feinen Ahle die Löcher vor, setzt die Stifte ein und treibt die Leiste langsam mit dem hölzernen Hammer herunter, indem man stets nur auf die Stiftstellen schlägt. Zum Antreiben benutzt man ein Stück Holz, in welchem unten die Form der Leiste eingearbeitet ist, so daß dieselbe, nachdem sie angeschlagen, keine Spur des Werkzeuges trägt. Die Krümmungen müssen vorher gebogen werden. Auf den Ecken werden die Leisten auf Gehrung vermittelst einer kleinen Laubsäge zusammengeschnitten.

Das Lederverdeck kann auch nach dem Garnieren des Wagens geschnitten werden; man läßt dann die oben richtig geschnittenen Seitenteile angeheftet, wenn man den Himmel zuschneiden will und macht die Zeichen zum Zusammennähen oben auf. Die Rückwand kann man für sich annageln, dann erst die Verdeckohren zurechtschneiden und einstemmen. Da beide Nähte von außen gemacht werden müssen, macht sich das auf der einen Seite natürlich etwas schwieriger, was die Engländer nach der oben beschriebenen Weise vermeiden.

Die Verdecks an Landaus machen bei den Seitenteilen insofern eine Ausnahme, weil man dasselbe oben über das Scharnier gehen lassen muß, damit die Naht nicht gerade in dasselbe kommt und bricht; es wird das Seitenteil, wie die Fig. 16, Taf. 24, zeigt, bei a etwas breiter gelassen.

Die vordere Rückwand an Lederlandauern bietet ebenfalls noch einige Abweichungen, Fig. 15, Taf. 24. Sie besteht aus den drei Stücken a, b und c, das Stück a wird mit schwarzem Leinen oder einem Stück dünnen Leder unterklebt, querüber eingestemmt und dann noch 0,026 m von der Stemmnaht nochmals durchnäht. b und c werden mit einem 0,130 m breiten Stück Leder unterlegt und zwar so weit, wie die an unserer Abbildung punktierten Stellen gehen. Dieses Stück wird auf der einen Seite mit Nahtschnure eingefaßt, auf der anderen Seite nach Art des Stückes a mit eingestemmt und genäht. Dieses Stück verbindet das Leder des Verdecks und inwendig das Tuch, welches wie oben beschrieben, mit einer Nahtschnur versehen war; an diese Nahtschnur wird nun die Plattschnur genäht. Das Stück verhindert, daß man zwischen Tuch und Leder hineinsehen kann. In diesem Zwischenraume ist, oben und unten angenagelt, eine Darmsaite angebracht, die Darmsaite liegt in Oesen, die oben in dem Fensterrahmen angeschraubt sind. So ist es möglich, daß das Fenster sich herauf- und herunterschiebt und das Ganze doch sich zusammenlegen kann.

Oft sind an halbverdeckten Wagen sogenannte Ausfälle oder Vorfälle angebracht, die sich an den Vorderspriegel anlegen und von da vielleicht 0,300 m ausfallen. Sie werden durch den Schlosser gewöhnlich durch eine an den Enden gekrümmte Stange, Rundeisen, gefertigt und vom Sattler einfach mit einem Stück unterschlagenen Leder unten um die Stange genäht und oben unter oder gegen den Spriegel angenagelt. Die Schlaufen zum Zurückknöpfen werden oben mit eingenagelt und hinten die Knopfnägel zum Anknöpfen derselben eingeschlagen.

Die Vorderverdecks an Fensterchaisen bestehen oft aus einem einzigen Stück Leder, welches unterschlagen und rundum eingestemmt, mit Knopflöchern versehen und angeknöpft wird.

Bei Koupeephätons besteht dieses Vorderverdeck aus einem vom Stellmacher gefertigten Aufsatze von Holz. Auf diesem wird das Leder festgenagelt und die Nägel mit Leisten verdeckt; nur hinten, wo das Leder über die eingeschlagenen Spriegel geht, wird es eingestemmt, mit Knopflöchern versehen und angeknöpft.

An steifgedeckten Wagen wird das Verdeck oben mit lohgarem Leder, gewöhnlich Roßleder überzogen. Das Leder wird ganz naß gemacht und nach allen Seiten scharf angespannt. Rundum um das Verdeck läuft oben eine eingefalzte Rinne, in welche das Leder festgenagelt wird. Später werden die Nägel in der Rinne vom Lackierer überkittet. Die Seitentafeln der steifgedeckten Wagen wurden früher ebenfalls öfter mit Leder überzogen, jetzt zieht man vor, dieselben nur aus Holz zu fertigen und zu lackieren. Koupeeverdecke überwalkt man neuerdings mit einer Haut Leder ohne Naht und ist dies eine Arbeit der Lederbereiter, jedoch kann auch leicht ein Sattler diese Arbeiten ausführen.

Wir bringen unter Fig. 8, Taf. 25, diese Arbeit zur Anschauung. Eine passende lohgare Verdeckhaut, ungeschwärzt und ungefettet, wie solche aus der Lohe kommt, wird so auf das Verdeck aufgelegt, daß in der Mitte der Rückwand bei a der Schwanz hintrifft, während bei b der Hals zu liegen kommt. Das Leder wird nun dicht mit Nägeln angeheftet, immer dieselben wieder gelöst, nachgezogen und von frischem geheftet. Die hauptsächlichsten Falten fallen bei den Punkten e und d und muß an diesen Stellen das Leder durch einen Walker, ein stumpfes Eiseninstrument des Gerbers und Lederbereiters, zusammengewalkt werden, daß auch das kleinste Fältchen in sich selbst verschwindet. Das Trocknen des Leders thut dann das übrige. Sind die Falten an diesen Stellen nicht recht weggewalkt, sieht man dies selbst durch die beste Lackierung hindurch.

Die Knieleder werden aus einem Stück geschnitten, unterschlagen, eingestemmt, mit Knopflöchern versehen und oben setzt man die Ringkappen auf. Oft macht man auch Seitenteile an dieselben, welche öfter, vorzüglich bei lackiertem Leder, nicht unterschlagen werden. An den hinteren Fußsäcken bei halbverdeckten Wagen werden jetzt wenig nur die sogenannten Fußsackstangen, zur Aufnahme der Jalousie, angewendet, da sie für starke Personen besonders lästig sind. Man ersetzt sie durch einen breiten Streifen Leder, den man oben einnäht und an den man die Haken annietet. Auf den Fußsack macht man eine lederne, oder mit Borde und Stoff verzierte Klappe ungefähr 0,520 m breit, die man, wenn die Jalousie heruntergeschlagen ist, unten durchzieht, und hinter derselben anknöpft. Die Knieleder werden oft am Wagen zusammengeschlagen, und dienen dazu die Fußsackhalter Fig. 33 und 34, Taf. 26. Angeknöpft werden sie durch Knopfnägel in Eisen geschmiedet, in Metall gegossen oder in Elfenbein und Knochen gearbeitet, Fig. 38, Taf. 26.

Zum Aufhängen der hinteren Knieleder, die ohne Haken gefertigt werden, dienen die Fußsackhaken Fig. 33, Taf. 26.

d) Kotschirme und Kotflügel.

Die Rahmen sind vom Schlosser gearbeitet und werden vom Sattler mit lackiertem Leder überzogen. Das beste ist dazu das doppelt lackierte Koppelleder, weil es am wenigsten der Witterung ausgesetzt ist, doch wendet man häufig einfaches Koppelleder und auch starke Fleischseiten an.

Das Leder wird unten und oben glatt überspannt und am besten mit Holzklammern angeheftet, danach mit stärkeren weißen oder farbigen, meistens schwarzen Garnfaden egal und schön durchnäht. Die Außenseiten werden selten eingestemmt, sondern nur genäht, geschwärzt und abgeputzt.

Zum Festhalten der Zügel wird oft über den Kotschirm ein Zügelhalter gesteckt. Es ist dies ein Stück Stahlblech mit lackiertem Leder überzogen, Fig. 10, Taf. 26.

An unserer Zeichnung sehen wir eine Uhr in einer besonderen Tasche daran, gewiß eine Neuerung, die mancher Wagenführer praktisch finden würde. Diese Zügelhalter mit Uhrtasche verkauft Herr H. V. Schütz in Hannover.

An den Kotschirm werden meist auch die Peitschenscheiden, Fig. 27 und 28, Taf. 26, mit Schnallriemen befestigt. Eine Neuerung sind die amerikanischen, sehr billigen sauberlackierten blechernen Peitschenscheiden mit und ohne Gummieinlagen, zum Anschrauben an den Bügel des Kotschirms, die oft freilich der Solidität und großen Haltbarkeit entbehren.

e) Vachen, Böcke, Koffer.

Auf große Omnibusse und Postwagen werden öfter Vachen angebracht. Es sind dies über dem Verdeck befindliche Behälter zur Aufnahme von Gepäck, die mit einer Lederdecke überdeckt sind. Dieselbe besteht oft aus mehr als einer Haut Rindleder, wird nicht eingestemmt, sondern nur mit großen Ringen versehen, die rundum mit Kappen aufgenäht werden. Vorn wird die Vache gewöhnlich festgenagelt. Um den hölzernen Behälter sind ebenfalls rundum Ringe angebracht und eine durchgehende Kette schnürt die Vache fest.

Böcke werden jetzt im Innern gar nicht mehr garniert, sondern die eisernen Bügel werden einfach schwarz lackiert oder bei feinen Wagen mit lackiertem Leder bezogen. Beim Ueberziehen dieser Bockbügel kann man die Rundungen und Biegungen am besten überwinden, wenn man das naßgemachte und unten mit Kleister bestrichene Leder auf einer geraden Fläche des Bügels näht und dann über die Ecke und Rundung einfach hinwegschiebt. Die rundum gehenden Kränze werden aus lackiertem Koppelleder gefertigt, oft unten ein eiserner Stab eingenäht. Sehr leicht sieht jedoch aus, wenn der Stellmacher den Bockrahmen gleich mit einem Karnies versieht, so daß gar kein Kranz nötig ist.

Die Bockkissen müssen dann natürlich sehr gut aufliegen, damit man nicht darunter sehen kann. Zu diesem Zwecke macht der Stellmacher gleich einen Bockkissenrahmen ungefähr 0,040 m hoch, dessen beide Langseiten nach hinten lehnen. Dieser Rahmen wird einfach mit Plüsch, Leder oder Ledertuch bezogen und unten Rundschnure genagelt. Auf die rechte Seite fertigt man ein keilförmiges Fahrkissen, was ganz vom Sattler gearbeitet, oder auch vom Stellmacher in Façon aus Holz gefertigt werden kann. Ein solches vom Stellmacher gefertigte Bockkissen oder vielmehr Keilkissen zeigt uns Fig. 16 bis 18, Taf. 25. Was die Anfertigung dieser Kissen anlangt, so sind sie ganz vom Stellmacher und Sattler gearbeitet, wie die Kissen Fig. 12 bis 14, Taf. 25, die wir unter offenen Wagenausschlägen eingehend beschrieben. Nur was den hochstehenden Holzkeil an Fig. 18 anlangt, so wird derselbe von unten mit zwei Schrauben durch das Polster des langen Kissens festgeschraubt, um Gelegenheit zu geben, das Keilkissen zu versetzen nach der Mitte und nach der Seite. Zu diesem Zwecke sind an Fig. 16, untere Ansicht des Keilkissens, zwei Einschnitte angebracht, die auf den Keil passen und es ist leicht verständlich, wenn das Kissen mit dem rechten Einschnitt auf den Keil gesetzt wird, es an der Seite liegt, während, wenn dies mit dem linken geschieht, das Kissen in der Mitte des Bockes liegt.

Die aus Leder oder Ledertuch gearbeiteten Klappen der Böcke sind in der Anfertigung der oben beschriebenen, der inneren Garnierung ganz gleich.

Zu Reisewagen werden auch Koffer zum Hintenaufsetzen verlangt. Dieselben werden vom Tischler aus leichten Brettern gefertigt und vom Sattler mit Leder oder Ledertuch bezogen und mit zwei Handgriffen an den Seiten versehen. Im Innern werden dieselben sauber ausgelegt und mit Einsätzen, feststehenden Hutfedern zum Tragen der Hüte u. s. w. ausgestattet.

f) Das Riemenzeug.

Die Hängeriemen werden aus starkem Geschirrleder gearbeitet und nach der Schwere des Kastens schwächer oder stärker angefertigt. Die Neuzeit hat auch darin wesentliche Fortschritte gemacht und sehen wir jetzt die Hängriemenoberlage in der Mitte bombiert und an den Kanten schön schwach geputzt, so daß sie ein leichtes elegantes Ansehen haben. Die Nähte werden mit dem Lackzirkel eingerissen, so daß der starke Faden sich einlegt und die Naht geschmackvoller aussieht. Fig. 2, Taf. 25, zeigt uns einen solchen fertigen Riemen. An Fig. 1 versuchen wir klar zu machen, wie die drei einzelnen Lagen verlegt werden, a a ist die Oberlage, b b Mittellage und c a die Unterlage. Die Stoßriemen unter dem Kasten Fig. 3, Taf. 25, bei Wagen mit Doppelfedersystem, sind ebenfalls aus starkem Leder doppelliert. Bei feinen Wagen macht man öfter zur Zierde hinten von der Rückwand aus nach den Federschnörkeln sogenannte Kreuzriemen aus lackiertem Leder, doppelt mit Ziernähten durchnäht. In der Mitte hält dieselbe eine ziselierte Platte, die unten eine Oese hat, zusammen, Fig. 36, Taf. 26. An den Enden sind sie durch metallene Schnallen gehalten, Fig. 41, Taf. 26. An den Kasten des Wagens und auf dem Zierbrett sind metallene Oesen angebracht, worin die Riemen geschnallt sind, Fig. 7, Taf. 26.

Die Ortscheitriemen werden oft doppeliert und durchnäht, oft aber auch nur aus einem Streifen Leder gebildet, der öfter umwickelt wird und durch welchen dann die Riemenschraube zum Zusammenhalten geht.

g) Ueberzüge.

Ueberzüge für Bockdecken werden in der Regel aus wasserdichtem Stoff (Makintosch, Wachstaft oder Wachsleinwand) angefertigt. Man schneidet zuerst ein Modell von starkem Papier für die Flügel (Pfeifen) der Bockdecke, ebenso für die Seitenteile, falls diese nicht etwa überall geradlinig sind. Hat die Bockdecke neben den großen Flügeln noch kleinere Pfeifen, so werden dieselben beim Ueberzug nicht weiter berücksichtigt und das Modell so groß geschnitten, daß es sämtliche Pfeifen in einer Ecke in einem Stück bedeckt. Sind die Flügel und Seitenteile nach diesen Modellen ausgeschnitten, so werden sie vorläufig an der Bockdecke befestigt, um das Hinter- und Vorderstück zuschneiden zu können. Die einzelnen Teile werden hierauf durch Heftstiche miteinander verbunden, abgenommen und verkehrt (von der Unterseite) zusammengenäht. Später heftet man das Ganze abermals an die Bockdecke, legt das Ober- oder Sitzstück auf und vereinigt dasselbe durch Vorderstiche mit dem übrigen. Diese obere, etwa 0,013 m hohe Kante wird nun rundum egal verschnitten und mit Band oder Plattschnur eingefaßt. Die untere Kante des Ueberzugs reicht ringsum etwa 0,050 m über die Bockdecke hinab; sie wird ebenfalls eingefaßt und erhält an jeden Flügel zwei Bänder, um das Aufflattern der Decke beim Fahren zu verhindern.

Ueberzüge für offene Sitze werden meist aus Ledertuch gefertigt, mit Band eingefaßt und mit Bändern zum Festbinden versehen. Decken über offene Sitze werden ebenfalls von Ledertuch gefertigt, vorn in die Fußsackknöpfe geknöpft, hinten Ecken zum Ueberstülpen eingenäht, das Ganze mit Band eingefaßt oder umgenadelt und rundum auf der Maschine genäht.

Zu Ueberzügen für die innere Garnierung benutzt man farbig gestreiften Drell oder Schirting (Kalikot, Nessel). Hierbei gilt als Hauptregel, die Befestigung so einfach als möglich herzustellen, um nicht durch überflüssiges Einbohren der Knopfnägel, Oesen u. s. w. die Garnierung unnötig zu durchlöchern oder die Lackierung an den Leisten und Friesen zu beschädigen. Man thut daher am besten, den Ueberzug auf dieselbe Art und Weise zuzuschneiden und verkehrt zusammenzunähen, wie dies bei Gelegenheit der englischen Garnierung erwähnt wurde. Doch läßt man das Hinterstück über die Rückmatratze hinweg bis auf den Sitzrahmen, desgleichen die Seitenteile über die Armlehnen und Seitenpolster bis auf den Sitzrahmen reichen. Um den Ueberzug im Verdeck zu befestigen, werden in Entfernung von 0,032—0,040 m feine metallene Oesen in die Spriegel gebohrt. Der Ueberzug erhält an den Stellen, wo er auf die Oesen trifft, Löcher, welche mit einer Lederscheibe eingefaßt sind, und wird durch Schnüre, welche man durch die Oesen zieht, unter den Spriegeln gehalten. Die Seitenteile, wie auch die Rückwand bedürfen nur in der Ecke einer Befestigung. Bei steifgedeckten Wagen ist wegen des geraden Pavillons der Ueberzug leichter anzubringen. Die Ueberzüge erfordern zwar mehr Arbeit und Sorgfalt zu ihrer Herstellung als die gewöhnlichen, dafür gewähren sie indes auch den Vorteil, mit Leichtigkeit eingeheftet und losgenommen werden zu können, ohne die Garnierung zu beschädigen. Für die Kissen werden besondere Ueberzüge genäht, in welche dieselben wie in einen Beutel geschoben werden. Die Sitzklappen erhalten nur einen losen Ueberfall von Zeug, welche auf der Sitzschwinge durch Oesen

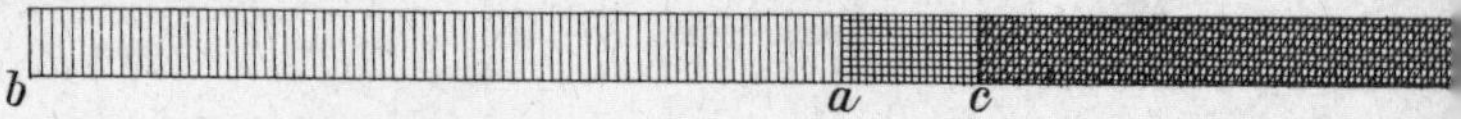

Fig.4.

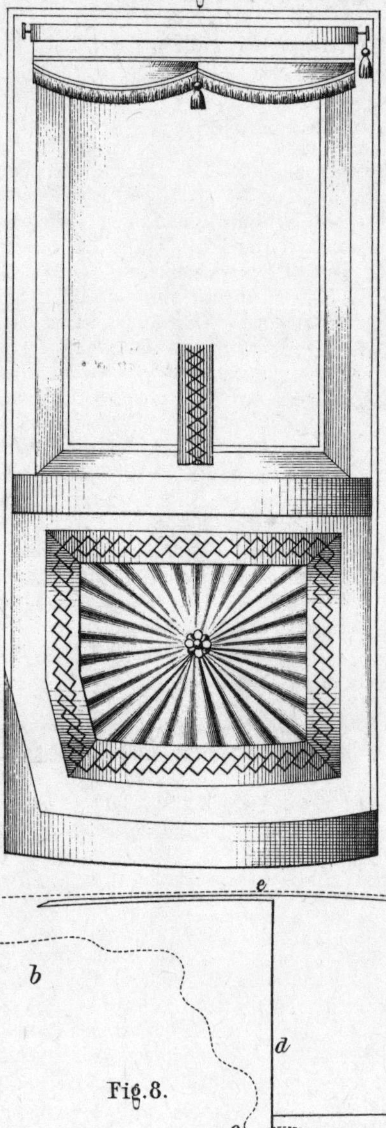

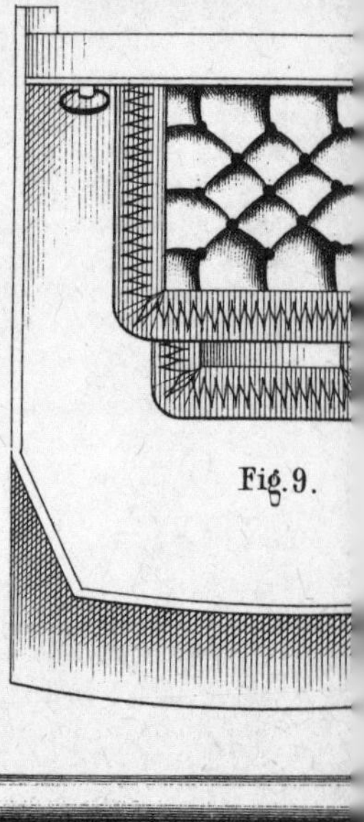
Fig.9.

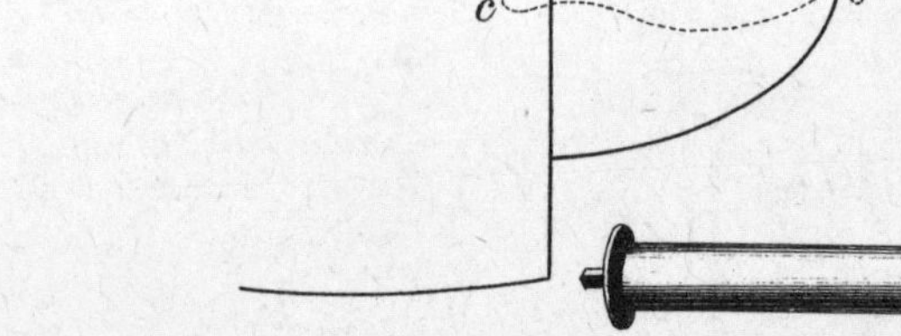

Fig.8.

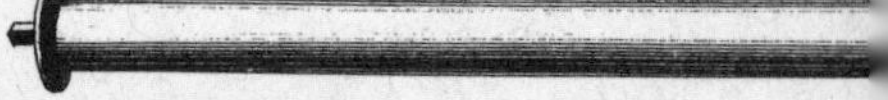

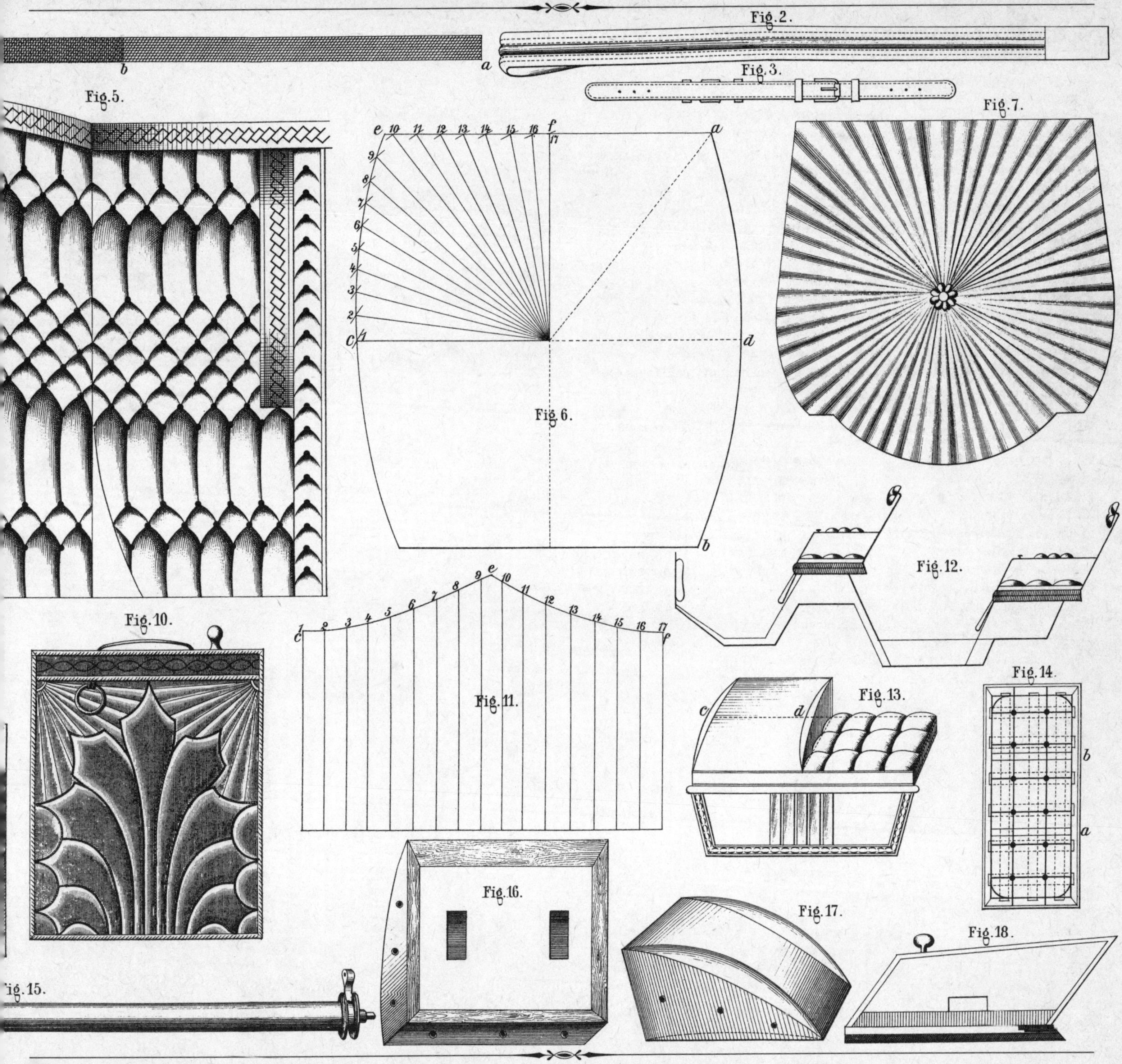
Fig. 2.
a
b
Fig. 3.
Fig. 5.
Fig. 6.
e 10 11 12 13 14 15 16 f 17 a
9 8 7 6 5 4 3 2 c 1 d
b
Fig. 7.
Fig. 10.
Fig. 11.
e
1 2 3 4 5 6 7 8 9 10 11 12 13 14 15 16 17
c f
Fig. 12.
Fig. 13.
c d
Fig. 14.
b a
Fig. 15.
Fig. 16.
Fig. 17.
Fig. 18.

und hindurchgezogene Schnuren befestigt werden. Dasselbe gilt von den Thürentaschen und deren Klappen.

In den meisten Fällen verfährt man jedoch beim Einbringen der Ueberzüge, um Arbeit zu ersparen, in folgender Weise: das Zeug wird in 2 bis 3 Bahnen (nach der Breite des Verdecks) in erforderlicher Länge abgeschnitten und reicht dasselbe vom Vorder- bis zum Hinterspriegel und von da über Rückwand und Matratze hinweg bis auf den Sitzrahmen in einer Länge. Das Zeug wird, wo es erforderlich scheint, vermittelst kleiner Kappnägel festgenagelt. In den Rundungen der Spriegel wirft der Ueberzug meist Falten, die auf den Spriegeln gleichmäßig verteilt und niedergeheftet werden. Die Seitenteile werden eingeheftet und gehen über die Armlehne und Seitenmatratzen ebenfalls bis auf den Sitzrahmen und werden oben mit der krummen Nadel an das Himmelstück angenäht, ebenso hinten an der Rückwand, indem man meistens die Verdeckschnuren unbedeckt läßt. Bei den Sitzklappen und Thürentaschen werden die Ueberzüge an der Unterseite der ersteren verkehrt angenäht und oben auf den Sitzschwingen und Thürleisten mit Kappnägeln befestigt, besser jedoch an die Rundschnur genäht, wo dies thunlich ist.

Ueberzüge, welche den ganzen Wagen bedecken, werden bei Kutschen meist aus Wollstoff hergestellt, um die Lackierung des Pavillons nicht zu beschädigen. Bei Wagen mit Lederverdeck wählt man dazu eine feine gerollte Leinwand. Bei der Anfertigung dieser Ueberzüge legt man das aufgerollte Stück Leinwand hinter den Wagen auf den Fußboden, zieht die Bahn über Dienerbock, Verdeck, Bock und Fußbrett über die Sprengwage hinweg bis etwa 0,060 m vom Boden, das hintere Ende wird in gleicher Höhe vom Boden abgeschnitten. Hierauf mißt und schneidet man eine zweite Bahn in derselben Länge vom Stück ab und näht beide der Länge nach zusammen. Dieses Mittelstück wird nun wieder über den Wagen gezogen und hierauf die Seitenteile, Bahn an Bahn der Länge nach einandergeheftet und später zusammengenäht. Man achte darauf, daß die nötigen schrägen Abschnitte möglichst weit oben stattfinden, so daß die ganze Seitenfläche möglichst gerade Bahnen zeigt, besonders aber, daß die untere Kante des Ueberzugs ringsum in gleicher Höhe vom Fußboden stehe.

In Marställen, wo jeder Wagen seinen besonderen Platz stets behält, hängen über denselben viereckige Holzrahmen mit Segelleinen überzogen, die so groß sind, daß sie alle äußersten Punkte des Wagens überragen. An den vier Seiten des Rahmens sind nun herunterhängende Stücken Segeltuch angebracht nach Art von Gardinen, die entweder in die Höhe oder nach den Seiten geschoben werden können. So ist der Wagen vollständig bis zum Boden bedeckt und der Ueberzug berührt den Wagen gar nicht.

h) Ordinäre Garnierung.

Unter diesem Kapitel wollen wir kurz die Art und Weise beschreiben, wie die Garnierungen in kleinen Werkstätten gewöhnlich angefertigt werden und die oft auch an alten Wagen, wo Spriegelgestell u. s. w. sich schon verzogen haben, zu empfehlen ist. Ist das Matratzenbrett eingenagelt, so wird gegen dieses und die vordere Säule noch eine hölzerne geschweifte Armlehne angebracht. Nach diesem schneidet man das Pappwerk (d. h. mit Kleister und Papier steif gemachte Leinwand). Dies Pappwerk wird abgezeichnet

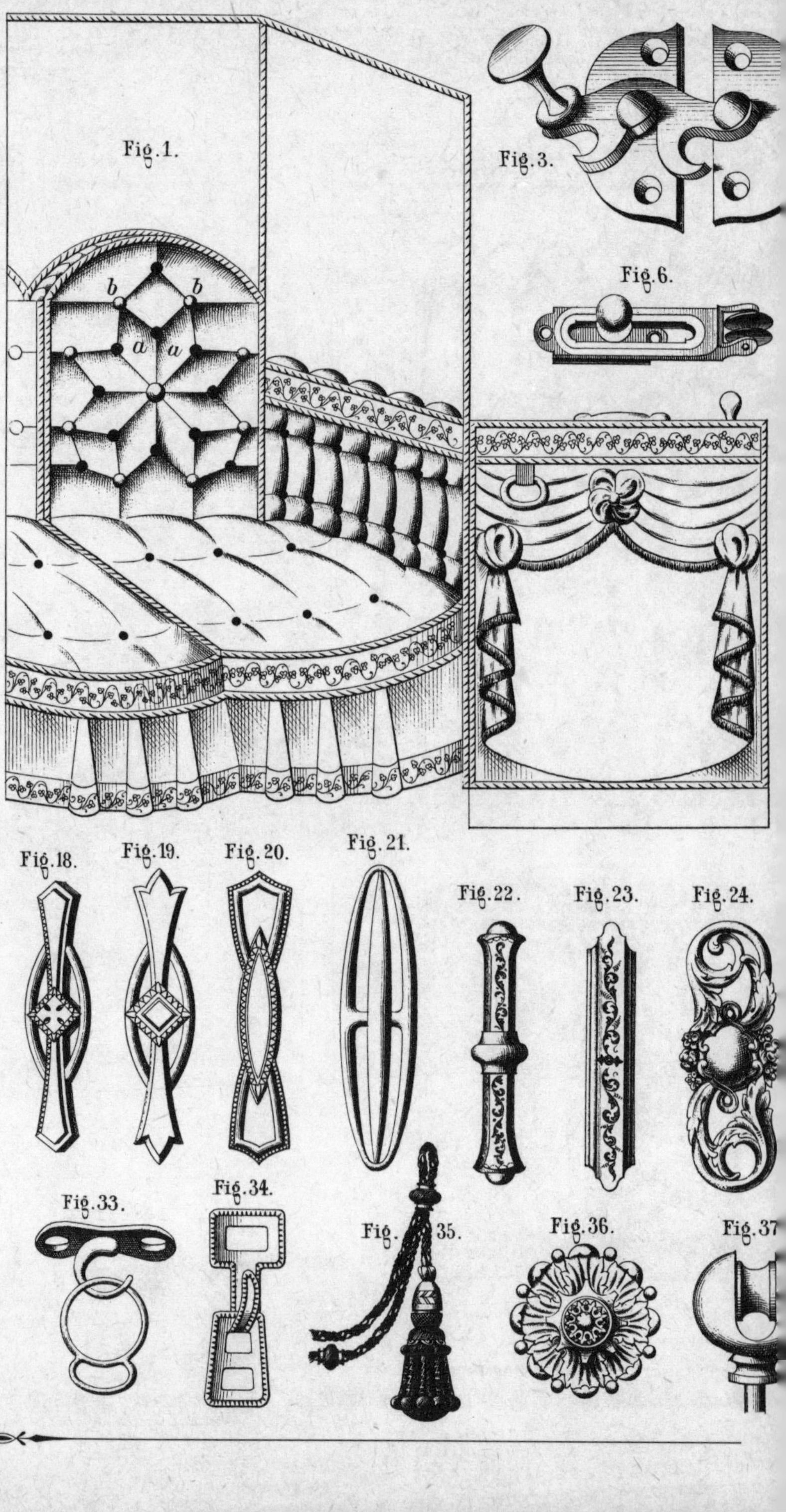

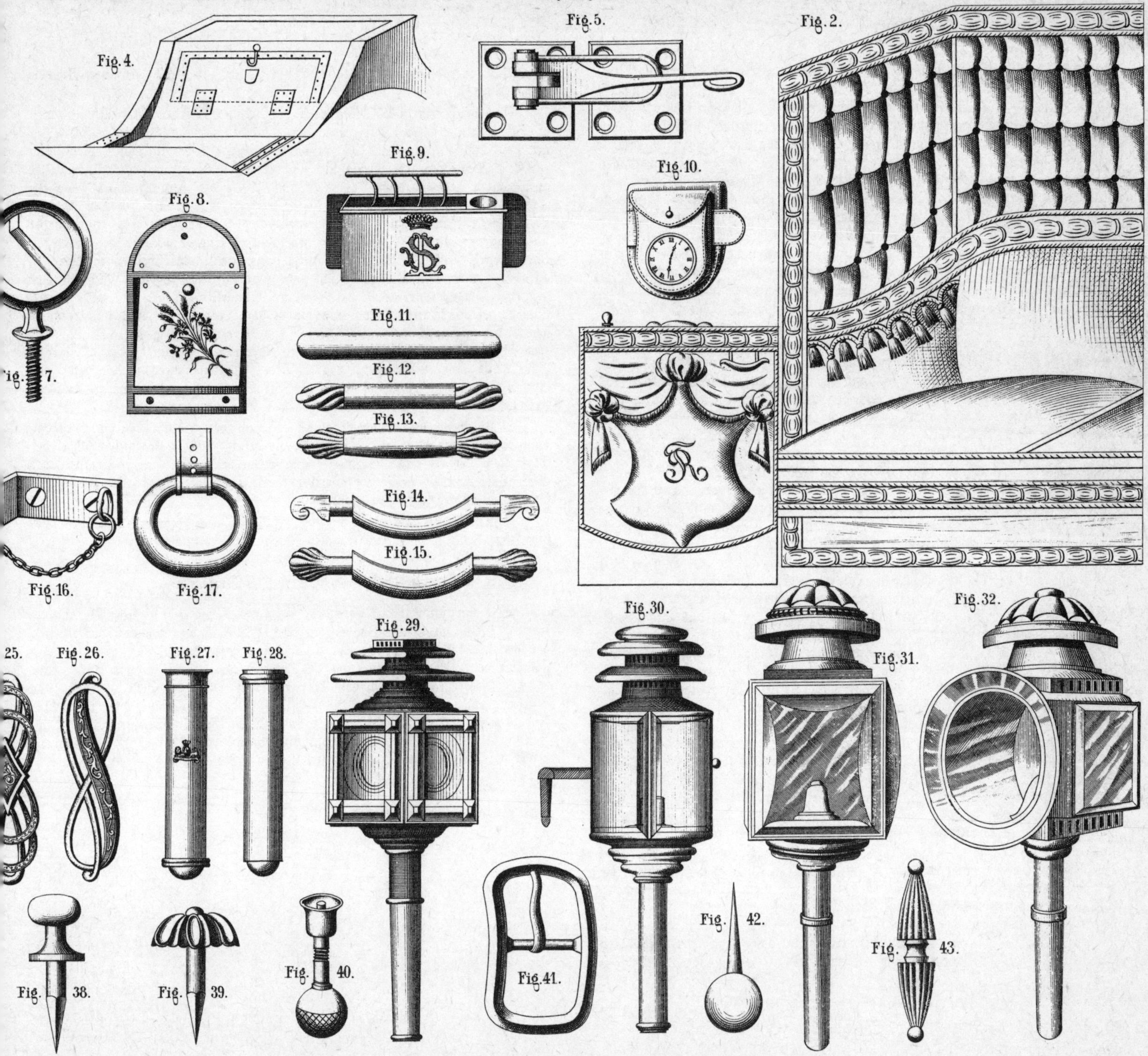
Fig. 2.
Fig. 4.
Fig. 5.
Fig. 7.
Fig. 8.
Fig. 9.
Fig. 10.
Fig. 11.
Fig. 12.
Fig. 13.
Fig. 14.
Fig. 15.
Fig. 16.
Fig. 17.
25.
Fig. 26.
Fig. 27.
Fig. 28.
Fig. 29.
Fig. 30.
Fig. 31.
Fig. 32.
Fig. 38.
Fig. 39.
Fig. 40.
Fig. 41.
Fig. 42.
Fig. 43.

nach der schon weiter oben beschriebenen Methode in Pfeifen, Karos u. s. w. Bei den Seitenteilen bringt man die obersten Stiche jedoch noch unter die Armlehne. Beim Oberstoff gibt man ebenso viel zu, als schon früher erwähnt ist; nur bei den Seitenteilen oben muß man mehr zugeben, weil das Pappwerk hinter die hölzerne Armlehne genagelt wird, das Tuch aber vorn herüber geht und auf dieselbe genagelt wird. Ist dies nun ziemlich fest ausgefüllt, so wird von oben auf jede gelegte Falte noch ein Abheftstich gezogen, wodurch sich die ausgefüllten Spitzen flacher drücken und zugleich die Armlehne bilden. Bei der Matratze wird gewöhnlich erst der Bauch in Façon gearbeitet, d. h. man nimmt ein entsprechendes breites Stück Leinen, näht es unten und oben an, füllt diese Erhöhung aus und näht die Enden zu, die übrige Anfertigung ist nicht abweichend von den weiter oben beschriebenen. Sind so Matratze und Seitenteile eingenagelt, so nagelt man rundum über Armlehne und Matratzenbrett hinweg eine Rundschnure. Das Verdeck wird durch Faden auf beiden Seiten in der gehörigen Stellung gehalten. Nun wird die Rückwand zuerst unten mit einem Nagelköder auf die Rundschnur eingenagelt; ist dieselbe jedoch nicht hoch, so daß sie beim Zurückschlagen des Verdecks dasselbe hindert, so kann sie nicht auf, sondern hinter das Matratzenbrett genagelt werden. Von den Ecken der Rückwand winklig nach dem Hinterspriegel bringt man zwei Schnuren, sodann hält man ein Ende der Schnur vom Vorderspriegel lose nach dem Hinterspriegel, wo die Schnur von der Ecke der Rückwand heraufläuft, von da nagelt man die Schnur auf dem Spriegel entlang bis zur anderen Eckschnur, läßt von da das andere Ende bis zum Vorderspriegel gehen und schneidet dieselbe ab. Der Himmel wird nun eingeheftet und entweder, wie schon beschrieben, mit Streifen versehen oder die Leinwandstreifen werden zuerst an die Spriegel angenagelt und dann durch dieselben und das Tuch an den Spriegeln entlang mit Vorderstichen durchgenäht. Hinten drückt ein Nagelköder den Himmel auf die aufgenagelte Schnur über den Hinterspriegel. Die vorhin erwähnten Schnuren vom Hinterspriegel aus nach dem Vorderspriegel werden nun in Bogen nach demselben gespannt und mit Vorderstichen an das Himmeltuch genäht. Die Seitenteile werden nun eingeheftet, oben und hinten an die Schnuren angenäht und auf die Armlehnen und den Vorderspriegel mit Nagelködern befestigt. Das Leder wird nach der beschriebenen Methode geschnitten nur mit dem Unterschiede, daß man an den Seitenteilen willkürlich einen Bogen annehmen, auch Himmel und Seitenteil zusammen angeheftet lassen muß, damit man die Marken zum Zusammennähen richtig anzeichnen kann. Die Federkissen zu diesen Garnituren macht man oft in den Boden höher als die schon beschriebenen, wonach sich natürlich auch die Höhe der Matratzenfälschung richtet. Die Höhe der Boden ist gewöhnlich 0,010 m. Der Vorderboden ist entweder apart eingesetzt oder es geht auch das Oberteil in eins herum nach dem Unterboden. Das Kissen wird nach bekannter Weise genäht, etwa 0,040 m rundum zugegeben. Das Federkissen besteht aus einem Rahmen, der rundum 0,025 m kleiner ist als der Unterboden des Kissens. Auf diesen Rahmen werden mehrere Gurten gespannt, die Federn in beliebiger Anzahl darauf gesetzt und geschnürt, mit Leinwand überzogen und mit einer ziemlich starken Werglage erst in Façon gearbeitet und einigemal durchnäht und zwar mit der Doppelspitze ohne die Federn zu berühren. Dieses so fertige Kissen wird in das Genähte eingeschoben, der Unterboden wird auf den Rahmen mit einigen kleinen Kappnägeln festgenagelt, die Seiten und oben ausgefüllt und das Kissen mit der Doppelspitze abgeheftet.

Erwähnenswert wäre wohl noch die Art und Weise, einen alten Wagen auszuschlagen, bei dem das Lederverdeck bleibt. Die Matratzen werden eingenagelt und rundum mit Rundschnur versehen. Die Rückwand wird dann zuerst abgeschnitten und unten mit Nagelködern verkehrt auf die Rückmatratze aufgenagelt, in die Höhe gezogen und gegen den Hinterspriegel genagelt. Die beiden Eckschnuren werden nun angenagelt und ebenso die Schnur vom Vorderspriegel nach dem Hinterspriegel über denselben hinweg und wieder nach ersteren zurück. Nun wird der Himmel eingeheftet und die Spriegelkanten vorher mit Kreide oder Rotstift angerieben, dann werden die Streifen auf die betreffenden Stellen genäht und zwar alle nach vorn. Nachdem dies geschehen, nagelt man mit Nagelködern das Himmeltuch gegen die aufgenagelte Schnur der Rückwand, nagelt von hinten nach vorn die Streifen des Himmels gegen die Spriegel und zieht dann das Ganze straff gegen den Vorderspriegel, wo man dasselbe mit einem Nagelköder annagelt oder die bloßen Nägel mit einer Plattschnur deckt. Die Seitenteile werden eingeheftet und rundum mit der krummen Nadel an die Schnuren genäht, vorn wird nur dasselbe mit einer Plattschnure gegen den Vorderspriegel genagelt.

Man kann bei diesen Ausschlägen auch den Himmel zuerst einheften, dann die Rückwand und Seitentiele, natürlich muß dann unten über den Matratzen vorher keine Schnur genagelt werden, sondern Rückwand und Seitenteile werden noch auf dieselben befestigt und dann deckt das Ganze eine rundum gehende Plattschnur.

Sollen Verdecktaschen in diesen Ausschlägen angebracht werden, so müssen dieselben ebenfalls mit der krummen Nadel eingeschlungen werden.

i) Aeußere Ausstattungen an Kutschwagen.

Wie wir schon weiter vorn auf Seite 6 bei Besprechung über Berechnung eines Wagens vorausgesetzt haben, nehmen wir auch hier an, daß der Sattler, der den Ausschlag des Wagens zu besorgen hatte, gewöhnlich auch für Anschlagen der Leisten, Anschaffung der Laternen und Griffe sorgen muß. Wir bringen deswegen in Fig. 29 bis 32, Taf. 26, vier neue Formen von Laternen und empfehlen zur Beschaffung dieser, sowie auch der Thürgriffe, Fig. 18 bis 26, Taf. 26, und aller anderen Metallwaren für Wagen die Herren H. A. Köhlers Söhne in Altenburg; E. Flüshöh in Barmen; Hültenschmidt und Cossack in Neheim a/Ruhr.

Fünfzehnter Abschnitt.

Von den Reisegegenständen.

a) Reisekoffer.

Man unterscheidet Herren- und Damenkoffer. Von ersteren nennt man die kleineren Sorten, die an der Hand getragen werden können, „Handkoffer". Diese Herrenkoffer werden mit eisernen Rahmen und dann mit Seitenboden und Rumpfteilen aus Pappe und mit verschiedenen Stoffen bezogen angefertigt oder aber mit hölzernen Rahmen, an denen die Seitenboden ebenfalls aus Holz gleich befestigt sind und wird in diesem Falle nur das Rumpfteil aus Pappe gefertigt. Letztere Rahmen kommen in allen Dimensionen gleich fertig im Handel vor und empfehlen wir als sehr lieferungsfähige Firmen C. A. Zickmantel in Reudnitz bei Leipzig und H. Oehme in Neuschönefeld bei Leipzig.

Was nun die Anfertigung dieser Koffer anlangt, sind wir in der angenehmen Lage, aus der Feder eines gediegenen Kofferfabrikanten Herrn Julius Reppenhagen, Sattlermeister in Leipzig, dessen Fabrikate wir angelegentlichst empfehlen, eine Beschreibung im Original zu veröffentlichen. Der Herr hat verstanden, sein anfänglich bescheidenes Geschäft zu einem in seiner Art bedeutenden emporzuheben und ist dies wohl nur seiner gediegenen Arbeit und seinem kulanten Verkehr mit seiner Kundschaft zuzuschreiben. Eine größere Anzahl unserer Zeichnungen verdanken wir seinem gütigen Entgegenkommen.

Die Anfertigung von Reisekoffern.

Wenn im nachstehenden etwas über Anfertigung von Koffern gesagt wird, so sei von vorn herein bemerkt, daß dieses nicht für solche Kollegen geschrieben, welche sich mit der Fabrikation von Koffern befassen, sondern für solche, welche in anderen Zweigen der Sattlerei arbeiten und dann und wann in die Lage kommen, einzelne Koffer anfertigen zu müssen. Wenngleich auch, bei dem bedeutenden Verbrauch von Koffern, diese in tausenden von Mustern gefertigt werden, so gibt es doch hierbei (außer einigen in den letzten Jahren aufgetauchten Neuerungen, welche am Schluß Erwähnung finden sollen) nur zwei Grundideen bei Anfertigung derselben und zwar Holzkoffer (Damenkoffer), das sind Koffer mit Holzgestellen und Pappkoffer (Herrenkoffer), das sind Koffer mit Pappgestellen.

Hier soll zunächst die Anfertigung der letzteren beschrieben werden. So leicht wie das Zuschneiden derselben in denjenigen Werkstätten ist, in denen viel Koffer gemacht werden, indem man einfach die Pappenschneidemaschine nach den gewohnten Maßen stellt und in wenigen Minuten mit dem Schneiden eines solchen fertig ist, so schwer ist das Zuschneiden eines einzelnen Koffers nach unbestimmtem Maß und ohne die genügenden Werkzeuge. Hier sei ein Herrenreisekoffer ins Auge gefaßt nach der Größe von 75 cm Länge, 42 cm Breite und 36 cm Höhe. Man nimmt eine 3 bis $3\frac{1}{2}$ mm starke sogenannte halbweiße Pappe und zeichnet zunächst die vier Seitenböden auf dieselbe, welche in diesem Falle 42 cm breit und, da es ein zweiteiliger Koffer ist, je 18 cm hoch werden, auch an den beiden Böden, welche man zu Oberböden nehmen will, zeichne man noch einen 4 cm breiten Kranz, welch letzterer ja über den Unterkoffer weggreift, wenn derselbe zugemacht wird. Nun runde man die vier Ecken des Seitenbodens nach ganz gleichen Bögen ab und schneide dann an einem Eisenlineal entlang mit einem spitzen Messer oder Ritzer dieselben aus. Zum Ausschneiden kann man auch eine möglich starke Schere nehmen oder auch ein breites meißelförmiges Eisen, mit welchem man die Pappe auf einem Holzklotz ausschlägt. Hierauf schneide man das Hauptteil oder den Rumpf, in diesem Fall also 75 cm lang und so breit wie der nunmehr feststehende Umfang der Unterböden es bedingt. Am Oberteil gebe man wieder 4 cm zum Kranz zu. Nachdem man nun Oberteil und Unterteil hinten mit einem Leinenscharnier verbunden hat, belege man die Kanten der Böden und der Hauptteile auf denjenigen Flächen, wo sie später eingestemmt werden, mit einem 5 cm breiten Leinenstreifen, damit beim Einheften und Einstemmen die Kanten nicht abgestochen werden.

Nun beziehe man die Flächen mit dem hierfür bestimmten Material, Leder, Segeltuch, Leinen, Drell rc. rc. Als Klebestoffe ist Mehlkleister zu nehmen, da Leim die Pappe zu hart macht und das Biegen des Koffers an den Kanten erschwert. Nachdem man demselben nun durch Reifeln oder durch das Ziehen einiger Linien, Felder oder Striche ein Ansehen gegeben hat, lackiere man die einzelnen Teile mit gutem hellen Spirituslack möglichst dünn, vor dem Lackieren ist jedoch Leder, d. h. Schafleder einmal mit reiner Stärke zu streichen, Segeltuch und Drell, sowie Leinen jedoch zwei- auch dreimal, je nachdem der Stoff porös ist. Ohne vorheriges Stärken würde der Lack den Koffer über und über fleckig machen. Am Unterkoffer bringe man zwei Bodenleisten an, welche an den Enden mit Lederkappen versehen werden müssen. Nun lasse man von 7 mm Quadrateisen zwei Rahmen machen, den Oberrahmen $1\frac{1}{2}$ cm kürzer und $1\frac{1}{2}$ cm schmäler wie der geschnittene Koffer, den Unterrahmen wieder 1 cm kürzer und $\frac{1}{2}$ cm schmäler wie den Oberrahmen, den ersteren lasse man an allen vier Seiten mit Löchern zum Einnieten versehen, den letzteren nur an der einen Längsseite. Inzwischen ist ein Unterschied, welcher den Koffer in zwei Teile scheidet, angefertigt und an einer Längsseite mit einem guten Leinenscharnier versehen, welches von dem Futterzeug wieder verdeckt wird. Nachdem man den Koffer an den vier Ecken gebogen und mit einem runden Gegenstand gut ausgerieben hat, niete man den Unterrahmen am Scharnier ein, dann den Oberrahmen und fasse in diesen gleich den Unterschied mit. Dann niete man den Oberrahmen vorne ein und zwar nicht nur 4 cm, sondern noch um die Dicke des Unterschiedes mehr, von der Kante entfernt. Der Unterrahmen wird vorne angenäht, und nun hat man die ungefähre Form des Koffers. Nun findet das Einheften und Einstemmen der Seitenböden, das Auskleben desselben statt. Das Verzieren oder das Ausstatten desselben mit Nieten, Schlössern, Riemen und sonstigen Garnituren muß selbstredend ganz dem Geschmack und dem Wert, den der Koffer bekommen soll, überlassen bleiben. Auch die innere Ausstattung ist eine so verschiedentliche, daß über solche nichts Besonderes gesagt werden kann.

Holzkoffer (Damenkoffer).

Bei einem Holzkoffer ist zunächst das Augenmerk auf ein gutes und dabei leichtes Gestell zu richten. Am besten ist ein solches von Pappelholz.

Dasselbe wird zuerst innen mit dünnen Leinen und Leim behäutet, hierdurch bekommt das Gestell erst die rechte Haltbarkeit und Nieten und Nägel sind innen gut zu befestigen. Hierauf beziehe man den Koffer mit Segeltuch oder Leinen und zwar auch mit Leim und lasse ihn nun gut trocknen. Nunmehr streiche man Segeltuchbezug einmal mit Stärke, Leinenbezug je nach der Beschaffenheit der Leinwand, einmal, auch zweimal mit dünnem Mehlkleister und schleife, nach genügendem Trocknen, die Flächen mit feinem Sandpapier glatt. Beim nunmehrigen Streichen des Koffers ist besonders darauf zu achten, daß die Oelfarbe nicht zu dick ist und auch nicht zu dick aufgetragen wird, hierbei läßt sich leicht der Faden des Gewebes verstreichen, es empfiehlt sich vielmehr mit dünner Farbe zweimal zu streichen. Zum Lackieren nehme man einen guten hellen Kopallack und setze demselben eine Wenigkeit von der betreffenden Farbe hinzu. Nachdem der Koffer gut getrocknet, versehe man denselben mit Beschlag, Leisten, Schlössern, Nieten, Ecken, auch hier muß dem Geschmack und dem Preis, den man erzielen will, das Meiste überlassen bleiben.

In den meisten Fällen beschlägt man die Kanten mit Blech, dieses muß mit Stiften angeschlagen werden, welche so lang sind, daß sie innen vollständig umgeschlagen werden können, nur ins Holz geschlagene Nägel haben nicht den mindesten Wert. Zum Befestigen von Griffen, Schlössern 2c. verwende man massive Nieten, welche innen mit Platten vernietet werden. Zum Kranz nehme man ein 4 bis 4½ cm breites, nicht zu schwaches Bandeisen, auch diesen befestige man nur in eben angedeuteter Weise. Das Innere des Koffers wird zunächst mit Makulatur ausgeklebt, um das Durchscheinen des Behäutleinens der Nieten 2c. zu verhüten, dann nehme man Futterzeug oder Papier und klebe den Koffer vermittelst Stärke aus. Die innere Ausstattung kann durch Litzen, Borden, Band vervollständigt werden.

Außer diesen beiden Sorten Koffern, welche hier besprochen worden, sind in letzteren Jahren zwei Neuerungen aufgetreten und zwar Gestelle von dreifach, kreuzweis übereinander gelegten Furnieren mit Leinenzwischenlagen. Diese Gestelle sind außerordentlich leicht und dabei haltbar, d. h. wenn sie mit bestem Material und in ganz solider Weise angefertigt werden. Fig. 13, Taf. 27, zeigt uns einen solchen Damenhutkoffer.

Außerdem sind die dem Sattlermeister Lippold in Dresden patentierten Rohrkoffer bedeutend in Aufnahme gekommen und verdienen in hervorragender Weise der Beachtung. Dieselben sind aus 6 mm breiten und 3 mm starken viereckigen, immer nebeneinander gelegten Rohrstäben, welche dann auf beiden Seiten mit Segeltuch bezogen werden, hergestellt. Diese Koffer können als die „Leichtesten und Besten“ bezeichnet werden. Fig. 11, Taf. 27, ist ein solcher Koffer.

Als etwas ganz besonderes Solides kann man die in England oft fabrizierten Koffer aus starkem Leder empfehlen. Dasselbe ist ungeschmiertes Waschleder (lohgares trocknes Rindleder). Zu diesen Koffern wird keine Pappe angewendet, das Rumpfteil wird aus einem Stück, Unter- und Oberteil zusammengeschnitten. Auf die Stellen, wo das Leder etwas schwach

Fig. 1.

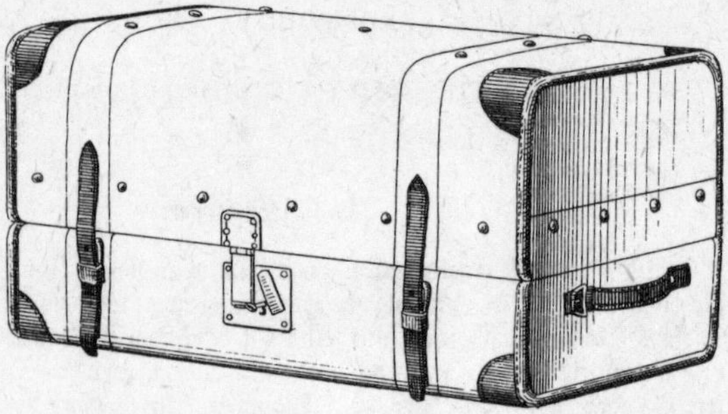

Fig. 5.

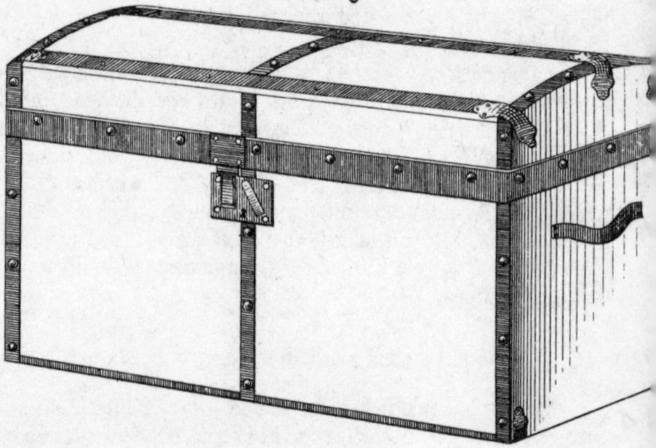

Fig. 9.

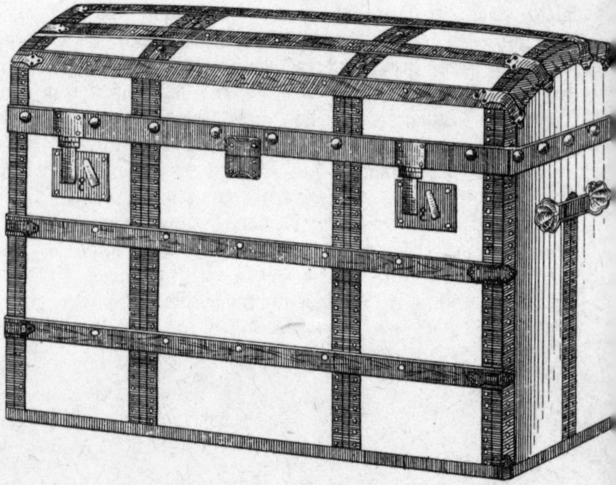

Fig. 2.

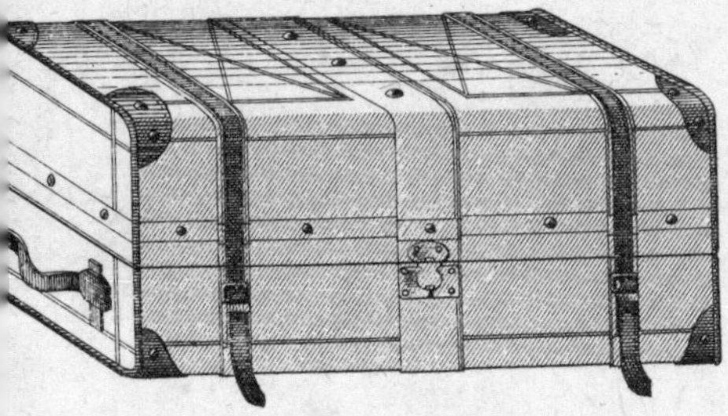

Fig. 3.

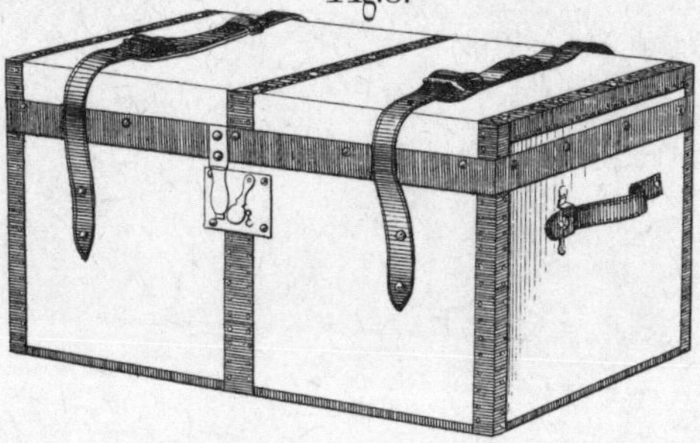

Fig. 4.

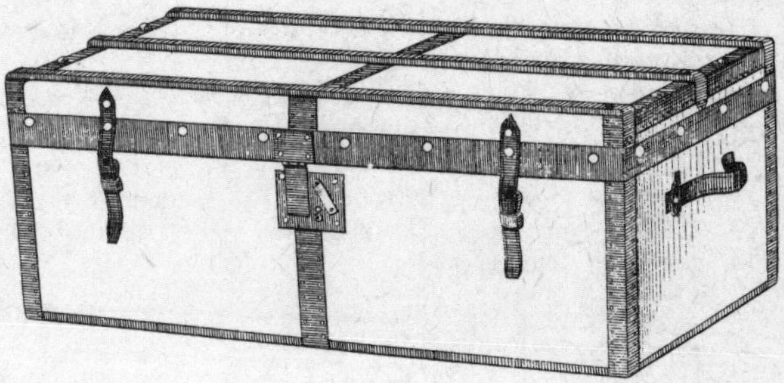

Fig. 6.

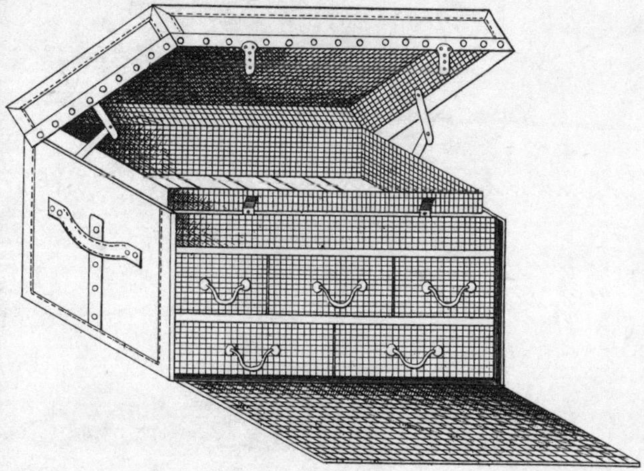

Fig. 8.

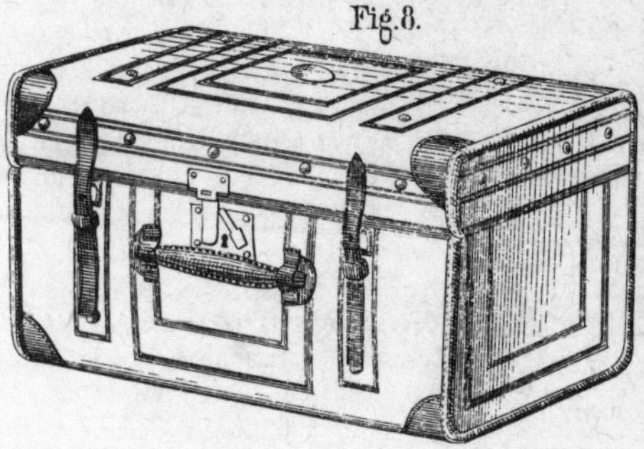

Fig. 7.

Fig. 12.

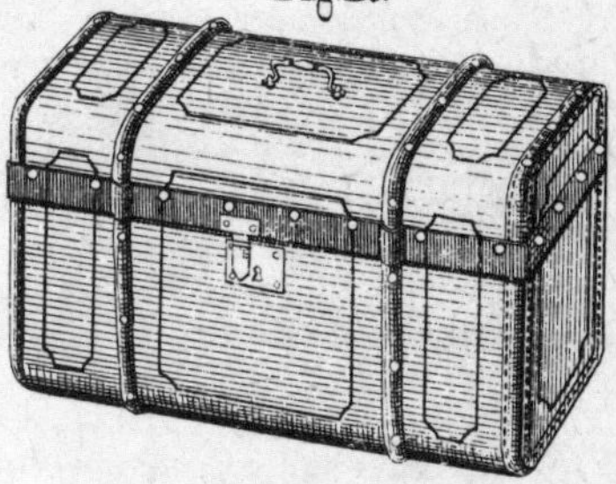

Fig. 10.

Fig. 11.

Fig. 13.

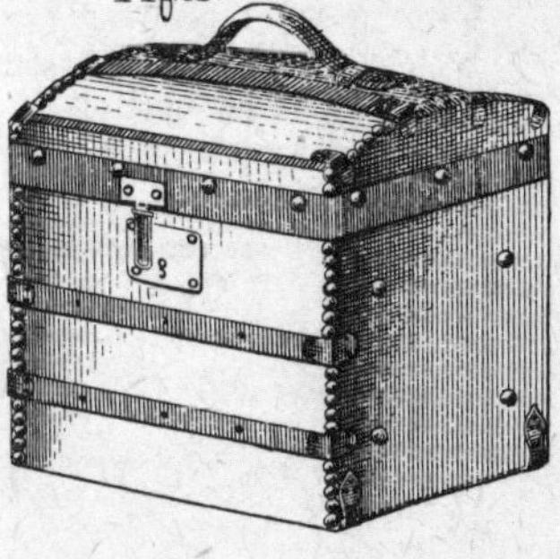

ausfällt, wird Papier gekleistert, bis das Ganze eine Stärke hat. Der eiserne Rahmen wird rundum oben wie unten mit flachköpfigen kupfernen Nieten eingenietet. An der Stelle des Scharniers wird das starke Leder bis auf die Hälfte von innen durchgeschnitten, bis es bricht. Der Kranz wird mit Leder unternäht, nicht eingestemmt und einfach an den Kanten verputzt, ebenfalls werden die Seitenteile mit den Rumpfteilen nicht zusammengestemmt, sondern nur genäht und verputzt. Im übrigen ist die Anfertigung dieselbe wie schon beschrieben.

Eine besonders praktische Neuheit, einen Schlafkoffer, Fig. 16 a und b, Taf. 28, ist das Patent des Herrn Scheidemantel in Zweibrücken, der die Fabrikation Herrn Bärenklau in Mannheim übertragen hat, von wo dieselben zu beziehen sind. Dieser Koffer öffnet sich nicht wie andere in seinen Seitenflächen parallel, sondern diagonal seines quadratischen Querschnittes, so daß zwei gleichseitige Prismen zum Gebrauche vorhanden sind. Diese beiden Teile sind durch ein Scharnier verbunden, welches durch einfachen Federdruck sich trennen läßt, hierdurch erhält man zwei getrennte Kofferhälften, welche jede mit einem verschließbaren gepolsterten Deckel versehen ist. Dieses Polster bildet ein bequemes Kopfkissen auf Reisen. Will man die beiden Teile nicht trennen, so werden dieselben einfach im Scharnier rückwärts gedreht, wodurch man zwei gepolsterte Deckel erhält wie Fig. a zeigt.

Unter Fig. 3, Taf. 28, ist eine andere Neuerung. Die Herren Gebrüder Abelmann, Kofferfabrik in Halle a/S., haben einen Reisekoffer konstruiert, der durch Auseinanderschieben nach 2 Seiten sich willkürlich vergrößern läßt und zwar nach jeder Seite hin in 5 also zusammen 10 Abteilungen. Der Koffer war in der hallischen Gewerbeausstellung kürzlich ausgestellt und fand viele Bewunderer. Zusammengeschoben macht derselbe den Eindruck eines Handkoffers, zu welchem Zwecke auch vorn die Handgriffe angebracht sind, ganz auseinandergeschoben repräsentiert er den größten Herrenkoffer mit 2 Verschlüssen und Handgriffen an den Seiten. Unsere Zeichnung zeigt den Koffer nach der einen Seite auseinandergeschoben.

Den sonst üblichen, meist nur in ihrer Höhenrichtung veränderlichen Koffern gegenüber, hat er den Vorteil, daß man Gegenstände von größerer Länge bequem verpacken kann. Der Koffer besteht aus 3 Teilen. Das Mittelstück ist ganz gearbeitet wie ein Handkoffer, mit Handgriffen versehen und zum Aufklappen eingerichtet, an den beiden Kopfenden ist er jedoch offen und auch der hölzerne eingenietete Rahmen hat keine Querstücke. Diese offenen Kopfseiten werden nun durch die beiden Endstücke verschlossen, welche ebenfalls aufklappbar, außerdem durch 2 Schlösser verschließbar sind. Die Handgriffe an diesen Endstücken dienen einmal zum Auseinanderziehen des Koffers, das andere mal aber auch zum Tragen des Koffers. Zur Führung beim Ausziehen und Zusammenschieben desselben dienen zunächst die, an den Endstücken angebrachten schwalbenschwanzartig geformten eisernen Leisten, welche in geeigneten Bahnen gehen, die an dem Mittelstück-Rahmen befestigt sind.

Ferner werden diese Verschiebungen geleitet und begrenzt durch die, an Boden und Deckel des Mittelstückes aus Blech hergestellten schwalbenschwanzförmigen Gleitrinnen, in welchen die an den Endstücken befestigten kleinen Metallkörper gleiten. Die Rinnen sind an den Enden geschlossen, um die

Fig. 1.

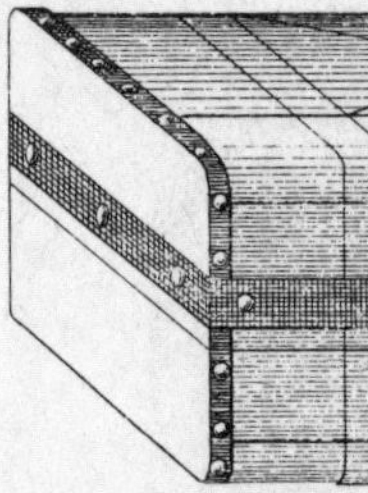

Fig. 5.

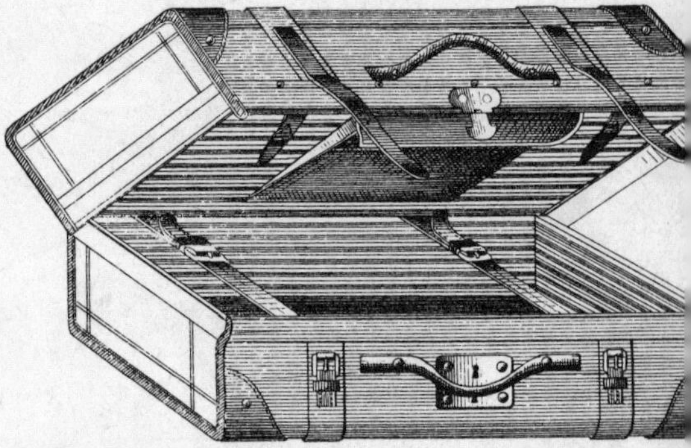

Fig. 9.

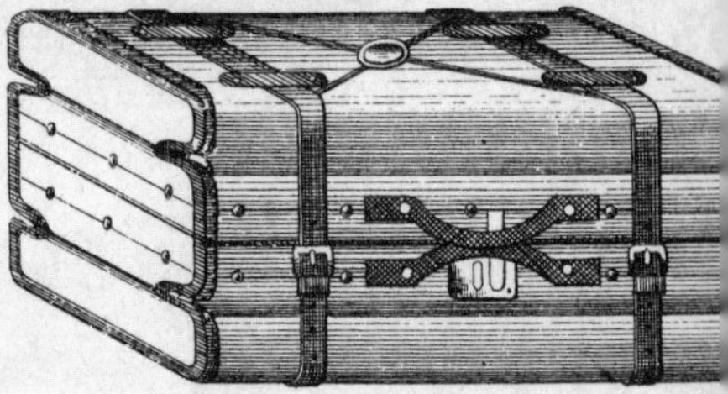

Fig. 13.

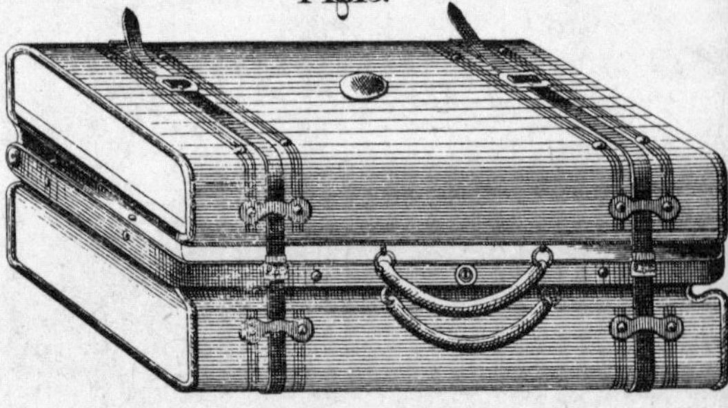

Fig. 2.

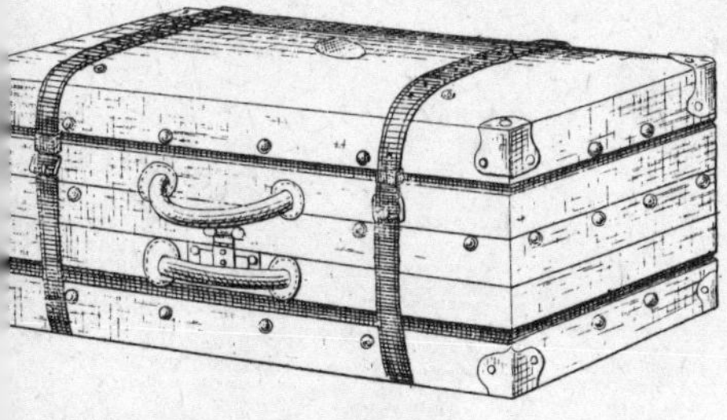

Fig. 3.

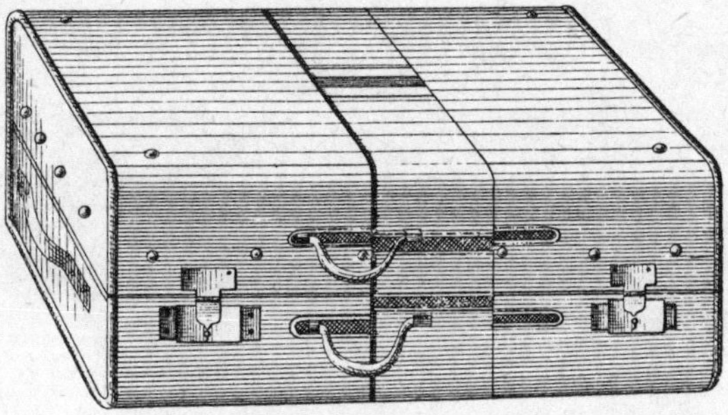

Fig. 4.

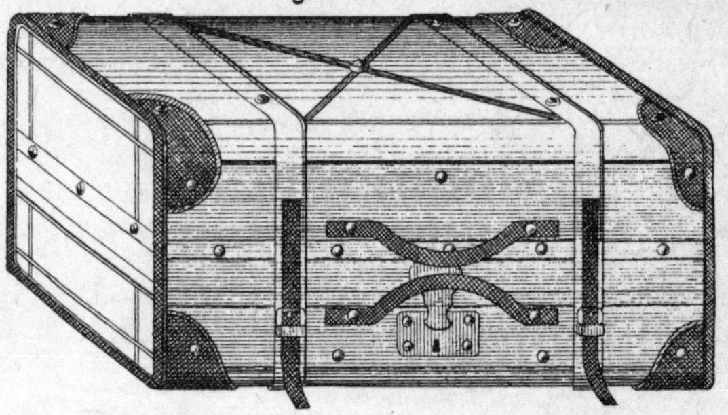

Fig. 6.

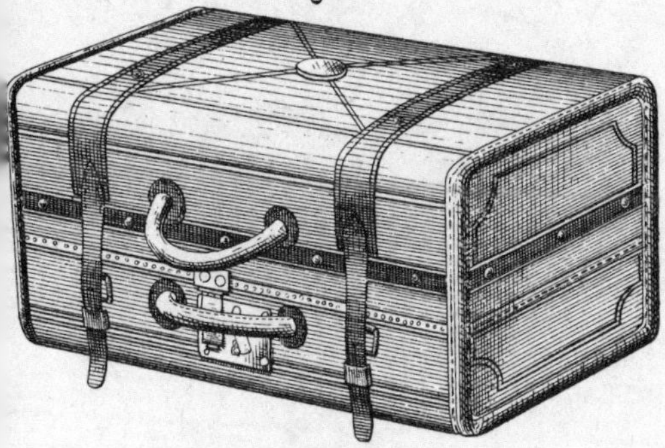

Fig. 7.

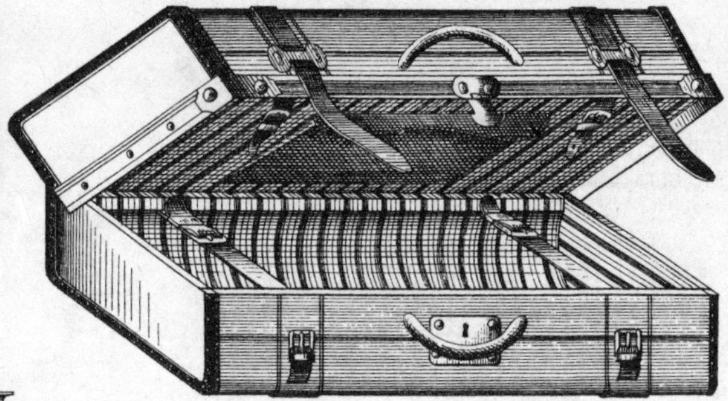

Fig. 8.

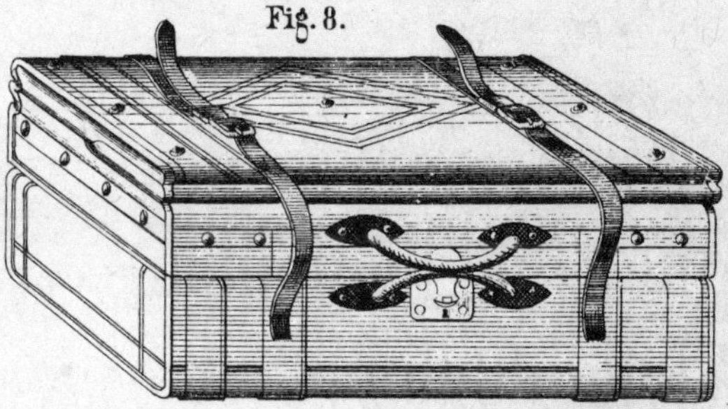

Fig. 10.

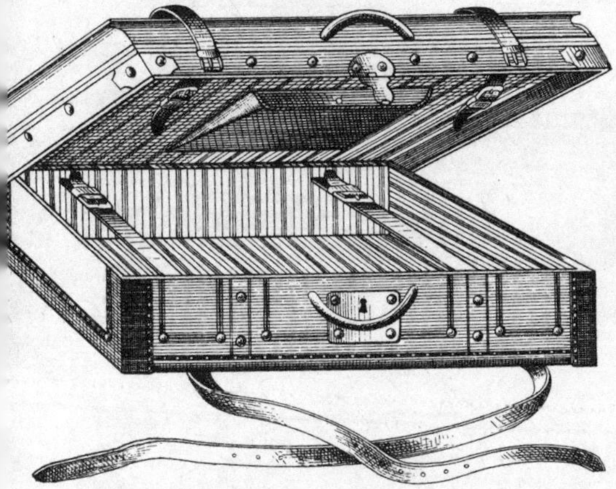

Fig. 11.

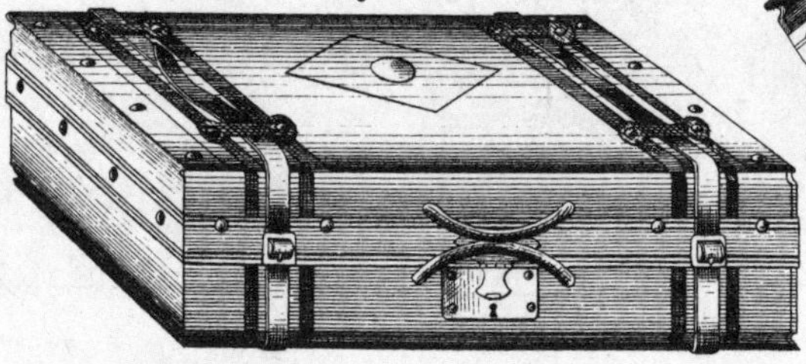

Fig. 12.

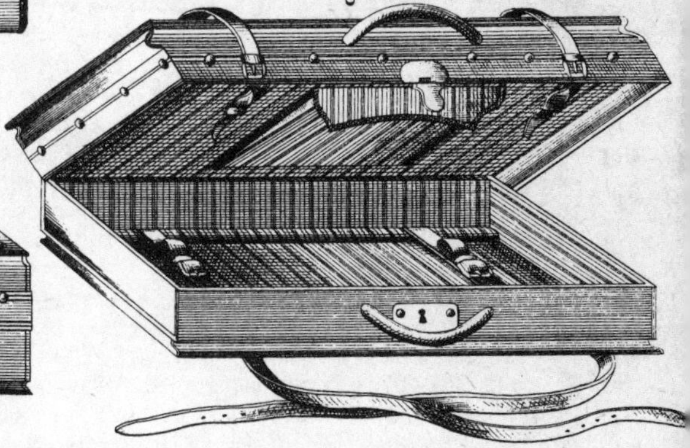

Fig. 15.

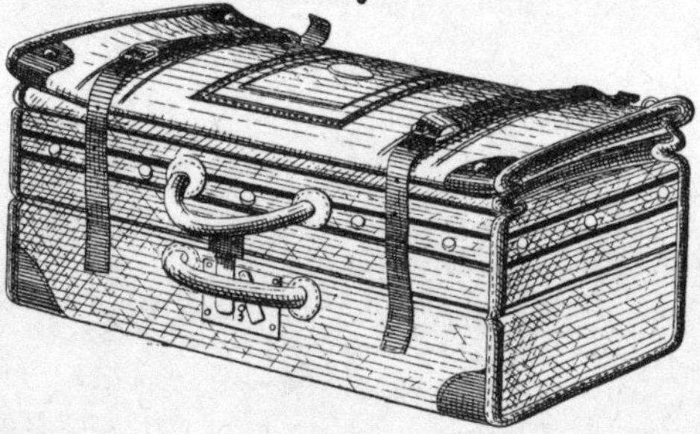

Fig. 14.

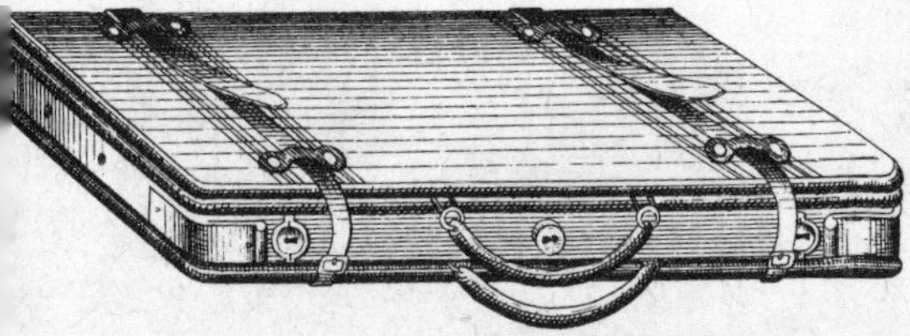

Fig. 16.

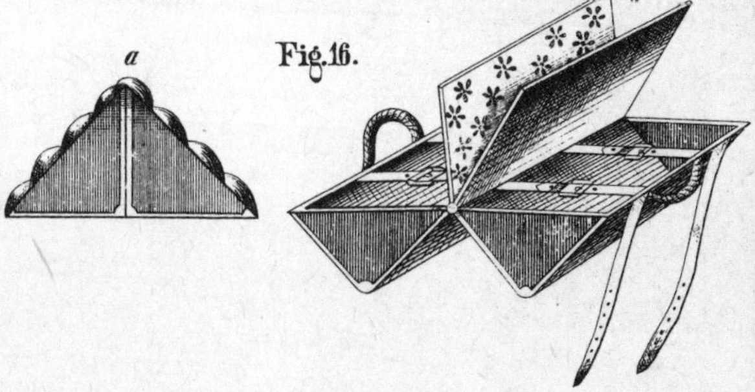

Größe des Auszugs zu begrenzen und gänzliches Herausziehen der Endstücken zu verhindern.

Um die Größe des Auszugs festzustellen, sind an den 4 Endleisten, die schwalbenschwanzförmig in den Führungen gehen, kleine Flügelschrauben eingenietet; in den Führungen befinden sich 5 Vertiefungen, beim Herausziehen schnappt die etwas gelöste Flügelmutter mit ihrem vernieteten Kopf in das Loch und wird wieder festgeschraubt.

Das Verbindungsstück, welches das Ober- und Unterteil des Koffers scheidet, ist ebenfalls aus 3 Teilen und zieht sich auf dieselbe Art und Weise auseinander und schiebt sich zusammen.

Eine andere Neuerung, die hauptsächlich auf möglichste Leichtigkeit und dabei Haltbarkeit des Koffers hinzielt, bringt Herr Moritz Mädler in Leipzig-Lindenau und sagt darüber:

Diese Koffer sind keineswegs mit den bisherigen Rohrplattenkoffern zu verwechseln, welche ihnen in jeder Beziehung an Leichtigkeit und Haltbarkeit nachstehen. Bei letzteren wird die Rohrplatte durch Aufleimen der Rohrstäbchen auf Segeltuch, Leder und dergl. hergestellt; da nun Leim nach dem Austrocknen spröde wird und springt oder bricht, wird dadurch die Haltbarkeit der Platte ganz wesentlich beeinflußt. Bei den Patentkoffern dagegen werden die Rohrstäbe ohne jeden Zusatz von Leim und dergl. dicht und fest in bestes Flachssegeltuch eingewebt, und die Platte erhält infolge der Elastizität und Zähigkeit des spanischen Rohres eine ganz bedeutende Widerstandsfähigkeit gegen Stoß und Schlag, da dieser sich auf die ganze Platte verteilt und diese nicht durchbohrt.

Die Haltbarkeit der Patentkoffer wird noch wesentlich durch polierte Holzreifen, ferner durch einen Schutzbeschlag von unverwüstlichem Hornleder erhöht, welches die bisherigen Metallbeschläge und Ecken an Dauerhaftigkeit weit übertrifft, außerdem sind alle zur Verwendung kommenden Teile, wie Schlösser u. s. w., die noch besonderen gesetzlichen Schutz genießen, von besonders guter, erprobter Konstruktion und sorgfältigster Machart; die Ausführung ist eine durchaus geschmackvolle und elegante. Das Material ist in einem besonderen Verfahren wasserdicht und wetterfest präpariert, und das Innere der Koffer ist auf das Praktischste, unter Berücksichtigung langjähriger Erfahrungen und mehrfach bekannt gewordener Wünsche des reisenden Publikums, eingerichtet.

Das Gewicht dieser Koffer beträgt kaum das Drittel bis zur Hälfte des Gewichtes der früheren Holzkoffer und ist somit das Ersparnis von Ueberfrachten auf der Reise ganz enorm.

Auf Taf. 27 und 28 bringen wir Muster von Koffern verschiedener Facon und Ausstattung aus den Geschäften des Herrn Julius Reppenhagen in Leipzig. Die Firma hatten wir im Anfang dieses Artikels Gelegenheit genommen zu empfehlen.

Fig. 1 bis 7, Taf. 28, Handkoffer. Sie werden in nachstehenden ungefähren Größen gefertigt

von	Länge	0,430 m
	Breite	0,280 m
	Höhe	0,210 m
bis	Länge	0,550 m
	Breite	0,350 m
	Höhe	0,240 m

Fig. 1.

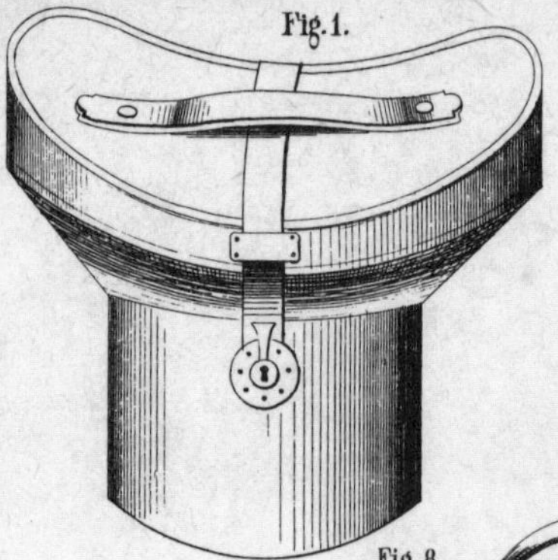

Fig. 2.

Fig. 8.

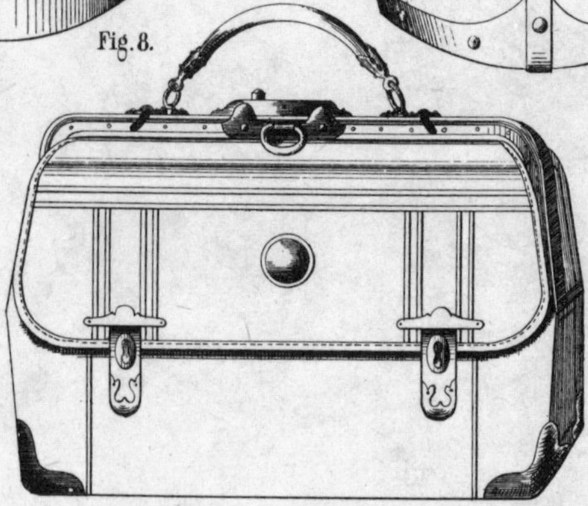

Fig. 7.

Fig. 12.

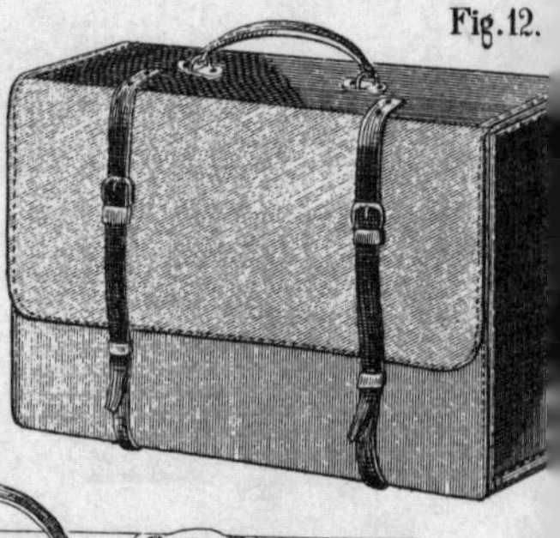

Fig. 13.

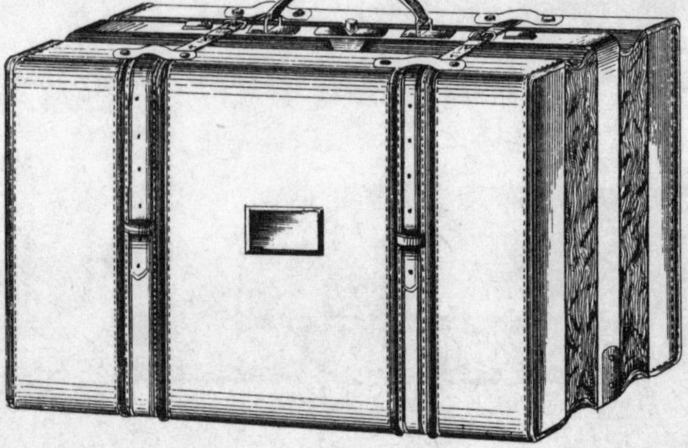

Fig. 3.

Fig. 4.

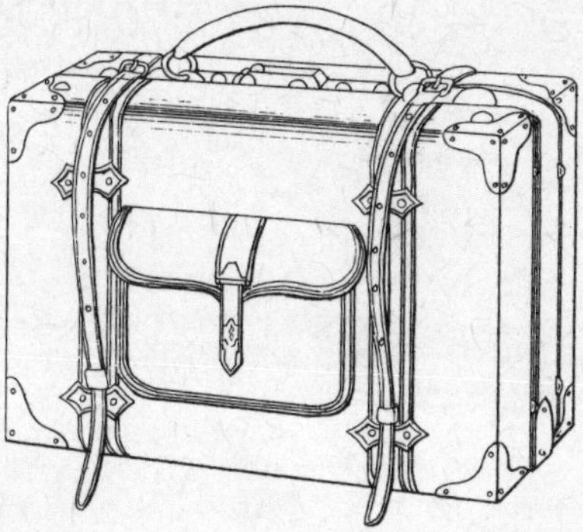

Fig. 5.

Fig. 6.

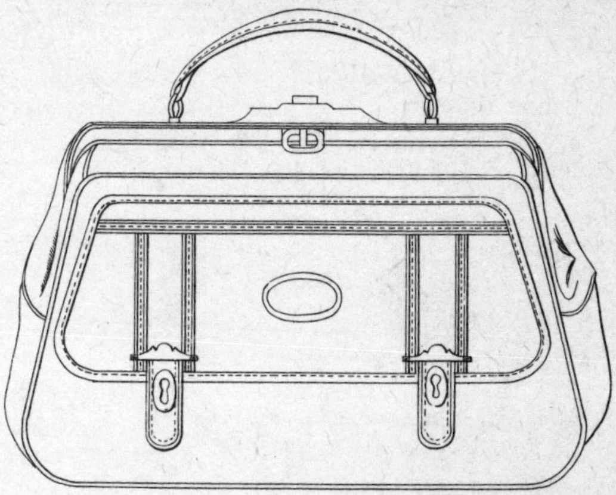

Fig. 9.

Fig. 10.

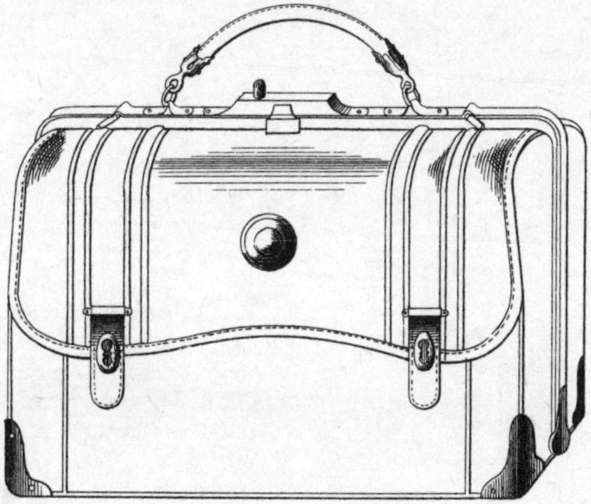

Fig. 11.

Fig. 14.

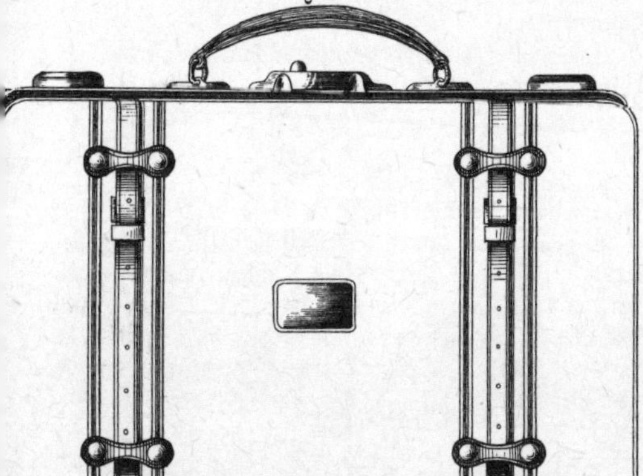

Fig. 15.

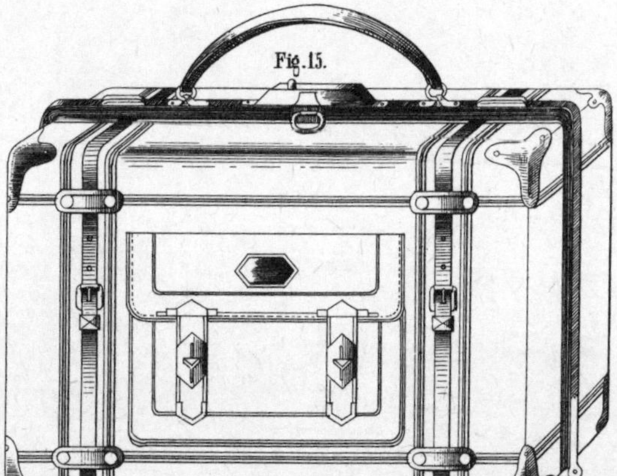

Fig. 16.

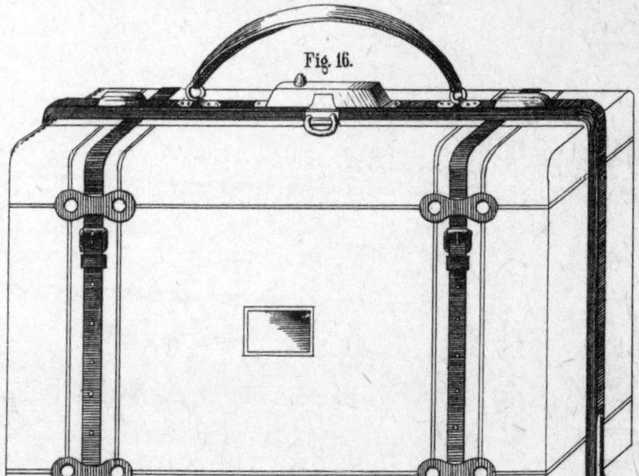

Unter Fig. 5 und 7 bringen wir offenstehende Koffer, an denen die innere Einrichtung leicht zu ersehen ist.

Fig. 8 bis 12, Taf. 28, Faltenkoffer. Sie werden in nachstehenden ungefähren Größen gefertigt

von	Länge	0,500 m
	Breite	0,330 m
	Höhe	0,200 m
bis	Länge	0,570 m
	Breite	0,340 m
	Höhe	0,300 m

Unter Fig. 12 bringen wir einen solchen Koffer offen.

Fig. 13 und 14, Taf. 28, sind Faltenkoffer mit einem bezogenen eisernen Patentbügel, Fig. 13 halb mit Falte, halb steif, Fig. 14 flach mit Falte auf jeder Seite. Diese Art Koffer mit Bügel können leicht als Tasche gelten und werden deshalb oft „Karreetasche" genannt.

Fig. 15, Taf. 28, Damenhandkoffer aus dem Ganzen geschnitten, die Ecken einfach zusammengenäht.

Dieselben werden in nachstehenden ungefähren Größen gefertigt

von	Länge	0,290 m
	Breite	0,260 m
	Höhe	0,200 m
bis	Länge	0,440 m
	Breite	0,300 m
	Höhe	0,220 m

Fig. 1 und 2, Taf. 27, Herrenkoffer von Pappe gefertigt, mit Drell oder Leder bezogen. In ungefährer Größe

von	Länge	0,640 m
	Breite	0,380 m
	Höhe	0,320 m
bis	Länge	0,780 m
	Breite	0,400 m
	Höhe	0,360 m

Fig. 3, Taf. 27, Herrenholzkoffer mit flachem Deckel in ungefährer Größe gearbeitet

von	Länge	0,710 m
	Breite	0,450 m
	Höhe	0,350 m
bis	Länge	0,780 m
	Breite	0,480 m
	Höhe	0,390 m

Fig. 4, Taf. 27, ist derselbe Koffer, nur länger und noch flacher, er wird deswegen „Kajütenkoffer" genannt und zu Seereisen benutzt, da auf Schiffen der Platz sehr eingeteilt ist.

Fig. 5, Taf. 27, Herrenkoffer mit gewölbtem Deckel.

Fig. 7, 8 und 11, Taf. 27, Herrenkoffer mit ovalem Deckel.

Fig. 9, Taf. 27, Damenkoffer mit einseitig gewölbtem Deckel. Diese Koffer werden in nachstehenden ungefähren Größen gefertigt

von	Länge	0,640 m
	Breite	0,400 m
	Höhe	0,420 m
bis	Länge	1,050 m
	Breite	0,570 m
	Höhe	0,660 m

Fig. 10 Damenkoffer mit nach allen Seiten gewölbter Deckel.

Fig. 6 derselben Tafel, hölzerner Kommodenkoffer mit Ledertuch oder Drell bezogen. Das Vorderteil ist zum Herunterschlagen und die nur von vorn, der Tiefe nach in den Koffer angebrachten Kasten sind zum Herausziehen. Beim Verschluß wird das Vorderteil aufgeschlagen und legt sich zwischen die, um die Holzstärke vorstehenden Seitenteile und wird oben durch zwei überfallende Krampen gehalten. Oftmals bildet das Vorderteil zwei Thüren, die sich nach den Seiten aufschlagen, um dieselben zusammenzuhalten ist ein kräftiger durchgehender Riegel angebracht.

Fig. 12 und 13 Damenhutkoffer.

Fig. 15 und 16, Taf. 29, Patenthandtaschen in Kofferform.

b) Hutschachteln.

Man unterscheidet hier ebenfalls wie bei den Koffern solche für Damen und Herren. Erstere nennt man auch Hutkoffer. Dieselben werden wie die schon beschriebenen Damenkoffer bearbeitet, nur sind sie schon im Holze leichter gehalten und brauchen natürlich auch äußerlich nicht so solid versehen zu sein als ein solcher. Der Handgriff ist gewöhnlich oben angebracht. Im Innern ist der Koffer mit weichem Stoffe ausgeschlagen und wattiert und mit Gestellen zur Aufnahme von Hüten versehen.

Herrenhutschachteln werden zuerst aus Pappe in Façon gearbeitet und auf den Ecken mit Leinenstreifen beklebt, dann mit Drilch oder Leder bezogen und Handgriffe aufgenäht. Sodann werden Schlaufen, Schnallriemen und Schlösser angebracht, und zuletzt werden sie im Innern mit weichem Stoff ausgefüttert und wattiert und unten am Boden und an den Kränzen eingestemmt. Was die Form der Herrenhutschachteln anlangt, so hatte man früher Formen direkter nach der Façon des hohen Hutes gearbeitet, jetzt ist meist nur die Topf- oder Eimerfaçon, wie unsere Abbildung Fig. 2, Taf. 29, zeigt, verkäuflich, doch bringen wir auch eine Abbildung von jenen in Fig. 1, Taf. 29.

Fig. 13, Taf. 27, Damenhutkoffer für einen Hut.

Fig. 12, Taf. 27, für zwei Hüte (schon erwähnter Furnierkoffer).

Fig. 12, Taf. 29, ein sogenannter Musterkoffer für Geschäftsreisende.

c) Taschen.

Wir wählten diesen allgemeinen Ausdruck, um in diese Abteilung auch die Taschen bringen zu können, die nicht direkt als Reisegegenstände zu betrachten sind, als Schultaschen u. s. w. Auch diese Taschen bilden einen wesentlichen Spezialartikel und können wir als lieferungsfähige Firmen auch in dieser Hinsicht Herrn Julius Reppenhagen in Leipzig; Gebr. Ott in Stuttgart; Otto Winkler in Berlin, Sebastianstraße 21 und Moritz Mädler in Leipzig-Lindenau empfehlen.

1. Handtaschen.

Fig. 3 bis 10 und 14, Taf. 29.

Wie der Name besagt, werden dieselben an der Hand getragen und sind oben mit einem Bügel versehen, der bei ganz ordinären sogenannten „Reisesäcken" gleich mit dem Stoff der Tasche überzogen ist. An besseren Taschen finden wir Bügel, die mit Leder überzogen, oder mit einem metallenen Belege als Zierde versehen sind. Es werden zu diesen Taschen die verschiedensten Stoffe angewendet, als Leder, abgepaßte Plüsche, Stickereien, Ledertuch, Segeltuch u. s. w.

Fig. 3, Taf. 29, Handtasche. Aus Leder gefertigt mit steifem Boden, dieselben werden in einer Tiefe von 0,300 bis 0,500 m gefertigt.

Fig. 4 bis 10, Taf. 29, sind elegante Handtaschen, sie werden aus Segeltuch und Ledertuch, meist aber von chagriniertem Schaf- und Ziegenleder gefertigt. Auch im Innern sind sie oft sehr elegant ausgestattet und mit brillanten Necessairgegenständen versehen. Fig. 5 derselben Tafel ist eine sogenannte „Damentasche". Fig. 7 ziemlich lang und niedrig sind die neuesten und beliebten Taschen.

2. Umhängetaschen.

Fig. 11 bis 14, 16, 17, 19 bis 22, Taf. 30.

Diese Taschen werden sowohl von Herren, als auch von Damen benutzt. Sie werden aus den verschiedensten Stoffen als englische Leinen, Ledertuch, Schafleder, Segeltuch ꝛc. gefertigt. Was die Anfertigung betrifft, so können wir uns wohl einer näheren Beschreibung darüber enthalten. Was die Modelle anlangt, verweisen wir auf unsere Abbildungen. Sie werden in einer ungefähren Größe gemacht

von	Breite	0,320 m
	Höhe	0,230 m
bis	Breite	0,380 m
	Höhe	0,300 m

Ganz einfache Umhängetaschen mit Tragriemen von Gurt oder Leder, aus Ledertuch, Leder oder Segeltuch gefertigt, bringen wir in verschiedenen Formen in Fig. 11 bis 14, Taf. 30.

Die Abbildungen Fig. 16, 17, 21 und 22, Taf. 30, können, vermöge der aus der Abbildung leicht ersichtlichen Einrichtung nicht nur an der Seite, sondern auch an der Hand getragen werden. Fig. 19 ist dieselbe Tasche aufgeschlagen. Auch unter dem Deckel ist eine Tasche mit Klappe angebracht. Die Haupttasche, die oft nur durch ein Schied in zwei Teile geteilt ist, hat eine steife aufgestrichene Pappklappe, auf welcher die Falle des Schlosses aufgenietet ist, an den Seiten sind zwei Schnallenkappen aufgenäht. Die Strippen, die dieselben aufnehmen, schnüren die gepackte Tasche oben zusammen.

Fig. 15, 22 und 23, Taf. 30 und Fig. 1, 2, 10 und 11, Taf. 31, sind sogenannte Bergsäcke, Bergtornister oder Touristentaschen. Unsere Fig. 10 und 11, Taf. 31, sind aufgeklappt und zeigen die innere Einrichtung. Diese Taschen werden in einer ungefähren Größe gearbeitet

von	Breite	0,370 m
	Höhe	0,270 m
bis	Breite	0,400 m
	Höhe	0,300 m

Fig. 22, Taf. 30, zeigt uns an der zusammengeschnallten Tasche die dreifache Einrichtung zum Tragen derselben. An der Hand zu tragen durch den oben angebrachten Handgriff a. Auf dem Rücken zu tragen, wie der Riemen an der Figur angebracht ist; oben wird derselbe einfach durch die eingeknöpften Metallknöpfe vor dem Durchrutschen durch die Schlaufen gehindert. An der Seite zu tragen wird derselbe Riemen in die Ringkappen b und c geknöpft und zwar dadurch, daß die vorerwähnten Metallknöpfe in die angezeichneten Knopflöcher eingeknöpft werden.

Fig. 15, Taf. 30 und Fig. 1 und 2, Taf. 31, zeigen uns die Deckelseiten der Taschen. Auf denselben sind noch Packriemen zu sehen, die auf verschiedene Art angebracht sind. An Fig. 15, Taf. 30, sind noch zwei besondere Taschen an den Seitenboden angebracht. Bei Fig. 23, Taf. 30, sind in das Rückteil Rohrstäbe eingenäht, die ein bequemeres Tragen hervorbringen sollen. Hierher gehört auch der sogenannte „Rucksack", Fig. 9, Taf. 30.

3. Kurier- oder Geldtaschen.

Fig. 3 bis 5, Taf. 30.

Fast ausschließlich nur in Leder gearbeitet und zwar glattes chagriniertes Schafleder oder echten Saffian. Die Bügel sind aus Metall, oftmals vernickelt, teils auch mit Leder bezogen. Wir bringen drei verschiedene Figuren mit verschiedenen Vordertaschenformen und Einrichtungen zum Verschluß derselben. Während in Fig. 5 zum Verschluß nur zwei Knöpfe angebracht sind, ist an Fig. 3 ein Gummizug mit Lederstrippe, Metallplättchen und Wirbel, und an Fig. 4 zwei solche angebracht. Die Tragriemen gehen um den Boden der Tasche herum. In die Ringe der Bügel wird oftmals, um größere Lasten tragen zu können, ein Handgriff eingenäht.

4. Schultaschen.

Fig. 6 und 7, Taf. 30.

Diese Taschen sind in ziemlich starker Pappe gearbeitet und gewöhnlich mit Ledertuch, oft aber auch mit Leder bezogen und rundum mit Leder eingestemmt. Innen mit Leinen oder Drell gefüttert.

Fig. 7 Mädchentasche an der Hand zu tragen, mit geflochtenen Handgriffen. Deckel zum Zuschnallen, oft wird auch ein Wirbelschloß an Stelle der Strippe und Schnalle angewendet. Diese Taschen werden in ungefährer Größe

von	Breite	0,310 m
	Höhe	0,200 m
bis	Breite	0,330 m
	Höhe	0,220 m

angefertigt.

Fig. 6 Knabentornister. Die Deckel werden länger als an der Mädchentasche gemacht und wird zum Bezug derselben häufig Plüsch und rauhgarer Seehund angewendet.

Die Tornister werden in ungefährer Größe

von	Breite	0,290 m
	Höhe	0,200 m
bis	Breite	0,340 m
	Höhe	0,220 m

gearbeitet.

Für erwachsenere Schüler macht man häufig Schulmappen unter dem Arm zu tragen in viereckiger Form, kurzem Deckel und weichem eingebrochenen Boden. Diese werden in ungefährer Größe

von	Breite	0,340 m
	Höhe	0,230 m
bis	Breite	0,380 m
	Höhe	0,260 m

angefertigt.

Außerdem macht man für Studenten sogenannte Kollegienmappen von weichem Leder oder starkem Ledertuch.

5. Frauengeldtasche oder Kellnerinnengeldtasche und Markttasche.

Fig. 1, 2 und 8, Taf. 30.

Fig. 2 in Leder gearbeitet mit zwei auf das Hinterteil flach aufgenähten Taschen. Das Hinterteil wird bis unter die Haupttasche doppeliert und man gewinnt oben durch einen Einschnitt und Aufsetzen einer Klappe noch eine flache Tasche für Papiergeld. An das Hinterteil sind oben zwei Schlaufen angenäht, durch welche der Leibriemen geht.

Fig. 1 ist eine Frauengeldtasche, den im Mittelalter gebräuchlichen „Margarethentaschen" ähnlich, mit Bügel und einfachem Kugelverschluß. An den in die Ringe eingenähten Tragriemen befindet sich der Leibgürtel.

Fig. 8 die jetzt allseitig eingeführte Markttasche in allen Größen gearbeitet.

6. Waschrollen oder Reisenecessaire.

Fig. 3, 4 und 5, Taf. 31.

Diese werden größtenteils aus Ledertuch gefertigt und die Schwammbeutel und Seifentaschen im Innern werden von Wachstaft gearbeitet. Sie dienen zur Aufbewahrung aller Waschutensilien, Bürsten, Kämme 2c. Unsere Zeichnungen zeigen verschiedene innere Einrichtungen.

d) Diverse Reisegegenstände.

Unter dieser Abteilung wollen wir der besseren Uebersicht wegen diejenigen Gegenstände noch berühren, die wir in Zeichnung noch gebracht haben.

Fig. 18, Taf. 30, Schirm- und Stockfutteral.

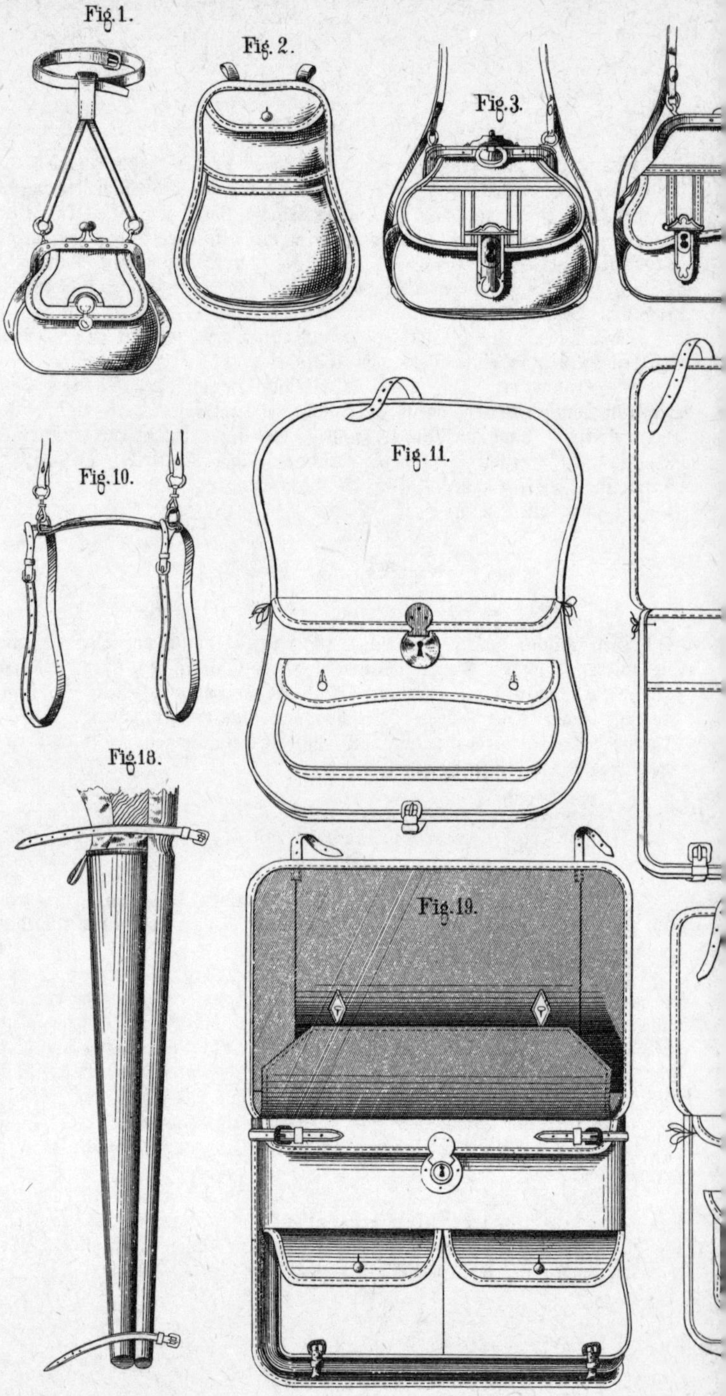

Fig. 5.
Fig. 6.
Fig. 7.
Fig. 8.
Fig. 9.
12.
Fig. 13.
Fig. 14.
Fig. 15.
Fig. 16.
Fig. 17.
20.
Fig. 21.
a.
b.
c.
Fig. 22.
Fig. 23.

Das Futteral für den Schirm ist in Pappe gearbeitet und unten offen, überzogen wird es mit Leder oder Ledertuch, das daran genähte Stockfutteral ist ohne Pappe. Oftmals werden auch beide Teile ohne Pappe gefertigt und muß oben das Leder oder Ledertuch soweit gehen, daß es noch als Unterlage des Schnallgürtels dient. Am Ende wird diese Unterlage gewöhnlich ausgezackt. Unten befindet sich ebenfalls ein Schnallgürtel.

Fig. 10, Taf. 30, Plaidriemen. Ein sehr in Aufnahme gekommener praktischer Reisegegenstand. Unsere Abbildung zeigt denselben mit Handgriff und Tragriemen. In dem Handgriff sind zwei nach oben stehende Ringe eingenäht, in welche der Tragriemen entweder eingeknöpft oder mit Karabinerhaken eingehängt wird.

Sechzehnter Abschnitt.

Von den Jagdeffekten.

---

a) Kartusche und Kartuschetaschen.

Fig. 6 bis 9 und 12 bis 16, Taf. 31.

Die neueste Erfindung an unseren Jagdgewehren, die jetzt fast ausschließlich Hinterlader sind, bedingen, daß der Jäger gleich fertige Patronen mit sich führt, daher der Name Kartusche- oder Patronentasche. Fig. 6 ist ein einfacher Ledergürtel mit zwei daran befindlichen Patronentaschen und Fig. 19 ist ein breiterer Ledergürtel, an dessen Vorderteil die Patronenhülsen angenäht sind.

Fig. 7 und 8 Rindlederkartusche ohne weitere Einrichtung als nur zur Aufnahme der Patronen bestimmt. Fig. 8 hat von beiden Seiten Deckel und im Innern doppelreihige Blechringe, in welchen die einzelnen Patronen stecken, ist von oben und unten zu füllen und wird der Tragriemen, wenn die eine Seite entleert ist, umgezogen, so daß die untere Seite des Kartusches nach oben kommt. Jeder Deckel hat zum Verschluß einen Scharnierüberfall mit Wirbel. Fig 7 ist einfach; er enthält nur einen Patronenkasten; an diesem Deckel befindet sich eine Lederstrippe mit Knopf. Fig. 12 und 13 sind Kartusche mit steifem Deckel, Netz und Hühnerschlingen, unter denselben die Tasche zur Aufnahme der Reservepatronen, Gewehrreserveteile, Jagdkarte ꝛc. Fig. 16 ist ein ähnlicher Kartusche ohne Netz. Fig. 15 hat einen Deckel mit Rehfüßen, Hühnerschlingen und auf dem Vorderteil der Haupttasche eine kleinere Tasche zur Aufnahme der Jagdkarte. Fig. 14 ist eine sogenannte „Schützentasche" ohne Patroneneinrichtung. Kartusche und Kartuschetaschen haben gewöhnlich lederne Tragriemen.

Einen sehr einfachen Kartusche bildet jedwede Umhängetasche, in deren Haupttasche ein Lederstreifen geknöpft wird, der seiner Breite nach Einschnitte hat, durch welche eine ungefähr 0,020 m breite Gummiborde gezogen wird,

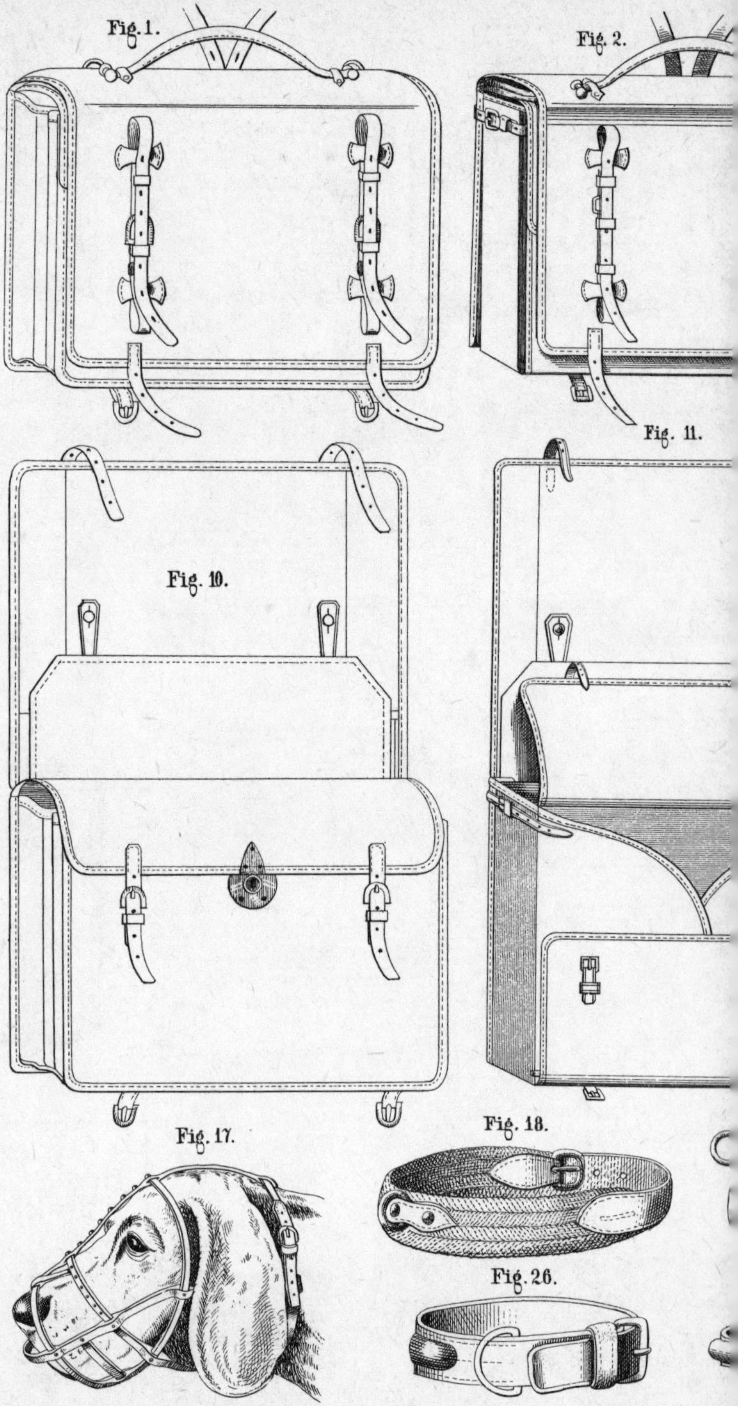

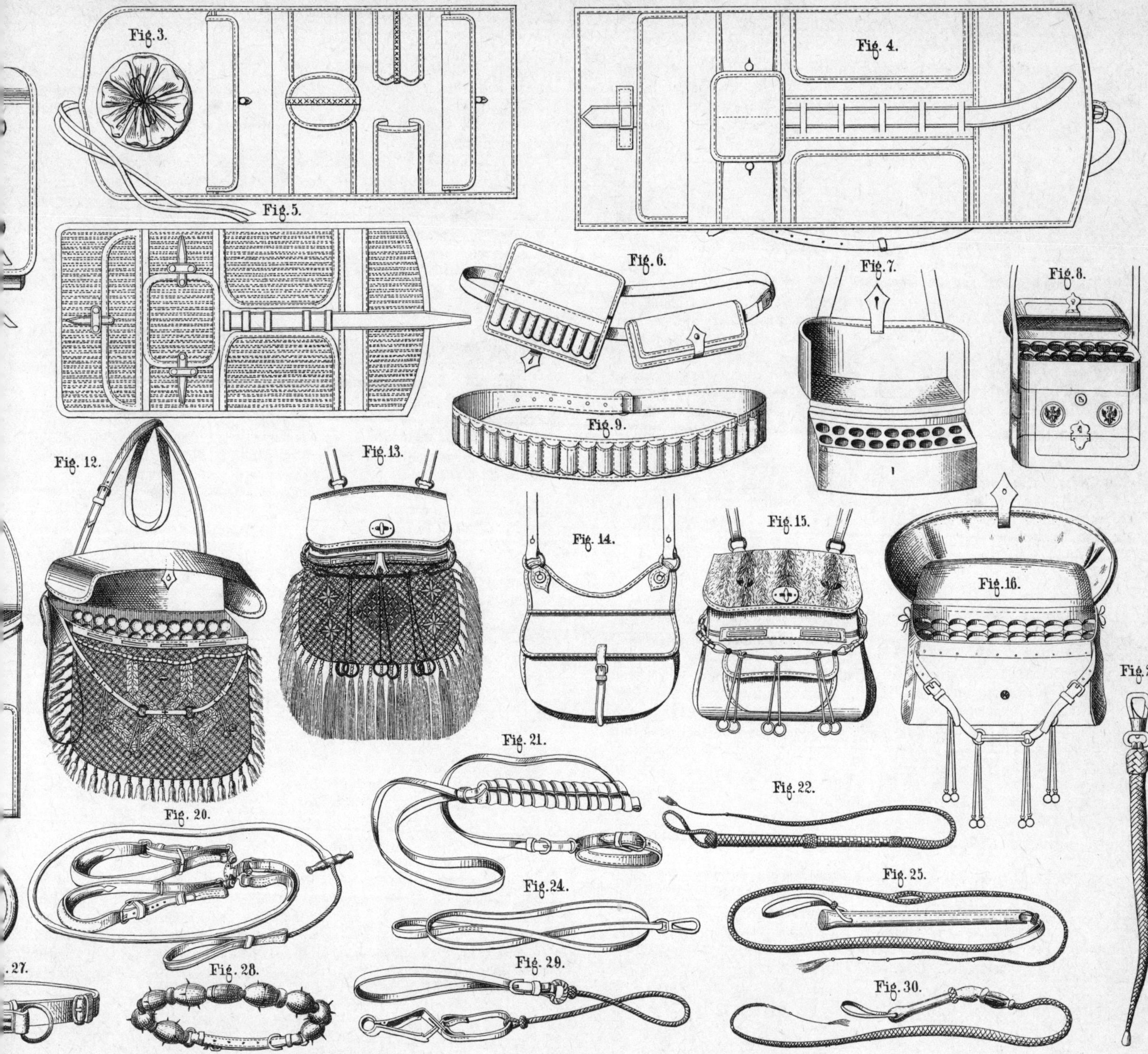
Fig. 3.
Fig. 4.
Fig. 5.
Fig. 6.
Fig. 7.
Fig. 8.
Fig. 9.
Fig. 12.
Fig. 13.
Fig. 14.
Fig. 15.
Fig. 16.
Fig. 21.
Fig. 22.
Fig. 23.
Fig. 20.
Fig. 24.
Fig. 25.
.27.
Fig. 28.
Fig. 29.
Fig. 30.

die Oesen zur Aufnahme der Patronen bildet. Um eine vollständige Jagdtasche daraus zu machen, kann man vorn noch ein Netz anknöpfen; ähnlich dieser beschriebenen Taschen sind die Fig. 1 und 2, Taf. 32.

b) Jagdtaschen.

Fig. 1 bis 11, Taf. 32.

Diese unterscheiden sich von den oben beschriebenen Kartuschetaschen dadurch, daß sie gewöhnlich etwas größer gehalten werden und keine Einrichtung für Patronen haben. Die unter dem Netze auf der Haupttasche angebrachten kleineren Taschen sind zur Aufnahme der Jagdkarte, Gewehrutensilien, Frühstück zc. bestimmt. Das Netz und die Haupttasche nimmt das Wild auf. Letztere ist oft so lang gemacht, daß ein Hase darin placiert werden kann. Im leeren Zustande wird das Teil nach hinten zurückgeschlagen und angeknöpft wie bei Fig. 11, Taf. 32.

Fig. 8, 9, 10 und 11, Taf. 32, Hasentaschen mit Netz, viereckige Form. Die Hühnerschleifen sind hier in die besonders geformten, bis nach der Mitte des Deckels reichenden Ringkappen eingeschleift. Der Deckel ist mit Rehfüßen verziert und an der Kante mit Riemen beflochten, nur an Fig. 8 ist der Deckel glatt und die Hühnerschleifen werden an die Ringe auf den Ringkappen eingeschnallt.

Fig. 10 Jagdtasche ohne Netz mit verlängerter Zugtasche.

Fig. 1 bis 7, Taf. 32, Hühnertaschen. Dieselben werden kleiner als die Hasentaschen gehalten und sind die verschiedenen Formen aus unseren korrekten Zeichnungen leicht ersichtlich.

c) Diverse Jagdartikel.

Fig. 19, 24 bis 25, Taf. 32, Jagdmüffe. Fig. 19 einfacher Jagdmuff nur um den Leib zu schnallen. Fig. 24 Jagdmuff mit Bügeltasche und Pelzvorderteil. Fig. 25 Jagdmuff mit Kartuschetasche.

Fig. 25, Taf. 31, Hetzpeitsche. Fig. 30, Taf. 31, Hundepeitsche mit Rehfuß. Fig. 23 Hundedressurpeitsche mit Karabinerhaken. Fig. 22 einfache mit Rindleder überflochtene Hundepeitsche.

Fig. 19, Taf. 31, rundgenähtes oder geflochtenes Hundehalsband mit zwei Ringen, sogenanntes „Würgband", hauptsächlich zur Dressur angewendet. Dasselbe breit Fig. 27.

Fig. 26, Taf. 31, einfaches Hundehalsband mit Ring.

Fig. 28 Korallenhalsband zur Dressur.

Fig. 18 Hundehalsband von Manilahanf.

Die ungefähre Länge eines solchen Jagdhundehalsbandes ist von 0,450 bis 0,600 m.

Fig. 17, 18 und 23, Taf. 32, Jagdtrinkflaschen mit Leder bezogen.

Fig. 15, Taf. 32, Gewehrfutteral aus Schaf-, Kalb- und weichem Rindleder, auch aus imitiertem und echtem Juchten gefertigt. Feine Futterale füttert man noch mit starken wollenen Stoffen, oben ist ein steifer Lederboden mit Henkel zum Aufhängen. In die besonders aufgenähten Belege sind die Ringkappen eingeschoben und aufgenäht.

Fig. 16, Taf. 32, Gewehrkoffer. Die Zeichnung zeigt deutlich die innere Einrichtung. Aeußerlich entspricht die Anfertigung einem Handkoffer mit Holzgestell.

Fig. 27, Taf. 32, ist ein Pistolenfutteral. Fig. 26, Taf. 26, ein Patronenkoffer.

Fig. 20, Taf. 32, Gewehrriemen von Borde, an beiden Seiten durch Lederstrippen in die Gewehrbügel einzuknöpfen, a rechte Seite, b linke Seite.

Fig. 21, Taf. 32, Gewehrriemen von Leder. Seite a zum Anschrauben, b zum Knöpfen.

Fig. 22, Taf. 32, Gewehrriemen von Leder aus Schnallen- und Strippenteil bestehend, auf beiden Seiten zum Knöpfen. Die Länge eines Gewehrriemens ist 1,100 bis 1,200 m.

Breite der ledernen Gewehrriemen von 0,030 bis 0,045 m.

Fig. 20, Taf. 31, Hundeleine (englische Patentleine), um die Hunde durch einen Zug an der durch die Leine laufenden Schnur gleichzeitig zu lösen. Für zwei Hunde eingerichtet.

Fig. 21 Schweißhundriemen von kräftigem Rindleder mit Halsband.

Fig. 24 einfache Hundeleine von Leder mit Karabinerhaken.

Fig. 29 Hundeleine mit Federzange zum Loslassen des Hundes mit Umhängeriemen.

Fig. 17 Hundemaulkorb von schmalen starken rindledernen Riemen.

Letztere Gegenstände sind Muster der Firma H. V. Schütze in Hannover, deren großes Lager aller Jagdartikel wir angelegentlichst empfehlen.

Fig. 12 bis 14, Taf. 32, Hühnerschlingen in Quastenform zum Einschnallen.

Im Handel kommen auch noch Schnuren-Hundeleinen mit Karabinerhaken, Holz- und Hornschiebern, Jagdstühle, Jagdspeisekörbe, Koffer u. s. w. vor, und wollen wir nicht verfehlen, auch für diese Artikel die schon mehr erwähnten Firmen angelegentlichst zu empfehlen.

Siebzehnter Abschnitt.

Verschiedenes.

1. Ueber Anwendung von Aufsetzzügeln und Scheuledern.

Bei allem Wirken und Schaffen des Menschen spielt das „Althergebracht", das Vorurteil eine große Rolle und jeder Einzelne hat wohl die Erfahrung gemacht, daß, wenn er bei einer Gelegenheit einmal diese lästige Schranke überspringen wollte, er sich mit der großen Menge im feindlichsten Widerspruche befand. So ist es ungefähr bei Geschirrarbeiten mit der Anwendung von Aufsetzzügeln. Der Aufsetzzügel ist ein Teil des Geschirres und wehe dem Sattler, der diesen bei Ablieferung eines solchen fehlen lassen wollte und doch haben sich große Autoritäten, Zoologen und Tierärzte dahin ausgesprochen, daß es die widersinnigste Tierquälerei ist, einem Pferde den Aufsetzzügel anzulegen. Ausnahmen finden natürlich statt, denn für ein störriges ungehorsames Tier ist es gewiß eine Erleichterung für den Fahrenden, wenn ein fester Zügel den Kopf des Tieres in der gehörigen Lage hält, was er bei nur losen Zügeln oft mit aller Kraftanstrengung nicht erreichen würde. Es ist deswegen wohl die Pflicht eines jeden denkenden Menschen, dessen Beruf mit dieser Frage in Verbindung steht, darüber zu wachen, daß ein Tier durch eine solche Einrichtung, die nur Eitelkeit erfand und die durch Gedankenlosigkeit beibehalten wurde, nicht mehr fernerhin beschwert wird, denn oft wird derselbe bei Pferden angebracht, deren hinfällige Erscheinung das Hochtragen des Knopfes notwendig macht und daß es gerade für solche Tiere ein wahres Marterwerkzeug ist, ist selbstverständlich.

Mr. Georg F. Angell, Präsident des Tierschutzvereines in Massachusetts, hat Beweise und Thatsachen über diesen Gegenstand in Menge gesammelt und derselbe spricht seine Erfahrungen ungefähr im folgenden aus.

Soll ein Mensch eine schwere Bürde ziehen, so senkt er unwillkürlich seinen Kopf nach vorn, um das Gewicht seines eigenen Körpers beim Ziehen mit zur Geltung zu bringen. Dasselbe ist bei dem Pferde der Fall. Wenn der Kopf des Menschen an einen um seinen Bauch gehenden Gürtel hinten festgeschnallt würde, so könnte er bei Fortschaffung einer Last nur durch seine Muskelstärke wirken. Beim Pferde dasselbe. Der Mensch würde auch bei dieser senkrechten Haltung des Kopfes nicht sehen, wie und wo er seine Füße hinsetzt und könnte leichter stolpern, ebenso das Pferd.

Das Londoner „Horse book“ spricht sich in demselben Sinne aus, daß das Pferd beim Ziehen zur Anwendung seines eigenen Gewichtes durch den Aufsetzzügel oft verhindert wird. Der Kopf des Pferdes wird in einer unnatürlichen Lage gehalten. Die freie Bewegung wird gehemmt und das Pferd ist leichter zum Stolpern geneigt. Soll aus irgend einem Grunde ein Aufsetzzügel angewendet werden, so muß derselbe lose sein, damit der Hals in eine richtige Lage kommt und das Pferd mehr Gewicht in das Kumt legt, wodurch hauptsächlich beim Bergauffahren sehr viel an Muskelkraft erspart wird. Es ist ein großer Unterschied zwischen einem festen Aufsetzzügel und einem Zügel, der aus der Hand des Kutschers kommt, da letzterer durch seinen Verstand die Wirkung des Zügels bestimmen kann. Wie überhaupt schädlich und widernatürlich ein solcher Aufsetzzügel ist, sieht man beim Sturze eines Pferdes, bei welchem der Aufsetzzügel stets reißen wird. Kein Reiter wird sich eines Aufsetzzügels bedienen und am allerwenigsten wird man ihn beim Wettrennen anwenden, ebensowenig sollte er nur in Ausnahmefällen beim Fahren zur Anwendung kommen. Die Königin von England hat neuerdings denselben aus ihrem Marstall verbannt.

In Irland und Schottland wendet man keine Aufsetzzügel an, auch in Italien und Frankreich wenig. Die Cab-Kutscher in London, die ungeheuer flott fahren, gebrauchen, durch eigene Erfahrung darauf gekommen, keinen Aufsetzzügel. Professor Pritschard an der königl. Tierarzneischule in London hebt außer den weiter oben angegebenen Uebelständen bei Anwendung eines Aufsetzzügels noch hervor, daß durch Verdrehung der Luftröhre die Respiration gehindert, Verletzung von Maul und Lippen und Lähmung von Gesichtsmuskeln u. s. w. herbeigeführt wird. Sogar die häufig vorkommenden Krümmungen der Kniee nach vorn schiebt Dr. Kitsching aus York auf Anwendung des Aufsetzzügels. Durch die gezwungene Haltung des Kopfes wird, da Herz und Lunge angestrengt arbeiten, die Zirkulation des Blutes gestört und ebenso das Atmen. Diese Wirkungen machen das Pferd, da der Kopf ihm Schmerzen verursacht, reizbar und ungeduldig, dazu empfängt es noch Peitschenhiebe, weil sich der Fahrende die Reizbarkeit nicht erklären kann. Noch in anderer Weise verursacht der Zügel dem Pferde Qual, durch Aufrechthalten des Kopfes werden die Halsmuskeln fortwährend angespannt, so daß dieselben schmerzen und schlaff werden. Wenn das Pferd dies nicht mehr ertragen kann, läßt es das Gewicht des Kopfes auf dem Aufsetzzügel ruhen, wodurch das Maul wieder gedrückt wird, dadurch tauscht es eine Qual durch die andere ein.

Mit kurzen Worten, der Aufsetzzügel verringert die Kraft des Pferdes, verursacht Aengstlichkeiten und Krankheiten, verletzt das Maul und stört den guten Willen. Da derselbe nur in Ausnahmefällen, wie wir gesehen, wirkliche Dienste leistet, so sollte es wohl Aufgabe eines jeden Sattlers sein, die Kunden vor diesem schädlichen Marterwerkzeuge zu warnen und so immer mehr und mehr zur Abschaffung desselben beizutragen.

Auch bei Anwendung der Scheuleder lassen sich mehr Gründe für Weglassung als für Beibehaltung derselben angeben; auf alle Fälle steht aber fest, daß auch diese Einrichtung eine Art Marter für ein Pferd sein muß. Man denke sich nur einen Menschen, der zum Schnelllaufen getrieben würde und man verdecke ihm durch eine Klappe von vorn die Augen so, daß er gezwungen wäre, nur immer nach den Seiten zu schielen; eine ungeheuere Anstrengung der Sehnerven und ein Schmerzen der Augen würde wohl die notwendige Folge sein. Ebenso ist es beim Pferde der Fall, dessen Augen von Natur nach den Seiten ihre Sehkraft ausüben, sind dieselben nun durch Scheuleder verdeckt, ist das Pferd gezwungen, die Augen durch immerwährende Anstrengung so zu halten, daß es wenigstens einen Schimmer von vorn bekommt. Aus diesen nicht zu widerlegenden Gründen wird wohl jedermann einsehen, daß Scheuleder gewöhnlich nur aus alter, an Grausamkeit streifender Gewohnheit angewendet werden, geradezu notwendig aber nur in seltenen Fällen sind. Es ist nicht zu leugnen, daß von allen unseren Haustieren gerade das Pferd am meisten erblindet und man glaubt, daß gerade am ersten die Scheuleder aus oben angeführten Gründen die Schuld tragen; ferner auch die dunklen Ställe und vor allem der salmiakartige beißige Dunst in denselben, welch letzter Uebelstand fast vollständig durch Reinlichkeit beseitigt werden kann.

2. Ueber Konservierung und Reinigung der Stallrequisiten, Sätteln, Geschirre und Wagen.

a) Halftern, Decken, Gurten.

Die ledernen Stallhalftern sind auf ihren inneren Flächen öfter mit Wasser und einer Bürste zu reinigen, damit der sich angesetzte Schweiß beseitigt wird. Man nehme dazu ziemlich warmes Wasser und setze etwas Salmiakgeist zu. Die Halftern werden, nachdem sie getrocknet, geschwärzt und mit Fett eingeschmiert. Weiter unten werden wir das einfachste und beste Rezept zu solcher Schwärze bringen.

Weißgare und sämischgare Stallhalftern müssen mit weißem Thon, so oft es notwendig erscheint, angestrichen werden.

Gurthalftern werden ebenfalls, wenn sie älter geworden sind, auf diese Weise gethont.

Die Stalldecken, sowohl die Sommer- als Winterdecken, müssen öfter gereinigt werden. Die Sommerdecken werden öfter ausgeklopft, auch gewaschen und gerollt. Die Winterdecken sind ebenfalls auszuklopfen, zu waschen und während des Sommers am besten durch öfteres Ausklopfen vor Motten zu bewahren. Das Einstreuen von stark riechenden Pulvern zur Vertreibung derselben hat selten den gewünschten Erfolg.

Die Stalldeckengurten müssen öfter mit der Wasserbürste gereinigt und die Lederteile geschwärzt und geschmiert werden.

Braunes Lederzeug ist mit einem Schwamme mittels Seifenschaumes zu reinigen und dann mit einem Flanelllappen gut trocken zu reiben. Auf den Flanelllappen kann man auch etwas reines Wachs legen.

b) Sättel, Reitzeug.

Der Sattel mit der Unterlegdecke ist nach dem Gebrauche auf den Sattelbock zu legen, die Decke, das Kissen und die Gurten sind auszuklopfen und zu bürsten und letztere mit Wasser von Schweiß und Schmutz zu reinigen. Mit Schweinsleder überzogene Sättel müssen mit Seifenschaum und Schwamm gereinigt werden und nach dem Trocknen mit einem etwas feuchten Flanelllappen abgerieben werden. Mit Wildleder bezogene Sättel müssen so oft als nötig gethont und tüchtig ausgeklopft und ausgebürstet werden. Die Bügelriemen reinigt man ebenso als die Sättel; Steigbügel von Stahl, Kandaren und Gebisse werden mit feinem Hammerschlag tüchtig abgerieben und mit einer Polierkette poliert. Gegenstände von feinerem Metall sind mit Kreide oder Wiener Kalk zu putzen.

c) Geschirre.

Nach jedesmaligem Gebrauch sind die Gebisse zur Abspülung des Speichels in einen Eimer Wasser zu tauchen. Man schütze davor jedoch die ledernen Strippen, da diese hart und spröde dadurch werden, die Stahlgebisse sind dann mit Hammerschlag, die neusilbernen mit Kreide zu putzen.

Die Kopf- und Rumpfgeschirre wische man mit einem Schwamme ab und schmiere dieselben von Zeit zu Zeit mit einem Gemisch von Talg und Fischthran leicht ein. Das Lackieren derselben unterlasse man möglichst ganz.

Sollen längere Zeit gebrauchte Geschirre, die durch Schmiere und Staub oder durch öfteres Lackieren sehr verunreinigt sind, wieder gereinigt werden, schnalle man alle Teile auseinander und wasche jedes einzelne mit ziemlich heißem Wasser, in das man vorher ungefähr für 20 Pfennige Salmiakgeist goß, mittels scharfer Bürste so lange ab, bis sämtlicher Schmutz abgeht. Man kann die einzelnen Teile dreist in den Eimer stecken, desto eher wird sich der Schmutz lösen, danach wird jeder einzelne Teil geschwärzt und geschmiert, die metallenen Schlüssel und Schnallen geputzt, oder sind solche schwarz, frisch schwarz gestrichen. Man nimmt dazu den sogenannten schnelltrocknenden „Eisenlack" oder Asphaltlack und erneut damit ebenfalls die lackierten Lederteile.

Erwähnen wir zu gleicher Zeit die verschiedenen Schwärzen, Schmieren und Lacke.

1. Eisenschwärzen.

Man schütte auf Eisenstücke oder auch Eisenfeilspäne, Essig oder saueres Bier, und lasse es mehrere Wochen stehen.

Eine besser greifende Schwärze derselben Art, die man vorzüglich auch um Schafleder zu schwärzen anwenden kann, welches sich sehr schlecht schwärzt, erzielt man, wenn man auf Eisenfeilspäne guten Weinessig schüttet, und das Gefäß in der Wärme stehen läßt. Die Auflösung der Eisenteile geschieht dadurch bedeutend schneller. Man setzt nun etwas Eisenvitriol zu und etwa 10 bis 15 g in Wasser aufgelöstes Gummi-Arabikum. Das Ganze gießt man durch ein leinenes Läppchen. Im Handel kommt auch das sogenannte „kondensierte Eisen" vor, auf welches man nur Wasser zu schütten hat und die Schwärze ist fertig.

2. Blauholzschwärzen.

Man koche $^1/_2$ kg Blauholz in 5 l Wasser auf $^3/_4$ ein und gebe zu dem Abguß etwa für 3 Pfennige Pottasche.

In jeder Droguenhandlung kauft man jetzt auch „Blauholzextrakt", auf welches man Wasser gießt und einmal aufkochen läßt.

Schwärze mit Glanz. Man koche $^1/_2$ Stunde lang 1 kg ausgesiebtes Blauholz, 100 g Granatschale, 133 $^1/_3$ g gestoßene Galläpfel und 66 g Gummi-Arabikum in 10 l Wasser, gieße diese Brühe durch einen Lappen und gebe dazu $^3/_4$ kg Blaustein. Zum Grundieren nimmt man Blauholzbrühe, worin man auf 10 l 333 $^1/_3$ g Salmiakgeist zusetzt.

3. Lederschmiere.

Zu einem Gewichtsteile russischen Talg, welchen man in einem Gefäße über Feuer zergehen läßt, gießt man unter fortwährendem Umrühren zwei Gewichtsteile guten Berger-Thran und hört auf mit Rühren, wenn beides ein egaler nicht zusammengeronnener Brei geworden ist. Diese Schmiere ist für Lederzeug wohl allen anderen Mischungen vorzuziehen.

Sogenanntes Lederfett kommt im Handel vor und sind demselben keine Nachteile nachzuweisen.

4. Lederlacke.

Diese sind zur Anwendung eigentlich gar nicht zu empfehlen, doch geben sie dem Leder ein glänzendes schönes Ansehen, lassen sich mit Leichtigkeit mit einem Pinsel auftragen und werden deshalb sehr oft von leichtsinnigen Kutschern angewendet, daß dadurch das Lederzeug bedeutend eher bricht, kann im Grunde genommen dem Sattler nur lieb sein.

Jede Droguenhandlung verkauft Lederlacke. Einer Firma, C. H. Müller in Berlin N., Schwedterstraße 3, müssen wir Erwähnung thun, da dieselbe einen Lack, oder nennen wir es eine Glanzschwärze, in den Handel bringt, die dem Leder keineswegs schadet, sondern ihm ein vollständig neues Ansehen gibt. Zur Selbstbereitung empfehlen wir folgendes Rezept: 2 $^1/_2$ kg Schellack grob gestoßen in 2 l Spiritus vini gethan, das Gefäß im Sommer in Pferdemist, im Winter an den Ofen zur Auflösung gestellt. Nach der Auflösung setzt man 50 g venetianischen Terpentin und 33 1/3 g Lavendelöl mit einer Quantität Beinschwarz hinzu.

Einer dem oben erwähnten Müllerschen Fabrikate ähnlichen Lackglanz bereitet man, indem man in eine Glasflasche gibt: 1/2 l Alkohol, 100 g Gummi-Tamar, 33 1/3 g weißen Laccuum-Tabulis, 16 2/3 g Mastix und 16 2/3 g Benzoe. Lasse es unter öfterem Umschütteln bei sehr gelinder Wärme auflösen und trage es mit einem Schwamme auf fertig abgeöltes Leder auf. Das Leder muß jedoch gut trocken sein. Wenn der Lack beim Gebrauch etwas zu dick ist, verdünne man ihn mit etwas Alkohol.

d) Wagen.

Die Remise, in welcher ein Wagen untergebracht wird, muß vor allen Dingen hell und trocken sein. In dunkeln und feuchten Remisen verliert der Lack leicht den Glanz, das Leder erzeugt Schimmel, Eisen und Holz leiden durch Rost und Trockenmoder. Vor allen Dingen hüte man sich, den Dunst von Pferde- oder Schafställen permanent in die Remise eindringen zu lassen, derselbe ist der größte Feind des Leders und des Lackes. Planen von weichem Leinen oder bei steifgedeckten Wagen von Wollenstoff sind sehr zu empfehlen.

Um die inneren Garnierungen vor Motten zu schützen, wendet man sehr viele Mittel an, als Lavendel, Hopfen, Zitronenschalen, Moschus, Juchtenleder, doch glaube man ja nicht, in allen diesen, oft sehr übelriechenden Sachen ein sicheres Präservativmittel gefunden zu haben, sondern sei überzeugt, daß das beste Mittel gegen diese gefräßigen Feinde nur das öftere Ausklopfen in freier Luft ist. Man wähle dazu hauptsächlich die Monate August und September, weil in diesen Monaten die Motten fliegen.

Nach jedem Gebrauche, vorzüglich wenn der Wagen noch neu und der Lack mehr oder weniger frisch ist, muß der Wagen vollständig gereinigt werden. Die innere Garnierung wird sauber ausgeklopft, Tuch strichweise von oben nach unten gebürstet, seidener Kotelin mit einer sehr weichen Bürste, Leder mit wollenen Lappen, vorzüglich in den Abheftvertiefungen, abgewischt. Wollene Teppiche ausgeklopft und abgebürstet.

Dann wird der Wagen mittels Schwamm und Leder außen gewaschen. Ein neuer Schwamm muß vorher in ziemlich warmem Wasser ausgewaschen und von jedem Steinchen gereinigt werden. Das neue Waschleder erst ebenfalls öfter in kaltem Wasser ausgewaschen, bis sich dasselbe durch den darin befindlichen Speckstein nicht mehr weiß färbt.

Beim Waschen spare man das Wasser nicht, der Schmutz darf nicht abgerieben werden, sondern muß durch Anwendung von viel Wasser heruntergespült werden. Zuerst wasche man die Rückwand mit Federn und Achsen hinten, drücke dann den Schwamm tüchtig aus und fahre über die großen Wassertropfen, damit solche der trockene Schwamm einsauge und daß das Leder, welches man nun zum Abtrocknen benutzt, nicht zu leicht wieder naß werde. Letzteres ringe man immer fleißig aus. Sodann wasche man die Seitenteile des Wagens eines nach dem anderen nach beschriebener Methode, sodann die vordere Partie mit Vordergestell, zuletzt die Räder, die man einzeln mit der Hebe aufhebt. Anwendung von Speichenbürsten u. dergl. ist gar nicht zu empfehlen.

Schmierleder reibe man, wenn solches noch neu ist, einfach mit einem in Oel getränkten Lappen ab, ebenso das lackierte Leder und hüte letzteres möglichst vor vielem Zusammenschlagen im Winter.

Beim Schmiervachetleder beobachte man, ob das Leder nicht bei der Gerbung zu viel oder zu wenig Fett bekam. Im letzteren Falle wird es leicht trocken und rot und bricht schließlich.

Dieses Leder feuchte man, bevor man eine weiter oben beschriebene Schwärze anwendet, mit lauwarmem, ziemlich heißem Wasser an, in das man soviel Salmiakgeist schüttet, daß es stark riecht. Nachdem man das Leder einigemal mit Blauholzschwärze und danach mit Eisenschwärze bearbeitet hat, schmiert man dasselbe mit den angegebenen Lederfetten.

Hat das Leder zu viel Fett, so ist dem Uebel schwerer abzuhelfen. Die Fasern des Leders trocknen mit der Zeit zusammen und drängen das überflüssige Oel nach außen, welches sich auf der Oberfläche zu einer pechartigen Masse verdichtet. Zeigt sich dies nur an einzelnen Stellen, z. B. da wo Leisten anliegen, so kann man leicht zur Reinigung Terpentin anwenden, schwitzt jedoch das ganze Leder aus, so ist nur ein Reinigen mit Wasser und Salmiak, wie oben beschrieben, möglich, dem Schwärzen und ein leichtes Schmieren folgt.

Ist an alten Wagen das Leder sehr verschmutzt, so wendet man folgende Methode an. Man nehme 1/2 Eimer frisch gelöschten Kalk und vermische diesen mit 1/2 kg schwarzer Seife, 1/2 kg Pottasche und 1 1/2 kg kaustischer Lauge. Zur Seife und Pottasche kann man vorher etwas Wasser schütten und erwärmen, bis alles breiartig aufgelöst ist. Diese Mischung, von der man sich jedoch ja nichts ins Auge spritzen lasse, trage man vermittelst eines Lappens, den man an einen Stock bindet, auf das Leder auf und zwar so, daß man jedesmal Himmel, Rückwand und Seitenteile eines nach dem anderen nimmt. Diese Manipulation darf nicht in der Sonne geschehen, damit es nicht zu schnell trocknet, man lasse den Auftrag halb trocken werden und kratze dann mit einem halbrunden stumpfen Messer diese Kruste ab. Schon nach dem ersten Male wird man sehen, wie scharf die Mischung greift. Stellen, die gar nicht sich auflösen und abgehen wollen, bestreicht man so oft, bis sie beseitigt sind. Danach wasche man das ganze Verdeck mit reinem Wasser und beseitige so alle angetrockneten Kalkteile. Schwärzen und Schmieren geschieht nach oben beschriebener Methode. Die Lackierungen an Wagen sind natürlich durch Ueberheften von Leinwand u. dergl. zu schützen, da die Mischung auch ebenfalls den Lack angreift und wegfrißt.

Sehr schmutzig gewordene Ausschläge in Tuch und wollenem Koteline wasche man mit einem Eimer kalten fließenden Wasser, in das man reine Seife einquirlte, so daß es stark schäumt und in welches man nach diesem ungefähr für 20 Pfennige Salmiakgeist schüttet. Man wendet dazu eine scharfe Kleiderbürste an und wäscht Tuch nach dem Striche. Nachdem alle Stellen gut getroffen sind, wozu hauptsächlich die tiefen Stellen der Abhefte zu rechnen sind, wäscht man auf dieselbe Weise das Ganze mit reinem Wasser nach und setzt den Wagen wenn möglich der Sonne aus. Die Ausschläge werden auf diese Weise überraschend schön und rein.

Zum Putzen der Leisten und Griffe aus Messing und Neusilber kann man geriebenen Bimsstein, Weingeist mit Terpentin oder Kupferwasser mit Regenwasser verdünnt, anwenden. Schwefel mit Kreide unter Essig vermischt

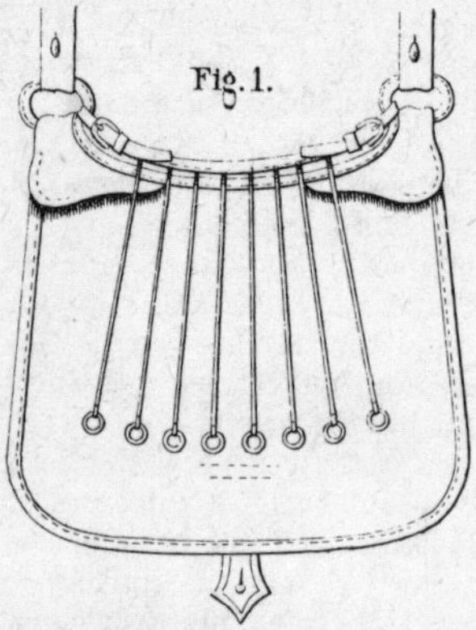
Fig. 1.

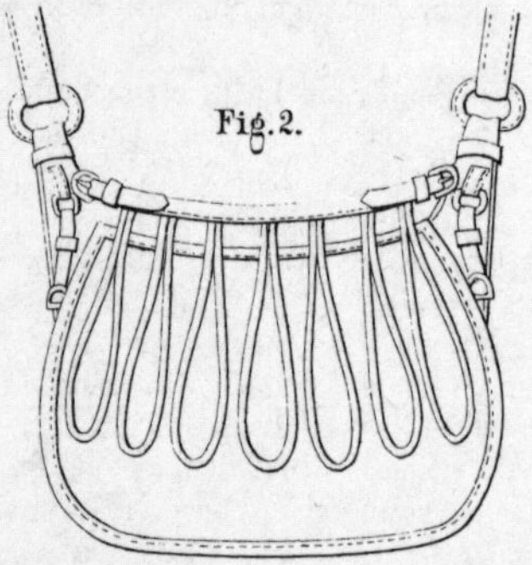
Fig. 2.

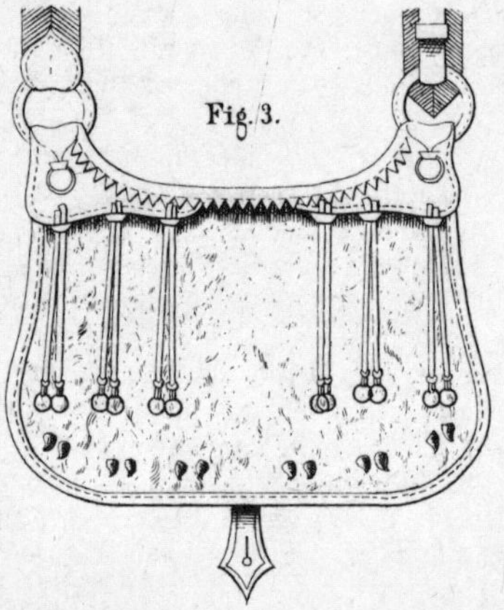
Fig. 3.

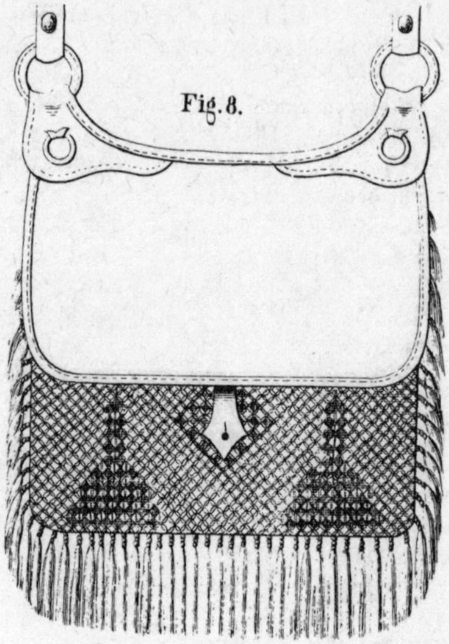
Fig. 8.

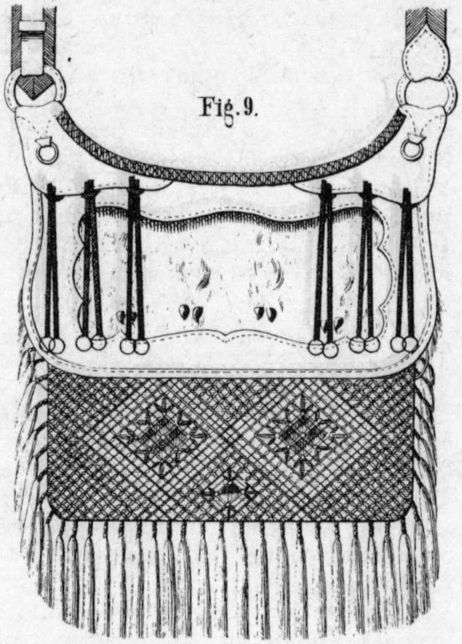
Fig. 9.

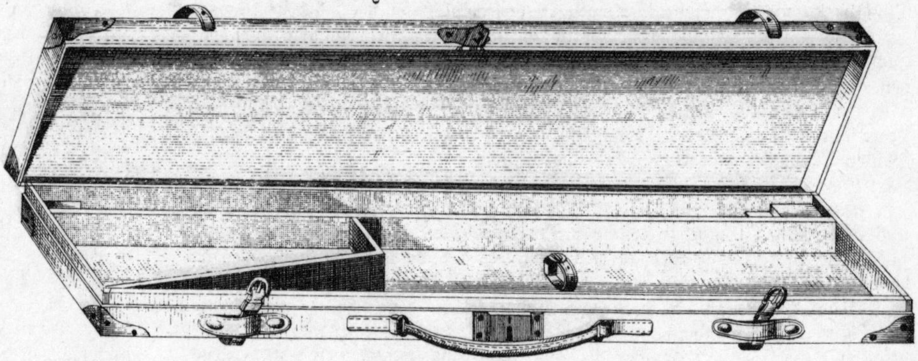
Fig. 16.

Fig. 20.

Fig. 21.

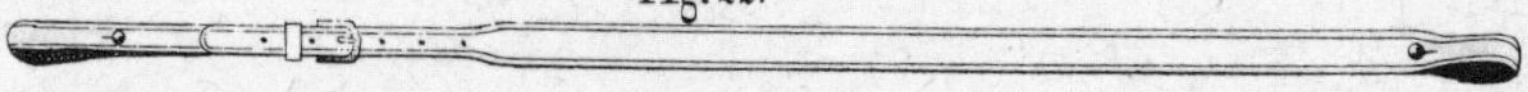
Fig. 22.

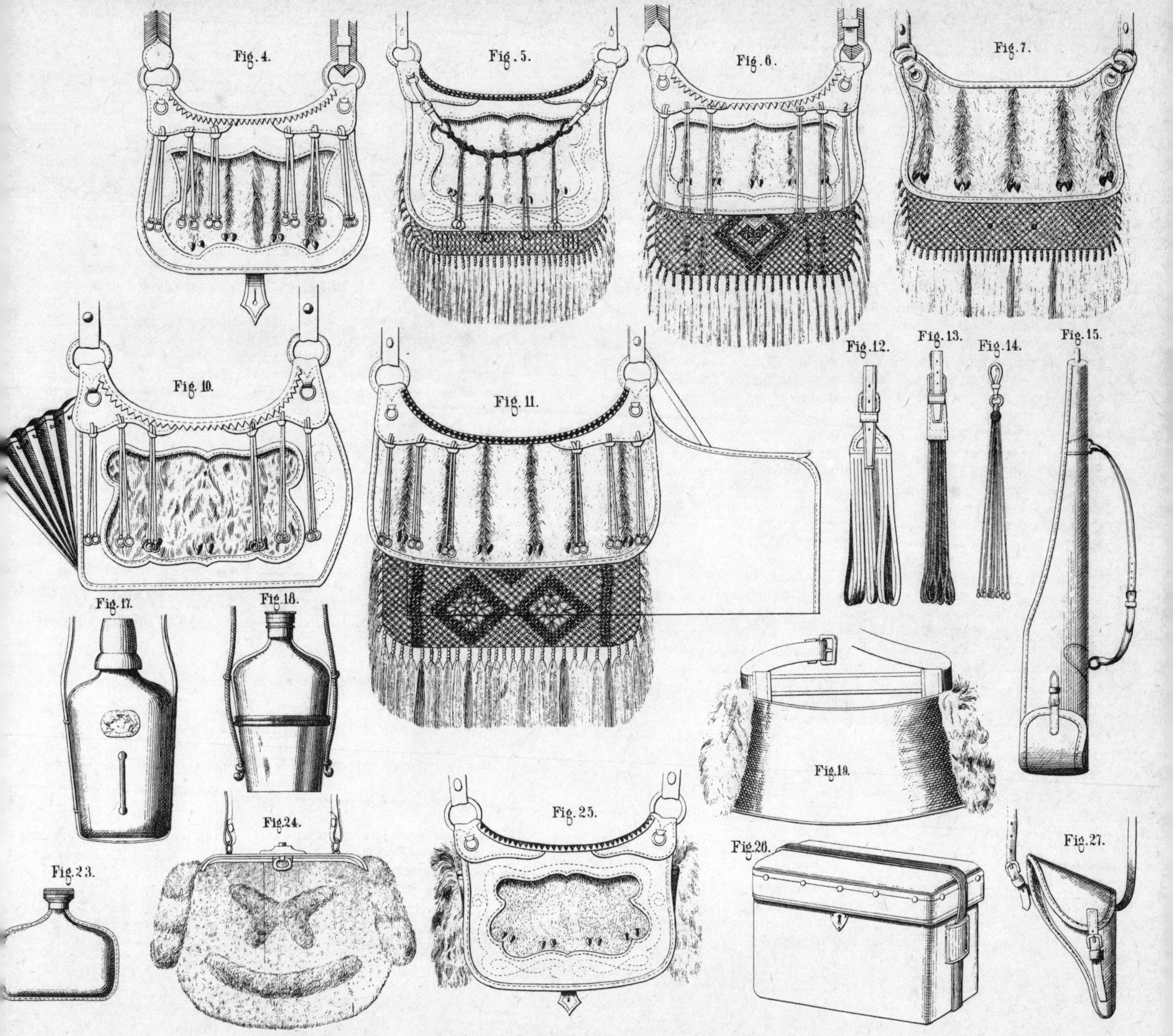
Fig. 4.
Fig. 5.
Fig. 6.
Fig. 7.
Fig. 10.
Fig. 11.
Fig. 12.
Fig. 13.
Fig. 14.
Fig. 15.
Fig. 17.
Fig. 18.
Fig. 19.
Fig. 23.
Fig. 24.
Fig. 25.
Fig. 26.
Fig. 27.

gibt dem Messing eine schöne Farbe. Silberplattierte Leisten putzt man mit pulverisiertem Hirschhorn oder Wiener Putzkalk mit Branntwein; zu ziselierten Gegenständen bedient man sich einer kleinen Bürste.

Fenstergläser putzt man ebenfalls mit Spiritus und Kreide und wischt mit einem seidenen Tuche oder weichem Makulaturpapier nach.

Das Schmieren der einfachen Achsen ist leicht gemacht, die Räder vermittelst der Hebe aufgehoben, abgezogen, die Schenkel vom Schmutze gereinigt, die Schmiere mit dem Messer aufgetragen und die Räder von neuem angesteckt, die Achsmuttern festgeschraubt und die Vorstecker wieder befestigt. Passende Schmiere zu einfachen Achsen wird sehr viel in den Handel gebracht, sonst gibt Schweinefett und Talg, zur Hälfte mit etwas Baumöl und gesiebtem Wasserblei vermengt, eine gute Schmiere. Noch nachhaltiger bei langen Touren bewährt sich eine Schmiere aus 1/2 kg Fichtenharz, 125 g Schweinefett, 125 g Wasserblei und etwas Wachs. Haben die Räder durch längeren Gebrauch zuviel Ablauf erhalten, legt man hinten gegen die Stoßscheiben Lederscheiben; sind dieselben jedoch zu stark, so daß die Büchse vor dem Schenkel vorsteht, zieht sich die Achsmutter an und das Rad steht fest; deshalb ist es vorzuziehen, die Lederscheiben vorn hin zu nageln, vorzüglich auch deshalb, weil das Rad mehr hintergedrängt wird und auch nach den Seiten fester geht.

Das Oelen der Kollinges-Patentachsen. Nachdem das Rad vom Schenkel abgenommen, reinige man zuerst Schenkel und Büchse von allem Schmutze und dickflüssigen Oele vermittelst eines wollenen Lappens und sollte der Schmutz sich gar nicht lösen lassen, vermittelst „Solaröl". Zum Reinigen der Büchse benutzt man wohl auch einen eisernen Haken. Das Oel (gutes tierisches Knochenöl) gieße man in ein Kännchen mit etwas langer Röhre. Sind alle Teile der Achse gut gereinigt, gieße man Oel in die Kammer der Büchse und zwar so, daß möglichst nichts nach hinten überläuft, sondern daß, wenn etwas überläuft, es nach vorn geht. Auf den Schenkel gebe man ebenfalls etwas Oel und verwische es mit den Fingern. Nachdem man das Rad auf die Achse gesteckt hat, schiebe man den Stellring auf und zwar die schwächere Seite nach hinten, die stärkere nach vorn und die Fläche nach oben. Nun schraube man die große Mutter an und zwar wie jede gewöhnliche Mutter rechtsum fest und zwar so lange, bis das Rad ganz fest steht, nun drehe man die Mutter stoßweise los, so daß beim Anrühren das Rad zwar leicht sich umdreht, ohne auf einem Ruck stehen zu bleiben, aber dasselbe sich ja nicht von vorn nach hinten auf dem Schenkel bewegt. Diese Bewegung darf das Rad bei einer Kollinges-Patentachse niemals machen, und sollte bei älteren Achsen, sich trotz ganz festen Anschraubens der Mutter sie sich doch finden, so liegt das an der zu schwachen Lederscheibe, die zwischen Büchse und Stoßscheibe hinten liegt und diese müßte dann erneuert werden.

Nachdem nun die größere Mutter rechtsum festgedreht ist, wird die kleinere angesetzt und linksum, entgegengesetzt, festgedreht; vor diese Mutter kommt der Vorstecker.

Das Ganze schließt die Kapsel, die sich in die Büchse rechtsum einschraubt und mit dem Rade sich umdreht. Auch in diese Kapsel wird etwas Oel gegossen, doch ist dies nicht unumgänglich notwendig, wohl aber ist es nötig, daß eine Lederscheibe an der Kapsel liegt.

Die Mail-Patentachsen haben zwei Lederscheiben, eine vor der kleinen Stoßscheibe und eine vor der großen Laufscheibe, welche ebenfalls wie die Scheibe drei Löcher zum Durchstecken der Schrauben erhalten. Das Loch in derselben darf nicht größer sein, als der Schenkel stark ist. Bei neuen Achsen schiebt man deswegen die Scheiben vor dem Schweißen der Achsen auf. Bei gebrauchten Achsen, an welchen die Lederscheiben erneuert werden sollen, könnte ein Nichteingeweihter in Verlegenheit geraten, wie eine Lederscheibe dort anzubringen sei. Man hilft sich einfach durch einen Querschnitt, der erstens bei dem starken Leder sich fest wieder aneinander zwängt und anderenteils wird ja auch die Lederscheibe durch die durchgehenden Schrauben gehalten. Beim Abnehmen des Rades zeichne man sich die Schrauben durch Kreidestriche, wo sie hingehören; meistens haben auch die Achsen schon eine Vorrichtung an der Scheibe und Büchse, wodurch man darauf geführt wird, die Scheiben an die passende Stelle zu bringen. Das Oelen und das Anschrauben der Kapsel geschieht auf dieselbe Weise wie bei der Kollingesachse.

Die Lederscheiben werden am leichtesten und akkuratesten mit dem Schneidezirkel Fig. 4, Taf. 1, ausgeschnitten.

Gute Patentachsen halten zwei bis drei Monate und länger Schmiere. Wird der Wagen sehr oft gebraucht, hält sich das Oel besser, als wenn der Wagen lange Zeit steht. Im letzteren Falle verdickt es sich leicht und wird zäh und pechartig und muß deswegen auch öfter erneuert werden.

e) Verschiedene praktische Rezepte.

1. Braune Lederbeizen.

Hauptsächlich schafledernen Koffern, Hutschachteln ꝛc. eine dunkle braune Färbung zu geben.

Grüne Nußschalen, in Wasser gekocht, färben das Leder schön braun.

Auch 1 Teil Pottasche auf 3 Teile schwarze Seife in Wasser aufgelöst und gekocht.

Ferner doppelt chromsaures Kali in reinem Wasser aufgelöst und auf das Leder aufgetragen, färbt solches schön braun.

2. Orangegelbe Lederfarbe.

Dieses, auf solche Art gefärbtes Leder kommt sehr viel im Handel vor und wird zu Reitzäumen, Leinen, Plaidriemen ꝛc. viel verbraucht. Ein einfaches Verfahren, die Farbe herzustellen ist, wenn man 3 Teile Anilingelb und 1 Teil Anilinbraun nimmt und löst dieses in 90 grädigem Spiritus auf.

3. Helles Lederzeug zu reinigen.

Man nehme gereinigte Salzsäure mit 3 Teilen klarem Wasser verdünnt und setze etwas Talgstein dazu. Nachdem das Leder gewaschen, reibt man es mit einem wollenen Läppchen wieder blank.

Königswasser mit 15 bis 20 Teilen Wasser verdünnt, hat denselben Zweck.

Auch Kleesalz in Wasser aufgelöst ist ein gutes Reinigungsmittel, doch sind wohl die ersteren Mittel diesem vorzuziehen.

4. Riemenkanten zu putzen.

Gummi-Arabikum in Tinte dickflüssig aufgelöst und auf die Kanten mit einem Schwämmchen aufgetragen, nachdem man solche mit Eisenschwärze vorher grundiert hat. Hat die Tinte etwas angezogen, reibt man die Kanten mit einem leinenen Lappen blank.

Braune Lederkanten putzt man mit in Wasser aufgelöstem Gummi-Arabikum auf.

Eine schöne rotbraune Kante erzielt man, wenn man mit Wasser verdünnten Spiritusvitriol nimmt und dazu pulverisierten Blutstein und Gummi-Arabikum mischt, gehörig umschüttelt und die Kanten nach obiger Methode putzt.

5. Klebstoffe.

Der am häufigsten in der Sattlerei gebrauchte Klebstoff ist der Mehlkleister. Auf gutes Roggenmehl, welches in ein Gefäß gethan wird, wird unter fortwährendem Rühren kochendes Wasser gegossen und so lange gerührt, bis es ein egaler Brei geworden ist.

Zum Auskleben der Koffer mit Papier oder Kattun benutzt man gewöhnlich Stärkekleister. Auf eine beliebige Menge guter Stärke aus Weizenmehl gießt man soviel kaltes Wasser, bis sich das Ganze breiartig auflöst, dann gießt man unter fortwährendem Rühren so lange kochendes Wasser hinzu, bis alle Teile aufgequollen sind und läßt das Ganze dann noch einmal aufkochen. Will man den Kleister längere Zeit aufbewahren, setzt man etwas gestoßenen Alaun dazu.

Lombardiakleber ist ein Klebstoff, welcher aus Hefe gewonnen wird. Er hat eine ganz vorzügliche Bindekraft und ist hauptsächlich zu Arbeiten zu gebrauchen, die für die Nähmaschine vorgerichtet werden müssen. Die trockenen Stückchen werden einfach mit Wasser begossen und so lange stehen gelassen, bis sie erweicht sind. Zu beziehen ist derselbe durch alle Lederhandlungen, Hauptdepot: Haitz und Calix in Berlin, Klosterstraße 41.

6. Brauner Lederlack

250 g weißen Schellack in
325 g 88 % Alkohol aufgelöst und
33 g gepulverten blonden Schellack in
280 g 88 % Alkohol aufgelöst.

Man filtriert die Auflösungen und läßt nun die braune Schellackauflösung bis zur Hälfte ihres Gewichts eindampfen, die weiße Auflösung bis zum vierten Teil, mischt beide dann zusammen und setzt noch einige Gramm echtes Lavendelöl dazu.

Weitere Reprints aus der Reihe »Neuer Schauplatz der Künste und Handwerke«

Vom Beginn des 19. Jahrhunderts bis in die ersten Jahrzehnte unseres Jahrhunderts erschien diese Reihe im Verlag Bernhard Friedrich Voigt, Weimar, später Leipzig. Für die Entwicklung des Handwerks und der Industrie in Deutschland waren die Bände dieser Reihe von herausragender Bedeutung.

Einige Bände haben wir in der Edition »libri rari« neu herausgebracht.

EDITION
libri rari

im Verlag Th. Schäfer
Tivolistraße 3
Postfach 54 69
3000 Hannover 1
Telefon (05 11) 3499-0

172 Seiten, 23×21,5 cm, 34 Lithotafeln, fester Einband, Gold- und Farbprägung

ISBN 3-88746-092-8
Bestell-Nr. 5510 **59 DM**

Carl Ludwig Matthaey

Der vollkommene Dachdecker (1833)

oder Unterricht in allen bis jetzt bekannten vorzüglichst anwendbaren und mit unsern Dachkonstruktionen und Bauverordnungen bereinbaren Dachbedeckungsarten. Ein unentbehrliches Handbuch für Ziegel-, Stein-, Schiefer-, Lehm-, Schindel-, Stroh- und Rohrdecker, Klempner und Bleidecker, Zimmerleute, Landleute und Oekonomen ... nebst Berechnung aller Materialien und Arbeitslöhne ...
Mit einem Begleittext von Manfred Gerner

132 Seiten, 23×21,5 cm, 16 Lithotafeln, fester Einband, Gold- und Farbprägung

ISBN 3-88746-090-1
Bestell-Nr. 5511 **49 DM**

Andreas Brockmann

Hand-, Lehr- und Musterbuch für Korb- und Strohflechter (1882)

Korbmöbel- und Rohrwaren-Fabrikanten. Im Gegensatz zu anderen Handwerkern hat sich bei der Herstellung von Korb-, Rohr- und Strohwaren die Technik wenig verändert. Auf 16 doppelseitigen Tafeln werden 415 Einzelabbildungen gezeigt: Körbe, Sessel, Stühle, Sofas, Tische, Gestelle, Kinderwagen, Vogelhäuser, Himmelbetten usw.

112 Seiten, 23×21,5 cm, 23 Lithotafeln, fester Einband, Gold- und Farbprägung

ISBN 3-88746-091-X
Bestell-Nr. 5512 **49 DM**

Friedrich Neumann

Die Windmotoren (1881)

Eine Fundgrube für Mühlenbaufans und technikgeschichtlich Interessierte aus der zweiten Hälfte des 19. Jahrhunderts. Eine Fülle von Anregungen zum *„Betriebe von Mahlgängen, Holzsägen, landwirtschaftlichen Maschinen und zur Wasserförderung mit Pumpen oder Wurfrädern"* finden Sie auf 23 Tafeln und in dem von Friedrich Neumann fachkundig und verständlich geschriebenen Text.

160 Seiten, 23×21,5 cm, 30 doppelte Lithotafeln, fester Einband, Gold- und Farbprägung

ISBN 3-88746-098-9
Bestell-Nr. 5514 **59 DM**

Wilhelm Rausch

Theoretisch-praktisches Handbuch für Wagenfabrikanten (1891)

und alle beim Wagenbau beschäftigten Handwerker (Stellmacher, Schlosser, Tischler, Drechsler, Klempner, Sattler, Riemer usw.) *wie auch für Besitzer von öffentlichen und Luxusfuhrwerken. Unter besonderer Angabe der renommiertesten Firmen Deutschlands zur Beschaffung von Maschinen … 30 Foliotafeln mit vielen Zeichnungen von Wagen, Wagenteilen und der angewandten Maschinen …*

216 Seiten, 23×21,5 cm, 439 Abbildungen, fester Einband, mattcellophan, Farb- und Goldprägung

ISBN 3-88746-101-0
Bestell-Nr. 5515 **69 DM**

Dr. Beyssell/W. Feldges

Lehrbuch der Weberei (1863)

Zum Gebrauche in Webeschulen.
Die umfassendste Darstellung der Handweberei im 19. Jahrhundert. Systematik, Übersichtlichkeit, Verständlichkeit und die Vielzahl bestechender Abbildungen machen das Werk zum Arbeitsbuch mit praktikablen Anleitungen, aber auch zum bibliophilen Dokument für alle, die sich mit der Webkunst beschäftigen.